地域环境的设计与继承

（原著第二版）

Environmental Design in the Regional Contexts for Generations

[日]日本建筑学会 编
崔正秀 李海斌 译

中国建筑工业出版社

序　言

20世纪80年代，也就是地球环境问题开始引起重视的时期，其研究对象的中心大多停留在如何节约能源、如何节约资源等技术课题层面。随着研究的深入，渐渐清晰地认识到，倡导节约能源和资源与经济活动有着紧密的联系，而经济活动又与社会层面有着深深的关联。进入20世纪90年代后半期，地球环境问题的研究，在包括环境、经济、社会等三重底线在内的广阔领域内展开。本书《地域环境的设计与继承》的内容也是以上述背景为依据的。

20世纪的过度消费文明，不仅破坏了自然环境和自然资源，而且我们赖以生活的地域环境和地域文化资本也遭到了破坏。与自然环境的破坏相比较，对传统文化的破坏更不容易被察觉，对其破坏程度的评价也较困难。不仅如此，解决这个问题的对策可以说也很迟缓。值得庆幸的是，近年来全球范围内开始重视地域传统文化资本的重要性，地域环境、地域文化的继承问题也开始重新受到瞩目。

本书基于上述背景，将内容分成如下3个部分：

1）如何认识地域环境?

2）如何设计城市以及地域环境?

3）在继承地域历史和文化的基础上，着重说明可持续设计等重点内容。

本书第Ⅰ部的题目是,“从地球、自然、地域环境中取经”。以自然共存法则和生态设计方法、城市和农村固有的风土、文化以及城市气候变化等新的城市问题为题材，阐述学习地域环境的重要性。

本书的第Ⅱ部以“生态设计”为基本概念，具体阐述城市和地域环境的生态设计方法。

本书的第Ⅲ部以“继承”为关键词，强调继承建筑和地域文化的意义，运用乡村和偏远山区等的具体案例，解释与地球环境的共存和可持续性问题，阐述今后的有关继承的方法。在此基础上，探索有关培养下一代环境设计问题。

针对地球环境问题，论述地域环境设计的书籍目前还较少。本书摆脱建筑的框框，倡导地域亲环境设计，真诚期待读者或多或少从中获益。

村上周二

日本建筑学会地球环境委员会

地球环境建筑编辑分委员会主任

2010年8月

本书作者/执笔担当（按照日语发音顺序）

浅野　聪（三重大学研究生院工学研究学科建筑学专业　副教授）/第7章 7.3

浅轮贵史（东京工业大学研究生院综合理工学研究学科环境理工学创造专业　副教授）/第5章5.1，第6章 6.1

石川慎治（滋贺县立大学人类文化学部地域文化学科　助教）/第13章 13.3

伊藤邦明（东北大学　名誉教授、伊藤邦明都市建筑研究所　主持）/第13章 13.3

伊藤庸一（日本工业大学　名誉教授）/第2章 2.2

系长浩司（日本大学生物资源科学部生物环境工学科　教授）/第1章1.3，第2章专栏1，第4章专栏2，第9章 9.2、9.3、案例9–3

岩村和夫（东京都市大学环境信息学部　教授）/第4章4.1，第7章7.1，第8章案例8–2，第9章案例9–4

上原　清（国立环境研究所　总务部环境科学　专员）/第3章 3.3.1

内田文雄（山口大学工学部感性设计工学科　教授）/第13章　案例13–1

宇根　丰（原农村和自然研究所　代表理事）/第13章专栏6

延藤安弘（NPO法人城镇檐廊培育队　代表理事）/第9章 9.1

大冈龙三（东京大学生产技术研究所都市基础安全工学国际研究中心　教授）/第3章 3.3.2、3.3.3

大沼正宽（东北文化学园大学科学技术学部人类环境设计学科　副教授）/第13章 13.3

大原一兴（横滨国立大学研究生院工学研究院系统制造部门　教授）/第11章专栏5

甲斐彻郎（TEAM NET　代表）/第9章案例9–1

海道清信（名城大学都市信息学部都市信息学科　教授）/第7章 7.2

胜野武彦（日本大学生物资源科学部生物环境科学专业　教授）/第5章 5.2

加藤仁美（加藤仁美环境设计研究室　主持）/第8章 8.2

木下　勇（千叶大学研究生院园艺学研究科　教授）/第12章 12.2，案例12–1、案例12–2

仓方俊辅（西日本工业大学　副教授）/第10章 10.3

小泽纪美子（东京学艺大学　名誉教授）/第13章 13.2

后藤　治（工学院大学工学部建筑都市设计学科　教授）/第10章 10.2

后藤春彦（早稻田大学理工学部建筑学科　教授）/第2章 2.1

齐木崇人（神户艺术工科大学　校长，研究生院艺术工学研究科科长　教授）/第11章 11.1

樱井俊彦（京都府职员）/第13章案例13–3

泽木昌典（大阪大学研究生院工学研究科环境・能源工学专业　教授）/第11章 11.3

重松敏则（九州大学　名誉教授，NPO法人日本环境保全志愿者网络　理事长）/第10章 10.4

下田吉之（大阪大学研究生院工学研究科环境工学专业　教授）/第6章 6.3

阵内秀信（法政大学设计工学部建筑学科　教授）/第10章案例10-1

KENZI·SUTEFUAN·SUZUKI（丹麦之风学校　主持）/第6章专栏3

濑户口刚（北海道大学研究生院工学研究院建筑都市空间设计部门　副教授）/第7章 7.4

仙田　满（东京工业大学　名誉教授，广播大学　教授）/第12章 12.1、12.3

高桥正征（东京大学　名誉教授，高知大学　名誉教授）/第1章 1.1、1.2

地井昭夫　/第8章 8.3

手嶋尚人（东京家政大学家政学部造型表现学科　副教授，NPO法人HITOMATICDC 理事，谷中学校）/第10章 10.1

长野克则（北海道大学研究生院工学研究院空间性能系统部门　教授）/第6章 6.2

鸣海邦硕（大阪大学　名誉教授）/第11章 11.3

南条洋雄（南条设计室　代表董事）/第7章案例7-1

西村幸夫（东京大学先端科学技术研究中心　教授）/第11章 11.2

BAATO·DEWANKAA（北九州市立大学国际环境工学部　副教授）/第5章案例5-1

林　昭南（滋贺县立大学　名誉教授）/第4章 4.2

樋口忠彦（广岛工业大学工学部都市设计工学科　教授）/第2章 2.3

藤本信义（宇都宫大学　名誉教授）/第8章案例8-1

梅干野晁（东京工业大学研究生院综合理工学研究科环境理工学创造专业　教授）/第5章5.1，第6章 6.1

三桥伸夫（宇都宫大学研究生院工学研究科地球环境设计学专业　教授）/第8章专栏4

村上周三（独立行政法人建筑研究所　理事长）/第3章 3.2

持田　灯（东北大学研究生院工学研究科都市、建筑学专业　教授）/第3章 3.1

柳田良造（岐阜市立女子短期大学生活设计学科　教授）/第9章案例9-2

山崎寿一（神户大学工学部建筑学科　副教授）/第8章 8.1，第13章案例13-2

山野善郎（建筑史塾 ARCHIST　代表董事，九州产业大学研究生院·九州大学　兼职讲师）/第13章 13.1

横张　真（东京大学研究生院新领域创作科学研究科自然环境学专业　教授）/第5章 5.3

渡边浩文（东京工业大学工学部建筑学科　副教授）/第3章 3.1

地域环境的设计与继承
Environmental Design in the Regional Contexts for Generations

CONTENTS

目录 （原著第二版）

第 I 部

从地球、自然、地域环境中取经

Environmental Design in the Regional Contexts for Generations

第1章 从地球、自然的设计中取经

1.1 地球生态系统的基本设计

1. 基本认识

考虑地球生态系统的基本设计时，必须牢牢记住以下两点：

第一点，我们几乎不清楚自然的结构组成。尽管我们掌握了有关自然的结构组成的庞大信息，但是这些信息只不过是自然本身所拥有的极小的一部分而已。

第二点，我们可以狭义地认为自然是人类没有触及的东西。但这样一来，包含人类活动在内，考虑地球生态系统显得比较困难。因此，应该持有我们自身也是自然的一部分的观点。

2. 能源的流动与物质循环

地球的大气经过漫长的物理、化学、生物学的各种作用而形成。如今的大气中，氮气含量约为79%，氧气含量约为21%，还有少量的二氧化碳。需要指出的是，在形成大气的各种作用中，生物的活动占据重要位置。生物把原来大气中的主要成分二氧化碳转变为氮气和氧气，也就是说地球的大气是由各种生物的综合作用而产生的。

地球环境是以太阳光为源泉的能源流动和物质循环来维持。图1-1-1表示生物主要承担的部分。能源的流动过程如下：具有光合作用能力的生物吸收太阳光制造有机物。所有的生物都是利用有机物获得生存所需能源和一部分物质，此外生物在大量制造各种有机物的过程中，从环境中吸收利用氮、磷、钾、钙等20种至40种元素。这些元素也加入物质循环的行列。地球形成初期，是以物理和化学作用为主，物质的循环速度较为缓慢。当地球上诞生生物以后，物质循环得到了加快。当生物能够吸收并利用太阳光后，物质循环更加快速。其结果，物质循环带来大量的有机物，生物的生存数量也大量增加。

在物质循环中，由于碳、氧、氢、氮等元素都是以气体形式加入物质循环，通过大气比较容易扩散到整个地球。但是，其他元素由于不是气体，只能通过土与水加入物质循环活动，其循环范围限定在极小的地域内。

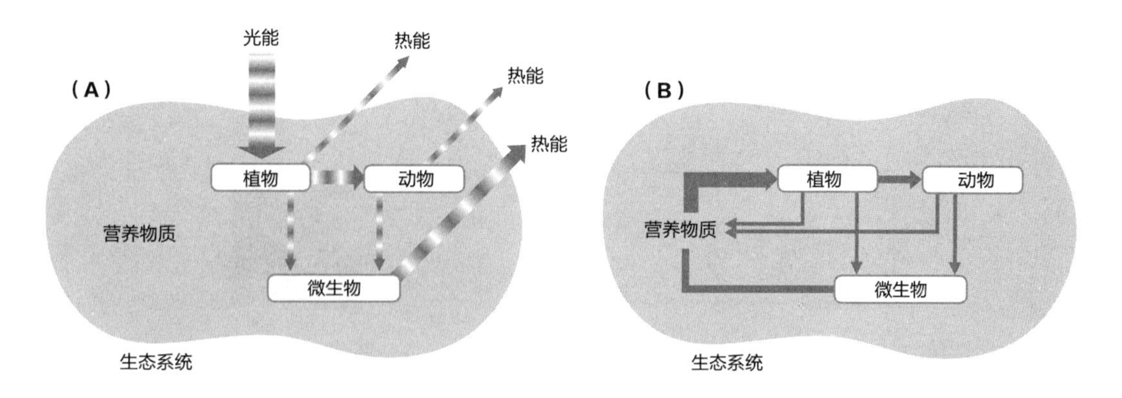

图1-1-1 （A）地球生命体（盖娅）的能量流动模式图　（B）物质循环模式图　通常可以区分为上述两种模式来描述，不过上述两种模式实际上是连为一体的，就是说物质循环是由能量流动来驱动的。
（出处：高桥正征<支撑地球环境的物质循环：地球环境的从今往后>《生涯论坛》No. 1184、1998年）

3. 地球生命体（盖娅，希腊神话中的大地之母）

生物和环境成为一体的地球系统被称为地球生态系。生物栖息的生物圈在由气体、固体、水组成的地球表层中只占有极小部分，而且大部分生物都集中在地上100m、地下数米、水下200m以上范围内。地球被认为是以生物圈为中心，具有自我调节能力的巨大的生命体，我们称她为盖娅（地球生命体）。我们的身体整体上是一个固体，同时体内包含口腔、大肠细菌等众多生物种类，也是一个生物集合体。同样的道理，地球行使盖娅功能，容纳众多生命在此生息。

构成盖娅的生物，从大的方面可以划分为生产者、消费者、分解者等三种。每一种都包含无数的生物种类，并且都与植物作为出发点的食物链相关联。因此，在地球生命体中，植物的生产量最多，赖以植物生息的生物也最多。陆地植物中，树木的数量占大多数。被动物吃掉的食物中，其中的约10%～20%被吸收成为生命体，余下的部分在完全分解或者未完全分解状态下被排出体外。捕食生物的食物摄入量和体重增加量的比率，我们称为生态效率。由于食肉动物的食物来源是动物，所以在自然界中和以植物为食物来源的食草动物相比较，其数量较少。

4. 人类活动改变了盖娅的土地使用

当今的生物圈中，生活着60亿人类，人类的总重量远远超过陆地上的任何一种野生动物的总重量（图1-1-2）。支撑人类生活的牛、猪、鸡等家畜数量也巨大，其数量也不亚于人类。人类和家畜数量加起来约占陆地动物总量的1/3～1/2。为了支撑如此庞大的人类生活，就需要提供栖身住处、公共设施、道路等设施，需要提供用于粮食生产的农田、用于建筑材料和燃料的森林。

随着人口增加和科学技术的进步，盖娅的土地使用状态也急剧地发生变化。根据1996年的数据，在1488亿km^2的地球陆地总面积中，林地面积为4172万km^2，农田面积为1500万km^2，草场为3400万km^2，不毛之地为5808万km^2（图1-1-3）。几乎所有的农田和一部分草原原本是林地，不毛之地中包括城市和人类居住地，一部分不毛之地原本也是林地。据估计人类开垦之前，林地占有

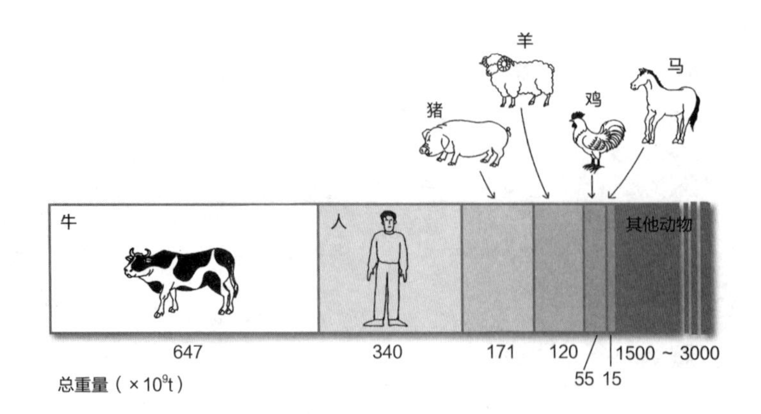

图1-1-2　陆地动物中，生物量（总重）最多的物种。牛、人、猪、羊、鸡、马的每个单体的重量依次假设为：500、60、200、100、5、250kg。家畜为1991年的计算数据，人类为1994年的计算数据。
（出处：高桥正征<通往“生态人”之路——地球的现状与城市的责任>《生态城市》No.2，1994年以及高桥正征《“新”生态学》生态城市，2001年）

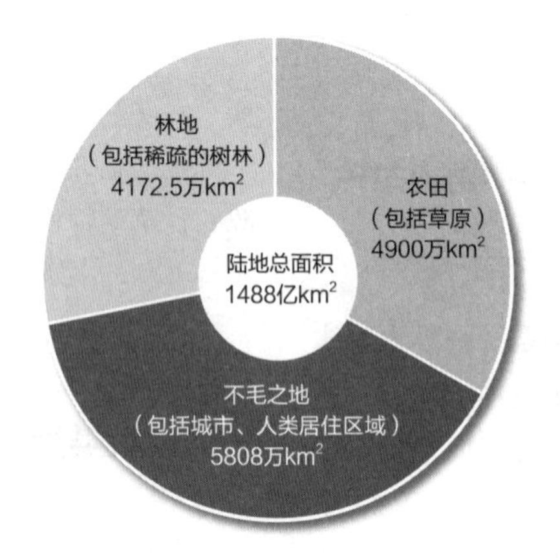

图1-1-3　当今世界土地使用状况。世界的陆地大体上划分为农田（含草原）、林地（含稀疏的树林）、不毛之地等三部分。
（出处：小岛觉《粮农组织统计数据库，1998年》以及小岛觉《人类的繁荣与地球环境》森北出版，1998年）

率有可能接近50%，而如今林地面积只占陆地面积的28%。现在，人口每年以1.6%的速度增长，也就是说意味着剩下的林地逐渐地将被农田和居住用地所取代。

随着林地被农田和城市用地所取代，林地的原有功能被丧失。相反地，农田和城市对地球环境的影响在增加。气候变化引起地域的农业用地的改变，这也许是对地球环境变化的最大的影响因素。也就是说随着气候变化，农作物在现有的农地上越来越难以生长。当农作物适宜生长的气候转移到其他地方时，可能难以找到可替代的、农作物适宜生长的土地。

此外，人工合成物质和大部分地下物质，对以生物为中心的物质循环，不仅不能融合，反而阻碍物质循环。这些物质如同放射性材料，要尽量避免无节制的使用，要自始至终置于人类的控制之下。包括建筑物等在内产生大量废料的构筑物，不久的将来成为盖娅最大的不良债权的可能性越来越高。

总之，我们首先理应思考的问题是，认清盖娅之从前的繁荣，对由人类的活动造成的盖娅之功能的变化以及程度进行定量分析。进一步落实恢复方法和实施工作，使盖娅之土地利用和功能恢复原貌。

1.2 居住地与栖息地分配设计

1. 人类是否成了盖娅的癌细胞？

如果把地球比喻为一个生命体的盖娅，就如同我们体内的口腔、肠道细菌和我们共存一样，我们与盖娅也是共生存。当口腔、肠道细菌异常繁殖，我们就要生病。癌细胞原本也是我们身体的细胞之一，当癌细胞脱离人的生命控制系统，自行主导繁殖时，繁殖数量就会过多，就会危及我们的生命。因此，人类不能成为盖娅的癌细胞，这一点极为重要。

为了满足庞大的人口以及个人的欲望，盖娅的土地利用方式发生了很大的变化。地球环境的变化，给包括人类在内，生活在盖娅里的绝大多数生物带来生存困难的可能性在增加。

2. 土地利用的变化与生物

日本气候温和、雨量较多，非常适合树木生长。从北海道至九州、冲绳，树林几乎全面覆盖。不过这是对史前日本列岛的描述，随着人类活动的日益活跃，自然的土地利用发生了很大变化。根据1987年的统计数据，林地占日本国土面积的66.5%，其中天然林为38.5%、人工林为19.2%，农田占12.5%，城市、道路等为19.2%。

动物生存需要一定面积的林地或者草地来保证其食物供给。熊、鹿等大型动物生存所需面积更大，当林地缩小或者成孤岛时，熊、鹿等大型动物生存就得不到保障。而且，动物需要足够的种群数量，否则容易灭绝。这就要求给动物提供更大更广的栖息地。当林地被道路分开时，有些动物则不能生存。

另一方面，在大城市中，乌鸦、老鼠、蟑螂、蚊子等的繁殖能力迅速增加（照片1-2-1）。而且，随着城市、农田、道路的不断增加，利于杂草生长的环境也在扩大，杂草生长很是迅猛。此外，国外引进的树木和花草大量使用在道路建设、庭院栽培。还有，作为宠物等目的引进的国外动物中，有一部分已经放生野化。所有这些总的来说或多或少影响盖娅的生命活动。

从盖娅的生命活动轨迹看，天然林保有量的下降非常成问题（图1-2-1）。人工林中的杂木林

照片1-2-1　东京都内乌鸦的数量增多，作为厨房垃圾的处理对策东京都政府登出的宣传画

随着时间的推移，也能逐渐转变为自然林。放之任之的人工林也有逐渐转变成自然林的趋向。因此，很有必要研究相对容易转变为自然林的方法。此外，进行人工林的保养时，要考虑对其他生物的影响，尽量避免使用农药等杀虫剂。还有，对动物来说树林必须是连成一片的整体。目前林地中的道路偏多，必须想办法予以减少。

植物在盆栽大小的面积上也能成活，而动物则不同。各种动物生活所需最低限度的面积也一般都较大一些。在德国柏林，市内建设的森林公园足以让野猪和鹿在此栖息。据悉还允许狩猎，自然繁殖数量不足时，人工放养野猪、鹿、兔子等动物。在这里暂且不评论狩猎的是非问题，在大城市中建设有足以让野猪、鹿等大型动物栖息的森林公园这一点值得引人注目。相比之下，在日本的城市公园仅仅看到植物，看不到动物踪影。

3. “自产自给”的重要性

在盖娅中，物质循环必须是有节奏、顺畅地维持下去。为此，人类所需的粮食的主要部分都应从身边的农田中取得。还有，消费的农产物也就是人类的排泄物也应还原于身边的周围的农田中。否则，物质循环就不能成立。现在的生产方式是，在特定的地域生产大量的特定农产品供应全国。这种方式对物质循环不利，是对盖娅循环系统的损害和破坏。此外，在一个地域大量生产同一种农作物，容易发生大量的病虫害，由于从农田大量吸取特定物质导致土地退化，其结果是不得不大量使用农药和化肥，导致农作物的安全性下降。为了保证农作物的安全，消费者要了解生产现场和生产方法，要使生产者心中始终装有消费者很重要。

综上所述，“自产自给”是盖娅维持物质循环的基本。否则，必须把遥远消费地的排泄物收集起来运回生产地，使得农田还原。实际上，这种运作方式需要很大资金。实际情况是，在生产、贩运、消费等环节很少考虑物质循环，以低廉的价格出售远处运来的农作物。在中国，从古代开始就有“身土不二”的思维方式，传到日本被译作“身体的三里四方”。也就是说，在身体周围的三里四方（12km见方）范围内摄取食物和处理排泄物，与大自然一起维持健康生活。

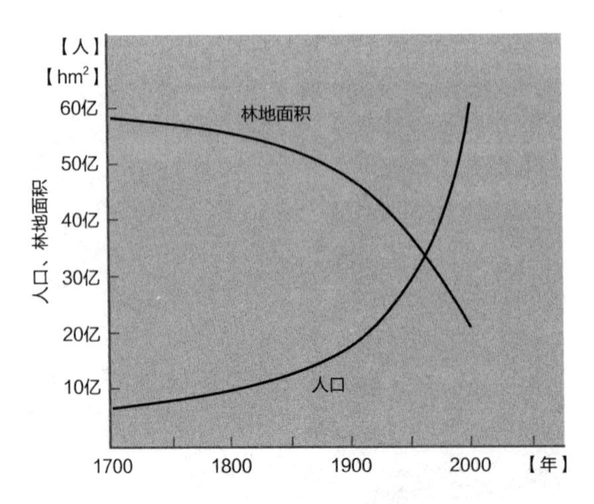

图1-2-1 世界人口与林地的增减关系
（出处：依光良三《日本的森林 · 绿色资源》东洋经济新报社，1984年）

4. 盖娅中的人类理想生活

我们应该以自产自给为基本。理想的做法是，在中心区域设置人口相对集中的城市，其周围是生产食物的农田（图1–2–2）。此时，根据人口大小决定农田的规模范围。具体落实的时候，有必要根据城市的大小，研讨各种影响因素。当需要超大型城市时，要考虑自产自给的可行性，可能的话，通过狭长带将农田、林地延伸到超大型城市中心。不仅种植植物，还要放养大小各异的各种动物。采取河道等方法，防止动物在农田和城市里乱走动，这是理所应当要考虑的问题。人类的生活用水以收集雨水为基础，生活废水要渗进土壤。尽量避免使用人工合成物质和地下资源作为建筑材料，减少对盖娅的物质循环带来不利影响，建筑废料做到易于溶解，利于自然的恢复。

自产自给的好处就是，相对自然地解决人口问题。属于自产自给的地方，人口增加就意味着该地域林地的减少，可以亲身体会到盖娅的变化。我们通过检查血压、体温、血液判断身体的健康，同样我们要时时刻刻检测大气、水、土壤的污染情况，管控盖娅的健康状态。只有深刻保持对盖娅的关心，才能在处理生活废水、废弃物等的问题上，比现在更好地管控。（高桥正征）

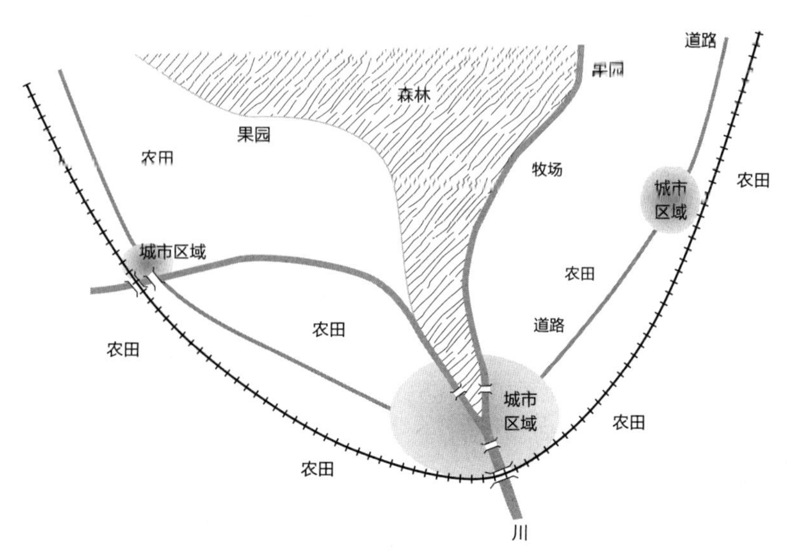

图1–2–2　站在人类可持续生活环境角度，分析得出的与盖娅相关的理想的人类社会分布例子

1.3 创造与自然共存的可持续人类环境

1. 不同时代地球环境下的人类环境创造回顾

近20世纪以来，西方城市建设中存在一个很大的缺陷。那就是依据土地使用的纯洁化理论，采取功能划分式城市建设。把城市功能划分为工作、居住、休闲、交通等四个区域，在此功能分区基础上，以建设高效率的城市为目标。把同一功能集中到一个功能区域，这是一种经济价值为上的城市建设，是受制于单一文化的城市建设。把农村地域和自然地域布置在城市周围，城市建设处于机械性功能化状态，每一个功能分区好比一个零部件，把所有零部件组合起来制造一部机器也就是建设一座城市。这是基于近代合理主义的"移画印花法"机械理论的人类环境制造方法。

城市功能分区的效率主义，把城市和农村置于相互对立面。认为城市就是消费场所，从农村或者其他国家输入农产品，以高消费作为衡量城市的成熟度的指标。生活在城市里的人被定义为消费者，没有考虑参与涉农活动和与自然的和谐生活。

另一方面，在近代城市建设的初期，也出现了田园城市的构想。汲取城市和农村的优点，构思田园风情的都市生活，把生产、生活、休闲为一体的，带有农村、自然气息的混合空间带到城市建设。也有实验性的带到城市建设中的案例。不过，这个构想没能成为城市建设的主流观点，在急速发展的城市化过程中，仅仅被作为单一居住地的新城镇建设政策所采纳。赋予卫星城功能，不能自立，是一个消费型居住场所，对自然环境带来许多负面影响。这就是直到现在一直大量采用的郊区住宅小区。

近代人类环境建设主要以工程学的思维模式推进。把自然的舒适环境进行机械式量化，用温度和湿度表现舒适度，用工程学数据测定人类居住环境，用工程学定义目标值，进而实施建筑活动和城市建设。住宅成了人类居住的机器，而城市成了这些机器的集成电路。在住宅建设中，都以制造高性能机械装置为目的，这种装置都是线性系统。为了达到目的，无限量地使用能源。能源成本经过经济核算，从外部引入必要的能源，有效排放废气，给人营造舒适的环境。

不过，随着化石能源的枯竭以及全球变暖等环境问题日益突出，开始认识到，这种近代以来延续下来的、机械性的人造环境不可持续，这个系统将给下一代带来不可逆转的沉重负担。开始探讨与地球环境共存的可持续性生活方法，重新审视城市和地域环境建设，不仅仅从工程学角度，还要从生物学、生态学角度综合考虑如何营造人类环境。

2. 营造与地球、生物圈共存的人类生活圈

人类是在地球、生物圈中进化而来的生物。人类在生物圈中，是作为终极生物物种，对地球、生物圈带来了巨大的影响。人类拥有可制造非自然物的大脑，利用自然制造人造物品和人工空间；这些人造物品保障人类的生活。所谓人造物品，就是人类依靠其大脑的想象力实际制造的物品。从制作道具开始，逐渐进化到衣、食、住所需各种物品。住宅、公共建筑、道路等众多人造物品形成人类圈并不断入侵生物圈，已占据了生物圈的重要位置。运营人类圈需要消费大量各种能源，伴随着空间场地的不断扩大和遗弃，以超过地球、生物圈的承受能力快速向前扩张，这

就是地球环境问题的所在。其终极空间就是城市，城市的扩张从20世纪开始一直持续到现在，所带来的许多深刻的地球环境问题是毋庸置疑的。

事已至此，如何创造与地球、生物圈共生的，可持续的人类圈的问题再度摆到我们面前。离开地球、生物圈，跑到宇宙其他星球创造人类圈，尚不是当前的课题。如何在现有的地球、生物圈中，永恒、安定地维持人类圈，才是要思考的课题。当人类的营生尚处在缓慢发展、扩张限于小规模，对地球、生物圈的影响程度较小的时代，自然与人类之间并没有存在什么冲突。而如今，人类对地球、生物圈的影响程度非常巨大。如何与地球、生物圈共存？这个问题的答案不能仅限在工程学范畴内寻找，还要引入生物学和生态学，在综合思考的基础上创造社会的、经济的、人造的环境。

人类不是制造人造物品的机器人，是生活在地球、生物圈里的自然的一部分。人类可以利用大脑的智慧和行动，建造房屋、道路、城市等人造物品，但是人类生存本身靠人工是造不出来的。不能随心所欲地控制自然，人类的身体、人类的生存同样也不能想当然地把控。作为自然生物的人类，在自己创造的建筑物、城市中如何定位是问题的焦点。亲近自然，从中享受惬意和满足，在自然中随时间流逝养育后代。这是关系到健康人类组成的问题，如何在人造空间中定好位？换句话讲，人类是有血有肉的生物，如何设计好房屋、城市、地域等人类生活的场所？这个问题已经摆上我们的议事日程。

3. 被称作“自然资本”的生态经济思想

能够营运人类圈的源泉是自然资源。人类作为地球的生物，只能在地球圈获取生活所需的资源。为了持续地获取资源，必须按照自然所持有的系统，尤其是生态系统办事，别无他法。不仅是我们这一代，包括下一代都要尽可能地节约资源和循环利用自然资源。

我们需要构筑循环型人类圈。近年来，在经济界，出现了“自然资本”这种与地球环境相协调的观点。认识到原本以为取之不尽的自然资源是有限的，而且认识到自然能够容纳并净化人类的废弃物的能力也是有限的。从经济的角度分析自然与人类的相互关系。《自然资本之经济》[1)]一书就是其代表作，列举其主要观点如下：

①资源生产活动的彻底改善（4～10倍因素）

通过灵活使用资源，开发使效果提高4～10倍的系统。提高资源生产力，力求做到节约资源和长期活用宝贵的资源。依靠提高资源生产力，保存并维持宝贵的生态系统成为可能。

②模仿生物

自然系统具有固有的维持系统和成长系统，是完全循环系统。它利用太阳能、重力、潮汐等能源作为动力。人类也可以模仿生物所具有的循环方式，研究开发制作方法和工具。

③基于服务和流动的经济转型

近代西方的经济结构建立在大生产大消费基础上，这种经济结构面临资源的有限性问题，面临地球环境本身短期内无法消化的环境负荷问题。因此，这种经济结构也发生了变化，出现了一种改变生产者与消费者关系的补偿性经济结构。把现有的东西补偿使用，避免多余生产，所有人都能享受这种使用服务，叫做服务流动也叫补偿经济。经济的目的不是为了拥有资源，而是顺利地提供现有的服务，确保利用价值的持续性。这种补偿性经济要求具有地域性、场所性、共同性，要求通向公共经济。

④自然资本的再投资

以有限的自然作为经济资本，无节制使用的前提已经不存在。自然资本的维持和恢复成了重要课题。自然资本股份的增加和维持，需要再投资等经济措施。水、土、空气、植物、生物等都是人类经济营运的资源，为了持续维持这些资源，就要依托再生产行为。

4. 与自然共生的人类环境设计

首先，要考虑与自然共生的人类环境的基本问题。建造人类环境也就是建设与自然共生的城市、地域，减少自然所承受的负荷，应注意以下4个基本点。

1）持续地接受自然的恩惠；

2）遵循自然的系统模式；

3）生态风景中，融入人类环境；

4）与自然多层次地联系和接触。

1）持续地接受自然的恩惠

自然给予的恩惠有：阳光、风、水等物理性物质和植物、动物等生物性物质。这些恩惠中，有的可以直接利用，有的通过食物加工、热加工使用。不管是哪一种使用，对人类生活都是不可或缺的。这种对自然最基本的需求，理应从身边的生活环境中获取。

这种获取对城市也是适用的。近代城市发展，基本排除了直接获取自然的恩惠，都认为通过人造的媒介获取为上策。城市应该回到直接从自然获取的环境中去。因为越是间接的获取，越是浪费能源和增加空间场地，给自然带来更大的负荷是不可否认的。

在城市中，不仅要享受丰富的太阳的恩惠，雨水、地下水、江河等水的恩惠，清风的恩惠，食用植物的恩惠，还要就近享受凉爽的树荫和生物的绿色栖息环境以及生态湿地等。这才是丰富多彩的人类环境。要做到让当今世界享受这些自然恩惠，还要永无止境地代代相传。

2）遵循自然的系统模式

自然拥有制造形体的力量，也就是自然的造型能力。始于山，经过江河流入大海的水系模式与树木的树枝模式很相似，都认为水系是树状模式。水系是因地形和所处重力而形成的，另一方面水系拥有整体向四处传递能量的很巧妙的模式。树木的情况也类似，也具有把土壤中吸收的养分分配到各个组成部分的模式。地下树根的生长模式也类似。这种存在于自然界的类似的模式，可以认为是地球和生物圈经过漫长岁月而形成的造型运动的结果。人类圈在与地球、生物圈之间的可持续共生问题上，应该具备什么样的模式？答案必然是：要遵循自然的模式[2)]。

我们虽然还没有完全解开地球上生命的秘密，但都认为细胞的出现对生命的进化至关重要。当细胞形成细胞膜，可以与外部无机质隔离

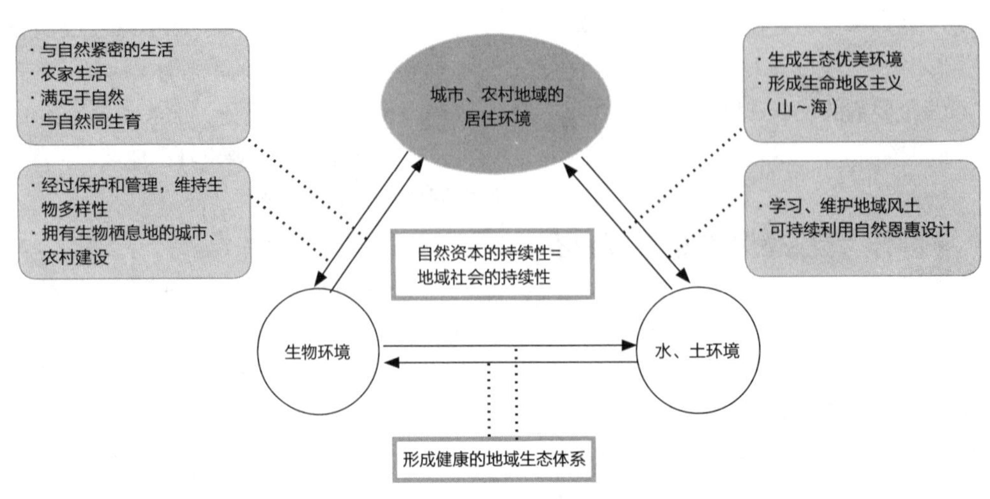

图1-3-1 自然与人类共生的环境构架图

开以后，才具备生命进化的母体。细胞膜具有选择性的功能结构，可以向内输入细胞生存所必需的要素，也可以向外排出细胞不需要的要素。通过细胞膜这种不停地输入输出，细胞得以生存。细胞经过漫长的生命进化过程，分化成细菌和其他细胞，也就是细胞共生学说，也就是生命的“嵌入子结构”。这个嵌入子结构与“细胞—组织—器官—形体”相关联。人类也是在这个生命进化的延长线上，遵循生命的嵌入子结构系统，获得相应结构而诞生的。如果把人类居住的建筑物比喻为细胞，则建筑群、街道就是组织，城市、地域就是身体。由此可见，创造安定的嵌入子结构系统的重要性是显而易见的。

生物圈与地球圈的可持续共存、循环关系，是作为生态系统来解释的。由植物承担生产，动物承担消费，微生物承担分解。在这个过程中，有机物、无机物的循环是系统性的。遵循这个系统的城市就是原本意义上的“生态城市”。在城市生活中产生的有机废弃物，应该由包括城市领域在内的自然生态系统，进行循环净化处理并定期利用。所需能源应该采用太阳能或者生物能源等自然可再生能源。

3）生态风景中，融入人类环境

作为人类环境，城市、地域的建设基础是区域风景。也有翻译成景观、景域。对于一个个地域来说，实际上就是在地球圈与生物圈构成的场所中，拔地而起的人类环境。

1930年，德国的特洛尔将景观和生态融合起来，提出景观生态学概念，开创了大地生态学分支。该学说阐述了生物共同体和环境条件之间固有的综合性法则。景观生态学的要点是，景观嵌入和景观模式，是遵循地形决定秩序来把握每一个自然地域单位。如今这个观点由环境生态学（与生物生态学相对）+生物生态学+人类生态学=景观生态学整理而成，是对作为景观最小单位的均质地域的景观生态的把握。组成景观生态学的自然要素有生物、土壤、水文、气候、地形，组成空间上可以划分为水平和垂直空间。

在景观生态的复合体中，形成景观嵌入，进而组成安定的人类环境。重要的是，在与自然交织的系统中，无忧无虑、清新自如地组建人类生态环境。

另外，还有生态过渡带问题，也就是存在异质景观生态与同质景观生态边缘重叠领域。这是两个以上自然环境相互交替的领域，表现为大型不同领域稳稳地重叠在一起，是一个更为丰富的景观创造。代表性的领域有陆地与海域之间的湿地、滩涂等。这些领域是物种多样化的场所。在城市内部，诸如房屋边、空地、街角、市政地与农林地交界等处，组成小型生态过渡带很有意义。

植物的“极相概念”用于掌握每一个土地中自然成长的方法。这种概念认为没有受到人为干预的自然，都稳定在原有的极相中。“气候极相学说”是单极相学说，认为同一气候带会向同一极迁移，曾经是主流学说。此后，发现在不同的土壤条件下，即便是同一个气候带也会出现多种极相，这种单极相学说逐步发展成多极相学说，“土地极相学说”应运而生。进一步观察发现，自然灾害引起稳定极的一部分发生缝隙、孔洞，不同阶段的多种植物混合共生（混合森林），由此确立“动态极相学说”，缝隙动力学成为主流

图1-3-2　城市、农村、深山、山麓连为一体流域的地域环境

学说。

在这里阐述自然迁移，是基于以下问题。在自然环境中组建人类环境，经常搅乱自然秩序，产生缝隙。当产生的缝隙过大而持续时，会超过自然本身的复原、调节能力，与其说得不到丰富的缝隙动力学结果，不如说缝隙动力学灭亡。超大型城市的人为扩张就是典型例子。适当规模的人为搅乱和缝隙属于缝隙动力学适用范畴，就是说在自然中，要有意识地组装人类环境。在人造的城市以及地域的人类环境中，人为地培育丰富多样的自然，意味着人类在有意识地迎合缝隙动力学说。

对人类环境来说，营造舒适的微气候，离不开活生生的景观建设。所谓微气候，它不是大范围气候，而是地域、场所范围内固有的气候。微气候是由温度、湿度、风等环境因素组成。在城市、地域中，巧妙地制造微气候，可以节约能源，降低自然环境所承担的负荷。而且，良好的微气候意味着自然、生物多样性的提高，意味着提供更加丰富的接触自然的机会。

为了永久的人类生活，为了从生态系中巧妙而永久地获取必需品（水、新鲜空气、舒适的湿度和温度、食物、满足），我们要确保属地的景观生态，并以此为依据建设环境。

4）与自然多层次的联系和接触

首先，要求身边的生活环境与自然紧紧相联系。我们的生活需要土地、水、大气、风、植物、昆虫、生物。在居住区、城市区、地域区等宽广水平的范围，都需要建设与自然紧密相连的环境。建筑物内、外部的自然，组合在建筑群中的自然，城市内部网络化的自然，城市外部与田园地域相连的自然等，要构成多层次的网络。能够接触多重性自然的人类环境才是最美好的，只有在这样的人类环境中培育和生活，才能真正享受舒适和快乐。

接触多重性自然，首先要激活属地、地域固有的景观生态特点。有时，恢复属地景观优势项，建设可恢复性自然环境很有效。人为的自然恢复也是城市、地域重生的目标之一。

5. 掌握并培育“风土化自然”，与自然和谐共生

思考与自然共生的人类环境营造方法，风土或者是风水土的概念很重要。在地形、水、土、大气、气候等无机物自然界和获取植物、动物等的生物性自然界中，人类漫长时间打交道的对象就是风土。从历史性、场所性看，人类经过漫长岁月，共同劳动所构筑的自然物也是风土。风土是人类和社会存在的见证。风土经过长时间会发生变化，但在短时间内是不会发生变化的。

从景观生态学角度分析，可以得出以下观点：人类经过长时间的劳动和使用，形成了生态景观也就是风土。在这个风土上，构筑了我们现在的人类环境。

在这里强调风土论，是因为广义上讲，与自然共生的人类环境的创造，只不过是再次的风水土制作而已。在这里所讲的自然是与人类有关系的自然，是与人类持续相关的自然。因此，人类与自然之间形成了相互依存的关系。比较典型的案例是日本的偏远山区和农林地，还有具有悠久历史的村落以及城市中常见的旧沟壑、丘陵的绿色地带。这些地方都是人类经过长时间的劳动得来的自然。在日本，为了丰富人类生活场所，辛勤耕耘自己周边的自然。这种与自然共生存的文化根深蒂固。我们应该重新审视这种世代承袭下来的“风土化的自然观”，以此为鉴，推进与自然共存的人类环境建设。

当今的地球环境问题中，既有全球性生物生存危机问题，也有地域性生物生存危机问题。如何营造人类与其他多种生物持续共存的环境，是地域环境建设中一个很大的课题。维持生物多样性为目的的地域环境建设，保持人类与其他生物安定、持久的生息环境，必须正确管理、维护、

复原地域的土、水、大气环境。人类的城市、居住地建设活动，也要从自然共生、再生的观点出发进行设计。我们应该继承偏远山区和村落与自然为伴的生活文化，以崭新的生态智慧和技术，指导解决新出现的全球性课题。

（系长浩司）

第 1 章 注・参考文献

◆ 1.1、1.2 —参考文献

○ 高橋正征「地球環境を支える物質循環－地球環境のこれまでとこれから－」『生涯フォーラム』No.1184（社会教育協会、1998 年）
○ 高橋正征「『生態人』への道－地球の現状と都市の責任」『BIO-City』No.2（ビオシティ、1994 年）
○ 高橋正征『「新しい」生態学』（ビオシティ、2001 年）
○ 小島覚「FAOSTAT database, 1998」
○ 小島覚『人類の繁栄と地球環境』（森北出版、1998 年）
○ 依光良三『日本の森林・緑資源』（東洋経済新報社、1984 年）

◆ 1.3 —注

1）ポール・ホーケンほか『自然資本の経済』（佐和隆光 監訳、日本経済新聞社、2001 年）
2）关于自然模式，参考日本建築学会编『シリーズ地球環境建築・入門編　地球環境建築のすすめ　第二版』（彰国社、2009 年）P.62 以后。

◆ 1.3 —参考文献

○ 武内和彦『地域の生態学』（朝倉書店、1991 年）
○ 横山秀司『景観生態学』（古今書院、1995 年）
○ 仙田満・泉 眞也・中川志郎、聞き手：糸長浩司『「会友」に聞く 1 ／環境と人間— 21 世紀の建築学会に期待するもの』（『建築雑誌』2002 年 4 月号、日本建築学会）
○ 養老孟司『バカの壁』（新潮社、2003 年）
○ 内山節「時間をめぐる衝突－グローバル化が戦争呼ぶ」（西日本新聞 2004 年 3 月 13 日朝刊）

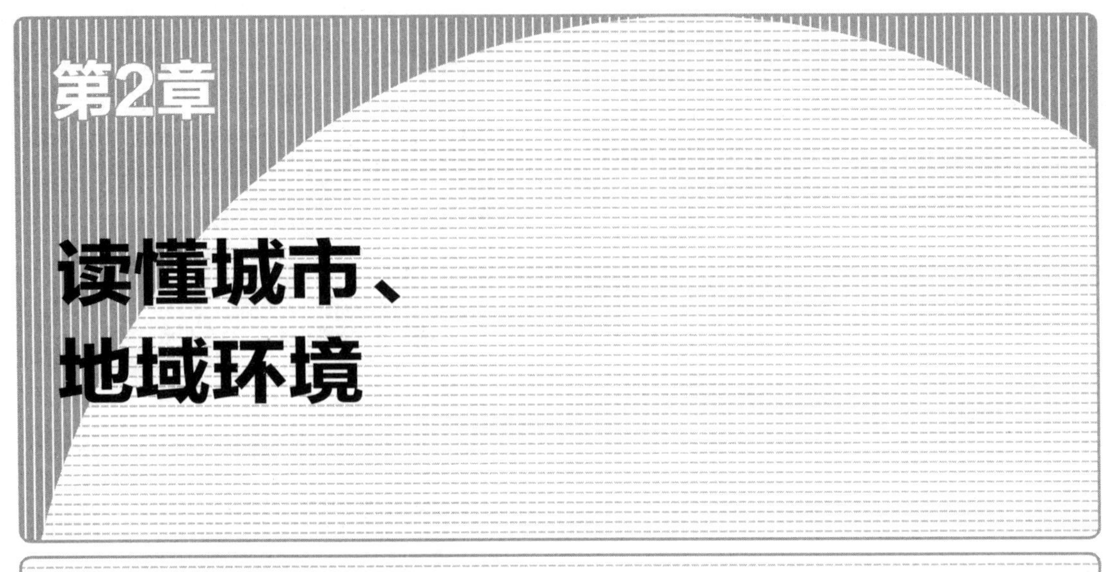

第2章 读懂城市、地域环境

2.1 学习环境的重要性

1. 尝试掌握地球环境

地域环境是地球中的没有缝隙的广大区域，为了更好地掌握地域环境，依据规划理论的基本框架，运用各种界限概念，把地域环境划分为多个层次。

1）多层次的地域环境划分

①区域的概念

地域环境决定人类生活的活力和需求。基于这个因素，出现了区域概念。

区域是地域环境中的一定范围的空间集合，是人为的作用范围。它表现一定范围内空间构成的秩序。

迄今为止，以地理学、社会学为首的，包括地域规划等分支在内，都引入区域概念，从地域社会活动关系出发，分析、规划地域环境的空间特性（图2–1–1，图2–1–2）。

②EKISTICS架构

20世纪中叶，希腊建筑学家康斯坦丁诺（Apostolou Doxiadēs）展开分析了人类定居社会理论，称作EKISTICS。他从最小的房间单元、居所到国际性城市的人类定居社会，用地理性、空间性单元分层次予以划分。包括经济、社会、政治、行政、技术、美学，综合地、科学地定义了人类定居社会是否成立。

他认为，人类定居社会必须具备人类、社会、功能、自然、壳体等5个要素，并且5种要素要相互协调。提出了研究架构和方法（表2–1–1）。

EKISTICS为了解决定居社会内部问题，提出了综合的程序方法，可以多层次的了解所有功能，要求每一个要素经常思考自己在整体中所处的位置。然而，由于科学技术的高速发展和细分化，使得EKISTICS难以适应发达国家，只是在发展中国家的城市建设中，做出了一定的贡献。

③定居区构想

在日本，从近代开始，随着城市化的深入，城市生活和产业结构也在发生变化，导致地域之间的人口、物质、信息流动加快，引起人口的过度集中和稀疏。地域环境的原有空间秩序被打破，产生空洞化现象。

受石油冲击的影响，日本的经济增速出现下

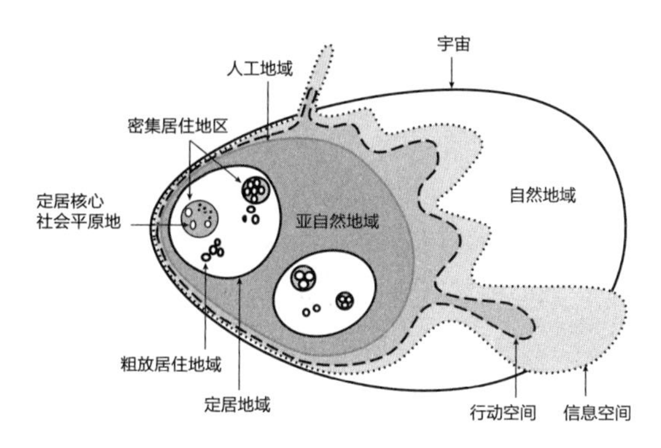

图2-1-1　人工地域与自然地域的关系
（出处：吉阪隆正、户沼幸市《新编建筑学大全2 城市篇·住宅问题》彰国社，1969年）

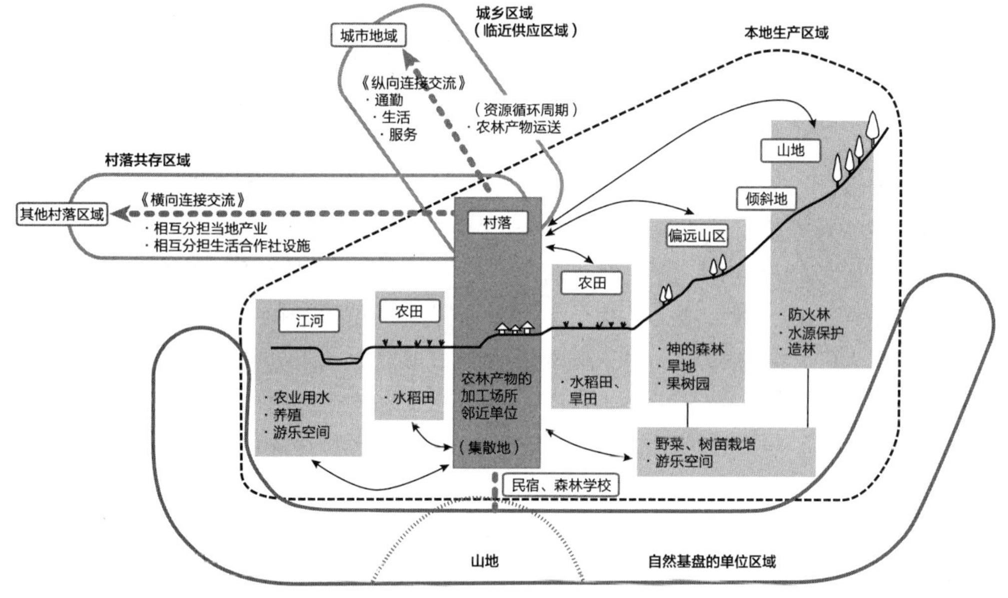

图2-1-2　以村落为中心的区域结构案例
（出处：藤井敏信、吉阪隆正等编《区域规划论》农村统计协会，1981年）

EKISTICS架构　　表2-1-1

EKISTICS单位	社区等级	单位名称		人口（人）
1		人类	（Anthropos）	1
2		房间	（Room）	2
3		住宅	（House）	5
4	Ⅰ	屋群	（House Group）	40
5	Ⅱ	邻里（小）	（Small Neighbourhood）	250
6	Ⅲ	邻里	（Neighbourhood）	1500
7	Ⅳ	城市（小）	（Small Polis）	10000
8	Ⅴ	城市	（Polis）	75000
9	Ⅵ	都市（小）	（Small Metropolis）	500000
10	Ⅶ	都市	（Metropolis）	4（百万）
11	Ⅷ	都会（小）	（Small Megalopolis）	25（百万）
12	Ⅸ	都会	（Megalopolis）	150（百万）
13	Ⅹ	大都会	（Small Eperopolis）	1000（百万）
14	Ⅺ	特大都会	（Eperopolis）	7500（百万）
15	Ⅻ	全球都会	（Ecumenopolis）	50000（百万）

滑。为了构筑稳定的国民生活，1977年出台的第三次全日本综合开发计划提出了综合性人类居住环境计划，计划要求在有限的国土资源下，建设人与自然和谐共存的，具有安定的、文化的人类居住环境。与之相呼应，出台了“定居区域构想”。该构想从国土规划角度，划分地域环境，尝试有计划的设定区域。

构想认为，经济成长期以交通为轴心的土地利用方式，破坏了环境。在此反省的基础上，重新评价江户时代以水系为轴心的生态型土地使用方式，以恢复全流域管理型土地利用方式为目标。借此契机，开展了在发达地域扎根于历史风土的人类环境建设。由于东京等大城市地价昂贵，开发压力很大，构想难以实施，最终放弃定居区域构想。

④人口尺度理论

户沼幸市认为，康斯坦丁诺的EKISTICS理论是线性论，在多层次上缺乏网络属性，延长线上的未来假设有些教条化。为此，提出人口尺度论，作为社会性的人口尺度，解释人口和人口密度。认为人口不是未分化式集合，指出在人口内部存在若干内聚力，具有一种量的规律。

户沼幸市把家（家族）和地球（人类）分别置于人类居住环境的两端，在此两端之间布置一定土地范围的地缘社会和一定的人类团体生活的居住环境，构成近处/近邻、村庄/乡镇/城市，构成村庄/乡镇/城市区域，构成国家和超国界等联合地域（图2-1-3）。

户沼幸市认为，至今沿用的区域概念虽然可以体现人类各种集合水平，但内外区分能力弱，试图将居住环境的内外——这个没有固定模式的状态紧紧连接在一起。区域建立在各种居住环境的动态网络相互渗透，是广阔网状居住系统。

⑤重新编制基于地域内循环的环境单元

地域环境原本依赖于自然和社会的生态系统，是具有复合多重性的自律系统。到如今，在日益扩大化的生活区域中，需要分别考虑地域环境中不断扩大的私有化领域和地域环境中的原有保留领域，为此再次提出了规划性区域论。

需要指出的是，规划性区域论没有遵循第三次全日本综合开发计划所提出的全流域型土地利用模式，而是依据生产、消费、分解、复原等自律循环系统，重新编制环境单元（地域内循环）。此外，也没有遵循区域的设定论，强调着眼于区域相对性的重要性。

2）界限概念中的“边际”意义

①利用“边际”确认主体位置

地域环境是其内部每一部分空间的固有性，经过相互接触、融合成为一体，得到新的价值。因此，在规划地域环境的边际时，是以具有个别固有性的空间作为规划单位。不过，不能把每一个空间个体完全分离开来进行处理，而是要把空间个体之间的间断性或者连续性包含于规划之中。

有人说：“我处在什么地方？什么位置？”确定主体的位置，在空间认识上是最基本的问题。在非常宽广的空间中，确定主体的位置，首先需要把包括主体在内的、具有一定形状的空间从宽广空间中分离出来。在这里尤其要注意的是，表示主体与界限之间相互关系的“边际”概念。

“边际”就是时间或者空间的边界部分。我们讨论“边际”的本质是研究主体和界限的相互关系，研究主体前往界限的有意识的接近性，而不是在确认具体的界限端部。引入“边际”概念，对了解地域环境极其有效。例如：通过日本的风土，可以发现人类群落呈拥抱状地矗立在地形的褶子部位，是巧妙利用山、水边际的实例。

②“边际”的意义

如前所述，“边际”包含主体无限制的接近界限的意识，反过来，把界限分段的空间作为主体存在的空间予以领域化。

其次，界限也转变原有的内在意义，对无限制接近过来的主体空间显示其价值。“边际”不是指主体空间（此岸）与不连续的空间（彼岸）

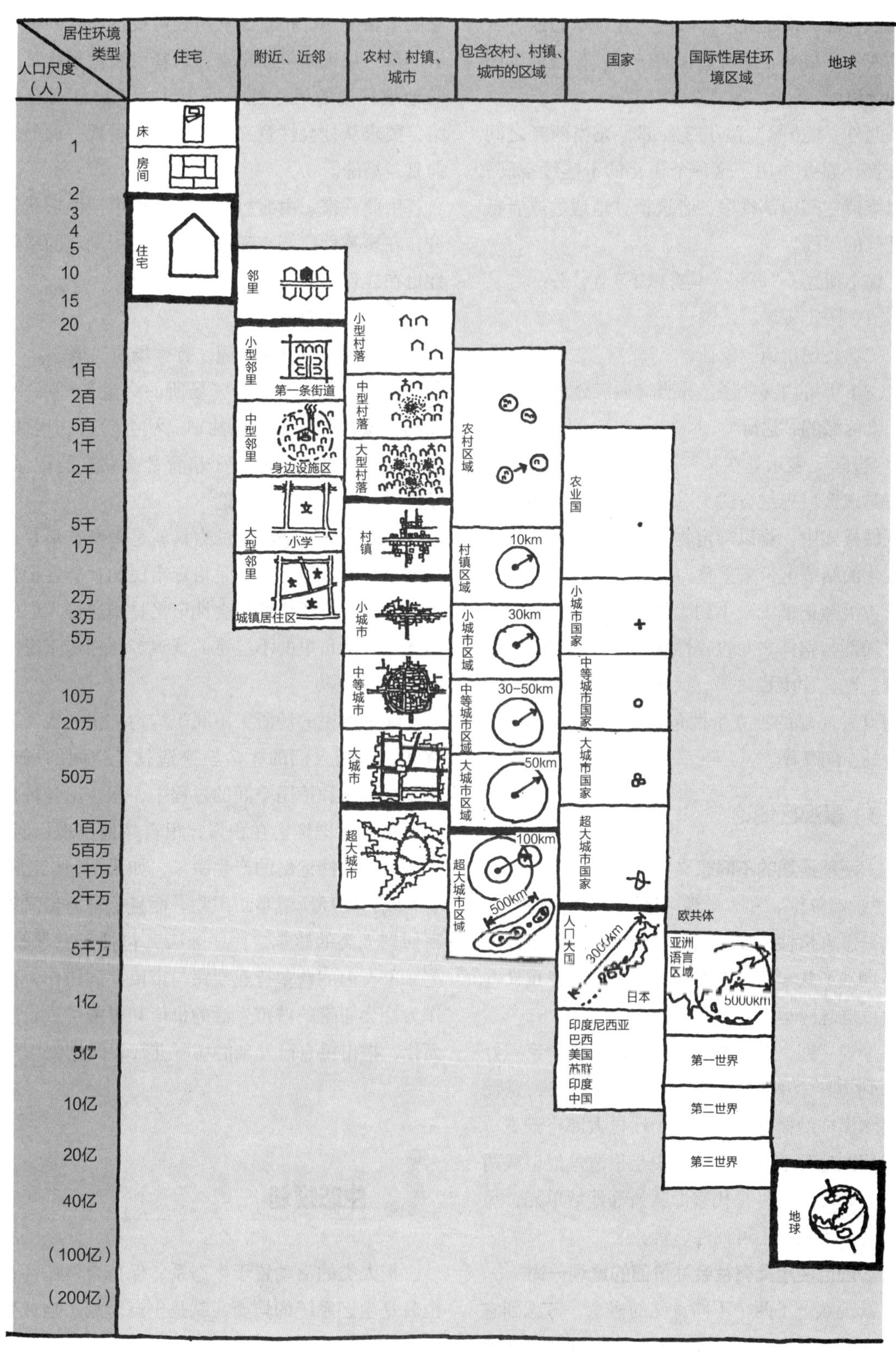

图2-1-3　人口与人类居住环境分类对应表
（出处：户沼幸市《人口尺度论》彰国社，1980年）

之间的界面，而是针对界限的不连续状态或者状态的变化，根据主体有意识的接近，显现彼岸固有的价值。

此外，“边际”位于接合部，充当两者之间的交换、媒介作用。这种个体化的不连续空间，可以维持空间内部秩序，有选择性地通过或者抵御外部的入侵。

综上所述，“边际”具有以下3个意义：

（1）限定领域、范围；

（2）表现价值、象征；

（3）维持内部秩序，充当交换媒介。

③区域的“边际”

“边际”表示处在某一范围内的空间构成秩序，是以区域思维方式为基础的。不过，在通常的区域模式中，难以确定物质性核心，在空间秩序变化的结节上带来重叠。

吉阪隆正把无限小到无限大、连续存在的对象、局部与整体之间包容性联系概念称作“间断性统一”。“边际”的概念尊重局部的独立个性，认为这种局部的独立个性包含引起空间的分节、统合的空间秩序。

3）景观区域论

①两种景观的不同意义

“景观单位”和“景观区域”尽管称呼不同，但都是以有机性秩序获取地域环境中的一定范围的可视性形状集合。在规划中常见的，多重性空间单位概念应运而生。

景观一词，原本是明治时代的植物学家三好学，翻译德语中的Landschaft一词而得来，是反映植物模样的概念。后来，由辻村太郎将景观一词运用到地理学之中。原语中是很清楚地记载两种不同含义，一种是代表郡县州等地域单元，另一种是代表地表中可视性形状。

②规范使用具有社会性价值的景观一词

景观赋予了两个不同意义的概念，考虑到它原本来自Landschaft一词，正在努力推动景观意义的重新统一。把景观从地表可视性形状的美与丑的单一议论中解脱出来，解释可视性形状背后的地域环境的风土性、社会性、历史性文化脉络，要求从社会性意义上规范使用景观一词的倾向日益高涨。

由此一来，由有机性秩序获取可视性形状集合，在多重性广阔空间意义上，使用景观的重要性也在显现。

③场所的力量

地域环境与建筑之间，有“场所”概念。

多洛蕾丝·海登在《场所的力量》一书中，以场所概念为基础，以性别、社会阶层、人种、民族问题为背景，建立了培育社会共有的记忆，相传下一代的景观新理论。

她认为，所谓场所的力量就是隐藏在最普通城市景观的一种力量，是培育市民的社会性记忆的力量。这里所说的社会性记忆是指通过人们的口述或者街角里的不经意的景观等，相传于民间的自我属性。

这里所说的场所，不同于均匀扩张的数学性空间，是指人们的生活轨迹造就了空间的场地化。在开垦和使用空间的过程中，派生出各种价值，相应的记忆也在积累，很自然地出现场所。场所是社会性记忆的产生源泉，如果把记忆比喻为丝线，则场所就是纺织物。而且这种力量又重新回到人类的感觉之中。今天，包括历史学家、艺术家在内的众多行业专家与市民共同协作，把作为社会纽带的城市生活的价值和可能性进行表面化，把市民自己发现的场所进行表面化。

2. 生态规划

把人类的活动置于生态系，保持自然循环系也就是生态系统的均衡，就是生态规划（地域生态规划）。

伊恩·伦诺克斯·麦克哈格认为，土地、地域、环境都是有生命的。要求从数亿年前的地质和其上生息的动植物生态状态中总结出土地的使用方法，提倡生态规划。

1）生态学的土地利用方法

生态规划是运用生态学、社会文化观点，研究场所的最适合的利用程度。首先要求结合地质学、气象学、地下水力学、地形学、水利学、土壤学、动植物生态学、水生生物学、海洋生物学、地震学等众多学术观点，来把握该场所的景观成立与否以及土地利用的开发程度。

2）射线蛋糕

地质学研究野生动物的生息情况、植物生态学和人类文明学时，测绘所有数据进行分析，将成果层状重叠在一起，我们称之为射线蛋糕（射线探测系统）[1)]。

在生态规划中，对新的环境开发，通常根据射线蛋糕进行分析。通过对照每一个组成因子，判断土地利用的利与弊，提出适合该场所环境的答案。

现在，为了收集射线蛋糕的分析数据，采用地理信息系统（GIS），在全球范围内，实施环境数据测绘。

3）设计结合自然

麦克哈格的《设计结合自然》一书，把生态学和地域规划联系在一起，提出“适合=健康/不适合=生病=死亡”的理论。

生态系是现存条件下，寻找最适合的环境，很自然地与环境相适应的系统，强调提高生存环境。合适的生存环境，意味着该环境下生活的生物，以最小的代价获得最大的需求。进化顺利向前进，要求以最小的工作量来适应环境。得到良好进化的物种在生态系中表现为适合与健康。相反，处于不适合与生病状态，说明生态系没有找到最适合的环境，没有很自然地与环境相互适应。

3. 环境的多重设计

划分是掌握的第一步。不过，如同生物学从分类学中发展了系统学、生态学；地域环境设计分支也没有停留在地域环境的空间划分上，而是从区域规划开始，向局部空间之间的关系以及与异质性局部空间合作等方向发展。

1）套匣结构

①相似关系

地域环境存在局部和整体的相似关系。任意截取局部，都能找到与整体相似的套匣结构。

例如：自然环境和城市环境的关系，从国土到小巷里的盆栽，都可以发现相似性关系。总之，针对各种空间水平，在自然环境和城市环境中，如何设计套匣结构成为焦点。

②叶脉模式

地域环境的“套匣”结构从森林、林地、树木、树叶的关系中也能体会。尤其是，局部处于统合状态的叶脉模式提供很容易理解的模板。此外，叶脉模式是否处在优良状态，只要看看被虫子吃掉的树叶便知晓。即便是叶脉的一部分被虫子吃掉，其端部的树叶并没有枯死，这是为什么呢？叶脉模式不是所谓的单纯的树构造，它是具有毛细叶脉的回路功能。可见局部与全体之间的“套匣”关系如此紧密。

2）区域具有的相对性

①相对的独立性

在地域环境设计中，区域的独立性是一个很大的课题。不过，时至今日人类的活动区域已经遍布全球各地。“独立是什么？”讨论这个话题似乎没有价值。所以，如何理解区域的相对独立的问题，才是主要的课题。

②可持续性

在地域环境中存在的所有要素，在多种关系

性的网络上是相互融合在一起的。这里的所有程序也是相互依存，并且这种相互依存一直伴随着持续性的循环运动。此外，这种关系性具有竞争与合作的伙伴关系，通过创造和相互适应而进化，很自然地形成组织，最大限度地保持可持续性。

③发现与可视化

掌握地域环境的空间秩序是设计的第一步，可归结为以下5个要点：

（a）要发现可持续形成地域环境的原理。如依赖地形、水系、植被、地质、气候等或者自然生态系的物质循环等；

（b）要发现生活在地域的人类能动性和需求，测算其成本或代价；

（c）在公用空间或者共存等中间领域中，发现自然特性、文化特质性场所；

（d）要发现维持小型循环系的、适合的中间技术，使得传承地域的任何人都可以参与；

（e）以其他领域或者市民的协作为基础，以共同享有各种发现为目标，活用建筑功能，突出并可视化场所。　（后藤春彦）

2.2 学习风土与文化

1. 风土与文化

风土按照文字解读，就是风和土。风一般指较难看得清的日照、雨、风、冷热等气候条件，土是环境条件，相当于生活的展开舞台，是海边、平原、倾斜地等地理条件。土地是特有的气候条件和地理条件的组合体，其内部不断创造没有固定模式的风土条件。

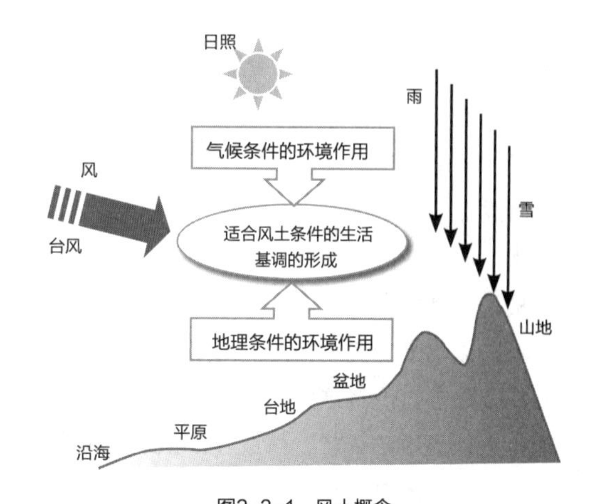

图2-2-1 风土概念
日照、雨、风、冷热等气候条件和海边、平原、倾斜地等地理条件形成固有的风土条件，适合风土条件的生活基调作为地域文化传承下去。

生活在这片土地的人类，在气候、地理等风土条件下，累积生活，经过反复的尝试与失败，构筑了固有的生活基调。在蒙古的草原，居住在蒙古包并无固定放牧为生活基调，同样的放牧生活，北非的柏伯尔人居住的帐篷却是开放性的；究其原因在于冷热和降雨量不同。包括日本在内

照片2-2-1 蒙古包

照片2-2-2 摩洛哥帐篷

照片2-2-3 马来西亚高脚屋

照片2-2-4 韩国烧炕屋

适应不同风土的结果，造成不同的衣食住行，形成地域固有的生活基调。

的地处亚洲季风地域，盛行水稻种植；大城市的出现也得益于稻谷可以长时间储存。地处整年高温多雨的马来西亚，是以高脚屋作为生活基调，而在四季分明、冬季寒冷的韩国是以烧炕房屋作为生活基调。可见，风土条件决定生活基调。与自然有密切联系的农、山、渔村，风土条件和生活基调的关系更为直接。

适合风土条件的生活基调，随时代的发展不断加以改良，在满足适合性前提下一代接一代传承下来。适合冷热的穿着方式，草原羊肉、季风地带稻米的食用方法，以及利用身边的木材、砖瓦、石头盖起来的遮风挡雨、耐旱耐热的居住地的制作方法等，所有这些衣食住的生活基调，都是产生在该土地的智慧，都适合该土地的风土条件。随着技术的进步和不同文化的相互影响，不断得到改良，发展成更加精炼的生活基调，由上一代传承下一代，一代接着一代传承下来的。这就是地域文化。

蒙古包是蒙古特有的，帐篷是撒哈拉沙漠中柏伯尔人所特有的。高脚屋适用于高温多雨，烧炕屋适合居住在寒冷地区的人类。所有这些生活基调都是作为该土地的特有地域文化传承下来的。可以说地域文化是由风土产生的。也就是说，风土指该土地的环境条件，不仅包括环境状态，而且还包含人类反复累积下来的文化。和辻哲郎的《风土》一书，至今也具有丰富的借鉴意义。

下面，将风土产生群居文化的问题，结合风土学习方法，以水作为案例予以讲解。

2. 了解雨水和储存水

斯里兰卡是位于北纬6°～9°的印度洋热带岛国。岛的中部和南部集中了海拔超过2000m的山脉，山麓地带的北面是相对平坦的大平原。不过，该平原除了每逢9月至来年的2月东北季风期的降雨以外，其余时间均干旱少雨，属于干燥地带。

考证在斯里兰卡建立王朝时期，可回溯到公元前。公元前500年，建立僧伽罗王朝，不久在岛屿北部的阿努拉德普勒设立都城。之所以在干燥地带设立都城，是因为该土地具有优良的灌溉蓄水系统，适宜耕作水稻。此后虽经历了2000余年，到了现在阿努拉德普勒的城市用水，基本还是依赖这个灌溉蓄水系统。

图2-2-2是阿努拉德普勒的灌溉蓄水系统概念图。伴随都城建设，作为主要的灌溉蓄水系统，在海拔350m高处改造了那江多瓦湖泊，在海拔330m高处改造了吉里古拉马人工湖泊，在海拔300m高处改造了努瓦拉人工湖泊，并建设人工水渠网络，连接各湖泊。此后，经过1000年左右的努力，增加了一处海拔420m高的格拉湖泊。

僧伽罗王朝在阿努拉德普勒设立都城以后，曾经往南迁都于波隆纳鲁沃、康提等地，所到之处，都建设了类似的灌溉蓄水系统。仔细研究灌溉蓄水系统的构成，不难发现僧伽罗王朝对风土的深刻理解。首先寻找雨季雨水可以集中的山谷，2～3侧面为丘陵的山谷，6个月内的降雨量达到1250～2000mm，在1～2侧面谷底处砌筑堤坝。堤坝的长度数千米不等，高度为10～31m。堤坝中设置若干闸口，常年不间断地向水渠供一定量的水。水渠的水流向另外湖泊，通过途中设置的闸门依次灌溉水渠周边的阶梯式农田。从最后一个阶梯式农田流出的水与水渠再汇合最终流向下一个人工湖泊。下一个人工湖泊储存水渠和周边丘陵地中流进来的水，依次向阶梯式农田供水。人工湖泊→水渠→阶梯式农田→水渠→人工湖泊，这个连续的水系统，组成庞大的灌溉蓄水系统，支撑了王国的统治。

人工湖泊、水渠、阶梯式农田，由于其土的性质不同表现出一定的差别，多多少少都要发生水的地下渗透。渗透到地下的水形成暗流，流向低处。人类的聚集地一般都建立在人工湖泊→水

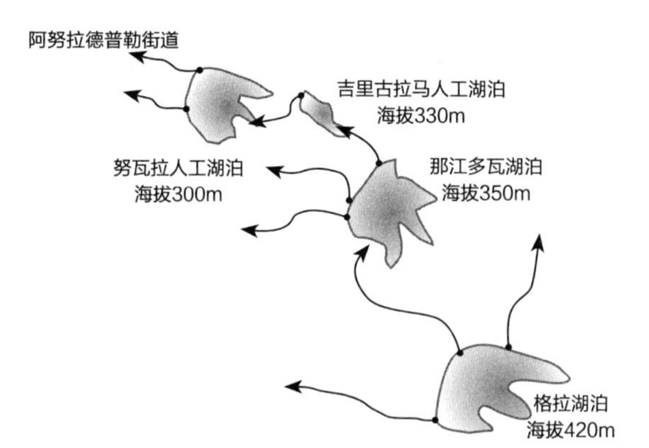

图2-2-2　阿努拉德普勒的水系概念
仅在东北季风期才有的雨水储存在人工湖泊中，通过反复储水→水渠→阶梯式农田→人工湖泊的输水方式，供应都城街道。

照片2-2-5　那江多瓦湖泊
选择容易储存水的山谷，建造巨大的人工湖泊储存雨水。

照片2-2-6　吉里古拉马农村
从人工湖泊流向另外一个人工湖泊的途中，向阶梯式农田供水。

照片2-2-7　阿努拉德普勒街道、努瓦拉人工湖泊闸门
经过人工湖泊→水渠→阶梯式农田的水，流入努瓦拉人工湖泊，向都城街道供水。

渠→阶梯式农田水系统的附近，所需生活用水尤其是饮用水，大多开挖水井，取用地下水来保持。地下水在地层中是分层存在的，财力或者劳动力相对不足时，只能开挖较浅的水井，此时会发生水质变坏、干旱期井水枯竭等现象。发生这种情况，分配使用附近处水质更为良好的深井水。此外，运气不好时，也有可能在人类的聚集地内没有地下水，此时也只能分配使用附近处的深井水。总之，人类的聚集地一般都建在可以形成地下暗流水系的人工湖泊→水渠→阶梯式农田水系统的附近。

地处干燥地带的斯里兰卡北部，掌握了季风期降雨特点，修筑堤坝，截留雨水，制造若干人工湖泊，利用水渠解决农业和生活用水。熟悉雨水特点，巧妙地将雨水用于生活和生产，可以说这是与环境共存的技术，不愧是一种环境技术。它支撑人类的聚集地，展现了斯里兰卡固有的文化。

3. 掌握水流和水分配

水从高处流向低处是自然原理。虽然这个自然原理在地球的任何地方都不变，在各个地方都是以这个自然原理为出发点。但是由于各个地方风土条件的特点有差异，在水利用环境技术上也表现出不同特点。

图2-2-3为日本埼玉县越谷市的水分配系统。关东平原周围，每年的4～10月是雨季，其中6月

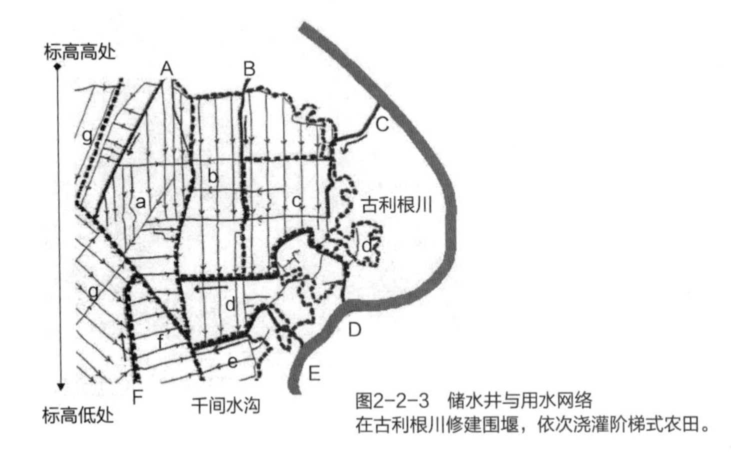

图2-2-3　储水井与用水网络
在古利根川修建围堰，依次浇灌阶梯式农田。

照片2-2-8　储水井
灌溉阶梯式农田时，利用古利根川上修建的围堰抬高水位，使水流进来。

照片2-2-9　用水网络
江中获得的水，依次流向低处阶梯式农田，在千间水沟汇集后，流入位于古利根川下游的中川。

的降雨量最大。降雨区域包括“日光连山”、“足尾山地”、“秩父山地”、“丹泽山地”等处，雨水汇集到鬼怒川、利根川、荒川等水系流向关东平原。关东平原地势平缓，越谷附近的海拔高处为4m，低处为3m，相对高差不超过2m，水资源虽丰富，但对耕作水稻并不一定有利。因此，伴随江户的发展，发起了新田建设。如果把水放任自流，则水一定顺江而下。如果在江河中设置围堰时，可以把水留在围堰高度范围。

首先，在2m高差的土地上，划分若干梯次的阶梯式农田。此后在流经此地的古利根川上设置若干围堰储存江水，也称作储水井。上流围堰里的江水通过A水渠流向a区阶梯式农田。同样，位于A下的B围堰区的水流向b区阶梯式农田，位于B下的C、D围堰区的水分别流向c、d区阶梯式农田，位于E围堰区的水流向e区阶梯式农田。这样，古利根川上设置若干围堰储存的江水，通过各个水渠，滋润阶梯式农田。这是个了不起的智慧，水的流动经过非常缜密的计算。

A水渠流入a区阶梯式农田，其高差非常小，从a区阶梯式农田流出的水，最后流入E水渠。b区阶梯式农田水依次流向低处的阶梯式农田后流入C、D水渠。同样，c区阶梯式农田流入B或者D水渠，d区阶梯式农田流入E水渠。也就是说，

照片2-2-10 中国吐鲁番的勇气
从天山山脉到城市绿洲挖掘深70 m～数米的长距离地下水渠。

照片2-2-11 城市绿洲的水渠
地下水渠到了城镇，就变为明渠，沿着水渠网络排列住家地。

不管是a、b、c、d区阶梯式农田还是A、B、C、D水渠，最终都流入最低标高处的E水渠。E水渠的水滋润e区阶梯式农田以后，流进更低处水渠。经过上述步骤流出的水，汇集在人工千间水沟，最后流进位于古利根川下游的中川。

若放任自流，则水经山→河流→大海而去。在江河中设置围堰抬高水位时，水自然迂回至阶梯式农田。另一方面，阶梯式农田之间的高差设计很小，迂回过来的水足以滋润所有农田。在这基础上，将阶梯式农田流出的水汇集到人工沟渠中，最后交还于江河。看水的循环就像欣赏壮观的节目画面。山→河流→大海的流水是常见的水循环，河流→水渠→阶梯式农田→人工水沟→河流→大海的迂回式流水也没有损害水循环。迂回途中，一部分要蒸发或者渗透。两种水循环只有速度快与慢和时间长与短的不同，都保持水循环体系。

是否对熟悉当地风土的人类的智慧有所感叹？与此同时，对缜密无缝的分配水系统，没有搅乱水循环体系，要保全环境的认知程度，没有感觉到惊讶？学习风土，就是最大限度地挖掘风土所固有的合理性，同时要以对环境保全、环境管理的正确认识作为出发点。

4. 水源开发和城镇建设

众所周知，丝绸之路就是连接中国与欧洲、非洲、西亚的繁忙的贸易通道。沿着丝绸之路，沿途形成了吐鲁番等城市绿洲，曾经繁荣之极。实际上，吐鲁番等地地处沙漠地带，年降水量不足100mm，白天的气温超过40℃，中国古代名著《西游记》中的孙悟空大显身手的地方——火焰山，说的就是此地。尽管处在高温干燥的沙漠地区，城市绿洲之所以繁荣，源于天山山脉等横穿中国西域的高山上堆积的冰雪融化。想当初也许是地下水造就了绿洲，人类以绿洲为中心建立城镇，随着城镇的发展，地下水逐渐减少，水成了威胁城镇存亡的关键。为此，人类想出来的就是如照片2-2-10所示的被称为KAREEZU、KANAATO、KAREETIN等的地下水渠。

吐鲁番距天山山脉数万米，人类首先在天山山脉脚下，寻找融雪水的地下水源。依此为起点，开挖地下水渠。为了保证一定的水流量，把握地下水渠的坡度非常重要。如果坡度掌握不好，水源地的水过早流尽，很快见底，就要形成断流。为此，山脚下的地下水渠深度达到70m，城镇附近的地下水渠深度到数米，依此确定地下水渠的倾斜度。如何开挖长达数万米，深达数十米且要求一定坡度的地下隧道呢？答案是，每开挖20～30m纵向隧道后进行横向水平开挖并与另一个纵向隧道相连接。由于地面温度超过40℃，地表水很快被蒸发掉，所以是不得已的开挖方法。假设每一段纵向隧道长25m，10km则需要开挖400条纵向隧道，开挖难度可想而知。仅吐鲁番一处，据说有1100条纵向隧道至今还在使用。直到如今，据简单统计有44万条纵向隧道起了至关重要的作用。假设平均深度是30m，则开挖了总长度为13200km的地下隧道。人类的想象力暂且不论，仅咬牙坚持艰难工程的人类的热情，让人臣服。

流到城镇的水，流入具有坡度的水渠网络。住家均匀地分布、排列在水渠网络中，住家内部的分布是，前面的水渠边是洗浴间，隔着前庭里面是主要居室，居室后面是农地，农地外侧是风沙防护林。沿着水渠边种植树木形成树荫。由于洗浴间设在水渠边，用水很方便，使用后排进前庭，前庭种植有葡萄、无花果、石榴、核桃等许多枝叶茂盛的水果树木，几乎将主要居室遮盖。主要居室都是砖木结构，很难抵挡高辐射热，实在难以入眠的时候，经常在前庭的树荫下支起床铺，在树荫下缓解心情。厨房中使用过的水，排入屋后的农地，农地大部分用来种菜和种植葡萄。顺便说一下，葡萄利用高温干燥的气候可做成葡萄干。吐鲁番的葡萄干糖度高，有很高的知名度。

从这些案例中得到启发的是，在各种土地中，要正确掌握该土地特有的风土条件，要采取合理的环境技术构筑该土地。只有这样，才能创造与环境共存的丰富生活。当然，只有有了丰富的生活，环境技术和生活基调才能作为地域文化，才能传承下一代。相反，在城市建设中早已抛弃了该土地的特有风土，作为替代品采取了机械的力量。虽然拥有城市称号，我们也应该把握该土地的特有风土，在完成合理的环境技术的基础上，融入机械的力量进行城市建设。只有这样，才能真正享受与环境共存的丰富生活。这种成功案例至今很健康地存在于世界各地。

（伊藤庸一）

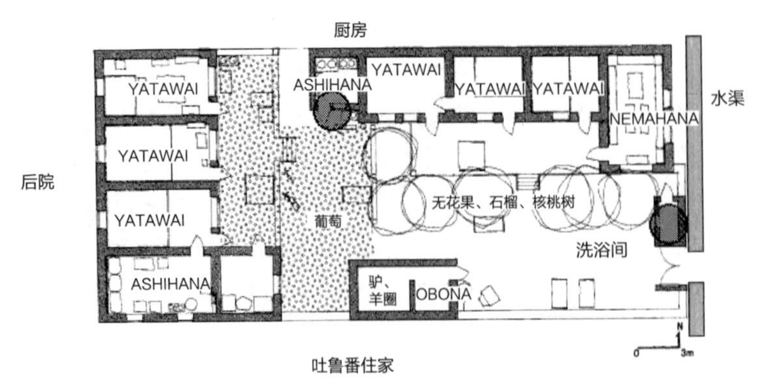

图2-2-4　与水为一体的住家构成
洗浴间设在水渠边，使用后排进前庭，前庭种植有葡萄、无花果、石榴、核桃等，水果树木形成树荫。厨房中使用过的水，排入后院。后院用作种菜和种植葡萄，后院外围是防风林。

2.3 学习景观

1. 视为景观

多数人在日常生活中，都能体验景观。景观基于人类的感性世界，理解景观并不需要特别高难度的知识。需要指出的是，理解景观是基于“视为景观”的观点。

因此，为了欣赏景观使心情舒畅，为了加深理解景观，学习各种观点方法是最重要的。只有掌握观点方法，才能发现迄今没有太在意过的景观，也能重新认识到身边的环境。进一步挖掘崭新的景观。

2. “可眺望的景观对象”与“眺望景观的人”

有一种了解景观的方法，就是着眼于“可眺望的景观对象”与“眺望景观的人类”的思考方式。是把观察对象和人类区分开的思考方式，是产生于近代的、近代所特有的思考方式。

这种思考方式肯定不能理解近代以前的景观。但是，近代以后的人类觉得这种思考方式比较容易理解景观，因而大多沿袭这种思考方式。

下面，依据“可眺望的景观对象”与“眺望景观的人类”的特征，分析景观特点。

1）可眺望的景观对象

“可眺望的景观对象”的第一个特点是，认为景观不仅限于肉眼所视范围。

的确，我们并不是仅依靠视觉来理解问题。还要依靠声音、味觉、触觉以及迄今积累的经验、想法、知识等。理解景观时，应当把所有要素全部动员起来。因此，理解景观对象，不能限定在视觉范围。

“可眺望的景观对象”的第二个特点是，虽然肉眼可以看到，但不一定都能作为景观看待。其实眺望景观的人类或者人类所属的文化，决定景观属性的理解与否，将在下面做更详细阐述。

2）眺望景观的人

“眺望景观的人”的第一个特点是，眺望景观的人决定景观属性的理解与否。

认为景观就是我们看见的世界，这是一种欠缺的思考方式。然而在我们的认知中，存在这种“睁开眼睛，眼前就是景观”的思考方式。因此，不是基于“视为景观”的观点认识眼前的世界，就理解不了景观。

法国地理学家奥古斯坦·贝尔克（AUGUSTIN BERQUE）在《日本的风景与欧洲的景观》[1)]一书中，阐述了以下观点。

有山不一定就有风景，当把山当作风景时，山才有风景。欧洲人是18世纪开始把山当作风景来欣赏，此前自然也有不知风景为何物的民族。

此外，即便是基于“视为景观”的观点观察，也因“眺望景观的人类”的观点不同，对同一个景观得到不同的答案。

例如，对头顶上，云丝般拉紧的电线；烟囱中冒出滚滚浓烟的工厂等景观，在日本曾经把它当作现代化、国力提高的象征。

3. 日本的各种景观

了解日本的景观，首先有必要了解“眺望景观的人”的日本人是如何基于“视为景观”的观点基础上观察景观。

景观是人类与环境之间的多感觉的关系。从此关系着手，选择要点说明日本人的景观观点，重温我们周边的环境中都有什么样的景观。

1）会说话的草木

日本人的自然观源于万物有生论，相信自然存在神的力量。对自然的感情既朴素又百感交集。（小西甚一《日本文艺史1》）[2)]

古代的日本人认为，自然会说话。日本书记中也有记载，如："草木也都是能言语的"或者"岩石深处、树根、草叶也都是能言语的"等。古代的日本人认为周围的环境都是有生命的。

宫泽贤治的《风之又三郎》、《橡树与山猫》中的描述，也许更能说明。

例如：《风之又三郎》的开头，有以下描述[3)]：

咚嗵嗵　嗵嗵—嗵　嗵嗵—嗵　嗵嗵—
青青的核桃吹风跑
酸酸的木梨吹风跑
咚嗵嗵　嗵嗵—嗵　嗵嗵—嗵　嗵嗵—

在《橡树与山猫》[4)]中，也有以下描述：

周围的群山被刚刚下的蒙蒙夜雨衬托，在青色的天空下面并行排列。

如果我们被这些描述打动，也许能基于"草木也都是能言语的"的观点，了解身边的环境。

2）神灵的气色

万物有生论，相信自然存在神的力量，把太阳、月亮、山、河、森林、树、岩石、水、雷电等山川草木、宇宙万象供奉为神灵（照片2-3-1），在神社祭拜这些神灵。

不知发生什么事，男人含泪感激。
这是朗诵伊势神宫气色的西行之歌。

神社不仅供奉神灵，还伴生祭事。祭事是认为神灵来巡视而举行的每年迎接并款待神灵的祭拜活动。所以不同于平常，在整个地域内举行盛大的祭事活动（照片2-3-2）。

3）祖国的气色

举行赞美自己生活的土地的仪式，产生了赞美祖国诗歌以及后来的抒情诗歌。

赞美祖国诗歌中，舒明天皇（公元593～641

照片2-3-1 "那智"的瀑布

照片2-3-2　八坂神社祭事活动

年）的下面诗歌非常有名。

大和的群山如此美丽，飞鸟嘻嘻，
每当登上天际之香具山俯视祖国，
国土云雾缭绕，
大海海鸥飞翔，
漂亮的祖国，蜻蛉岛，
是大和之国。（万叶集2）

土桥宽在《古代歌谣与礼仪研究》[5)]一书中写道：这首赞美祖国的诗歌，不单单是从“香具山”俯视中对景色的赞美。这是一首在天地生命复苏并且活跃的春季，登上山顶通过欣赏环绕山河的云雾和飞鸟，觉察到天地活生生的灵气并加以赞美的诗歌，是预祝秋天丰收的诗歌，是赞美祖国之歌。

后来，赞美祖国诗歌渐渐转向盛赞土地景色的抒情诗歌。公元743年（天平15年），大伴家持的诗歌是这样赞美久迩之京（照片2-3-3）：

如今的久迩之都城，山川清澈秀美，
治理果然名不虚传。（万叶集1037）

诗歌赞美山川的气色如此清澈秀美，都城的建设如此和谐，的确很了不起。这首诗歌称赞都城所在地的山川，祝愿都城的繁荣，是赞美祖国的诗歌。不过，从天地生灵气色角度看，这首诗歌更接近于盛赞山川景色的抒情诗歌。

为了使自己生活的土地景观更加美丽，每年举行盛大的祭事活动，赞美自己的祖国，赞美自己生活的土地景观也许是必要的。

4）与天地自然成一体的住家气色

不管舒明天皇的赞美祖国诗歌，还是大伴家持赞美都城诗歌，都是使用美好的语言，赞美天与地的灵气，都是期待天地赋予美好的结果。

在这里，在与天地成一体的生活中，针对吉利的住家（生物居住场所）进行讨论。

如何求得与天地自然和谐的都城，可以说一说平安都城故事。公元794年（延历13年），在平安都城迁都昭示中，有以下记载：

“皇宫所在地要绿树成荫，周围山川也要秀丽。”

“吾国在山川环绕的地方，自然地势建设都城。（中间省略）要改变背靠山的形式，要建山

照片2-3-3　久迩之都城

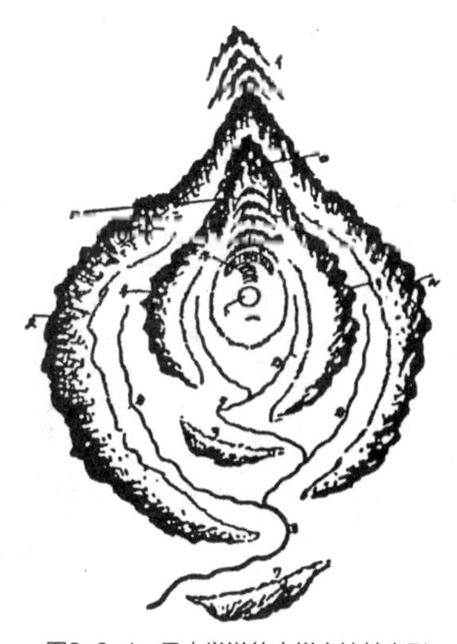

图2-3-1　风水学说的吉祥宝地基本型
（出处：朝鲜总督府《朝鲜的风水，韩国合并史资料（翻版）》龙溪书舍，2003年）

中之国。”

这种都城观与欧洲的城市观念明显不同，欧洲的城市观认为城市与自然应相分离。此外，这种与天地自然成一体的住家、都城为上品的观点，大都离不开风水学说（图2–3–1），风水学说是东亚地区土地选择理论。

5）四季气色

都说日本人对四季的变化很是敏感。此说法的依据就是日本的四季分明，日本人是根据四季的变化而从事农业活动的农耕民族等。此外，还有很多说法。

不管怎么说，日本民族的确对四季的变化怀有敏感的感性。这个感性培育了日本的花鸟风月、雪月花的气色。良宽写下了以下诗歌：

想留着做念想，看看都剩下了什么？

只有春天的花、山中的小杜鹃和

秋天的红叶。

花鸟风月或者雪月花是季节性景物的代表，象征着日本的气色。季节性景物的名胜地（图2–3–2）将会继续吸引我们的眼球。

6）歌枕、名胜地气色

歌枕，就是诗歌盛行的名胜地。寻访这些名胜地，缅怀古人，沉浸在诗歌的气色之中，从中获得新的感想，创作新的作品。这是日本文学的传统（图2–3–3）。西行、芭蕉等人的优秀作品也是在寻访这些名胜地中创作的。

不仅在歌枕，其他名胜古迹、文学艺术作品的创作舞台、播放电影和电视剧的舞台等也是传奇浪漫的景观，来访的旅客也很多。相信今后来访的旅客也会络绎不绝。

7）洛中景色

大约在公元16世纪初，洛中洛外图制作完成。这张图尽显京城四季的祭事和庙会，歌枕和花鸟风月的名胜地，有名的寺院和神社，与天地成一体的住家。描绘所有日本的气色与景色。

这张画最引人注目的是，生动地表现了京城的街道和人们活生生的生活（图2–3–4）。可以

图2–3–2　小金井的樱花（江户名胜花历）

图2–3–3　西行法师 缘的作品：梅花（拾遗都名胜图会）

说，洛中洛外图第一次展现了日本城市的景色。

8）文明的开放与近代气色

日本在明治时期，由黑船实行对外开放，走上文明开放的道路。洋房、铁路、汽车、马车、电车、铁桥、车站、电线杆、电线等闯入以往的传统景色中。

这些与以往的景色完全不同的要素，作为文明开放的象征，受到肯定。近代文明的物质价值观也开始得到培育。

9）国家公园风景

随着地质学、植物学的发展，人们开始崇尚山之美。进入18世纪，欧洲人开始把阿尔卑斯山当作“自然的圣堂和祭坛”来歌颂。在这之前的欧洲人的眼里，山是损害自然美观的突起遮挡物，据说还有形容山是带来火灾等的大疙瘩的言辞（马乔·琥珀·尼科尔森著《黑暗的山与光荣的山》）[6]。

这种崇尚自然的价值观，在美国是以设立国家公园的形式予以保护和向前发展。日本也受到影响，于1934年到1936年，相继设立濑户内海、云仙、雾岛、阿寒、大雪山等国家公园。

上述国家公园，作为代表日本的风景写进教科书。后来都成为在日本具有代表性的旅游观光地。

10）生活环境景观

第二次世界大战后，随着经济的高速发展，带来噪音、大气污染、水污染等公害问题，日本人的注意力也转向身边的生活环境，而且向保护自然、保存历史环境、倡导绿化、复原亲水岸线等与生活环境舒适度密切相关的方向展开。

“景观”一词来自德语的Landschaft和英语的Landscape，原本在地理学等分支作为学术用语使用，后来当作景色或风景频繁使用。景观与“景色”或者“风景”不同，它作为翻译词，没有刻意指明与自然的关系程度，广泛使用在各种场合，如：城市景观、居住区景观、商业区景观、道路景观等。日本人的景色观也被扩大化。

身边的所有环境当作“景观”，这种观点不

图2-3-4　都市的景色：洛中洛外图
（出处：平井圣《图说日本住宅历史》学芸出版社，1980年）

是仅仅停留在把环境视作景观欣赏的立场，而是以亲身感受的环境和景观受到破坏的体验为背景，向主观能动性景观观念发展。例如：镰仓倡导的后山自然保护、妻笼宿提倡的传统城镇街道的保护、广濑川的水流域保护、宫崎县道路边景观美化倡议等都是主动性景观观念。

4. 可持续性景观

“可持续性景观”就是不破坏下一代需求的前提下，开发满足我们这一代需求的自然环境。不是现在好就行的开发，而是不能损害未来的自然环境开发。

此外，这种开发要把多种可能性留给将来。换句话说，就是这种开发要把多种资源留给下一代。从景观的角度分析，就是这种开发要把气色、景色、风景、景观等所有景观和景观观念[7)]留给下一代。

所以，我们应该牢牢掌握气色、景色、风景、景观等所有景观。只有这样，我们才能培育并发展与自然环境同生共存的景观、景观观念。

（樋口忠彦）

照片2-3-4 保存下来的内子街道（爱知县内子町）

第2章　注・参考文献

◆ 2.1 —注

1) 日本建築学会編『シリーズ地球環境建築・入門編　地球環境建築のすすめ　第二版』(彰国社、2009 年)、p.218

◆ 2.1 —参考文献

○ 藤井敏信・吉阪隆正ほか編『圏域的計画論　新しい地域計画の視点』(農村統計協会、1981 年)
○ C.A. ドクシアディス『新しい都市の未来像　エキスティックス』(磯村英一訳、鹿島出版会、1965 年)
○ イアン・L. マクハーグ『デザイン・ウィズ・ネーチャー』(下河辺淳ほか訳、集文社、1994 年)
○ 戸沼幸市『人口尺度論』(彰国社、1980 年)
○ 後藤春彦「都市デザインのための都市景域設定に関する研究」(早稲田大学博士論文、1987 年)
○『吉阪隆正集 11　不連続統一体を』(勁草書房、1984 年)
○ 原広司「境界論」『叢書文化の現在 8　交換と媒介』(大江健三郎ほか編、岩波書店、1981 年)
○ 岡秀隆『都市の全体像　隔離論的考察』(鹿島出版会、1986 年)
○ ドロレス・ハイデン『場所の力』(後藤春彦ほか訳、学芸出版社、2002 年)
○「特集　エコロジカル・プランニングー地域生態計画の方法と実践 =1」『建築文化』 1975 年 6 月号 (彰国社)
○「特集　エコロジカル・プランニングー地域生態計画の方法と実践 =2」『建築文化』 1977 年 5 月号 (彰国社)
○「イアン・マクハーグのエコロジカル・プランニング」『BIO-City』 No.8（ビオシティ、1996 年)

◆ 2.2 —参考文献

○ 和辻哲郎『風土　人間学的考察』(岩波文庫、1979 年)
○ 鈴木秀夫『森林の思考・砂漠の思考』(日本放送出版協会、1978 年)
○ トーボ・フェーガー『天幕』(磯野義人訳、エス・ピー・エス出版、1985 年)
○ Paul Oliver『Dwellings』(Phaidon Press、1987)
○ M. Khansari, M. R. Moghtader, M. Yavari『The Persian Garden』(Mage Publishers、1998)
○ Paul Oliver『Vernacular Architecture of the World』(Cambridge University Press 、1997)
○ 伊藤庸一『スリランカのドライゾーンにおける水共生術』(日本建築学会名古屋大会学術講演梗概集、2003 年)
○ 石川かおり・伊藤庸一『水郷越谷を事例とした環境型水利用システムについて』(日本建築学会関東支部研究報告集、1996 年)
○ 伊藤庸一『トルファン・ウイグル族の環境共生術』(日本建築学会東京大会学術講演梗概集、2001 年)

◆ 2.3 —注

1) オギュスタン・ベルク『日本の風景・西欧の景観』(篠田勝英訳、講談社現代新書、1990 年)、p.90
2) 小西甚一『日本文藝史 I』(講談社、1985 年)、pp.142-146
3) 宮沢賢治『風の又三郎』(岩波書店、1967 年)、p.7
4) 宮沢賢治『銀河鉄道の夜』(岩波書店、1967 年)、p.38
5) 土橋寛『古代歌謡と儀礼の研究』(岩波書店、1965 年)、p.281
6) マージョリー・ホープ・ニコルソン『暗い山と栄光の山』(小黒和子訳、国書刊行会、1989 年)
7) “气色”、“风景”是来自中国的词语。其中的“气色”在平安时代初期，被日语化并用平假名书写，使用非常广泛。

“景色”的使用表达是从近代开始。“风景”几乎仅在汉文体文章中使用，从《日本风景论》问世后的明治时代末期开始被广泛使用。

景观正如本文所讲述，是翻译词语，在明治末期作为学术用语出现。从公元1975年以后开始被普遍使用。

依据上述分析，兼顾各个时代，划分气色、景色、风景、景观。不过，唯物主义盛行的文明开放和近代时期的景色，当作“气色”表述更为恰当。

专栏 1

生态地域主义

——美国生态地域主义运动

美国彼得·伯克所倡导的地域建设方法称之为“生态地域主义”。作为每个流域地域环境建设，在美国西部跨行政区域展开。在日本，被翻译成生命地域主义或者生物地域主义。在美国等国家的地域环境运动中，有一条值得注意。就是以包括人类在内的生物、生命共存共生的、联系紧密的环境建设为目标，打破行政区划，在全流域推行一体化的环境建设政策和规划。

生物圈作为这个运动的起点，它不是根据人类的情况划分的地域，而是根据自然特征集合起来的地域。动物、植物、地形、土壤以及扎根于这些自然特征的人类社会和文化特点，成了决定生物圈的线索。生物圈在一个江河流域或者若干个流域集合中，往往重叠。水是生命的源泉，地域规划的基本范围必须是以水为基准的地域环境的某一个范围。像美国、澳大利亚等国家的州界和市界，都是殖民地时期划分的，基本呈直线型。在这些地方从自然的角度划分地域环境，必须以河流作为规划轴心，确定上游至下游的命运共同体的相互关联性。

生物圈作为地域环境的规划单位，可能产生以下连锁反应：①自然生态系的连锁反应；②社会和经济的连锁反应；③历史和文化的连锁反应；④政治性的连锁反应。在这四个连锁反应中，值得注意的是要打破政治属性的行政界限。只有这样，才能把自然生态系当作整块骨骼，才能决定地域环境的保护和利用范围，才能摆正规划行为。

在日本，江户时代划定的藩域是基本的行政区划。藩域大多具有相对的流

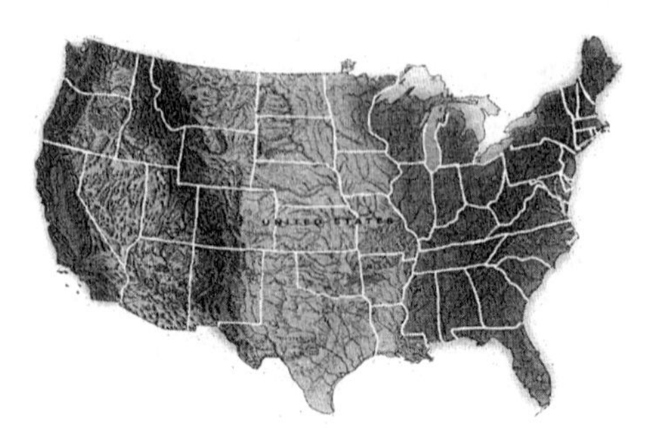

图1　无视生物圈的美国各州直线型州界

域性，比较容易设置生物圈单位。可是，第二次世界大战后的经济振兴要求陆地交通环境的改善，流域性的生活圈逐渐被淡化。便利的路网使得生活圈和经济圈跨流域扩张，原来历史性形成的“生物圈”的范围逐渐被挤压。不过值得庆幸的是，气候、风土、传统农业和山村文化的遗产还遍布在这些流域中并经常能看得到。

——流域网络化地域环境建设

日本近代城市发展大都集中在流域的下游，人口也随之从上游转移到下游，引发水资源的紧张。渐渐认识到下游的生命线掌握在上游。此外，居住在下游的城市居民也开始认识到，上游的山水是他们最近的休假活动场所。

横滨市与山梨县联动起来，进行山梨县道志村的森林保护，确保横滨市水源。日本全国各地也都开始重视上、下游之间的联动工作。在宫城县气仙沼，通过渔业技师进行上游森林的培育活动等，在下游的经济活动离不开上游森林的重要性上达成共识。

以一条水系为轴心，上下流域联动的交流网络化非常重要。我们可以通过假期活动、环保活动等把上下流域串通起来，增加上下游居民的交流。通过度假、旅游，加深相互理解，加深上流域环境的重要性的认识。只有保护好上游环境，下游才能维持其安定的环境。从上下联动的发展态势上看，也出现了旨在保护上游水源地域的信托型、经济支援型托拉斯等团体和企业。

——森林和海是一对恋人

河流依据地形，有的地方变成急流，有的地方变为缓流。即便是始于森林的河水，最终都流入大海，大海养育着众多的生物。阳光照射，使水变成水蒸

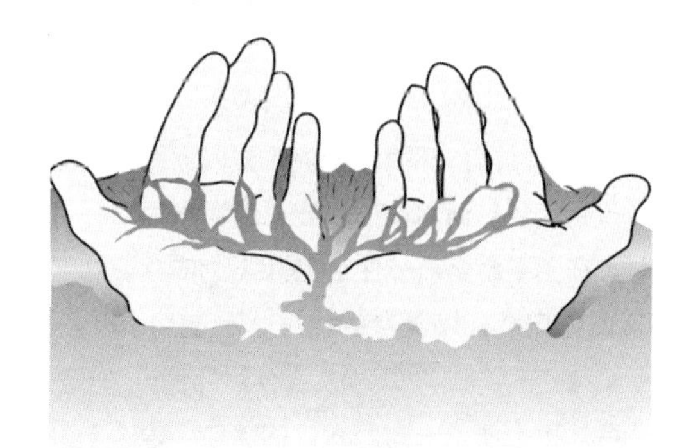

图2　以河流为媒介，从山到大海的生物圈之手（彼得·伯克）

气；水蒸气以上升气流的方式上升到大气中变成云；云又变成雨水落到大地上，渗入森林和大地；地下水和地表水又汇入河水后流向大海。这是地域性、全球性的周期循环。河流流动的过程中，各种生物繁衍生息，人类也得以持续生活。河流对人类为首的地球生物既是动脉也是静脉。

流域由称之为水源林的森林空间（上游环境）、沿河流岸边的稻田和城市市民生活场所及其他生物的栖息空间、江河入口和海岸线、海滨空间（下游环境）组成。以河流为中心的，具有一定范围的地域环境，上下游之间的关系非常紧密，当上游环境受到破坏时，下游环境也受到很大影响。从这个意义上讲，上下游的关系是命运共同体的关系。亚洲季风地域年降水量随地域有一定差别，但总体雨量丰富，综合管理和利用河流比较先进。曾经也有过利用水路运送货物，社会、经济活动也都以水系为中心开展的历史。进入近代以后，随着公路路网发展迅速，流域性地域环境的连续性和紧密性受到排挤，如何复原流域性地域环境的问题成了现代必须面对的课题。

翻开日本城市历史，看到城市大多建在上游或者江河泛滥区域，围绕河流发生的灾害也很多。而且，针对近年来发生的大规模的洪水灾害，仅仅依靠土木工程技术治理水环境，从根本上达不到目的，必须重新审视以河流为中心的全流域的地域规划和地域环境建设。此外，在上游实施的大规模的堤坝、围堰等人为的水利工程，导致流域性生态系的破坏，导致中下游流域和海滨的生态环境发生变化。放弃堤坝的呼声也在高涨，开展全流域性综合治理、使用、爱护、保存等工作显得很重要。通过维护上游的森林并合理使用和管理农林地，提高上游的保水能力，培育良好的水环境，下游生活场所的建设事业也能安心和愉快。

治理河流的方法有："多自然性河流治理施工法"、"霞堤"法、戏水乐园建设、堤岸防护林建设、沿河边的自然生物栖息地建设等。"霞堤"法是传统的开放型治理方法，是暴发洪水时，更加合理、巧妙地调节其流速和流量的方法。西欧的流域环境建设方法有，恢复和调整蜿蜒曲折的河流原貌，建设人工蓄洪泄洪区域以及相应的社会经济保障措施等。是综合性全流域环境保护和利用的方法。

为了与自然环境相协调，使人类更好地治理水、使用水和爱护水，河水环境治理需要更加贴近自然的河水环境维护。既要保证人类必需的水需求，还要将生活废水净化后重新交还与河水。这就要求以河水为中心，建立小领域水利用循环系统。同时，在上下游全流域生活的人类达成共识的前提下，组建社会性组织，决策并实施与自然环境共存的治理水、使用水和爱护水的河水治理方法。

在这里使用"森林和大海是一对恋人"的警句，表达上游和下游是一对命运共同体。日本东北的气仙沼牡蛎养殖人认为其产量不足是由上游森林的荒废引起，于是进行营造森林、培育森林的援助活动。在全日本，类似的流域网络活动开始涌现，一句话都是以水为媒，组成新的共同体。

——生物圈经济的形成

针对经济全球化的速度正在加快，有必要再一次梳理地域经济的运行方式。没有必要把所有资金和服务全部投入到经济全球化之中。为了构筑稳定的地域生活，有必要重新确立地域经济和地域性循环经济模式。农产品在上下游之间的交换是建立健全的地域经济之保障。树立崭新的地域经济模式很有必要。

保护和利用流域性地域环境资源尤其是上游的地域环境资源，存在费用负担和劳动力的供应问题。这个问题由上下游交换途径和规则系统来解决。作为尝试，可以组建类似森林业托拉斯和农业托拉斯的组织。此外，出现了“使用东京的树木建造居家”协会，是住宅产业和林业的组合机构，旨在保护和发展森林环境[1)]。

在直接补偿农民所得减收的问题上，明确要补偿的空间很重要。生活在下游的人们应该明确树立上游环境保护的重要性，对上游农民减收的部分直接补偿，也就是生物圈补偿。在此基础上，构筑生物圈的地域经济。

作为参考之一，介绍近年来日益受到瞩目的地域货币，其英文全称是Local Exchange Trading System，简称“LETS”。在日本也利用地域货币推进地域经济的发展。地域货币不影响地域外的市场经济，在地域内实行物流和服务交换，不受地域外的市场经济的影响，在稳定自立的地域经济和地域中创造就业机会，形成地域社区。使用地域货币是一种比较顺利实现生物圈内物流与人流的经济性方法。

◆注

1）日本建築学会編『シリーズ地球環境建築・入門編　地球環境建築のすすめ　第二版』（彰国社、2009年）、p.169

◆参考文献

○イアン・L．マクハーグ『デザイン・ウィズ・ネーチャー』（集文社、1994年）
○イアン・L．マクハーグ『BIO-City』No.8（ビオシティ、1996年）
○柿沢宏昭『エコシステムマネジメント』（築地書館、2000年）
○ピーター・バーグ『BIO-City』No.21（ビオシティ、2001年）
○糸長浩司、マッピング『シリーズ地球環境建築・入門編　地球環境建築のすすめ　第二版』（彰国社、2009年）
○糸長浩司「流域環境の保全と創造のための連携的地域づくりーバイオリージョンの思想をベースにー」『農業と環境の未来ー森林から見た環境ー』（龍溪書舎、2003年）

第3章 城市、地域的地球环境问题

3.1　城市化引起的环境问题

1. 城市化概况

1）城市人口的增加

日本在第二次世界大战后复兴的过程中，城市的人口集中非常显著。以工业生产为中心的第二产业和以服务业为中心的第三产业兴起，居住在城市的人口大量增加。

如何定义城市，根据规模、密度、历史、文化，各有不同的描述。日本依据国情调查的人口集中地区来表示城市的范围和人口数量。人口集中地区原则上是人口密度大于40人/公顷，居住人数5000人以上来定义。1960年，日本的总人口是9430万，其中居住在人口集中地区的人数是4083万，占总人口的43%。到了2000年，如《地球环境建筑系列・入门篇：地球环境建筑推进　第二版》[1)]摘录，在12693亿总人口中，8281万人居住在人口集中地区，占总人口的65%，说明了人口集中在城市化地域中居住的事实。

伴随城市化产生的最显著的变化是城市的扩张和能源消耗的增加。本节主要以东京为例，阐述城市扩张和能源消耗增加概况。

2）城市的扩大

图3-1-1表示明治维新以来东京市区的变化[2)]。1880年东京市区的半径限在5km范围内，以后渐渐扩大，到了1953年其规模扩大到现在的东京都管辖各区地界。此后的扩张更加剧烈，包括与东京都毗邻的神奈川县、千叶县、埼玉县的一部分在内，东京都市圈的半径达到50km（参见图3-1-2），诞生了一个特大的城市，也就是现在的东京大城市圈。其结果，很多人不得不选择混乱的电车，花费较长通勤时间往返于东京都内。

城市市区的扩张，基本都是用道路、建筑物接替近郊的山林和农田来实施的。下面以东京作为特大城市代表，以仙台为地方城市代表，予以讲述。

①东京

图3-1-2[3)]表示1974年到1994年间，每一个10年东京土地利用情况。图中数据是日本国土地理院测绘的高精度电子数据，精度达到10m单位。作为居住用地动态调查的一环，日本国土地理院从1974年起每隔5年，对东京、大阪、名古

屋等城市的土地使用进行测绘，形成数据库。图中浅灰色区表示1974年当年度居住用地（包括公路、铁路），深灰色区域表示1984年新增加的居住用地，黑色区域表示1994年新增加的居住用地。

图中可知，1974年，东京已经是横跨1都3县的特大城市圈。以东京各区为核心，沿着川崎、横滨方向，沿着立川、八王子方向，沿着大宫、浦和方向等铁路沿线，居住用地广泛分布。此后的土地利用向纵深、更宽广的区域扩展。新增加了东京湾（大部分是填海造地）以及距城中心50km以外的许多地方。

②仙台

图3-1-3是利用人造地球资源卫星，分别于1985年和1995年航拍的地表信息叠合而成。图中的灰色部分表示1985年的居住用地情况，黑色部

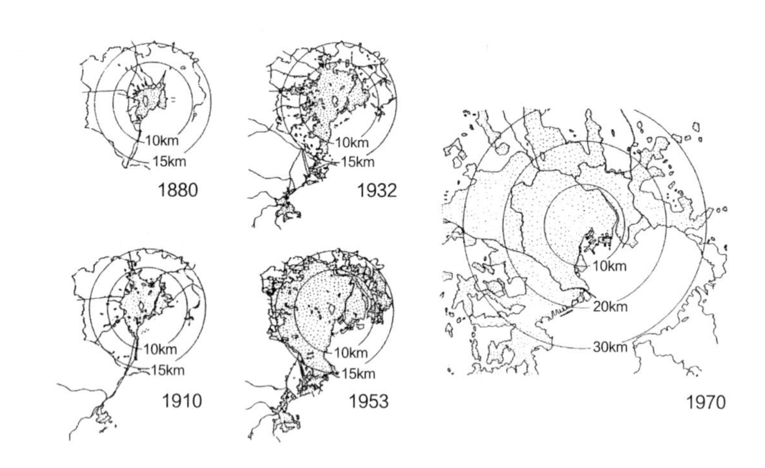

图3-1-1　东京的扩大（1880~1970年）
（出处：尾岛俊雄《遥感测绘系列城市》朝仓书店，1980年）

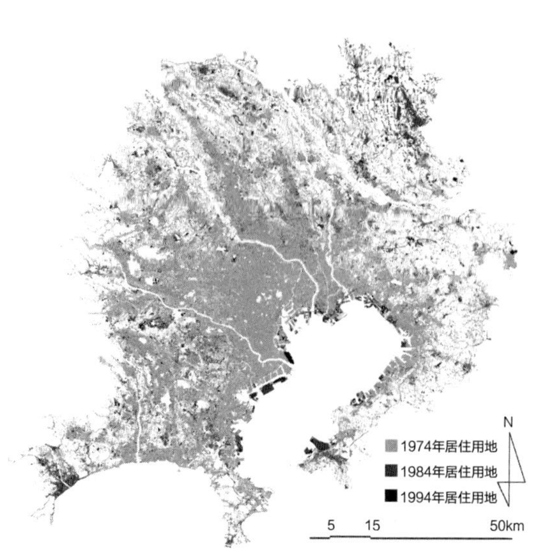

图3-1-2　精确数据测绘的首都圈居住用地（1974~1994年）
（出处：城市环境学教材编辑委员会编《城市环境学》森北出版，2003年）

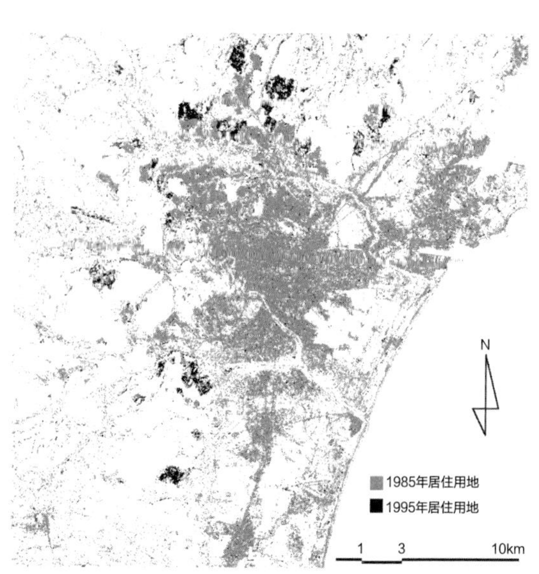

图3-1-3　地方城市（仙台）的市区扩大（1985~1995年）
（出处：城市环境学教材编辑委员会编《城市环境学》森北出版，2003年）

分表示1995年新增加的居住用地情况。

与东京的案例做比较，仙台的居住用地变化特点与铁路沿线没有直接的关系，是相对集中分布在城中心外侧呈岛状区域。这些区域多数都是开垦山林造出来的新卫星城。新卫星城里没有工矿企业，居住者大多利用私家车或者公共汽车往返于中心城区的各个工作地点。

3）能源消耗的增加

能源消耗领域大体上可以划分为民生、产业、运输等三个领域。民生领域除了一般家庭的能源消耗外，还包括业务设施等的能源消耗。

图3-1-4表示三个领域年能源消耗变化[4)]。从图中可以看到，运输和民生领域的能源消耗逐年增长，而产业领域则变化较小，几乎呈水平线。表明1970年石油危机以来，产品的国际竞争日趋激烈，能源的高效利用已经常态化。运输领域由于汽车的普及和卡车货物运输量年年在增加，民生领域也是各类家电普及率年年提高，相应的生活方式不断发生改变。其结果，1980年以来，能源消耗量逐年持续增加。

从有效利用有限资源的观点看，如此庞大的能源消耗不仅不合适，而且在消耗能源的过程中产生的污染物质的处理，至今也没有得到根本性的解决。消耗能源要产生二氧化氮和二氧化硫，这些物质污染大气、水质和土地。还有二氧化碳的大量排放，引起地球变暖，成为全球性的问题。东京、大阪等大城市到了夏天就形成城市热岛效应，影响人类的正常生活，也影响产业界。城市变暖是一种热污染，是地表面的人工化和人工排放热造成的。

图3-1-5是对东京23个区不同的事物所排放的热量进行汇总后，把1972年和1999年的数据做了比较的结果[5)]。图中可以看出，工厂排放的热量在减少，汽车和建筑物排放的热量在增加。尤其是建筑物排放的热量增加迅速，1990年比1972年增加近3倍。主要的原因被认为是冷暖空调设备和电子计算机的普及加大了热负荷。

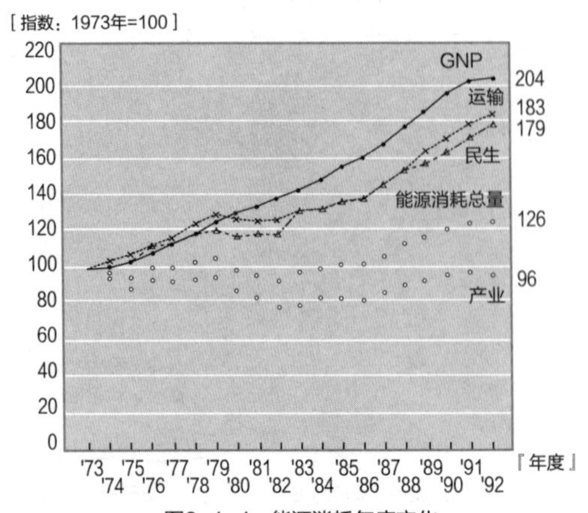

图3-1-4　能源消耗年度变化
（出处：尾岛俊雄《东京的顶尖风景》早稻田大学出版部，2000年）

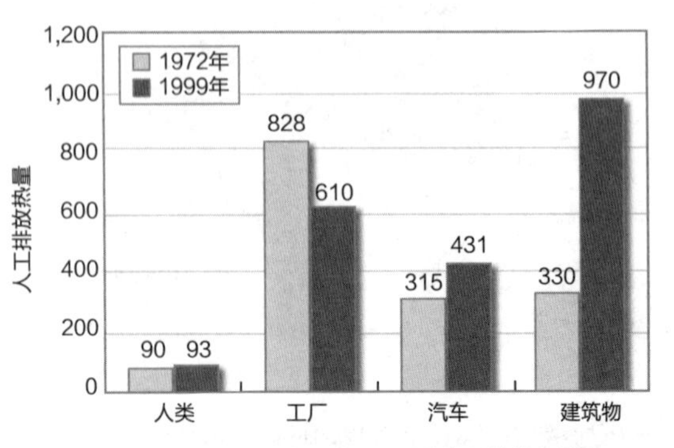

图3-1-5　东京23个区不同事物所排放的热量
（出处：尾岛俊雄《热岛》东洋经济新报社，2002年）

2. 城市、地域的环境问题

1）城市气候问题的产生

如前所述，第二次世界大战后的日本人口集中和城市化面积的扩大一直在持续。随之而来的就是山林、农田等自然形态不断被道路和建筑物所代替，同时能源的集中消费，使得城市空间人工排放热量大幅度增加。带来城市热岛效应的进一步加剧，现在都在忙于应对。下面用气候数据分析自江户时代（19世纪30年代）到现在，急速发展的城市化所带来的气候变化调查结果[6]。

图3-1-6是江户时代与现在的地表附近温度分布情况。这是8月上旬的下午3点温度分布数据，可以发现城市中心地表附近温度，现在的东京比江户时代高4℃。图3-1-7是离地面10m处相对湿度的比较结果。可以发现城市中心湿度，现在的情况比江户时代低5%～10%。这些数据的改变充分说明，这一时期时间阶段因地表使用的改变导致水蒸气发生量的减少和人工排放热量的增加。

图3-1-8是采用新标准有效温度（Standard Effective Temperature）[7]简称SET*比较得来的室外综合分析结果。可以看到，离地10m处的SET*值，现在比江户时代高出1～1.5℃。此数据是

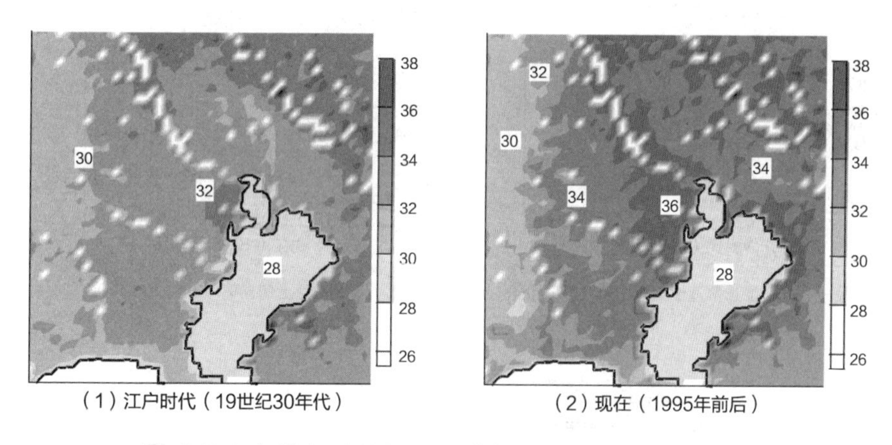

（1）江户时代（19世纪30年代）　（2）现在（1995年前后）

图3-1-6　江户时代与现在地表附近温度分布比较［℃］（8月上旬，下午3点）
数据是2km²范围内的平均值，图中白色部分含河流的区域。

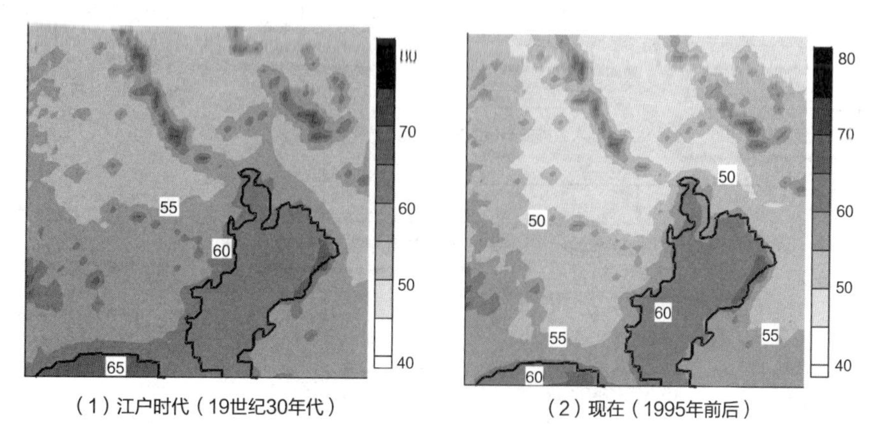

（1）江户时代（19世纪30年代）　（2）现在（1995年前后）

图3-1-7　江户时代与现在相对湿度分布比较［%］（8月上旬，下午3点，离地10m）

2km²范围内的平均值，如果是市区内部路边做单一比较，则两个年代之间的温度差别非常大。有关缓解城市热岛效应的方法将在本章3.2做详细介绍。

2）城市化带来的环境问题

热岛效应可以说是现代城市最突出的环境问题。20世纪60～70年代，的确也发生过众多公害问题，其中大部分是工厂排出的污染物，属于产业型公害。不过，热岛效应具有城市型公害特征，是由于我们人类在城市集中生活，改变了地表的性质，增加了能源消耗而产生的。在这个过程中，我们人类自身既是受害者也是加害者。

热岛效应使得夏天的白天与黑夜闷热，不仅影响我们的身体健康，而且有可能引起大气污染物向内陆扩散等异常天气以及大气污染物的滞留带来粉尘风暴。局地暴雨袭击城市的关联性问题研究，也在一并进行之中。此外，热岛效应带来

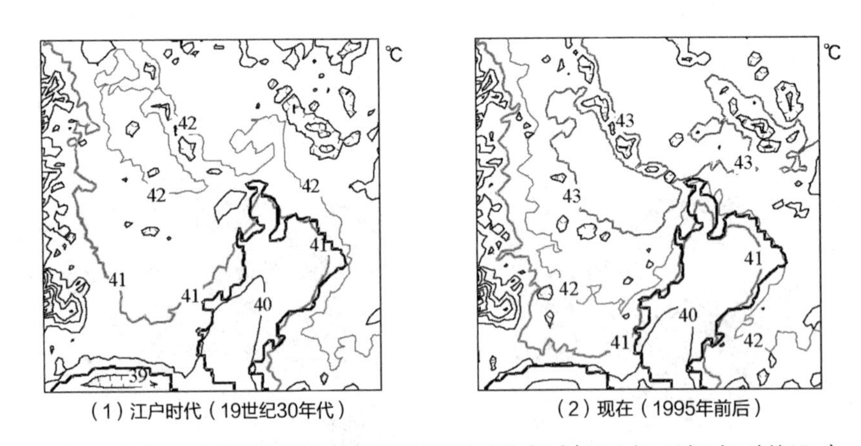

（1）江户时代（19世纪30年代）　（2）现在（1995年前后）

图3-1-8　温度舒适性指标SET*（新标准有效温度）变化［℃］（8月上旬，下午3点，离地10m）

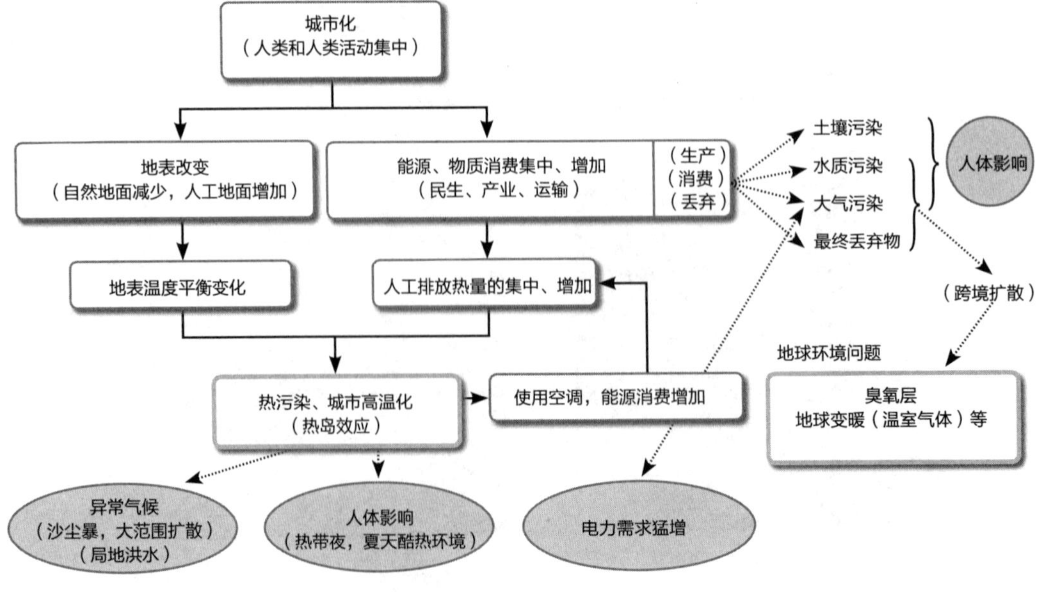

图3-1-9　城市化带来的城市环境问题、产生地球环境问题

的夏天炎热环境，加大空调能源的消耗，又伴生更多的人工热量排放，使得热岛效应进一步加剧。这是恶性循环，必须引起足够的重视。空调主要是依靠电力运行的，热岛效应必然导致电力需求猛增，引起夏天电力供应不足，当电力需求超过供给时，只能是拉闸限电。这也是每到夏季，节约能源的呼声高涨的原因。

此外，热岛效应现象与地球变暖也有关系。因为城市温度的上升，必然引起地球温度的上升。地球变暖是人为温室气体排放引起大气温室效应超出自然状态超强活动造成的。城市的能源过度消耗和增加空调能源消耗，产生大量的二氧化碳。二氧化碳作为温室效应气体的一种，与热岛效应的发生有直接的联系，对地球变暖也带来影响。

除二氧化碳以外，氟利昂是大气臭氧层遭到破坏的原因，排入江河的污染物是造成海洋污染的原因。在城市区域发生的环境污染跨越国境向外扩散时，就会成为全球性环境问题（图3–1–9）。

3）22世纪城市展望

在分析东京人口高度集中的弊端时发现，城市人口密度增加带来的自身问题是不同的。当然以东京为首的大城市对地球环境的影响在扩大是不争的事实。而且大城市都容纳大量的人口。当按照每一个人为单位，计算对地球环境的影响时，很清楚地找到城市人口密度的高低与地球环境影响大小之间的关系。

根据人口集中地区（DID）资料，不考虑城镇村的行政区划，从47个城市圈抽出实际的市区范围，测算各个城市圈的地球环境影响指标，即二氧化碳排放量。根据这些数据进行进一步分析。图3–1–10（1）、（2）分别表示各城市圈每平方米的二氧化碳排放量和人均二氧化碳排放量[8)]。要关注人口密度（人/km^2）水平轴。

从图3–1–10（1）可以得知，城市圈的人口密度越高，每平方米的二氧化碳排放量就越大。像东京这样的大城市和其他城市比较，就处在二氧化碳高排放范围内。可是从图3–1–10（2）发现，人均二氧化碳排放量与城市圈的人口密度高低呈反比。也就是城市圈的人口密度越高，其人均二氧化碳排放量越低。的确如此，东京大城市圈人口密度最高，但是其人均二氧化碳排放量最低。

从人均的二氧化碳排放数据看，高密度城市对地球环境的影响要小于低密度城市。由于低密度城市往往需要水平方向移动的能源，铁路等公共交通还不完备，很多都依赖汽车出行。也许这就是得出上述结果的原因。

高密度超大城市，从高密度上看，人均地球

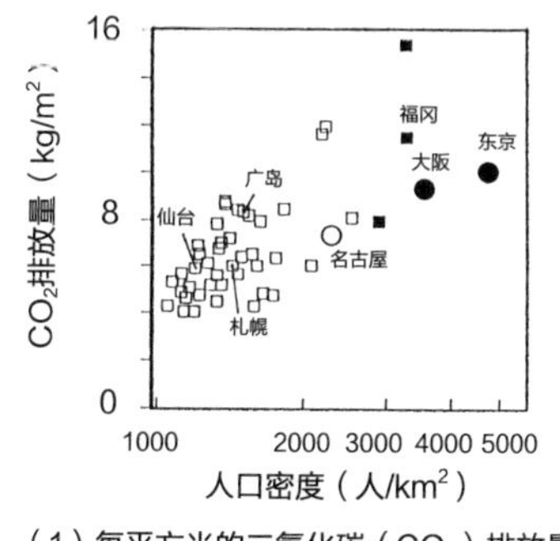

（1）每平方米的二氧化碳（CO_2）排放量

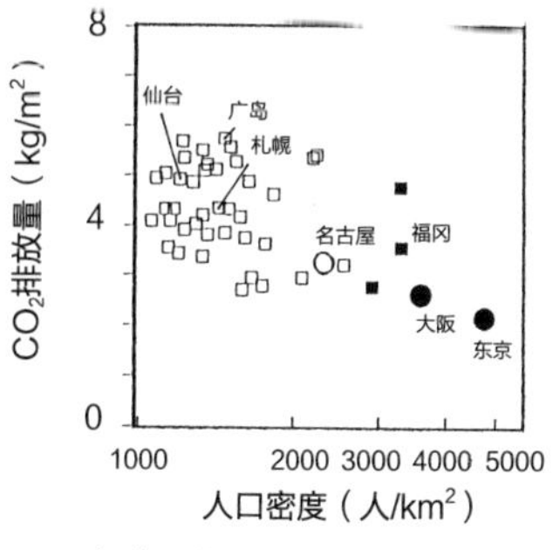

（2）人均二氧化碳（CO_2）排放量

图3–1–10　各个城市每平方米人均二氧化碳排放量
（出处：竹内仁、渡边浩文等〈不同城市环境破坏因素的影响度对比〉《日本建筑学会大会学术演讲梗概集（仙台）》1991年9月）

环境影响小。但是人口密度的增大会引起如前所述的其他环境问题。高密度大城市可以说是“对地球慈祥，对人类严厉”。另一方面，低密度城市，城市型公害发生率小而人均地球环境影响大。因此，改善城市环境时，有必要考虑这些事实。

日本的人口，从2010年前后开始呈下降趋势。城市人口在某种程度上也会减少。如果城市的人口密度下降，重新构筑广阔区域散落居住的城市结构的话，又会怎么样呢？是不是会出现人流和物流负担过重的超大城市来填补人口的下降？正如前面所讲，高密度城市的高效率性，虽然降低了人类生活的舒适度，但对降低地球环境的影响是有好处的。如何建设既舒适又高效的城市，将是今后100年要面对的大课题。

（持田 灯、渡边浩文）

3.2 城市的热岛效应与地球变暖

1. 日益严峻的热岛效应现象

包括东京在内的大城市，热岛效应问题日趋严重。这是世界性难题，我们的城市生活都要面对的重大危机。东京年平均温度变化如图3-2-1所示，在过去的100年间温度上升了2℃。与将在后面讲述的地球变暖（图3-2-15）速度比较，这是惊人的温度上升。图3-2-2和图3-2-3表示东京发生炎热白天（白天最高气温在30℃以上）和热带夜（从傍晚到清晨的最低气温在25℃以上）次数变化。图中可以得知，在过去的20年间，发生炎热白天和热带夜次数大幅度增加，其中热带夜发生次数高达2倍。不管采取哪一种检测方法得出哪种结果，热岛效应现象的日趋严重是毋庸置疑的。

本章节从建筑环境学立场出发，分析热岛效应以及地球变暖的背景、原因、实际情况、对策等问题。

2. 人类、城市居住和热岛效应

自从人类开始农耕生活，原来的单一、散落居住演变为群体居住。随着剩余价值的不断增加，群体居住也不断得到扩大，造就了城市生活。当今的发达国家，其人口的80%～90%居住在城市，发展中国家的城市人口也在急剧增加。回顾历史，人类发展到今天，居住在城市生活是必然的结果，是不可避免的。另一方面，从环境物理学的知识中也可以知道，人类居住在城

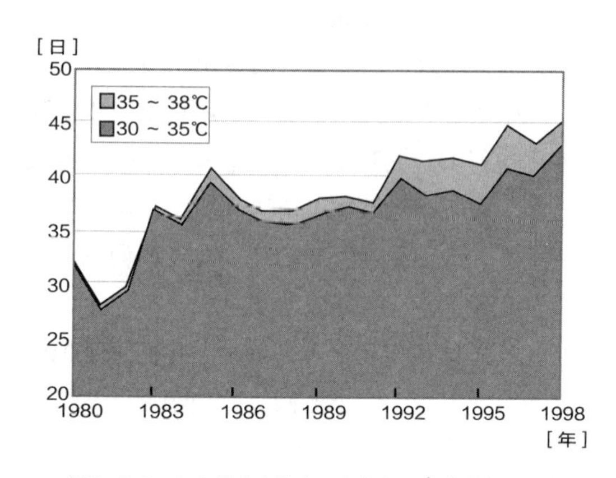

图3-2-2　东京发生炎热白天次数变化（5年动态平均）
（出处：东京环境基本规划第二部）

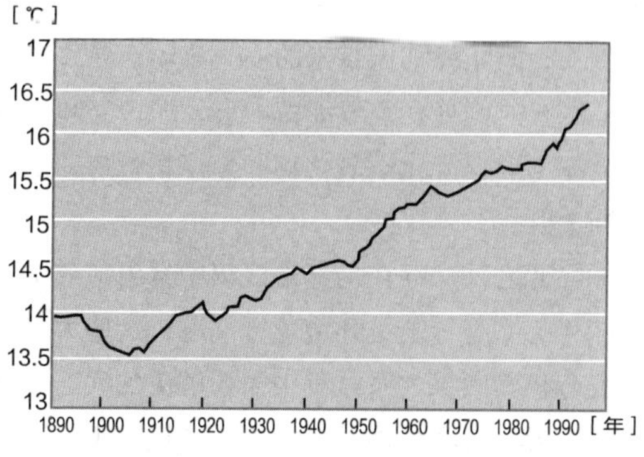

图3-2-1　过去100年东京年平均温度变化
（出处：东京环境基本规划第二部）

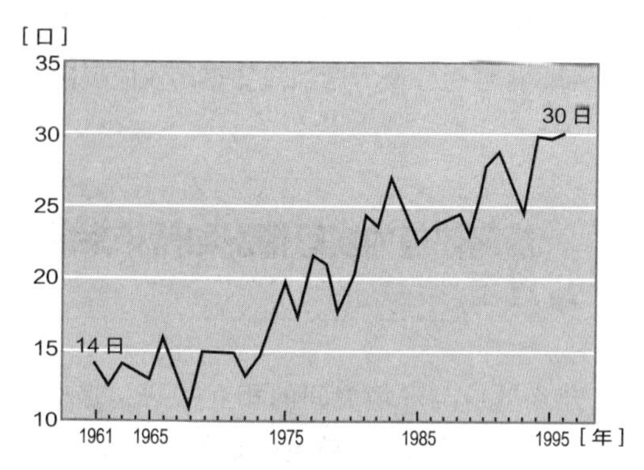

图3-2-3　东京发生热带夜次数变化（5年动态平均）
（出处：东京环境基本规划第二部）

市生活，导致该城市区域的温度上升也是不可避免的。

基本上，可以利用城市中心与郊区的温差来定义热岛效应现象。按照这个定义，人类的群居居住形态和热岛效应是密不可分的。事实上，世界上的所有城市都存在热岛效应。这里再重复一句，人类群居在城市生活，该城市的温度上升是无论如何也不能避免的。我们能够做的事情就是，缓解热岛效应现象到何种程度的问题。从根本上解决热岛效应现象是不太可能的。

3. 宏观与微观的热岛效应

热岛效应一般是几千米到几十千米城市半径内产生的现象，也就是气象学的大小比例问题。另一方面，建筑物是最重要的城市组成部分，与城市发生热岛效应关系密切，决定夏季漫步于建筑物周边行人空间环境的炎热程度。图3-2-4表示人类、居所、建筑物、街道、城市之间的相互影响关系。这种相互影响的结果，使我们的居住环境具有各种特征的环境性质。

在分析这种相互影响关系时，我们总是把热岛效应分成宏观（大小比例、广阔领域）和微观（建筑物、街道）两个部分。本章节重点讨论微观的热岛效应。建筑从业者要充分认识环境中各种要素的相互关联性，正确把握宏观、微观的热岛效应与建筑物密切相关的现实，在进行建筑规划、街区规划时，努力做到降低热岛效应现象。

4. 热岛效应的实际情况和所带来的危害

热岛效应与环境之间的相互关联是多样化的，物理性地分析热岛效应是非常复杂的。如前所述，热岛效应可以由城市中心区和郊区之间的温差来定义。这个定义相对简单，比较明确地解释了热岛效应的特点。图3-2-5表示日本关东地区夏季下午温度分布。可以看出，东京北部到埼玉县东部为中心，高温区域呈岛状分布。

热岛效应影响海陆风等广阔气象领域，加速大气污染的广域化。近年来出现的集中暴雨或者持续干旱等气候异常现象，打乱气候原来的因果关系，也成了问题点。热岛效应带来的具有代表性的环境危害有以下三点：

①夏季气温上升引发的空调负荷增加（电力供给紧张）；

②室外行人温热空间环境的恶化（助长中暑病的发生）；

③光化学、烟雾等大气污染的加速等。

第一点是空调能源消费的增加，加大温室气体排放量，直接或间接地影响地球变暖。近年来城市高温已经达到超过人体体温的程度，在炎炎夏日的屋外感受非常明显。

第二点是典型的微观热岛效应现象。因此，房屋建造不仅考虑如何降低能源消费引起的温室气体排放量，还要综合考虑房屋建造以后，周边室外空间的舒适性和健康性。需要注意的是，即便是街区空间总发热量相同，随着建筑物的布置、植树等的不同组合和不同的实施方法，室外空间的人类活动区域的舒适性也会发生显著的区别。所以，正确把握各种实施方法的优缺点，组合方式上要取长补短，采取高效率的实施对策。

第三点是指光化学氧化物浓度的增加。它是由高温下光化学反应的活性化造成。此外，热岛的存在，阻止海陆风带来的空气流动，导致城市中心区长时间处在空气滞留状态，城市空间的换气效率下降，光化学氧化物和悬浮颗粒物的浓度不断上升。

除此之外，存在局部地区集中暴雨次数增加影响生态系统等若干环境危害问题，这些大多是研究分析其因果关系过程中需要解决的问题。还有，气温上升在冬季不一定就是环境危害，因为气温上升，可以降低采暖用能源消耗，有利于生

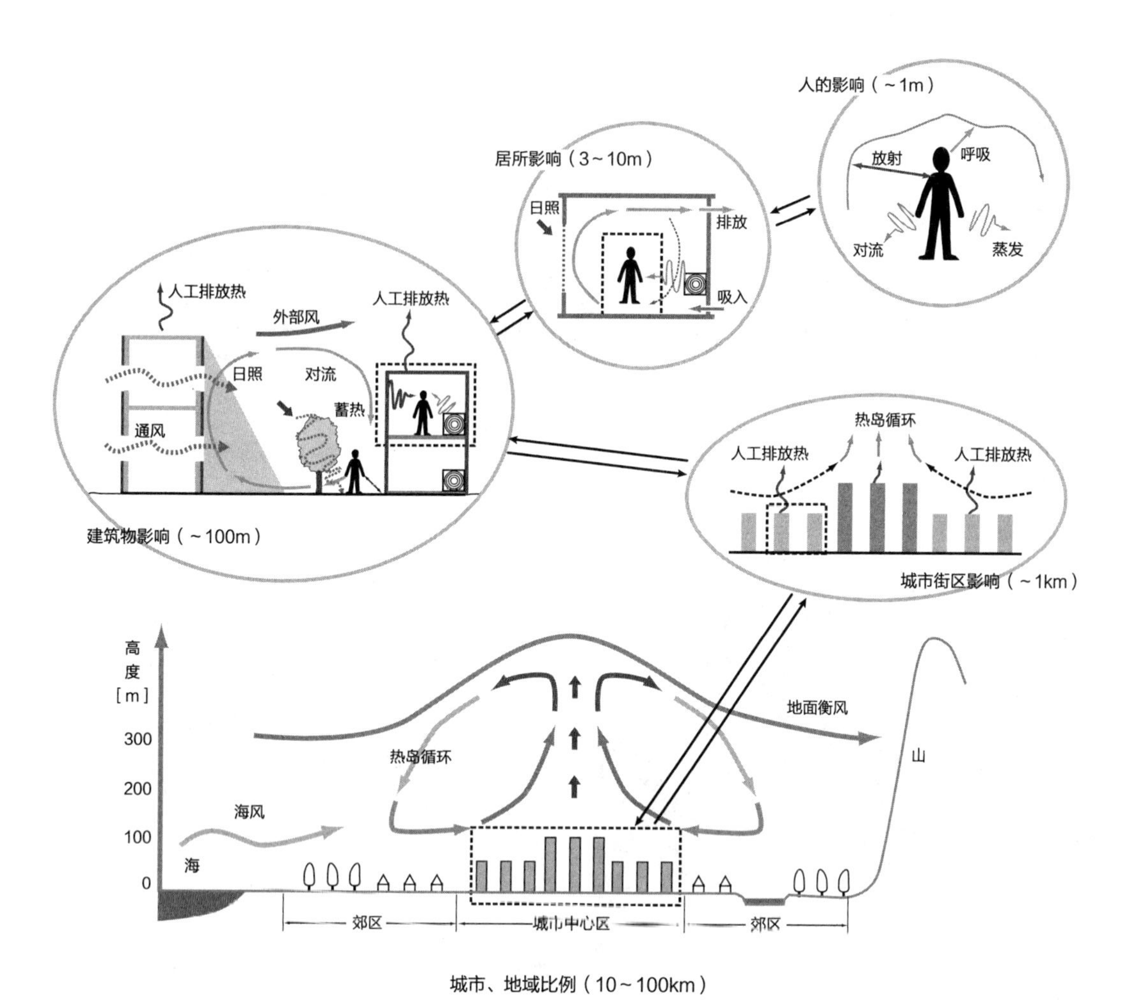

图3-2-4　组成居住环境的各种因素以及相互影响
（出处：村上周三《基于CFD的建筑、城市环境设计工程学》东京大学出版会，2000年）

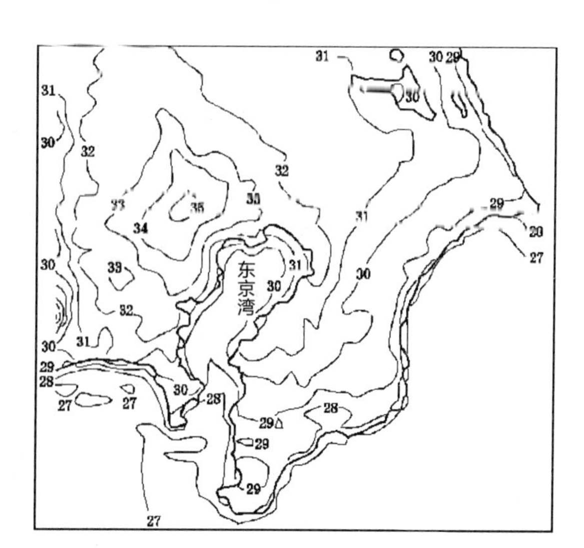

图3-2-5　关东地区夏季气温分布（典型夏季午后3时平均值，1983～1987年）
（出处：环境厅计划调整局编《面向首都圈的保护与建设——首都圈未来环境展望与区域性环境管理方法》大藏省印刷局，1990年12月）

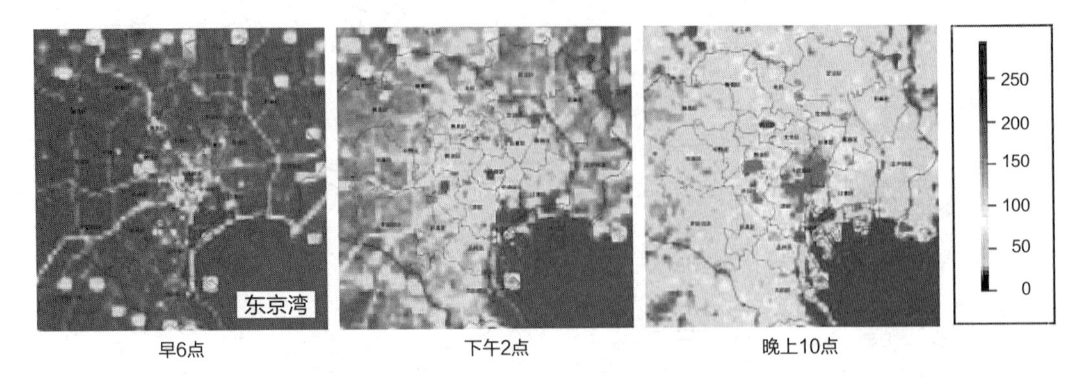

图3-2-6 东京人工排放热量分布
（出处：热岛效应实地分析调查研究委员会承办，平成12年度环境省业务报告书《平成12年度热岛效应现象的实地分析与对策报告书》2001年3月）

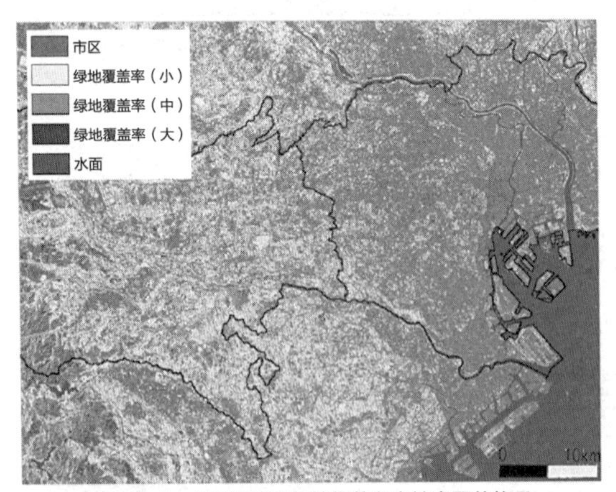

图3-2-7 地球资源卫星拍摄的东京地表覆盖状况
（出处：日本建筑学会编《城市环境的红色阿特拉斯，运用气象信息建设城市》GYOOSE1，2000年）

态环境。需要通过一个完整年度的分析和研究，综合评价热岛效应的环境危害。

5. 产生热岛效应的原因

在分析产生热岛效应的原因时，可以和危害的状态一一对应起来进行分析，其原因归纳为以下五点：

①包括空调、汽车在内，伴随各种能源消费的增加而产生的人工排放量的增加；

②包括森林砍伐和沥青路面在内，各种原因土地表面的改变；

③对应②，引起降低水分扩散和降低热量蒸发，导致气温自调节效果的下降；

④以混凝土建筑物为首的大量吸收和存储太阳能的建筑物的增加；

⑤城市的过密化造成的空气流动性下降以及城市空间的换气效率的下降。

图3-2-6表示东京不同时间段人工排热量的分布，较好地解释了第一个原因。早晨六点是上班高峰，干线道路上的机动车尾气排放量非常显著。到了中午，市中心业务地区的排热量多，郊区居住区也有热量排出，河流等没有排热区域呈线条状。到晚上22点，在广阔的区域持续着排放热量。

图3-2-7表示东京地表覆盖情况，完全可以说明第二个原因。东京的土地表层，很多被人工物所覆盖。这些人工覆盖物，一般都很少产生水蒸气，不仅影响自然的气温降低效率，还具有蓄热能力，将白天的高温带入黑夜，增加热带夜的发生次数。

图3-2-8是东京都北区“赤羽台”小区内的混凝土建筑物照片，图中（1）是普通照片，图中（2）是用红外线测温仪测得的表面温度分布。与树木和草地区域表面温度较低相比，阳光直射的混凝土屋顶和墙面的表面温度处于高温（40～50℃）状态，充分说明第四个产生原因。

（1）普通照片

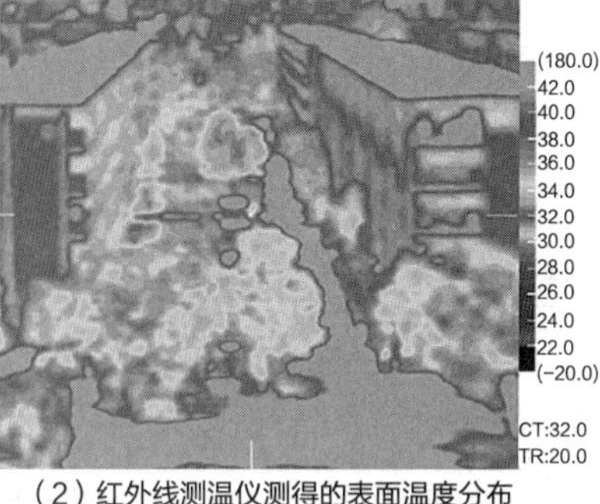

（2）红外线测温仪测得的表面温度分布

图3-2-8　建筑物的表面温度分布（℃）（东京北区，"赤羽台"小区，8月4日14：30分）

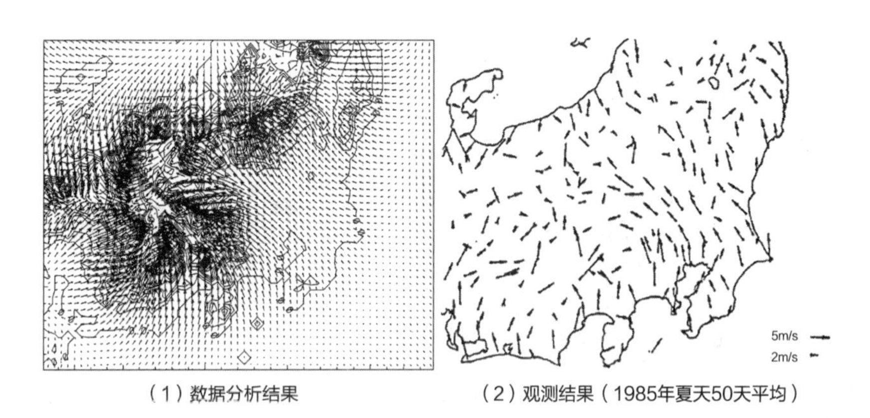

（1）数据分析结果　　（2）观测结果（1985年夏天50天平均）

图3-2-9　大小比例现象风速分布的数据分析与观测结果比较
（出处：村上周三、持田灯、金相琎、大冈龙三<关东地区土地使用状况变化与流动场、温度场的关系，依据梅勒—山田型城市气候模型的局部地区气候分析>《日本建筑学会计划内论文集》第491号，1997年1月）

6. 热岛效应现象的分析方法与评价标准SET*

热岛效应现象的分析方法与评价标准，必须是能够解析前面谈到的各种危害的实际情况。正如图3-2-4表示，热岛效应现象与各种因素的影响有关。在分析各种危害的实际情况时，必须同时对宏观与微观的热岛效应进行分析与评价。数值流体力学（Computational Fluid Dynamics，简称CFD）为基础的数值分析方法对大小比例现象分析非常适用。宏观热岛效应现象数值分析法与大小比例天气预测法基本相同。作为案例，图3-2-9表示日本列岛中部夏季中午风速分布的数值预测和观测结果。图中清晰地看到，数值分析法可以准确表示东京湾到东京中心以及日本海到新潟的海风的风速分布。

微观热岛效应（建筑物影响）问题是以夏季温热环境问题为中心，采用温热环境分析法分析微观热岛效应现象。温热环境分析法基于建筑环境工程学，是与数值流体力学、放射分析相结合的分析方法。图3-2-10、图3-2-11表示建筑物、市区影响分析结果。该案例地点位于东京北区，隅田川（河）与荒川（河）交汇处，被称作新田的地区。研究对象是该地区将要建设的居住小区

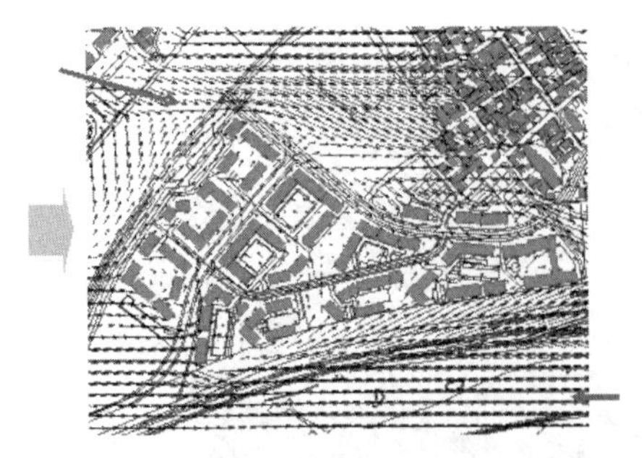

图3-2-10　街区风速分布的数值分析（东京北区，新田地区江面风流动效果研究）
（出处：大黑、村上等<利用CFD的室外温热空气环境设计方法研究，江面风对温热空气环境改善效果分析>《日本建筑学会技术报告集》第16号，2002年12月）

图3-2-11　河流气温降低效果研究（图中的黑色～灰色部分表示没有河流时的气温上升领域）

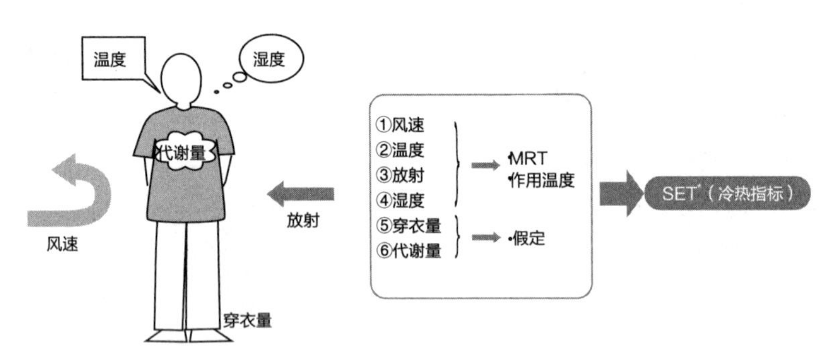

图3-2-12　SET*概念图以及求SET*值的环境分析流程图

的温热环境，如何利用江面风改善该地区夏季环境状况等课题。图3-2-10是运用数值流体力学研究江面的风速场的风速矢量。图3-2-11是假设不存在河流时的小区内气温变化预测试验，可以看出假设不存在河流时大范围区域气温将会上升，反过来也可以得出，河流的气温降低效果显著的结果。

新标准有效温度SET*是评价室外空间温热环境的最适合的标准。该标准综合性整合气温、气流、湿度、辐射等对人类温热感觉的影响，图3-2-12表示运用该标准进行环境评价的概念图和分析流程图。在运用该标准时，数值流体力学与放射分析相结合的分析方法必不可少。图3-2-13是运用这些技术和分析法得到的街区行人空间新标准有效温度SET*的测试结果。此图是东京夏季下午3点作为时间节点，运用数值流体力学与放射分析相结合的分析方法得出来的。从图3-2-13（2）的气温环境评价中得知，阳面和阴面的温差并不大，最大值为4℃。但是，在室外行人的实际空间中，行人对阳面和阴面的温热感觉是明显不同的。图3-2-13（3）是新标准有效温度SET*分布图，得知阳面的气温是44℃，阴面的气温是30℃，阳面和阴面的温差达到14℃，与我们夏季室外温度体验非常吻合。此外，如图3-2-13（1）风速分布，即便是同样的阳面，风速较大的地方新标准有效温度SET*较低，比较正确反映人对气温的冷热感觉。

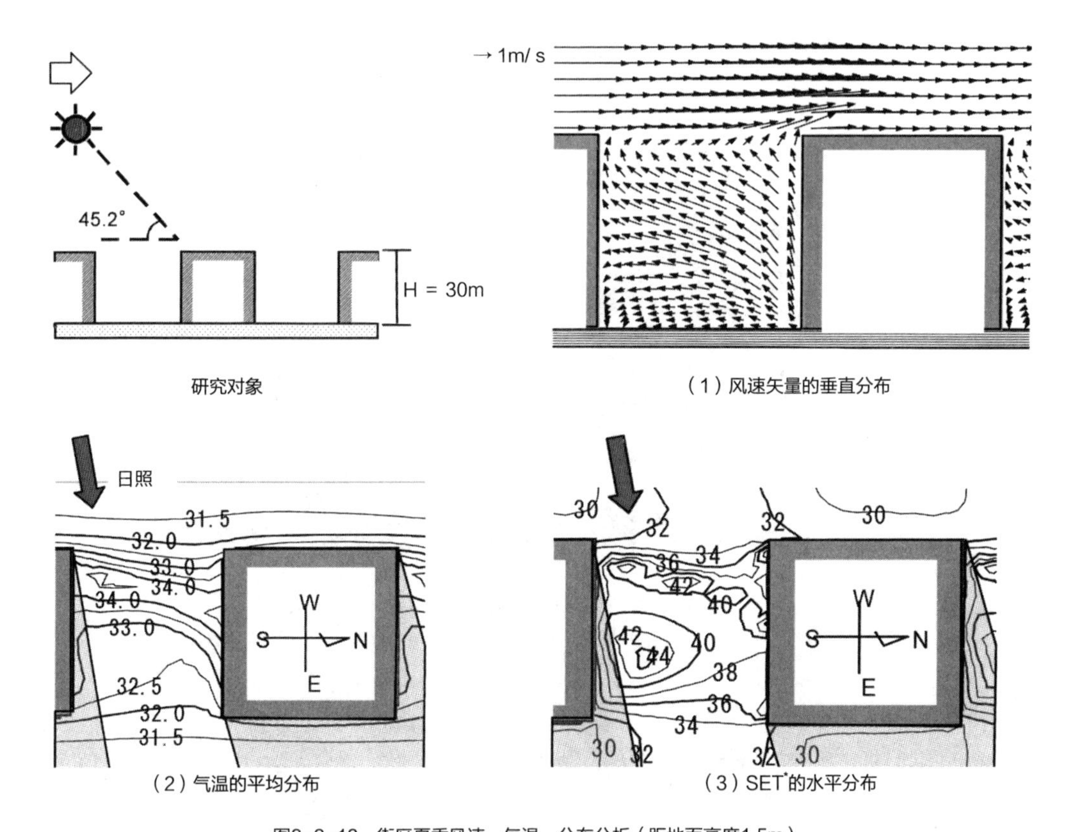

图3-2-13　街区夏季风速、气温、分布分析（距地面高度1.5m）
（出处：吉田伸治、大冈龙三、持田灯、富永祯秀、村上周三<通过树木与对流、放射、湿气输送关联分析，研究树木室外温热缓解效果>《日本建筑学会计划内论文集》第536号，2000年10月）

7. 热岛效应的解决对策

在研究热岛效应的对策时，必须从危害的实际状况、产生的原因等入手。如前所述，热岛效应从宏观到微观，各种影响因素错综复杂地交织在一起，各个学术研究分支都在探讨各种影响因素下的解决对策。其中的建筑分支提出在微观（建筑物、街区）不同尺度下的环境改善与宏观领域下的环境改善两个对策。主要的对策有以下几点。

①减少人工排放量，改变排放方法

（a）推广节约能源对策，提高空调效率，更加充分利用能源等；

（b）改变排放方法（改变排放位置、排放状态等）。

②改善建筑物、城市表面覆盖

（a）促进水蒸气的发生（利用蒸发吸热）
实施建筑物周边绿化，采用保水性建筑材料，使用水冷式冷却塔等；

（b）提高建筑物、城市表面的日照反射率（采用白色、高反射涂料等）。

③包括利用海风在内，改善城市换气效率

改变街道形态、建筑物形状、建筑物规划、树木配置等。

④利用树木、阴影，提高室外步行者空间的温热舒适度

所有对策技术都有优缺点。例如：植树可以提高室外行人空间舒适度，当进行物理性系统分析，存在正负两种效果，很难严格判断温热舒适

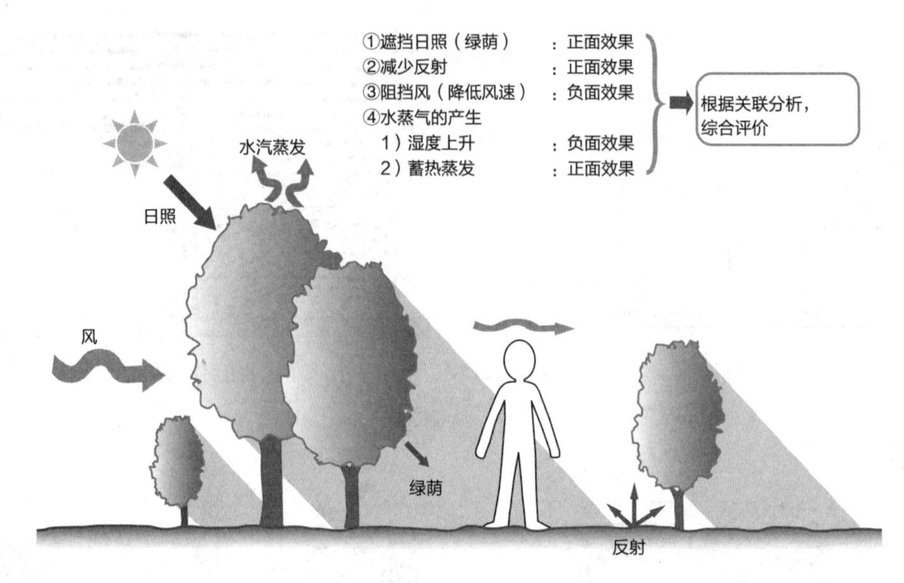

图3-2-14　植树对室外温热环境的影响
（出处：与图3-2-4相同）

度的改善效果。图3-2-14所示，植树可以遮挡日照，有降低温度的正面效果，但植树阻挡风的流动，有提高温度的负面效果。评价这种复杂的物理现象，我们只能依靠数值流体力学与放射分析相结合的分析方法求得新标准有效温度SET*以外，没有其他合适的方法。还有，提高建筑物表面热反射率，可以降低建筑物的蓄热，但对行人的热负荷会增加。因此，充分考虑各个对策技术的优缺点，寻找更为恰当的组合措施显得很重要。

8. 地球变暖与热岛效应的关系

关于地球变暖的话题，包括不认为地球变暖的见解在内有各种不同的议论，不过，持有地球变暖见解的占据优势。图3-2-15（1）表示地球的平均温度变化，图3-2-15（2）表示日本全境平均气温的变化。日本全境平均气温的变化中，基本没有城市的直接影响，但是在20世纪的100年间，其平均气温还是上升了1.0℃，与地球整体气温上升（约上升0.6℃）相比，日本全境平均气温的上升是地球整体气温上升的近2倍，日本全境的升温速度比地球整体快很多。

图3-2-16表示城市人类活动与地球变暖、热岛效应之间的相互关系。由于城市大量消耗能源，排放大量的二氧化碳，对地球变暖的影响很大。据说东京23个区夏季（7~9月）空调负荷，和20年前相比，其二氧化碳的排放量增加了约30万t。同时，城市遭受热岛环境危害。城市的能源大量使用，产生大量的人工热排放，加剧热岛效应现象，气温升高向更加广阔的领域扩散。于是，城市的空调需求增加，城市能源使用量更多，陷入恶性循环。城市能源需求的增加，加剧地球变暖和热岛效应现象。只要是增加能源使用量，必将招致二氧化碳和人工热排放的增加。

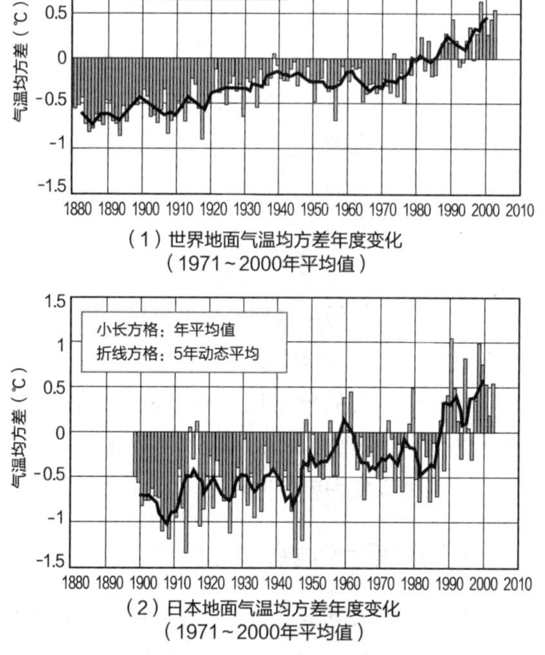

（1）世界地面气温均方差年度变化
（1971～2000年平均值）

（2）日本地面气温均方差年度变化
（1971～2000年平均值）

（全日本选择城市化影响较少的17处平均，如：网走、水户、铫子、长野、宫崎、石垣等）

图3-2-15　地球变暖化进行曲
（出处：气象厅编《气候变动监测报告2001》财务省印刷局，2002年3月）

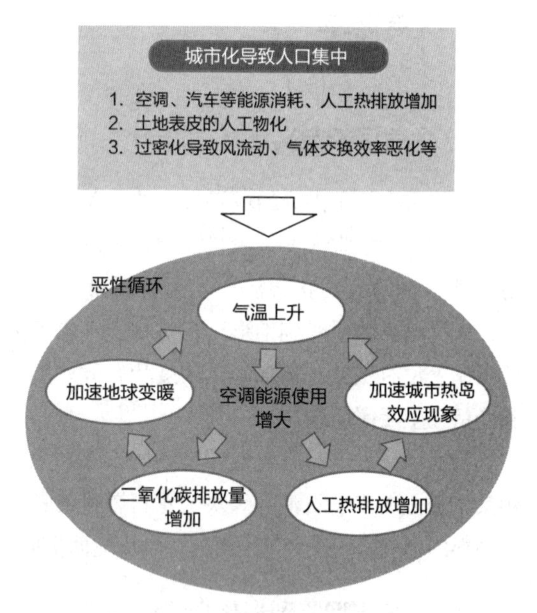

图3-2-16　城市与地球变暖化系统

9. 地球变暖的原因（温室气体）与异常气象

19世纪以来，随着产业发展，人类大量消耗煤炭和石油等化石燃料，大气中的二氧化碳比200年前增加约30%。今后如果人类还是保持同样的活动，到了21世纪末，大气中的二氧化碳浓度将是现在的2倍以上。其结果，地球的平均温度预测为最大上升5.8℃。温室气体除了二氧化碳，还有甲烷、二氧化氮、氟利昂等气体。氟利昂等人工化学物质与二氧化碳相比，其温室效果更强，即使总量很小，对地球变暖的影响却不可忽视。由世界科学家组成的有关气候变化国家间小组会议（简称IPCC），在不久前公布的第3次评价报告书中得出结论，地球变暖是自然现象的可能性极小，主要是由于人类的活动造成。

地球变暖最深刻、最直接的影响就是，异常气候发生频率在增加。气候从平均状态转变为大偏离状态，我们通常称之为气候异常。到目前为止的观测结果是，全球表面平均温度在上升，积雪、海冰面积在减少，全球平均海平面在上升，厄尔尼诺现象的频发、长期化、强度更强，北半球中～高纬度陆地降水量在增加，热带陆地降水量在增加，北半球亚热带陆地降水量在减少等。这种气候异常具体表现为：夏天寒冷、夏天酷热、冬天严寒、冬天暖和、日照不足、长时间下雨、干旱、台风频发、集中暴雨或洪水泛滥、热带气流或寒带气流袭击等现象。（村上周三）

3.3 环境污染

1. 大气污染

1）大气污染定义

大气污染就是人为的或者自然的在大气中生成多余物质，危害人的健康与安全，对财产带来物质性损害的大气状态。产生大气污染的原因是，大气污染物质受到地形、建筑物、气象等条件限制，没有被充分稀释的高浓度状态下，流入和滞留在生活圈所致。

除火山爆发等带来自然污染物质以外，大气污染物质主要来自石油、煤炭等化石燃料或者矿石原料的燃烧，并在大气中引起化学反应而生成。

2）从煤炭烟雾到光化学氧化物

回顾大气污染的历史，认为始于伦敦的使用煤炭，达到危害人类健康的程度，理应是产业革命以后。

日本的大气污染始于1885年别子铜山的二氧化硫危害和更早一些的大阪市煤烟危害[1]。大阪市根据市民的强烈要求，于1888年宣布了在旧市区内禁止建设有烟囱工厂的强制性政府令[2]。

国际上发生的重大大气污染有，缪斯溪谷工业区（比利时，1930年）、Pittsubagu附近的Donora溪谷工业区（美国，1948年）、伦敦（英国，1952年）等。其中1952年12月发生的伦敦烟雾事件，根据记载是2周内死亡4000人的大灾害。以此事件为契机，英国制定了空气净化法律。不过实行该法律的20世纪50年代末期，根据记载还是发生了2次，死亡人数超过1000人的大气污染事件[2]。造成这些大气污染事件的污染物质是燃烧煤炭产生的烟雾和离子氧化物。

在美国，由于较早以石油代替煤炭作为燃料，解决了煤炭烟雾的大气污染。不过从1940年开始，洛杉矶、旧金山为首的美国诸多城市发生了石油燃料引起的新型大气污染问题。也就是危害大气臭氧层为核心的光化学氧化物的大气污染。燃煤型大气污染被称之为伦敦型，燃油型大气污染被称之为洛杉矶型。

光化学氧化物危害地域的扩大以及复杂性，预示着大气污染问题从工厂公害向城市大气污染、大范围大气污染方向转变。

3）大气污染危害与气象

1952年伦敦烟雾危害事件发生后，死亡人数持续增加，在2个月时间里总计死亡8000人[3]。为什么发生如此大的危害？

当时，在南英格兰一代滞留巨大的高压，伦敦周边的低洼地带完全处在无风状态，形成很强的逆转层，大气放射冷却使得地面附近的气温下降，产生雾气。这种天气根据记载持续了4天。以煤炭烟雾为主的，发生在比利时、美国的大气污染危害与伦敦烟雾危害事件做比较，其气象条件和地形极为相似。

逆转层（也称作稳定平流层）发生于晴天风力减弱时，大气放射冷却使得地面附近的气温下降时期。下降的冷空气滞留在洼地周边斜面，稳定平流进一步加强，这种现象被称为地形性稳定平流层。出现较强稳定平流层时，风力更加减弱，反过来促使较强稳定平流层得到加强，使得地面处在几乎无风静止状态。连接泰晤士峡谷的伦敦一带就处在几乎无风静止状态。

但是，如果是发生单纯的稳定平流层，烟囱等排气口排出的烟尘，在浮力作用下上升，高浓度污染物在离地面一定高度形成薄薄的云层，不会在地面形成高浓度污染物。这与冬天的清晨发生稳定平流层，田野农舍冒出的炊烟徐徐上升，在某一个高度呈水平状云雾是一样的道理。森口[2]在分析地面高浓度污染物产生原因时，认为烟雾下层存在烟熏对流。

形成较强稳定平流而发生雾霾时，放射冷却的空气下降到雾霾层下，在雾霾层下发生对流。这种现象已经由最近的多普勒探测器风观测[4]结果予以证实。

正如烟和雾形成烟雾一样，浓烟中的粉尘凝结产生烟霾，在地面附近引起对流，导致生活圈的高浓度大气污染。

4）日本的大气污染

从1955年到1970年的经济高速发展时期，石油化工等重工业也得到大力发展，能源消耗量激增。随着经济发展，环境急速恶化。这个时期，以四日市的哮喘病为首，在千叶县的京叶联合工业、冈山县的水岛联合工业、川崎、尼崎、北九州等地，产业型大气污染成了社会化问题[5]。

1965年前后，石油需求超过煤炭，1970年在东京新宿区牛込柳街发生汽车尾气铅中毒事件，这是杉并区立正高中发生的，也是在日本首次发生的汽车尾气光化学氧化物伤害事件。

从1970年到1980年经历2次石油危机。产业部门加快了节约能源步伐，产业结构也从石油化工等重工业转变为加工型、服务型行业。这期间的能源消耗量保持不变略显下降，悬浮颗粒物（图3-3-1）、硫氧化物、氮氧化物（图3-3-2）、一氧化碳等浓度大幅下降。由于这期间大城市人口集中，汽车得到普及，道路边空气污染也成了城市生活型公害问题。

1980年中后期以来，原油价格的下降导致能源消费增加。虽然没有再次发生经济高速增长期的产业型公害，但大气污染浓度从下降趋于水平状（图3-3-1、图3-3-2），光化学氧化物浓度全国范围呈上升趋势（图3-3-3）[6]。

5）主要的大气污染物质

针对影响健康和生活环境的大气污染，日本政府制定环境基准值，期望环境得到有效保护。主要的大气污染物质表示如下：

①二氧化硫（SO_2）

含在燃料、原料矿石中的硫磺成分燃烧时生成。二氧化硫是大气污染物质中最先引起重视的物质之一，对人体健康尤其是对呼吸道疾病影响较大，对植物的影响也较大。二氧化硫寿命长，可在大气中长距离流动，属于酸性降落物质，影响范围很广。二氧化硫在大气中氧化反应，生成三氧化硫（SO_3）。三氧化硫的吸湿性很强，吸收湿气成为硫酸，在大气中形成硫酸雾，加速雾霾的发生。

②一氧化碳（CO）

含在燃料中的碳经过不完全燃烧而产生，是高毒性物质。在城市大气污染中，主要来自汽车尾气。尤其在通风不畅的室内停车场要引起注意。

③悬浮颗粒物（SPM）

悬浮颗粒物是指悬浮在大气中的直径小于10μm（简称PM10）的细颗粒物。有人为因素和风沙、海盐粒子、花粉等自然因素。也有在发生地排出的物质在大气中与气体状物质二次作用形成粒子状的情况。在悬浮颗粒物中，粒径小于2.5μm的细颗粒物简称PM2.5，其特点是自由落体速度小，与气流几乎一起流动。柴油粒子（DEP）、硫酸盐等PM2.5大多都是人为产生的。根据病疫学调查，大气环境中的PM2.5的浓度高，死亡率也高。

④氮氧化物

向大气排放时的氮氧化物，大部分都是一氧化氮（NO），经逐渐氧化以后成为二氧化氮（NO_2）。一氧化氮和二氧化氮统称为氮氧化物（NOx）。氮氧化物不仅本身是有害物质，而且还是光化学氧化物的诱因物质。氮氧化物危害植物，刺激人的眼睛，恶化慢性呼吸道疾病。

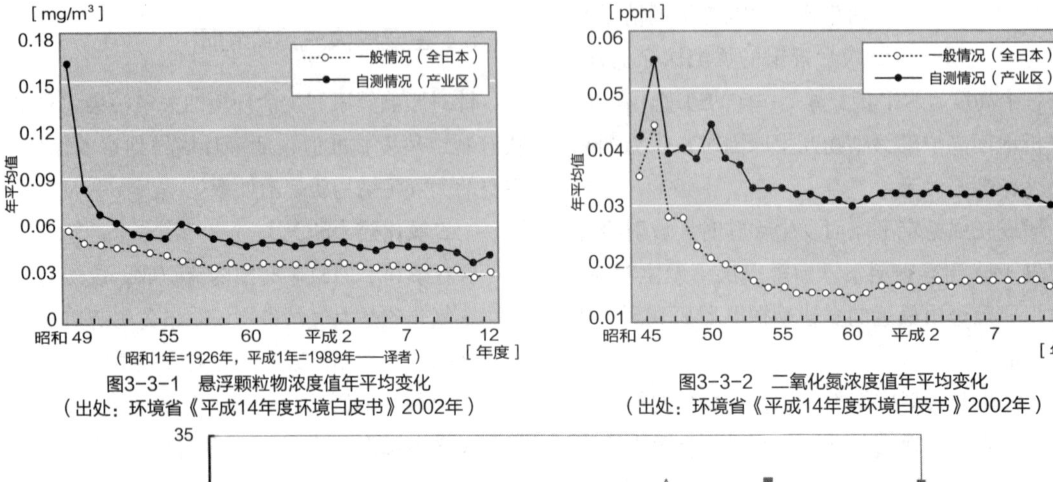

图3-3-1　悬浮颗粒物浓度值年平均变化
（出处：环境省《平成14年度环境白皮书》2002年）

图3-3-2　二氧化氮浓度值年平均变化
（出处：环境省《平成14年度环境白皮书》2002年）

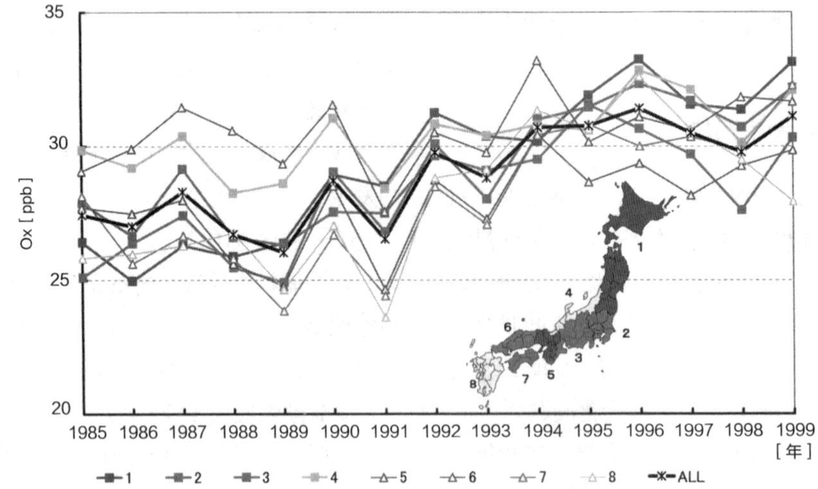

图3-3-3　全日本8个地区光化学氧化物浓度值年平均变化
（出处：大原利真、坂田智之<光化学氧化物全国年度变化分析>《大气环境学会志》第38号[1]，2003年）

⑤光化学氧化物（O_x）

光化学氧化物由氮氧化物、挥发性有机化合物、植物排出的碳化氢在阳光照射下起化学反应而形成。其大部分成分是臭氧（O_3），具有很强的氧化能力，刺激眼睛和喉咙，对呼吸系统有影响。在晴天高温环境，如夏季烈日下光化学氧化物的浓度很高。

⑥非甲烷碳化氢（NMHC）

是甲烷以外碳化氢的总称，是光化学氧化物的诱因物质。通常，将含有氧气化合物的挥发性有机化合物标记为VOC（Volatile Organic Compounds）。

⑦二噁英

是一种毒性极高的化学物质，含盐类物质在低温燃烧时生成。垃圾焚烧是二恶英的主要来源。

⑧酸雨

是从大气中降到地面的酸性物质，一般叫做酸雨，是广义上的大气污染物质。从硫氧化物（SOx）、氮氧化物（NOx）等酸雨诱发物质生成的硫酸、硝酸以两种方式降到地面。一种是溶解于雨水、雾、雪等，以湿性形式降落地面，另一种是以毒气、悬浮颗粒等形式直接降落地面。

6）展望与对策

汽车是城市区域最大的大气污染源。仅仅限制汽车尾气排放，达到环境基准是远远不够的。

降低柴油车的尾气排放、燃料升级、普及环

保车型、调整公路网达到交通的分流与顺畅、提高物流效率等各个方面探讨可行的对策。相对根本的解决方法是，提高公共交通的便捷性，充分利用公共交通，降低汽车出行。 （上原清）

2. 水质污染

1）何为水质污染

在自然界的河流中，尽管多少含有污染物质，由于水本身可以稀释，水中的氧气可以氧化、分解有机物，水中的生物可以消化、分解，河水具有自然净化能力。但是，多年来的人类活动与产业活动的扩大，排放的污染物超过了自然本身的净化能力，以水银污染、营养过剩为代表的水质污染开始让人感到头疼。

水质污染大体上可分为2个类型。一种是有害物质侵入水中，直接危害人类和动植物的健康。例如：引起水肿病的水银，引起痛风病的金属镉等重金属污染。这些污染统称为化学污染。

另外，生物的生命活动不可或缺的元素，如磷、氮等物质过量排入河水中，导致河中的营养过剩，造成植物浮游物大量繁殖，我们称之为赤潮。发生赤潮时湖泊和沼泽处于缺氧状态，厌氧生物活跃，引起水质发臭，造成二次污染。这种水质恶化称之为有机污浊。

2）水质判定指标

表示水污染程度的指标很多，在这里以DO（Dissolved Oxygen）和COD（Chemical Oxygen Demand）以及BOD（Biochemical Oxygen Demand）作为基本的水质标准予以阐述。DO是动植物呼吸所需氧气水溶量，COD是化学性氧气需求量，反映吸收氧气的物质指标，BOD是生物化学性氧气需求量。溶在水中的氧气保证水生动植物的生存。植物浮游物产生的有机物被动物浮游生物和鱼类吸收，甚至水底生物也参与，形成完整的食物链维持生态系统。但是，当溶在水中的氧气不足或者由厌氧生物产生硫化氢时，动物的生存就受到威胁，食物链的功能难以维持。其结果是植物浮游物大量繁殖，分解所需的氧气量增加，加深缺氧状态，对水质和生态系统造成很大危害。保护健康的生态系统，首先要保证水中足够的氧气含量。溶在水中的氧气浓度是重要的水质指标之一。

3）发生水质污染的原因

水质污染的原因大致可分为生活废水和产业废水。产业废水又可以细分为工厂废水、畜牧业废水、农业废水等。

①生活废水

生活废水大致分为粪便和生活杂物废水。人均每天排出的粪便量约为1.2 *l*，其中的1/10是粪便。粪便的标准含量从BOD成分分析，以醋酸为主的有机酸较多。还有尿素等氮成分以及分解出来的氨含量较多。

生活杂物废水主要来自厨房、洗漱、洗澡、洗涤、打扫等。含有食品残渣、汗、污垢、洗涤剂等污染物，人均每天排出的生活杂物废水约为200～300 *l*。

②工厂废水

工厂排放废水种类多，范围广。国家和地方都有严格的排放规定，原则上由工厂进行废水处理后方可排放。金属和其他有害物质的来源地工厂如下：氰来自电镀、有机化学、照片冲洗等行业，铬来自电镀、无机化学、染料等行业，水银来自农药、医药、单体制造等行业，铅来自矿山、化学工业等行业，砷来自矿山、冶炼厂、颜料等行业，镉来自冶炼厂、电镀等行业，有机磷来自农药、合成树脂等行业。只要是废水处理设施不发生故障，这些金属和有害物质是不会向外排放的。

③畜牧业废水

畜牧业废水来自家畜的粪便，其污染物质主要是BOD、COD、SS（悬浮物质）、氮、磷等。

还有可能携带隐藏的病原体。马粪一直用作堆肥，几乎不存在问题，牛粪由于其量大，超过草地容许容量时，便会流入农业用水，成为要处理的问题。

近年来，实行合理管理和利用家畜粪便的法律，家畜粪便的野外堆积被禁止，看见被改善的曙光。此外，利用沼气作为能源的实验也已开始。

④农业废水

农业废水主要来自农田中使用的农药和肥料。尤其是农业废水中含有的氮、磷等营养盐类可能加速水域营养过剩。现在大多采用毒性与残留都较低的农药，基本不采用以往用过的BHC、狄氏剂等引起严重社会问题的农药。正因为过分强调其农药的安全性，无节制地大量使用和大量流入河水中，农药积蓄在鱼类体内，造成水生物污染。同一时期大量使用的水稻除草剂也流入河水中，造成污染。此外，1980年末兴起的高尔夫热，其场地成了新的农药污染源。

表3-3-1

项目	标准值（每升含量）
镉	0.01mg以下
全氰	不得检出
铅	0.01mg以下
六阶铬	0.05mg以下
砷	0.01mg以下
水银总量	0.0005mg以下
烷基水银	不得检出
PCB	不得检出
二氯甲烷	0.02mg以下
四氯化碳	0.002mg以下
二氯乙烷	0.004mg以下
二氯乙烯	0.02mg以下
顺二氯乙烯	0.04mg以下
1.1-2三氯乙烷	1mg以下
1.1-1三氯乙烷	0.006mg以下
三氯乙烯	0.03mg以下
四氯乙烯	0.01mg以下
二氯丙烷	0.002mg以下
秋兰姆	0.006mg以下
西吗嗪	0.003mg以下
杀草丹	0.02mg以下
苯	0.01mg以下
硒	0.01mg以下
硝酸性氮以及亚硝酸性氮	10mg以下
氟	0.8mg以下
硼	1mg以下

注：1）标准值除纯氰取最高标准外，其他取年平均值。
2）“不得检出”是指采用指定检测方法检测时，检测结果在该方法定量界限以下。
3）氟、硼标准在海域不适用。

（出处：《有关水质污浊的环境标准》环境厅公告，第59号）

4）水质污染防止对策

①水质环境标准

为了保护公共水域的环境，1970年的水质污浊防治法和1971年的水质环境标准并列作为公害对策基本法（于1993年废止，现实行环境基本法）该环境标准分保护人类健康和保护生活环境两部分。表3–3–1表示保护人类健康标准，也是有害物质的限制基准。由于该标准直接关系到人的健康，因此适用于全部公共水域。该标准参照饮用水水质标准制定，同时水银、PCB值限制等考虑了鱼类等体内生物积蓄。生活环境标准类型取决于用水目的，分为水渠、水产、农业、自然环境保护、游泳用水等用途，依据水域状况进行等级划分。如：水渠划分为1级、2级、3级等。

②排放口规定

减少污浊物质的排放总量，是防止水质污浊的最重要对策。水质污浊防治法严格规定工厂的废水排放。规定分全国通用废水排放标准（浓度）和各都道府县自行出台的更严格的废水排放标准。废水排放标准按照有害物质和生活环境相关项目分类，执行浓度指标。此外，对濑户内海、东京湾、伊势湾等污浊严重的封闭型水域，规定COD排放总量限制，适用所谓的COD总量控制。

③水质环境影响评价

水质污浊来自人类活动、产业活动的结果是毋庸置疑的。在进行新的开发时，必须事先预测对水质环境的各种影响，采取充分的对策。要总结过去没有充分考虑环境的开发事业，在进行新的开发事业之前，要实行环境影响评价，充分建立事前对策。与之相对应，要大力开发各种行之有效的污浊检测方法。

5）水处理技术

①水处理技术分类

水处理技术大体上可以分为物理性、化学性、生物性水处理技术。物理性处理方法有，沉淀、漂浮、过滤、吹气等，以分离、去除悬浮在废水中的浮游物质为目的。化学性处理方法有，凝结、吸附、离子交换、氧化与还原、调整pH值等。除了去除悬浮在废水中的浮游物质以外，还可以去除废水中的有机物、活性离子成分，调整废水的pH值等。生物化学性处理方法是利用细菌等水中微生物来分解有机物，用好氧性和厌氧性微生物来分解有机物的完全不同的处理方法。在下水道污水处理中，使用的活性污泥法就是，在可通风水池中，放入含有许多好氧性微生物的活性污泥和污水，送风通气，可以达到分解有机物的目的。

②下水道水处理

水处理技术广泛用于生活废水处理、产业废水处理、净水处理等。这里主要阐述下水道生活废水处理问题。下水道原本用在排出雨水和生活废水，从水质污浊防止立场，强调污水处理，生活废水的处理成了重要课题。现在的下水道俨然转变为防止水质污浊的地方。

下水道通常都采取自然流动式。排水方式有一根管道收集雨水、生活污水的合流式和不同管道分别收集雨水、生活污水的分流式。从水质污浊防止立场看，合流式下水道遇到下雨有直接排入河流的嫌疑。今后的下水道建设应该采取分流式。

下水道废水处理多采用活性污泥法，这是物理性、化学性、生物性处理法的组合法。下水道废水处理设施的功能分为废水处理和污泥处理。通常的废水处理顺序是，去除浮游物质→分解与去除有机物→去除残余浮游物质→消毒。在废水处理过程中，产生约占总处理量1%～2%的污泥。针对污泥的处理顺序是，压缩→消化（厌氧处理）→清洗→脱水→烘干→焚烧。近年来，开发了在处理污泥的过程中提取沼气的技术。

③净水处理

净水就是将原水的水质进行改善，以达到使用目的。对于自来水，经过净水处理使水质达到饮用水标准。净水处理基本按照沉淀→过滤→消毒等程序进行，根据原水的种类和质量，选择重消毒方式、减速过滤方式、快速过滤方式等不同方式。这里介绍日本经常采用的快速过滤方式。首先，利用沉沙池中的储水设施，去除粒径相对较大的粒子，其次添加氯化铝聚合物等凝结剂使混浊物凝结成块体。这个块体的一部分在沉淀池中去除，余下的部分通过物理、生物性组合过滤去除。最后利用氯气进行消毒，配送。近来发现使用氯气消毒时，产生三氯甲烷等有害物质。去除三氯甲烷的方法有，使用颗粒活性炭吸附或者利用臭氧等高级净化法，分解生成三氯甲烷的诱发物质。这些方法都很有效，各个地方都在使用。

6）水质环境净化对策

对受到污染的水域，必须采取环境净化措施将水质还原。不同水域，环境净化对策也各不相同。这里阐述河流、湖泊沼泽的环境净化对策。

河流、湖泊沼泽的直接净化方法，就是有效组合物理的和生物的净化方法。物理的净化方法，前面也讲过，就是利用分离、稀释、沉淀、过滤、吸附等方法。生物的净化方法，就是利用亲氧生物的氧化作用、利用生态系统凝结物质等方法。河流的净化方法主要有分离、稀释法，接触氧化法以及多自然型净化等方法。

分离、稀释法是通过流域保护性水渠、导流渠、河道疏浚等来净化。流域保护性水渠是将支流的污浊水或者下水道处理过的污浊水与河流清净水分离的水渠方法。通过导流渠，引导上游流入的污浊水或者引导上游清净水。通过河道疏浚，把出江口、城市内低平河流、湖泊沼泽等处容易产生硫化氢、恶臭等的有机污浊物和淤泥去除。需要强调的是，有必要研究探讨通过疏浚去除的淤泥的处理问题。

接触氧化法是通过接触材料（圆砾、木炭等），吸附、过滤河流或者利用微生物将有机物无机化的水质净化方法。圆砾接触法是将河水浸透在圆砾中，把依附在污浊物质的沙、泥去除后，利用生物作用将有机物无机化的水质净化方法。采用这种方法需要注意的是，要确保足够的容量来储存从污浊物质中分离出来的沙、泥以及氧化有机物所需的氧气。

另外，还有接触氧化法和膜处理法的组合法。这个方法是利用接触氧化法在前段去除有机物，在后段利用膜处理去除色度的净化方法。

多自然净化方法是利用植物和动物，在自然生态系中吸收污浊物质的，无机化净化法。具体有氧化池、芦苇塘净化法，浸透水渠法以及利用落差、浅滩、深渊等的净化法。

氧化池、芦苇塘净化法是将污浊物质停留一段时间，利用自然生态功能（包括芦苇塘）进行沉淀、吸附、分解的方法。浸透水渠法是土壤渗透法与氧化池的组合法，在上游水域开小河道，利用小河道的生态功能和土壤渗透实施净化的方法。采用此方法，要充分探讨小河道的生态功能的可持续以及土壤层的具体渗透方法。利用落差、浅滩、深渊等的净化法是人工制作浅滩或者深沟，利用浅滩的吹风、氧化、浸透和利用深渊沉淀实施净化的方法。（大冈龙三）

3. 土壤污染

1）何为土壤污染

土壤是地壳的表层部分，与地面物质的循环和生态系的维持关系巨大，起着非常重要的作用。当土壤被化学物质等污染时，土壤就会丧失原有的各种环境调节功能。土壤污染因污染源的不同而呈现各种污染状态。具体说有，矿业废水中的重金属污染，农田中的多余肥料和农药污染，产业和生活废弃物产生的污染等。此外，土壤污染不仅给栖息在土壤的生物带来直接危害，而且还通过食物链等渠道，给远离此地生活的动物和人类带来健康危害，要充分认识这种危险性。

2）土壤的主要污染

①重金属污染

日本近代公害始于矿山开发和排烟中产生的重金属。足尾矿山中毒事件，神通川流域的痛风病，土吕久矿山的污染等都是例证。此外，引起水肿病的水银污染也是重金属污染实例之一。土壤的pH值较低时（呈酸性），土壤重金属污染危害显著。这是因为在酸性条件下，重金属容易被溶解，植物吸收重金属相对简单。还有在氧化还原电位EH等环境条件下，重金属的存在形态和毒性发生变化。基于这些物理化学原理，在防止污染对策上，出现各种使重金属难以溶解的方法。

重金属中，水银、镉、铬、铅、铜等金属的选择系数非常大，很容易吸附在土壤里。这些吸附在土壤的重金属离子都呈现容易发生化学反应的状态。土壤一旦被污染，想去除是极为困难的。因此，防止重金属污染最有效的对策就是预防。

②农药污染

农药按照使用目的，可以分为杀虫剂、杀菌

剂、除草剂等。按照化学形态分为有机磷系列、碳化系列等，还有按照作用机制分类的，如：生物代谢或者光合作用等，都是着眼作用效率的分类。

通常，土壤的重金属污染是由于环境措施的缺乏或者不健全的矿山、工厂无意识的排放造成的。相反，土壤的农药污染是有意图、有目的的使用农药造成的。还有重金属污染大多集中在特定场所（点），而农药是在广大区域使用（面）。农药的毒性，除表现在标的生物的反应以外，根据其在土壤中的溶解难易程度和扩散范围，有很大不同。

土壤中的农药，一部分由微生物分解，其余部分有的向大气挥发，有的溶解于土壤，有的随

土壤环境标准（27项）　表3-3-2

项目	环境限制（送检溶液1L）	主要来源
镉	0.01mg以下， 其中大米：0.4mg/kg以下	颜料、涂料、电池、合金
全氰	不得检出	合成中间产品
有机磷	不得检出	杀虫剂
铅	0.01mg以下	合金、陶瓷、电池
六阶铬	0.05mg以下	颜料、涂料、金属表面处理、防腐剂
砷	0.01mg以下， 其中水田：15 mg/kg以下	半导体、合金
水银总量	0.005mg以下	医药、触媒、干电池、荧光灯
烷基水银	不得检出	触媒
PCB	不得检出	电容绝缘油、涂料（1972年前禁用）
铜	水田：125 mg/kg以下	电线、铸造
二氯甲烷	0.02mg以下	溶剂、冷媒、脱脂剂
四氯化碳	0.002mg以下	溶剂、洗涤剂、纤维脱色等
二氯乙烷	0.004mg以下	溶剂、洗涤剂、杀虫剂、医药
二氯乙烯	0.02mg以下	氯乙烯树脂原料
顺二氯乙烯	0.04mg以下	颜料、涂料、香料、溶剂、洗涤剂
1.1-2三氯乙烷	1mg以下	溶剂、洗涤剂、纤维脱色等
1.1-1三氯乙烷	0.006mg以下	溶剂、洗涤剂、润滑剂、石蜡
三氯乙烯	0.03mg以下	溶剂、洗涤剂、杀虫剂、脱脂洗涤
四氯乙烯	0.01mg以下	溶剂、洗涤剂、杀虫剂、干洗
二氯丙烷	0.002mg以下	农药（土壤熏蒸剂）
秋兰姆	0.006mg以下	农药（除草剂）
西吗嗪	0.003mg以下	农药（除草剂）
杀草丹	0.02mg以下	农药（除草剂）
苯	0.01mg以下	溶剂、洗涤剂
硒	0.01mg以下	半导体、颜料、涂料、饲料添加剂、感光体
氟	0.8mg以下	防腐剂、电镀、光学玻璃、牙科用水泥
硼	1mg以下	脱氧剂

（出处：〈关于土壤污染的环境标准〉环境厅告示，第46号，佐藤雄也〈土壤污染现状与土壤污染对策法〉《空调·卫生工程学》第77卷，2号，空气调和·卫生学会，2003年2月）

着农业废水流出去。环境中的农药特性，除了受本身的物理化学性质（吸附性、水溶性、沸点等）以外，土壤性质（pH值、氧化还原电位EH、阳离子交换量CEC、微生物活性程度等）以及农药的使用时期和时间等对农药有很大的影响。

③废弃物与土壤污染

废弃物分为产业废弃物和一般废弃物（家庭和业务）。废弃物总量年年在增加，相应的处理设施始终跟不上节奏。废弃物的种类也呈多样化，应对的处理措施不当或者胡乱丢弃，就造成土壤污染，成为社会问题。从垃圾填埋场渗透出来的污浊物，一旦混入地下水系，有可能造成更大范围土壤污染。

废弃物中的过量有机物投放到土壤中，引起土壤的氮含量增加，氧化还原电位EH值下降，导致土壤中的硝酸盐增加，土壤中产生二价铁、锰、硫化氢等物质。由此引起生物代谢发生异常等现象。近年来，半导体等高新技术产业排放的有机溶剂、重金属等造成的污染也相当严重。

3）土壤污染环境标准和有关条例

为了保护人类健康，土壤环境标准是着眼切断土壤中的有害物质与地下水之间的联系而制定的，也称作溶出标准，于1991年正式出台。之后于2003年，开始实施号称7大典型公害最终对策的土壤污染对策法。现在，对重金属、挥发性有机化合物、农药等27种物质的溶出值，由土壤环境标准来限制（表3-3-2）。

4）被污染土壤以及地下环境修复技术

为了恢复被污染土壤、地下环境，必须去除、无害化处理土壤和地下水中的污染物质。图3-3-4表示修复技术分类。从图中可知，修复技术分为扩散防止技术和分解、去除技术。分解、去除技术有原位（污染现场）处理技术和将污染物开挖、去除后搬到其他地方处理的移位处理技术。此外，还有许多处理技术。在污染现场，把各种技术组合运用，可以提高修复效果。下面，阐述污染现场修复技术。

重金属类土壤附着力强，一般不会自行移动。因此一般以采取原位固化、不溶解（阻止污染物质溶解的化学处理等）、完全封闭（隔离、防水）、覆土掩盖等防扩散技术为主。还有从污染土壤中分离污染诱因物质作为资源再利用的技术。最近开发出电气脉动法、电气浸透法等技术。电气脉动法是在土壤中接通直流电，在电极附近收集离子化污染物质的处理技术，电气浸透法是利用水从阳极到阴极的流动来收集水溶性污染物质的处理技术。

挥发性有机化合物在土壤中以原液、溶解物

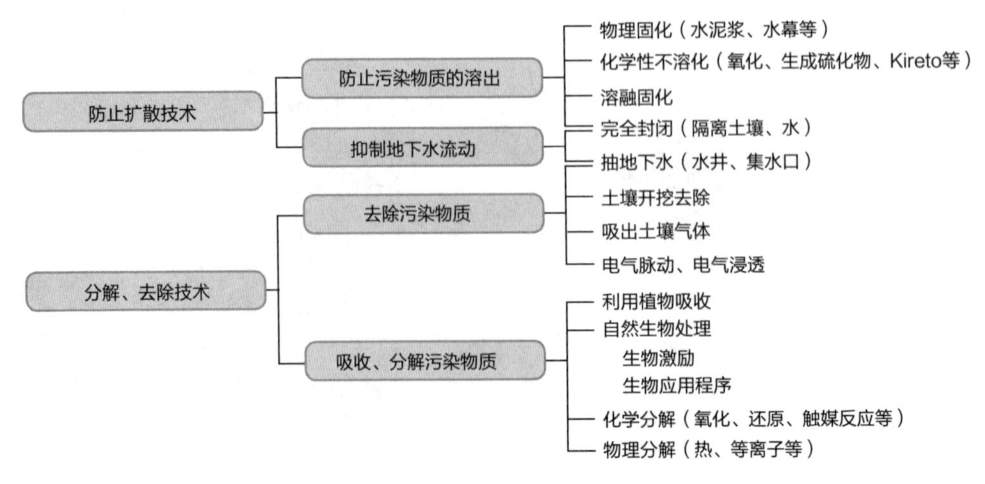

图3-3-4　土壤污染对策技术分类

质、气体等各种形式存在。因此根据污染土壤的实际情况，采取开挖去除、抽出地下水、吸出土壤气体等原位抽出组合技术。最后在地面覆盖活性炭等吸附材料，回收污染物质。针对这个处理技术，出现了利用植物吸收去除，微生物分解、化学分解等原位分解处理方法。这种技术处理方法不发生土壤开挖等带来的二次污染，被视为绿色环保技术。

硝酸类氮化物的排放源和生活废水、工业废水排放源类似，是来自农田施肥所在位置到农业废水排放口。其中，农田施肥污染面很广，被污染的地下水量大，无法实施原位净化。因此在适当的施肥与田间管理下，对排放口进行处理措施是最有效的。最近开发的利用植物吸收的原位分解技术和利用微生物脱氮的自然生物处理法，都进入实用阶段。（大冈龙三）

第 3 章
注・参考文献

◆ 3.1 —注
1) 日本建築学会編『シリーズ地球環境建築・入門編　地球環境建築のすすめ　第二版』(彰国社、2009 年)、pp.296-297
2) 尾島俊雄編著『リモートセンシングシリーズ都市』(朝倉書店、1980 年)、p.4
3) 都市環境学教材編集委員会編『都市環境学』(森北出版、2003 年)、pp.16-17
4) 尾島俊雄『東京の先端風景』(早稲田大学出版部、2000 年)、p.63
5) 尾島俊雄『ヒートアイランド』(東洋経済新報社、2002 年)、p.60
6) 村上周三・持田灯ほか「関東地方における土地利用状況の変化と流れ場・温度場の関係」『日本建築学会計画系論文集』第 491 号 (1997 年 1 月)、pp.31-39
7) A. P. Gagge, J. A. J. Stolwijk and Y. Nishi, 'A Standard Predictive Index of Human Response to the Thermal Environment', "ASHRAE Transactions", 92-1 (1986), pp.709-731
8) 竹内仁・渡辺浩文ほか「都市における環境破壊要因の影響度に関する比較」『日本建築学会大会学術講演梗概集 (仙台)』(1991 年 9 月)、pp.1123-1124

◆ 3.2 —参考文献
○ 東京都環境基本計画第 2 部
○ 村上周三『CFD による建築・都市の環境設計工学』(東京大学出版会、2000 年)
○ 環境庁企画調整局編「首都圏・その保全と創造にむけて—首都圏における環境の将来展望と広域環境管理のあり方について—」(大蔵省印刷局、1990 年 12 月)
○ ヒートアイランド実態解析調査検討委員会、平成 12 年度環境省請負業務報告書「平成 12 年度ヒートアイランド現象の実態解析と対策のあり方について報告書」(2001 年 3 月)
○ 日本建築学会編著『都市環境のクリマアトラス　気候情報を活かした都市づくり』(ぎょうせい、2000 年)
○ 村上周三・持田灯・金相璡・大岡龍三「関東地方における土地利用状況の変化と流れ場・温度場の関係—Mellor-Yamada 型の都市気候モデルによる局地気候解析—」『日本建築学会計画系論文集』第 491 号 (1997 年 1 月)、pp.31-39
○ 大黒雅之・村上周三・森川泰成・持田灯・足永靖信・大岡龍三・吉田伸治・小野浩史「CFD を利用した屋外温熱空気環境設計手法に関する研究—川風の温熱空気環境改善効果の解析—」『日本建築学会技術報告集』第 16 号 (2002 年 12 月)、pp.185-190
○ 吉田伸治・大岡龍三・持田灯・富永禎秀・村上周三「樹木モデルを組み込んだ対流・放射・湿気輸送連成解析による樹木の屋外温熱環境緩和効果の検討」『日本建築学会計画系論文集』第 536 号 (2000 年 10 月)、pp.87-94
○ 気象庁編「気候変動監視レポート 2001」(財務省印刷局、2002 年 3 月)

◆ 3.3 —注
1) 寺部本次『現代公害・環境年史』(公害対策技術同友会、1992 年 3 月)、p.32
2) 伊藤彊自・森口実 (伊藤彊自編著)『応用気象学大系第 11 巻大気汚染と制御』(地人書館、1961 年)、p.258
3) 太田久雄・長尾隆『公害と気象』(地人書館、1974 年)、p.242
4) 岩田徹ほか「盆地霧の霧層内でみられた対流現象」『日本気象学会秋季大会講演要旨集』(2000 年)、p.53、p.78
5) 環境省「平成 14 年版　環境白書」(2002 年)、p.319
6) 大原利眞・坂田智之「光化学オキシダントの全国的な経年変動に関する解析」『大気環境学会誌』38 [1] (2003 年)、pp.47-54

◆ 3.3 —参考文献
○ 福田基一ほか『環境工学概論』(培風館、1980 年)
○ 都筑俊文ほか『水と水質環境』(三共出版、1996 年)
○ 竹林征三ほか『環境共生ポケットブック』(山海堂、1999 年)
○ 有田正光ほか『水圏の環境』(東京電機大学出版局、1998 年)
○ 有田正光ほか『地圏の環境』(東京電機大学出版局、2001 年)
○ 茅陽一監修『環境ハンドブック』(産業管理協会、2002 年)
○ 佐藤雄也「土壌汚染の現状と土壌汚染対策法」『空気調和・衛生工学』第 77 巻、第 2 号 (空気調和・衛生工学会、2003 年 2 月)

第Ⅱ部

环境的生态设计

Environmental Design in the Regional Contexts for Generations

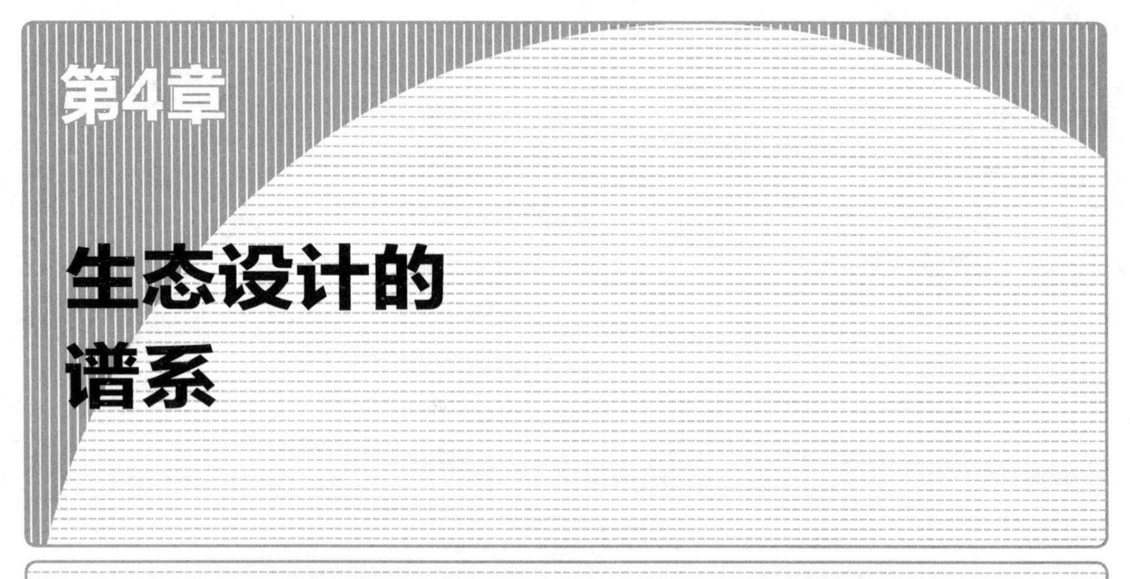

第4章 生态设计的谱系

4.1　世界各地的生态设计

1. 引言

20世纪60年代，雷切尔·卡森（Rachel Carson：1907～1964年）《沉默的春天》（1962年）[1)]一书，敲响了“环境问题”警钟，开始受到建筑、城市领域重视，亲生态设计理念在世界各地，以各种不同的形式展开。此后专注公害和能源问题的罗马俱乐部指出《成长界限》（1972年）[2)]，再经过两次石油危机扩大至全球规模的。20世纪80年代的以地球变暖、臭氧层破坏为核心的舆论关注，使得亲生态设计理念作为地球环境问题范畴，得到全世界的普遍认同。世代之间的时间概念和地域之间的空间概念相结合的可持续性概念，通过联合国等舞台广泛传播。可持续性这个伦理性强大的概念最终成为时代潮流，该过程至今记忆犹新。

在环境问题从局部扩大至全球的过程中，探索地球包罗万象的自然科学和社会科学，在人类社会从古至今传承下来的理论和经验之间找到了契合点。例如：在古代中国成体系化的“风水术”、“阴阳五行说”[3)]，于公元5世纪～6世纪经过朝鲜传到日本。它作为与西欧分析性科学体系相对立的东洋思想，持续影响了重视地域性的建筑和城市建设领域。重新评价遗留在世界各地的具有代表性的建筑和城市，也是基于这种作用的延续。

20世纪初，欧洲率先尝到产业革命带来的负面影响，继而引发关注人类观和宇宙观的神学、神秘学与科学混杂在一起讨论和研究的势头日益活跃。出现了鲁道夫·斯坦纳（Rudolf Steiner）[4)]的《人类智慧学》[5)]等强调新型综合文化的哲学。该学说无时无刻持续影响以德语生活圈为中心的艺术、教育、医疗、农耕等领域。尤其是对人的健康和医疗方面的论述，将建筑和城市设计引向建筑生物学等综合性解决环境问题的轨道。

另一方面，以美国宇航局为中心的宇宙探索，从宇宙的角度明确了地球，这个有生命生息的星球的特殊性，不仅从地球物理学角度，还要从生命科学角度审视整个地球。其中的成果之一就是美国成功登月，使宇宙探索事业达到顶峰的同一时间阶段，在美国兴起的被称作“宇宙飞船地球号”[6)]生态爱好者的运动。在这之后，英国的化学家、医学家詹姆斯·拉夫洛克（James

Loverock）[7]参加美国宇航局的火星探索计划，他在20世纪80年代提出了地球是一个生命体的“盖娅理论”[8]，奠定了人类是自然一部分的真实追溯。

本章节着眼以时代思想变迁为背景的建筑以及其周围环境设计，以生态的观点审视从小区、街区的简单构成到地区、地域的成波浪状的广阔空间与生活，尽量从多个角度讨论设计程序和具体的解决方法。学习地域中的从古至今的经验，针对每一个议题，感悟其内涵，得到相应的启发。

1）古代中国风水论

E·黑格尔提倡的生态论，在明治时期的日本，起初被译成“生计学”，后来定义成“生态学”。相对于“生态学”，中国语言中有“文态”的词语。从世间包罗万象看，“文态”是社会学、人类学研究对象的总称。据说“风水”始于古代中国的汉代（公元前202年～公元220年），它是综合了生态和文态手段的环境建设思想和方法。中国战国时代（公元前475年～公元前221年）盛传的如下4行诗句，论其思维模式，现在的我们也感触颇深。

内　气　萌　生
外　气　成　形
内　外　相　乘
风　水　自　成

根据中国现代环境艺术先驱蔡国强的解释，“内气”就是该土地原本持有的各种力量（风、光、水等），也就是自然原本具有的“气”。“外气”就是人类营生的积累和结果（建筑物、城市、社会的组成、人间关系等）。“外气成形”就是由人类各种营生的重复产生的“外气”的形状，“内外相乘”就是指内与外具有相乘的关系，“风水自成”就是指上述条件成熟时，“风水”便自生。也就是说，“生态”和“文态”相互弥补成完整一体，则会出现另一个平衡系的（风水）环境。这种对理想世界的祈求与亲生态设计的目的相比，其实质是完全相同的。

2）各地具有历史意义的建筑

伯纳德·鲁道夫斯基（Bernard Rudolfski）的《没有建筑家的建筑》[9]一书，收录了遗留在世界各地具有代表意义的建筑和城市案例，对失去自主的近代建筑流，敲响了警钟。在地域的气候风土和生活文化为一体的、不可抗拒的魅力面前，人们从来都是怀有憧憬的。在不显眼的角落中生生不息的那些具有历史意义的建筑，其多数都是该地域长期培育并得到验证的建造和居住方式，可持续性文化非常浓厚，仅凭全球化角度的单一的能源或者资源计算是不可以评价的。正因为如此，亲生态设计要以理解地域固有性为基础，多学习各地具有历史意义的建筑也就是近代建筑一员的优秀成果，积极地重新进行不单单是怀古兴趣的评价，尝试与新技术之间的融合。

图4-1-1　圣托里尼的群落（绘画：作者）

3）田园城市

回顾过去，现在如此深刻的城市环境问题，是由19世纪末英国的工业革命开始的。也是E·黑格尔提出生态学概念的时间节点前后。以伦敦为首的工业城市无节制、无计划扩张和产业工人恶劣的居住环境逐渐成为社会问题。埃比尼泽·霍华德（Ebenezer Howard：1850～1928年）的田园城市构想，是超现实的理想主义，与产业革命相对立，具有浓厚的社会主义色彩。但是它没有否定城市的存在，提倡城市和农村的优点相互融合，建设具有一定规模的小型田园城市[10)]，由居住者团体管理公共土地和公共资源。莱策沃斯（Letchworth：1903年开始开发）、维尔维因（Welwyn：1920年开始开发）等田园城市建设都是典型例子。这个构想如同近代城市规划的蜡像，跨越时代，深深扎根在人们的脑海中，之后在世界各地兴起的新城镇、卫星城建设中都被引用。当初霍华德成立的田园城市协会，历经100年后，与生态学、环保理念叠合在一起，在包括城镇管理在内的现代城市架构中，重新确立其地位。

照片4-1-1　埃比尼泽·霍华德（Ebenezer Howard）（出处：莱策沃斯（Letchworth）田园城市财团宣传册子）

照片4-1-2　莱策沃斯（Letchworth）之诺顿公有区

照片4-1-3　莱策沃斯（Letchworth）风光

4）生态设计进程

本章节的主题是建设环保、安全、健康的现代建筑和城市。与此同时，着眼理应世代坚持的建筑环境问题。建筑环境应该反映各个国家或者地域的气候、风土，应当反映当时的政治、经济结构以及社会、文化的实际情况。单纯运用技术性、美学性要素应对建筑、城市建设，没有抓住问题要害。问题的要害是，要接触人类身后隐藏的世界观，综合分析广阔领域的社会、文化状况，包括分析地球环境各个阶段的人类生活方式，寻找并拥有同生共存的结合点。牢牢把握主体和周边环境因子之间的多种关联性，才是科学的“生态学”。从这个立足点出发，崭新的生态设计就会展现在我们面前。

回顾此前生态设计走过的历程，当代生态设计实践，大体上采用了两个完全不同的方法。其中的一种方法是，对现状持有批评态度，采取富有激进的尝试。通常的做法是，和现实社会拉开一定距离，采取物理性、经济性手段，相对封闭性实施生态设计。其中的另一种方法是，与社会发展阶段相适应的、更为现实性的应对方法。它是一种积极应对社会制度的、更为普遍、更为宽容的应对方法。它具有原则性性格，利用模仿和一体化，形成具有可比性和互补性的实施方法。

在实施过程中，走在前面的还是欧美各国，这些国家在近代化进程中，最早体验了城市环境的光明与阴暗历史。

到了20世纪60年代，建筑、城市与生态的议论过程中，出现了众多形式和规模的案例。不过，大多局限在建筑单体、集合体或者地域性规划与实践，在世界范围很少见。值得一提的是，1960年初，以美国西海岸为中心的围绕建筑、城市与生态的运动，认为工业革命以来，扩大再生产造就了近代产业社会。这种以扩大再生产为原理的经济结构，与近代产业社会代表——城市为中心的环境问题以及在其延长线上的广义环境问题危机感的先见之明之间是存在冲突的，对社会体制的质疑色彩比较强烈。

针对这个“时代体制”，涌现了许多反对体制的、非体制的替代方案。随着消费社会的不断成熟，这些替代方案也不知不觉地被资本主义社会结构所吸收，对年轻一代的生活方式与价值观产生了很大影响[11]。包括前面提到的生态爱好者，《小就是好》[12]（small is beautiful）作者、经济学家E·F·舒马赫（Ernst Schumacher），现代生态设计先驱希姆·万达林（Sim Van der Ryn）（参照第4章4.2节），开创《模型语言》（Pattern Language）、让居住者参与城市建设的克里斯托弗·亚历山大，以农耕文化为基础的《固有文化》（Permanent Culther）（参照专栏2）作者比尔·莫里森（Bill Morrison）等一批具有世界性影响力的先知者的生态活动日益活跃，那些先见之明总体上逐渐被社会所接受。

从上述生态活动、个别尝试的总结，到现实的城市中开花结果，经历了总计20年的时间。期间发生的两次石油危机和东西方冷战的结束，将环境问题推到了台前，加速了生态活动的普遍化。从以生态潮流为背景的模仿到社会一体化，世界各地涌现出许多案例。下面列举美国、英国、荷兰、德国等的代表性案例，以个案研究方式予以概括总结。其他地域中的案例可以参考本书各章节收录的案例介绍。

2. 美国的尝试

1）新炼金术研究所（New alchemy institute，1971~1993）

①成立背景

新炼金术研究所是一所跨学术机构，以自然界各要素的相互联系性为生态学概念基础，以海洋生物学家、动物学家、学生、环境问题专家等组成。海洋生物学家南希和约翰·托德（Nancy & John Todd）为核心，于1971年，在美国波士顿近郊格布考特租借4hm^{2}土地开始居住与生活。

该研究所设立的宗旨是，人类重新依存生物圈，开辟自然界有益共存之路。这是一个根源性的问题。为了解决这个问题，将生物学和农业推广到更为广阔的社会、文化文脉中，通过实践向社会展示满足人类基本需求的生态生存方法。

②研究的主要内容

研究所依据上述宗旨，主要在以下三个分领域展开了研究：

a. 相关食物研究

在租借地设置有机栽培蔬菜园，使用木材、燃料、食饵、工艺开展农业活动。作为低成本生态蛋白质获取手段，养殖鱼类和两栖动物。

b. 相关能源研究

以可再生能源利用为前提，研究太阳能和风能。

c. 相关居住研究

组合可再生能源系统和生物系统，尝试建造既可以作植物和鱼类培育场，也可以为人类居住的建筑环境。到1976年，集温室、养殖设施、员工居住为一体的、建筑和生物学相结合的示范性“生态贝壳建筑”[13]分别在当地和加拿大问世。发展到1982年，以圆形穹顶和双层膜结构为原型的“生态贝壳建筑”—“圆形被套”（参见照片4-1-4、照片4-1-5）问世。

③检验与推广

该研究所以“生态贝壳建筑”为对象，调查室内气候、能源需求量、土壤、蔬菜和鱼类生产量等，同时利用公害监测系统进行验证。包括孩子教育在内，开展多种对外活动，积极推行个体信息和能力交流。

④绿色生态设计指南

通过上述实践活动，新炼金术研究所指出9条绿色亲生态设计指南，指明今后的绿色生态设计方向，给世界各地的生态活动带来很大影响。该研究所经历20余年示范性活动，于1990年宣告结束。

a. 生命世界是所有设计的母体；

照片4-1-4　生态贝壳建筑内部

照片4-1-5　生态贝壳建筑外部

b. 设计要顺应生命准则，不能与生命准则相对立；

c. 生物公正性决定设计；

d. 设计要反映生物的地域性；

e. 规划要立足于可再生能源的利用；

f. 设计应该结合生命系统进行；

g. 设计应该给予自然世界相互进化的功能；

h. 建筑和设计应该支援不惑之星（地球）的治疗；

i. 设计要顺应神圣的生态。

2）阿科桑蒂（ARCOSANTI）：1970年～[14]

①概要

在意大利哲学家、建筑学家保罗·索拉尼（Paolo Soleri：1919～）的指导下，于1970年，在美国亚利桑那州凤凰城近郊实施的手工制作未来城市（www.arcosanti.org）。以可容纳5000人的紧凑型城市原型实践为目的，由非营利机构阿科桑蒂财团负责建设和运营。虽然这是紧凑型城市原型实践，但现代社会的多数城市并不能直接引用。这个原型实践实际上是一个基于共同的理念和积累经验的目的，树立一个反命题替代物，进行研讨的大范围的野外场所。大约20名员工和大学等外部合作体的志愿者，一边举办各种活动，一边进行建设工作，在索拉尼的感召下，在此共同生活。

②建筑生态（arcology）

第二次世界大战前，保罗·索拉尼在意大利学习建筑，二战结束以后到美国。曾在弗兰克·劳埃德·赖特的工作室—西塔里埃森工作。它的基本理念是，面对汽车化时代的膨胀、无秩序化、能源的高消费堆积而成的城市现状，主张城市的紧凑化，使能源消费最大限度地有效利用，重新找回消失的人与人之间的关系。把城市看作紧密和复杂的有机整体，看作动态应对自然环境变化的生态系统的一部分，把城市建设成自立循环型生活环境城市。建筑和环境的合二为

照片4-1-6　阿科桑蒂的穹顶建筑
（照片提供：TAMURA·TOMIAKI）

照片4-1-7　阿科桑蒂城市模型
（照片提供：金永秀）

图4-1-2　阿科桑蒂城市素描
（出处：《生态城市》No.7，生态城市，1996年）

一，我们称之为建筑生态（Arcology）。阿科桑蒂就是将理念具体实体化的紧凑型城市。紧凑型城市的发展展望包括了原始的村庄、无秩序郊区以及特大城市的要素（参见图4-1-2）。

③紧凑型城市

不过，紧凑型城市不是针对现有城市的比较现实的解决方案。紧凑型城市与亚利桑那大地隔绝，把索拉尼的思考和生命现象思维方式与存在于自然界的类似结构联系起来，持续进行实验性的建设。关键的价值也在此。针对"无秩序"这个城市弊端，把具有高质量复合性的"凝缩化"，展现在具体的空间模型。近年来紧凑型城市研讨中经常提到的主题，早在20世纪70年代已经形成了组合体系。在紧凑型城市建设中，先于现代主题，运用复合化、凝缩化、可持续性思想。充满共同社会色彩的阿科桑蒂，与全球一体化的思潮是相对立的，可以容忍这种实验，充分佐证美国多元社会内涵。

3）生物领域2（Biosphere2）：1991年～

①概要

1984年，美国得克萨斯石油富翁出资3000万美元（合约当时的40亿日元），设立生态领域空间风险投资基金（SBV），开始了民间性生物领域2事业。代表性的人物有：生态学者约翰·艾伦（John allen）、马克·尼尔森（Mark Nelson）、环境设计师玛格丽特·奥古斯丁（Margaret Augustine）等人。其中，在英国生态技术研究所工作的马克·尼尔森，从1969年开始做封闭生态系统研究，提出了概念实验。其核心意义是，运用经济的手段完成以下工作：宇宙基地建设所需基础数据；二氧化碳控制所需实验数据；有机农耕法等高产农业技术开发对环境影响的软件开发。

1986年，在墨西哥边境附近的美国城市图森近郊，开工建设了大型温室状建筑物，作为地球实验基地。到1991年完工13000m^{2}的温室，培育热带雨林和热带草原，制作小型地球环境。温室内种植了3800余种植物，放养了250余种小型动物。在这封闭系统中，入住了8位科学家，进行封闭式实验。这个设施我们称之为生物圈2（Biosphere2），生物圈1是指地球。

②设施中的具体内容

实验用的设施有：

a．热带雨林、热带草原、海水等展现自然的部分；

b．农耕地；

c．研究人员居所；

d．重复利用水、空气的地下技术球体；

e．利用高弹性气球，设置两个巨大的肺（指空气调节装置），防止室内外温差过大时的室内空气膨胀。

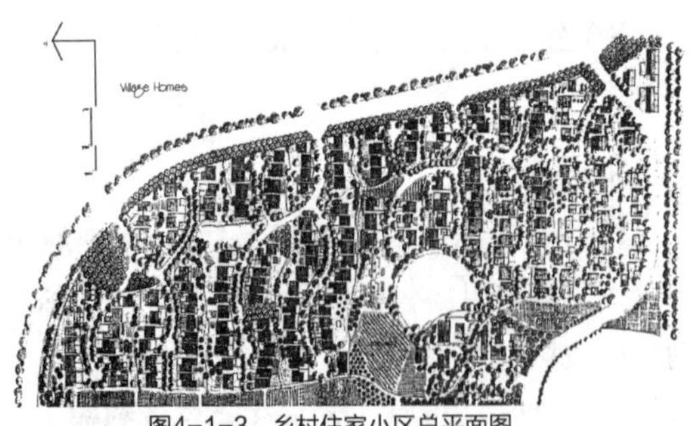

图4-1-3　乡村住家小区总平面图
（出处：《生态城市》No.23，生态城市，2001年）

照片4-1-8　乡村住家小区外景
（出处：与图4-1-3相同）

在设施周边，设有纪念品商店、餐厅、酒店等，其投资、事业规模和新炼金术研究所相比，产业化意味更浓厚，"关注生存"为主题的环境技术开发色彩比较强烈。围绕着这个实验，也有提出质疑的声音。

4）庄园之家（Village Homes）：1970～1981年

①概要

这是建筑学家、创业者朱迪和迈克尔·科贝特（Judi&Michael Corbett）夫妇倡导的环境共存住宅小区，位于美国加利福尼亚州戴维斯市加利福尼亚大学附近，初期开发占地28hm^2，采取分期出让方式建造而成。以节约能源和保护资源为开发理念，采用太阳能系统，于1975年开始建设。到1978年，共完成60户、10栋住宅楼。目前的总户数超过240户。

②规划特点

所有住户均采取坐北向南，最大限度利用太阳能，不采用空调。房屋建设以太阳能供热建筑为原则。积极的房间布局和组合，房屋各个部位设计细致入微。在道路设计中引入交通指引系统，交叉布置交通指引设施和人行道，限制机动车的流动性，实现行人空间与绿地的一体化。小区响应戴维斯市政府的政策，积极推广使用自行车出行。

道路面宽采用7.8m，比通常的12m窄许多，主要是考虑把道路蓄热量降到最低。楼座基底面积均小于460m^2，比美国的通常做法要小，反过来获得了更大的公共空间。绿荫道路（Green Way）在小区中组成绿色网络，与行人道、自行车道相互连接，和完整保存下来的小山丘一起，构建人们乐于散步的美景。

③绿色环保的社区设计[15)]

更为引人注目的是，开发初期已经规划好住户俱乐部等公共设施，配备完好的社交场所。该小区不仅配置社区交流中心、公共区域、菜园等，还组建户主协会。带来的好处就是，邻里关系融洽，相互和睦相处，该居住地的房价比其他地方要高。即便是高房价，也没有出现出售房屋的现象。

3. 英国的尝试

自埃比尼泽·霍华德（Ebenezer Howard：1850～1928年）提出田园城市概念以来，田园城市构想作为生态设计源泉，对于环境问题滞后于产业革命而面临诸多问题的国家，“田园”这个关键词，像清晰的肖像般持续地照亮。对于持有普遍性保守生活方式的英国，背景构成更为浓厚。

然而，由政府主导，于20世纪60年代开始大规模实施的新城镇建设，把经济和理念先行系统放在优先位置，其主导思想是，加快建筑产业的工业化，较短时间内满足居住需求，彻底地实行人车分流等。经过30～40年建设以后发现，并没有达到预期的经济和社会成熟度设想，反而带来了居民高龄化、移民、犯罪多发区等各种社会问题。紧随英国步伐，在日本实施的新城镇建设，同样遇到相同的问题。英国作为近代以后城市亲生态设计思想的鼻祖，在现代文化脉络中，接受并传承的活动还是很多的。其代表性的案例就是下面要介绍的替代技术中心（CAT）。

1）替代技术中心（Centre for Alternative Technology：CAT）：1973年～[16]

①成立背景

工业革命以来，急速发展的近代化，造成现代的地球环境问题。为了与自然融合，作为应对手段，出现了先进技术和大规模技术开发为主导的“替代技术”。这个替代技术着眼于继续保持现代高品质的生活，基于尊重人类与自然相协调。其中的成果之一，就是生态设计试验场CAT，果然还是在最初体验工业革命的英国扎下了根。

该试验场坐落在北部威尔士地区的Marckhinleth郊区，是一处慈善团体出让的铁矿石采石场，于1973年开始实施，依托130余家企业组织生产相关技术设备，生态村庄建设与替代技术并行，原则上食物和能源要做到自给自足。之所以选择这个试验场，是因为该场地具备太阳能、风能、小型水力发电等条件，以及廉价的地价。在这之后，工程师、建筑家、生物学者等各行各业的专家入住该社区生活，验证替代技术的成果。此后举办的各种面向社会的启蒙、有魅力的活动，持续了30多年。

②项目与设施的具体内容

该替代技术中心，起初是各个专家入住小区，进行共同生活和研究。随着该设施的逐渐公开化，成了有关替代技术的信息发源地。与此同时，为了筹措运营资金，设立了新广场型博物馆。该博物馆的主要内容包括：

a. 展示与教育（包括视频教育）；

b. 自然能源与有机农业的各种实验；

c. 以儿童为对象的生态主题公园的环境设备展示。

在这里展示的系统、设施和设备，尽管都是按顺序排列，但是其中的每一部分都是中小规模现成的生态技术组合体。“都可以直接引用”就是它的特点。诸如依托企业生产产品，依托手工制作重复利用废品，委托大学等机构进行研究等事项，非常明确地一一详细说明。同时，室内外的展示也简单明了。大部分展示品都在实际运营中！

③主要展示内容

a. 节能房屋

把原来的房屋改造成木结构食堂、厨房，配备有隔热构造、热水泵暖房、风力发电、蓄热水池等设施。采用地面艺术设计手法，作为太阳能供暖建筑样板的新博物馆商店，出售自己编写的系列教材，可以获取高质量的相关信息。

b. 高隔热性太阳能房屋

员工居住房屋都是利用废料积蓄太阳能的高隔热性房屋。

c. 工作现场

引入小规模多品种生产方式，摸索利于自给自足的地域产业模式，兼作发展中国家技术培训中心。

d. 污水净化系统

设有各种混合卫生间，粪便经过数周处理后，做农田肥料。还有其他植物净化系统。

e. 展示各种太阳能光伏板

f. 展示各种风能利用技术

g. 展示小型水力发电技术

h. 展示自动变频抽水泵

i. 降低环境负荷的交通手段

中心内部使用电动汽车、电动摩托车、电动卡车搬运重物

j. 有机农场

不使用化学肥料，而是使用混合肥料，满足中小需求以外，剩余部分销售外地。

k. 养鱼场

利用太阳能调节水温，养殖高蛋白鲤鱼。

l. 林场

种植燃料、造纸用各种树木。

④环境教育与地域发展

CAT自开始就是环境教育机构，近年与东伦敦大学合作，成为大学野外环境教育和研究基地。到2010年，与威尔士政府合作，成立威尔士可持续发展教育机构。CAT名副其实地成了包括可持续生活方式、建筑、节能、地域建设等在内的更加广泛领域的学习场所。

此外，CAT与陶伊河流域的环境企业的成长关系密切，与它们缔结为姊妹企业，推广和普及太阳能、森林生物能源。在以陶伊河流域可持续发展地域建设为目的的由政府、市民、企业组成的“生态陶伊河”组织的创建和运营中，CAT也起到中心的作用，为地域社会做了很大贡献。

4. 德国的尝试

1）建筑生物学（Baubiologie）[17)18)]

石油危机结束后的20世纪70年代后半期，在德国，迅速兴起对现代建筑的能源、资源与建筑物理学之间的相关内在功能研究，以及从内外环境、人类的心理、生理角度审视建筑的活动。它的起因是20世纪60年代或许是第二次世界大战前，反映德国各州浓厚地域色彩的、深深扎根于该地域的建筑特性的积累。此外，美国20世纪60年代后半期兴起的生态万岁者运动、小夫妻为中

照片4-1-9　CAT环境教育公园外景

照片4-1-10　CAT中心区外景

心的建筑理念、紧跟时代潮流等也是该建筑活动迅速兴起的催化剂。结果出现了建筑生物学的观点，这是透过人类的心和身体，思考生物学、生态学与建筑之间关系的方法。

理查德·迪特里希（Richard J.Dietrich）依据地方条例，把开放性大厦采用的高效能源工业化技术运用到新城镇建设的一部分领域，同时利用自然材料创作丰富的周边自然环境，在文化脉络中，进行生态房屋建设实践。居住在德国卡塞尔的格尔诺特·敏克（Gernot Minke）在地域自然材料中，开发轻量型土壤以及独特的施工工艺，自成房屋建造职业人，作为本土建筑生物学实践家，活跃在建筑领域。曼弗雷德·黑格尔（Manfred Hegger）和乔阿希姆·艾伯勒（Joachim Eble），在20世纪80年代，吃住在工地，分别在卡塞尔和格平根实现了崭新的生态小区。慕尼黑的托马斯·赫尔佐格（Thomas Herzog）[19]设计了许多优秀环境共存建筑作品。还有，斯图加特的弗雷·奥托（Frei Otto）[20]精确分析存在于自然界的结构形式，在探究建筑结构合理性的过程中，发现建筑与结构的统一性。从20世纪60年代开始，在世界上率先开创轻型膜结构的建筑结构设计方法。以上，活跃在建筑理论和实践中的建筑家不胜枚举。建筑生物学与这些建筑家初期的全身心投入和取得的成果以及见解关系巨大。人类作为生物学性的存在，能够使生命继续活动的地球、地域、周边环境，必然与现代建筑构筑物存在相互内在联系。只有解开这种相互内在联系，建筑生物学才可以向前发展。

特别要指出的是，标榜为“人智学”的鲁道夫·斯坦纳的思想以及他对建筑的影响是不能忽视的。在鲁道夫·斯坦纳学校接受教育的一代人踊跃订购的过程中，造就了这些建筑家施展身手的广阔场所。这种状况在德国以及周边的瑞士、奥地利、荷兰等地也很常见。

近代以来，偏重于生产、流通的规划方法，使得人类和自然面对不健康的建筑环境。面对这种状况，引来各方强烈的质疑和批评。这一点普遍达成共识。也就是，以健康为中心，指出现代建筑里的非生物学性问题，重新评价被建筑生产、流通的近代化、工业化过程中受排挤的传统工艺和材料，在更大范围“近代”领域，把存在

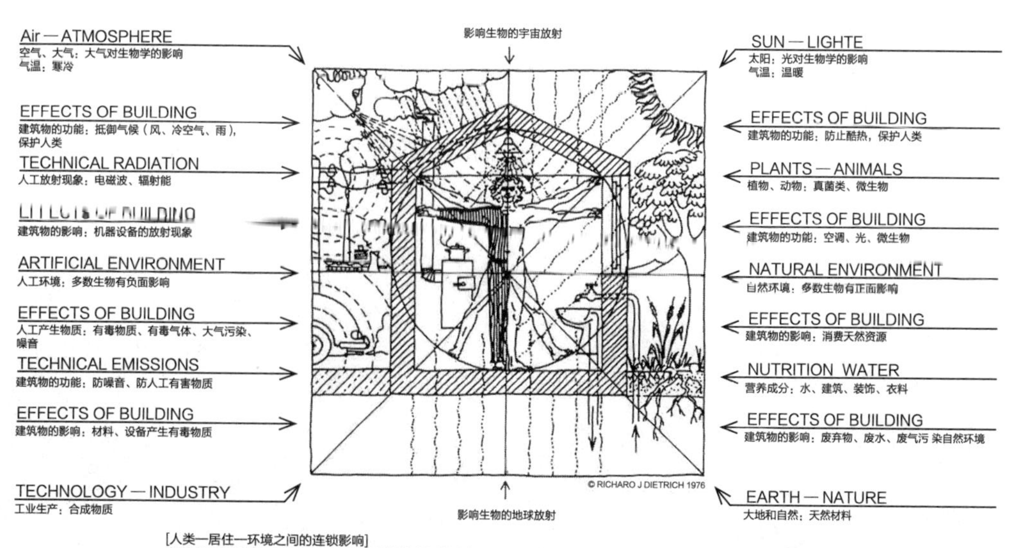

[人类—居住—环境之间的连锁影响]
在研究大范围城市环境系统，首先研究较小范围的人类、居住、环境之间的关系，把生物性相互作用因素进行分类，明确这些因素的正面和反面效果

图4-1-4 建筑生物学概念图（根据R·迪特里希）
（出处：岩村和夫《建筑环境论》SD选书211，鹿岛出版会，1990年）

的问题和认识摆到桌面上。1980年的“建筑生物学联盟宣言”明确记载了这些问题和意识，摘取其重点内容如下：

建筑生物学联盟宣言（1980年）[21)]

①要深刻反省绘画式建筑造型的非人性问题（造型问题）；

②以建筑生物学法则，重新思考过度人工化的居住生活、生产活动、教育活动场所（人工环境的非生物问题）；

③以生态学的观点，重新编制建筑材料调配到城市规划（与建筑规划、建筑生产、建筑流通有关的生态学问题）；

④重新取得被建设官僚主义破坏的建筑灵魂、精神、肉体的统一，以艺术性、生物学性、社会性的一贯性解决建筑问题（建筑行为的综合性与艺术性问题）；

⑤不遵从向后看的自然主义建筑理论，要以革命性的自然观维护和发展人类、自然、建筑的和谐（建筑与自然观的问题）；

⑥对进步的不安、对国家的不信任，会带来抵制。要克服这种拒绝主义和极端物质主义，要自由的组成环境（环境形成与物质主义）；

⑦不要否定工业化，要重新编制对人类有机体行之有效的技术（技术与人类的问题）；

⑧在承认社会进步的基础上，积极准确把握保护环境这个建设行为的本质（建筑行为与保护环境问题）。

宣言中的每一组课题，都是学术性、领域横向联系性比较好的研究手法。作为地球环境时代的建筑，其现代课题理应被时代潮流广泛共有，并与地域中显露的和潜在的特性相互参照，理应扎根于亲身体验，以一流的实践建造完成。这也就是建筑生物学的持续关切之处。

2）基于建筑生物学的生态设计尝试

德国国内的尝试是从单一节能住宅开始，迅速扩展到广阔的生活环境，较早开始运用生物学、生态学的设计手法。已经进入根据小区、地区、城市、地域等不同领域，将综合性环境共存思考方法引入规划、对策当中实施的阶段。当然，自德国统一以来，面临社会、经济等诸多问题，也曾一度出现生态学的设计手法夭折的忧虑。经过居住者、规划设计者、企业、政府等的深切关心和共同努力，硕果累累。已经作为崭新的系统，在社会、市场中站稳脚跟。下面介绍的就是其中的代表性案例之一，让我们重温其成果。

3）赫尔曼兹道鲁夫生态庄园：食、住与艺术同享的生态理想村庄[22)]

①概要

在我们的生活、社会中，重新引入自然的循环，所面对的课题是，如何与现代产业、流通社会的伦理、系统相协调的问题。位于慕尼黑城

照片4-1-11　赫尔曼兹道鲁夫（Hermannsdorf）生态庄园全景

照片4-1-12　由马棚改造的餐厅

市的休瓦伊斯弗卢德（Schweisfurth）财团，正面挑战上述课题，在该市郊区建设赫尔曼兹道鲁夫（Hermannsdorf）生态庄园。庄园位于慕尼黑东南偏东艾英（Aying）镇附近，乘车需要约30～40 min。

庄园由食品加工设施和占地175hm^{2}的环境共存型农场组成。开发者一改20世纪以来大生产大消费的生产系统模式，把庄园开发成为用户提供安全饮食文化的理想村庄。这里的食品安全管理贯穿饲养、栽培、流通、储存以及制作过程，并且全部实行开放性操作模式。这是把开发整体作为主题公园的罕见的庄园建设实践。

②美丽又美味的生态

该庄园的建设者K·L·休瓦伊斯弗卢德（Schweisfurth），深受鲁道夫·斯坦纳和日本以生态农业革命指导者而闻名于世的福冈正信的影响，认为企业不仅作为社会一员，在生态建设中奉献应有的责任，而且还要通过建设活动，坚持贡献美丽的信念。该庄园是生产、生活、艺术的融合体，工厂墙壁中绘有壁画，农场里有实物，办公场所也是充斥绘画和雕塑。这里鼓励年轻无名艺人驻留、创作、工作，在活生生的生活、生产环境中，艺术的图幅也在不断扩大。身在此时空，意味着到了德国亲生态设计的一个站点，意味着完全沉浸在高品质的生活之中。

③设施概况

相关建筑设施包括家畜饲养场、事务所、屠宰场、加工工厂、餐厅、超市、从业人员宿舍等，与彻底的环境共存型农场和风景，全部依据建筑生物学规划和设计。综合性环境共存设计方法，包括地域文化的保护在内，有以下几个内容：

a．庄园内部完整的水循环系统；

b．地区电热供给系统，这是利用慕尼黑城里的废弃植物油、庄园厨房垃圾、动物粪便制作的沼气为燃料的高性能下一代供热系统；

c．原有建筑物的重复利用与改造、废弃材料利用；

d．完全保证室内空气质量。

5. 荷兰的尝试

荷兰国土面积的一半是填埋得来的。因此其土木、水利、城市规划技术和实践，在欧洲也是屈指可数。近年来的地球变暖导致该国海平面和地下水位不断上升，成了棘手的问题，也成了关系国家存亡的重大问题。这些问题推动了该国的亲生态设计，其建设案例遍布公共和民间领域。其中，1990年初实施的“走进亲生态”项目，包括开发过程是颇为有趣的代表性案例之一。

1）走进生态（Ecolonia）：1993年[23]

①概要

该项目是根据荷兰政府1989年发表的国家环境政策规划，由荷兰能源环境厅作开发主体实施的工程，是节能兼顾环境保护型住宅小区工程。该小区位于莱茵河畔的阿尔芬北部，是连接阿姆斯特丹、海牙、鹿特丹、乌德勒支等城市圈的绿色中心地带的一角，住宅建设总户数为300户。于1991年6月开工建设第一期，开发土地面积为2公顷，以多层集合住宅为主，住户总数101户，1993年竣工。在全体制片人当中，由比利时著名建筑家吕西安·克罗尔（Lucien Kroll）[23]担任导演（建筑设计师）。

②规划概念

规划中，特意提出“面向高环境意识建筑设计之路”的小标题，意在节能、环保知识和技术悉数登场施展魅力。规划的基本目标是：

a．表现迄今为止的见识；

b．提出迄今为止见识中的不足之处；

c．将国家政策具体化；

d．要给政策决策者施以影响。

规划设计没有局限在住宅单体，而是把整体的布局和调整作为主题，按照以下步骤和顺序展开。

a．一部分设计要求超自然，更加成熟；

b．要设置开放性公共空间；

c．要引入水景；

d．建筑物形状要各异，给整体带来视觉变化。

本设计特点是，对住宅规定了必须要满足的一般条件，在此基础上，设置9种不同设计主题，由9位设计师分别完成相应的设计。也就是说每一位设计师完成一个设计主题住宅。尽管住宅都是按户出售的商品房，但是入住以后还可以继续进行节能、舒适性、便利性等调查和评价，该设计的全部特点如图4-1-6所示。

③外部环境规划

走进生态（Ecolonia）小区室外空间规划，也是基于与环境共存的概念进行设计。

a．雨水的收集利用：小区内的开放共用空间是林地，不做任何铺装。道路、通道等功能性设施采用块体铺装，雨水可以渗透到地下。

b．亲水空间：小区内的开放共用空间中央设置水池，小区内收集来的雨水全部进入该水池。该水池有湿度调节作用，可提高居住品质。沿水池边种植沉水性水生植物，利用水深变化，制造多种生物的栖息地。水池除生态作用以外，也是居住者和来访客人欣赏景观和休闲的场所。

（岩村和夫）

图4-1-5　走进生态（Ecolonia）总平面规划图（出处：NOVEM小册子）

照片4-1-13　走进生态（Ecolonia）住宅排列外景

	1-1	1-2	1-3	2-1	2-2	2-3	2-4	2-5	2-6
不同主题住宅	降低热损失	利用太阳能	降低建设、使用能源消费	节水、重复使用建筑材料	采用耐久性好、维护便利的材料	便于自主组合的建筑布局	房间之间、房屋之间的噪音防止	健康与安全	生态建筑
特别主题	1. 节能			2. 生活周期内降低成本冲击			3. 提高品质		
通用条件	14项必要条件 ①使用可循环材料（混凝土碎块等） ②禁止使用热带木材 ③选用隔热性好的住宅玻璃 ④节水型供水方式 ⑤合理选择涂料、保温材料、装饰材料 ⑥禁止使用碳氟化合物（CFC） ⑦垃圾分类 ⑧能源消费系数为：300MJ/m^{3}或220MJ/m^{3}以下 ⑨利用太阳能系统（朝向好的场合） ⑩使用效率高、低氮化物采暖设施 等等								

图4-1-6　走进生态（Ecolonia）住宅生态设计基本要求框架图

4.2 希姆·万达林（Sim Van der Ryn）的生态设计

1.《生态设计》

现代生态设计先驱希姆·万达林在其著作《生态设计》中写道："生态设计绝不是新型产物，它是经过漫长时间，通过人类的各种生活与活动高度提炼而成，也就是美德（excellence）"。

生活在热带雨林中的原住民，对动植物具有丰富的知识，如印度尼西亚巴厘岛的水田耕作法和梯田，澳大利亚土著民族利用传说和礼仪，代代传承有关土地的生态绿色地图。按照希姆·万达林的观点，这些都是让人注目的例子。他们的文化之所以传承数千年，是因为其文化中埋藏着设计的源泉。

人类经历若干年代，进入产业主义时代以后，文化状态发生了剧烈的变化。扩大再生产、建设发达的交通等社会经济理所当然地发生变化。与之相适应，设计领域也发生变化，普遍扎根在工业成了设计主流。设计倾向于国际化，过于相信技术，轻视地域历史和文化，其势力广泛分布。当然，在这个设计主潮流当中，也有不同的声音。近代化潮流中，确实存在不同的设计思想。例如：维理阿姆·莫里斯的艺术和摄影运动，鲁道夫·斯坦纳的思想和行动，埃比尼泽·霍华德（Ebenezer Howard）的田园城市，帕特里克·哥德伊斯和路易斯·曼弗德的地域规划，弗兰克·鲁伊德·莱特的有机建筑主张等。他们都是站在地域性和人性角度思考设计，在广阔的生态脉络中，站稳了位置和立场。由零碎的呐喊个体指向整体统合的思想和作品在现代潮流中画出了一道风景线。

生态设计都被认为是当今重要的新鲜事物，从理念上它其实是拥有同一个基础的、跨时间和场所存在的东西。

生态设计的定义是：与自然过程紧密结合，使环境破坏最小化的设计形态[1)]。这是担负综合性、生态学性责任的设计领域。只有广泛运用在与环境共存型建筑、环保型农业、生态工业等领域的设计中，生态设计才有意义。重要的是，生态设计具有满足期望的先见之明，同时也是实际的操作工具。

2. 生态的由来

生态通常都译成生态学[2)]。

生态学是生物学的一个分支。生态这个词是19世纪中叶奥地利生物学者爱伦斯特·赫格尔创造的。他是如下定义生态学的：生态学是研究生物与环境共同依存和生活的相互关系的科学。生态的词义来自希腊语的oikos（家、经济）加上logos（伦理）。经济学的词汇economy也是来自希腊语。生态学也可以称作生物界的自然经济学。

生态学的研究对象是生物和生物之间的关系（包括同种和异种关系）。生物与非生物之间的关系，也就是生物与物质界到一般环境之间的关系，也是生态学的研究对象。人类也属于生物的一种。生态学用一句话概括，就是关系学。

源于希腊语oikos的生态（生态学）是一个研究如何维持地球大家庭的学问。确切地说，是调查研究地球大家庭中，共同生活的所有因素的相互关系。近代保护自然运动之父约翰·缪阿的一段话意味深长："不管捡起哪一种东西，它都与宇宙的其他东西有关系。"生态（生态学）是研究每一个事物的连接以及相互关系。地球是我们共同的家园，为了孩子们，为了世世代代，营造可持续发展的世界是我们共同面对的课题。

纵观当今世界社会发展，多数生态环境保护者都认识到，两种世界观正在发生冲突。一种世界观是产业主义科学与技术观，强调唯物主义，认为地球是如同台球般的无方向性、无目的性力量和实物的集合体。立足于原子学和机械论，探究每一个物体的构成。不管是生物还是非生物，都要研究其最基本的组成单元。

另一种世界观就是，生物生态学的观点。这是着眼于研究每一种物体的模型的思考方式，重视物体之间的相互联系和脉络。是依据量子物理学、系统理论、模糊理论和生态学的科学分支。

世界上，有生态性或者系统性的观点，不仅出现在最新的科学发展中，在佛教、道教等各种古老传统中也都出现过。这种观点认为，世界是由网络和模型（有网眼的系统）组成，生物或者分子都存在于复杂相互作用的纽带。认为不存在无方向性、无目的性事物。人、组织以及其文化的存在，与其说它们是独立存在，不如说他们之间是相互依存的和相互交流的关系。人类的生命固然惊奇，也不过是所有生物物种中的一种，不能剥夺其他生物的生存权利。从产业主义向生态的思想意识转变，这是当今时代发展所必需的[3)]。

3. 可持续性发展观点

“可持续性发展”词汇目前使用比较广泛，使用中的解释也比较随意。这个词汇的解释有很多，最普遍引用的解释来自1987年联合国Brundtland委员会发表的《我们共同的未来》报告书。报告中写道：“在丝毫不能降低下一代满足需求能力的基础上，满足所有当今人类的基本需求，增加人类获得更多更好生活的机会。”一句话就是，在尽量不给下一代增加负担的前提下，谋求当今世界的发展。

“可持续性发展”在日语中常常译成持续性或者持续可能性，对此翻译也有持不同意见的人。根据日语词典，sustain的意思是支持或者维持，进一步展开到sustainable developoment，生物学家川那部浩哉对其词义的解释最有说服力[4)]。根据他的解释，sustainable是能够经得起的意思，换句话为：保持正确的立场。developoment是把折叠的东西慢慢展开成无死角的过程之意，换句话为：把封闭的东西还原成原来模样的过程，或者有步骤地循环渐进的过程和结果。因此，sustainable developoment是保持正确的状态，循序渐进的意思。重要的是，维持公正性和适当的速度，不可要求无端的快速发展。

环境教育学家德伊毕德·奥尔，对“可持续性发展”有重要的见解。他认为，“可持续性发展”有两种基本的思考方法，就是“技术性可持续性发展”和“生态型可持续性发展”。两种方法在力图解决环境危机的问题上有共同点，但在后来的方式和策略上各有不同。“技术性可持续性发展”偏重技术水平，注重市场性，对地球的环境恶化持有较乐观的态度。而“生态型可持续性发展”强调构筑资源循环型社会，注重农业、工业、商业的组成体系和地域以及城市的组织架构。

“可持续性发展”是关系到现代文明的重要概念。“可持续性发展”的理念，就是创造生态文化和地域、创造人类世代生存的社会。

4. 生态设计的五个原则[5)]

这些原则既是规则规定，更是创造灵感。

①设计要来自场所

如何理解场所的气候、风土、习惯，是生态设计的原则，要充分尊重地域性自然和文化。

②生态平衡决定设计

根据生态体系的影响评价，实施设计是重要的，也是基本的思考方式。

③依照自然的组成进行设计

不能破坏自然持有的原有架构，要充分尊重，以与自然共存为设计原则。

④我们都是设计师

可持续性设计，需要更多人的智慧和经验。要强调“参与设计”的重要性。

⑤要突出自然的地位

要把五感变为知觉化，就是要把视觉、听觉、嗅觉、味觉、触觉全部投入到生态设计中。

5. 案例：美国REAL GOODS公司

REAL GOODS公司[6)]是一家面向一般家庭销售太阳能、风能、水电等自然能源使用设备和系统的公司。1990年REAL GOODS公司宣布，到2000年，将二氧化碳排放量减少10亿磅（约45.4万t），并且在前6年完成总目标的90%，不愧为一家对环境认真负责的公司。

1996年，该公司在美国旧金山北部Hopland开设一家专卖店兼作产品展示厅，取名为“太阳能生活中心”，占地面积为5hm^2。该太阳能生活中心的设计师就是希姆·万达林（Sim Van der Ryn），是集水、能源、农业、生产系统为一体的生态设计，充分体现REAL GOODS公司追求的太阳能生活和技术。

总平面设计充分考虑用地特点，重视太阳的轨迹和方位。利用土丘遮挡高速公路的噪音和污染，土丘是利用用地内开挖调整水池剩余土堆积而成，其上重新种植该土地天然植物。同时复原通往河川的被弄乱的水系。太阳能发电和风力发电装置，太阳能混合堆肥滚筒，水沟、小河、浇水池等一应俱全，可以看到多种真实的示范演出。在结构和材料方面，横梁采用可再生木材，墙体采取钢丝网内填厚厚的压缩麦秸块外抹泥土

照片4-2-1　REAL GOODS公司南侧全景。考虑用地条件，力图与自然共生
（出处：《生态城市》. No11，生态城市，1997年）

照片4-2-2　外墙构造。墙体采取钢丝网内填压缩麦秸块外抹泥土而成（自然材料的活用）

而成。在设计过程中，精确测算屋面坡度，做到最大限度利用自然光线。此外，还有风洞试验，材料研究等高科技应用例子随处可见。

REAL GOODS公司的太阳能生活中心，尽显希姆·万达林所主张的生态设计精华。

（林昭男）

第 4 章 注・参考文献

◆ 4.1 —注

1) R. カーソン『沈黙の春』（青木梁一訳、新潮社、1974 年）
2) D. H. メドウズ『成長の限界』（大来佐武郎監訳、ダイヤモンド社、1972 年）
3) 吉野裕子『陰陽五行と日本の文化』（大和書房、2003 年）
4) F. カルルグレン『ルドルフ・シュタイナーと人智学』（高橋明男訳、水声社、1992 年）
5) 上松佑二『シュタイナー・建築』（筑摩書房、1998 年）
6) B. フラー『宇宙船地球号』（東野芳明訳、鹿島出版会、1968 年）
7) J. ラブロック、スワミ・プレム・プレブッダ『地球生命圏』（工作舎、1985 年）
8) J. ラブロック『ガイアの時代』（星川淳訳、工作舎、1989 年）
9) B. ルドルフスキー『建築家なしの建築』SD 選書 184（渡辺武信訳、鹿島出版会、1984 年）
10) エベネザー・ハワード『明日の田園都市』（長素連訳、鹿島出版会、1968 年）
11) The Whole Earth Catalogue , 1971; 1975 by POINT/Penguin Books
12) E. シューマッハー『スモール・イズ・ビューティフル　人間中心の経済学』（小島慶三、酒井懋訳、講談社、1986 年）
13) N.&J. トッド『バイオシェルター』（芹沢高志訳、工作舎、1988 年、原書 1984 年）
14) パオロ・ソレリ「アーコサンティ」『BIO-City』No.7（ビオシティ、1996 年）
15) J. Corbett ほか “Designing Sustainable Communities: Learning from Village Homes” 2000, Island Pr.
16) 「特集・環境時代のテーマパーク　C.A.T.」『BIO-City』No.14（ビオシティ、1998 年）
17) 岩村和夫『建築環境論』SD 選書 211（鹿島出版会、1990 年）
18) 日本建築学会編『シリーズ地球環境建築・入門編　地球環境建築のすすめ　第二版』（彰国社、2009 年）、pp.46-48
19) T. Herzog “Solar Energy in Architecture and Urban Planning” ,1996 by Prestel Verlag
20) フライ・オットー『自然な構造体』SD 選書 201（岩村和夫訳、鹿島出版会、1985 年）
21) 「エコロジーと建築」『建築雑誌』1984 年 8 月号（日本建築学会）
22) 岩村和夫ほか　欧州・エコロジー見聞録⑥「エコロジーファーム」『日経アーキテクチャ』1994 年 03-09 号、（日経 BP 社、1994 年）
23) NOVEM “Ecolonia” (1993)

◆ 4.1 —参考文献

○ L. クロル「ペイザージュの思想」『BIO-City』No.7（岩村和夫訳、ビオシティ、1996 年）
○ 岩村和夫「エコロジカルデザイン」『ともに住むかたち』土曜建築シリーズ④（建築資料研究社、1996 年）
○ 「特集：世界のエコロジカルデザイン」『BIO-City』No.23、（ビオシティ、2002 年）
○ 岩村和夫監修『サステイナブル建築最前線』（ビオシティ、2000 年）
○ 環境共生住宅推進協議会編『環境共生住宅 A-Z』（ビオシティ、2000 年）

◆ 4.2 —注

1) シム・ヴァンダーリン、スチュアート・コーアン『エコロジカル・デザイン』（林昭男・渡和由共訳、ビオシティ、1997 年）、p.38
2) 立花隆『エコロジー的思考のすすめ—思考の技術—』（中央公論社、1990 年）、p29
3) フリッチョフ・カプラ、アーネスト・カレンバック『ディープ・エコロジー考—持続可能な未来に向けて』（靍田栄作編訳、佼正出版社、1995 年）、p.1、p.33
4) アエラムック『新環境学がわかる。』（朝日新聞社、1999 年）、pp.4 ～ 8
5) 注 1) 同書
6) 設計：エコロジカル・デザイン・インスティチュート（主宰：シム・ヴァンダーリン）、1996 年竣工
「自然エネルギーを通販で普及させる循環型商社／リアル・グッズ商会」『BIO-City』No.11（ビオシティ、1997 年）、pp.49-57、「『エコロジカル・デザイン』／シム・ヴァンダーリンからのメッセージ」『BIO-City』No.11（ビオシティ、1997 年）、pp.58-64

◆ 4.2 —参考文献

○ シム・ヴァンダーリン、スチュアート・コーワン『シム・ヴァンダーリンとスチュワート・コーワンのエコロジカル・デザイン』（林昭男、渡和由訳、ビオシティ、1997 年）
○ 立花隆『エコロジー的思考のすすめ—思考の技術—』（中央公論社、1990 年）
○ フリッチョフ・カプラ、アーネスト・カレンバック『ディープ・エコロジー考—持続可能な未来に向けて』（靍田栄作編訳、佼成出版社、1995 年）
○ アエラムック『新環境学がわかる。』（朝日新聞社、1999 年）
○ アーネスト・キャレンバッハ『エコロジー事典　環境を読み解く』（満田久義訳、ミネルヴァ書房、2001 年）
○ アーネスト・カレンバック『緑の国エコトピア　上巻』（三輪妙子訳、ほんの木、1992 年）
○ アーネスト・カレンバック『緑の国エコトピア　下巻』（前田公美監訳、ほんの木、1992 年）
○ 加藤尚武『環境倫理学のすすめ』丸善ライブラリー 32（丸善、1991 年）

专栏 2

固有文化

——生活中引入田园的设计

20世纪称作城市时代。城市被置于消费者集中居住的场所，误以为广泛领域扩大消费就是上等城市，生活也会富裕起来。认为只有从农村走向城市生活，才能求得近代社会的富裕。但是，地球可消费资源的有限性等消费型生活存在有限范围，消费生活引起地球环境的超大负荷，已经无法描绘可延续性未来生活憧憬。

建筑设计和城市建设领域，以前都是从工程学角度培养工程技术人员。基本忽略自然和田园知识，延续人类居住环境的设计。到了当今环境时代，逐渐要求实施建筑物、城市等绿化。对绿色的本质和内容必须引起足够重视，这原本就是应该掌握的知识。应该重新回到身边的生活原点，了解自然和食物，在自然的循环系统中生活，培育田园型绿色并把它引进我们的生活当中。

还有，环境设计也很重要。培育环境的主体是我们人类自己。近代以来的行业分类，过分细化知识和技术，剥夺了我们的自立、自律、自给自足。实现与环境相协调的生活，需要人类的智慧和技术、技能的积累。近年来，利用天然材料，自己动手建造房屋和花园开始流行起来。其背后的原因是，都想用亲自动手来体验属于自己的家园和地域环境建设。

“百姓”这个词，有多种技能的人群的含义。是指通过自然界中的劳动和

照片1　新西兰固有文化设计师约翰的住宅
（照片提供：松本洋俊）

创造，确保生活所需能源、水、食物，维持家计的人。这种自立、自给自足的百姓生活，都包含其固有文化，设计必须立足此概念。

——何为固有文化

农山渔村文化协会发行过一本叫做《固有文化》（比尔·莫里森等著，小祝庆子等译，1993年）的入门书。固有文化就是为了获得食物、居住等生活的自给性和持续性，存在于地域的综合性设计论。概括为“持续性自给生活综合设计论”。是permanent（永久性）、agriculture（农业）、culture（文化）等三个词的合成词语，由澳大利亚生物学家比尔·莫里森于1970年率先提出的概念。在自己周围，建立永久的食物生产基地，创造与自然环境共存的生活空间为目标。他的哲学观拥有关心地球、关心人类、公平分配剩余生产物等三种理念，在自然环境、人类社会环境、地域经济环境中，非常重视可持续性发展。目前，固有文化的应用实践活动，在澳大利亚、美国、英国、尼泊尔、印度、非洲、日本等国家广泛展开，主要的成果有，生态村庄（自给自足型、环境共存型集体居住空间），生态过渡型城镇（低碳社区），以及引进地域性流通货币的地域社区建设等。

不要征服自然，要建立与环境的可持续性共存关系。在此基础上，从生态系统中学习和掌握知识，建设多样性、相关性、循环性系统。要舍弃澳大利亚农场原非持续性自然索取方式，营造与自然更加和谐的自给自足的生活方式。西欧的近代化，接受其畜牧农耕文化的唯物文化系统和规划论的支撑。而固有

照片2　利用麦秸和传统泥瓦匠施工工艺进行的固有文化自然建筑模型之试验性建筑物施工现场（日本大学校园内，系主任研究室研究项目）

文化是以“保护森林式食物生产系统”为基础，要求食物生产和环境共存的思考方式，可以形成“能吃的森林”。这是混合与综合的设计，是与环境协调的，营造可持续性食物生产和居住环境的两面设计方法。是农业、建筑物、自然相统一的设计。也是一种通过人类有意识的建设自然生态（自然、生物能源丰富的）系统，人类与自然生态系统的共存关系得到更加持续的尝试。

固有文化设计有以下约10个原则，这是古今东西方可持续环境设计方法的集合。

①要确保连贯性：构筑某一物质的输出成为其他物质的输入的循环周期，也就是把联系性很强的要素布置在近处，避免能源损失；

②要保持一种要素的多功能性；

③主要的功能要由多种组成要素支持：水、粮食等生存必需的重要因素要以复数的方法确保；

④高效率的土地利用设计：依据人类的劳动强度配置菜园、家畜间，高效率的使用风能、水能、太阳能等自然能源；

⑤利用生物资源：动植物用于粮食、燃料、肥料、防风等作业；

⑥地域内的能源再循环：不仅物质循环，信息循环也很重要；

⑦适当的技术：开发利用地域材料和可以自主管理的技术；

⑧利用自然迁移：自然迁移中，培育植物，获取粮食。采取不同年份生的草混合系统；

⑨最大限度利用边缘：海岸、山麓、池塘、河流等边缘，能源集中，富有多样性，生产效率高。

利用上述设计原则，进行综合环境设计之前，先要认真调查研究设计对象、可采用的天然材料特性。要重视场地观察过程，场地观察过程也叫做场地性。只有这样，设计中才可以活用各种自然特性，避免不必要的损失。

——以住宅为中心，有相互联系的可食用风景设计

运用固有文化设计法，尝试农村住宅建设。中心自然是住宅。以住宅为圆心画出一个同心圆，其内布置一年生农作物场所（水田和旱田）、饲养家畜小屋、果树园等主要的农业生产场所。再依次配置可利用森林和需要保护的森林。根据人类每日所需的最大劳动强度来确定劳动效率。房屋后面一般风力较大，可以种植有防风作用的可用树木（可结果实和成材的树木）。房屋南面可以布置水池，夏天种植水边植物和养殖鱼类，冬天太阳的反射光可以使房屋保暖。池中水利用重力引自高处的泽地或者围堰，生活废水利用植物净化装置净化以后，放入水池重复使用。可以参考美国的南希和约翰 · 托德（Nancy & John Todd）夫妇《生活机器》和日本农水省农业环境技术研究所（现为独立法人农业环境技术研究所）尾崎博士等的《生态地理过滤器》。水资源凭借重

力和生物力量，在输入和输出的连贯性上，完美地使用在生活场所。在此过程中，人类的粮食生产也成为可能。我们应该做到：最大限度利用住宅周边和地域环境，营造自给自足、相互连贯的生活场所。

以上是农村的案例，在城市建筑物的屋顶和墙面绿化中，种植可食用植物，在建筑物周边的绿地和道路边，种植蔬菜和水果，并用水系连成一体也是可以做到的。家庭生活废水也可以经过净化处理后重复使用。生态设计的价值在于，它是谋求与地球环境的协调，谋求摆脱石油依赖，构筑低碳社会的生活设计论和实践论。

◆参考文献

○ジョン・トッドほか『バイオシェルター』（工作舎、1988 年）
○ビル・モリソンほか『パーマカルチャー』（農山漁村文化協会、1993 年）
○糸長浩司「パーマカルチャー」『朝日百科／植物の世界』No.131（朝日新聞社、1996 年）
○糸長浩司「パーマカルチャー理論と実践からみた「パーマカルチャーシティ」の展望」『日本都市計画学術研究論文集』No.32（1997 年）
○浦上健司・糸長浩司「中山間地域集落における農家の生活・空間構造のパーマカルチャー的評価に関する研究」『農村計画学会農村計画論文集』No.2（2000 年）
○David Holmgren "Permaculture/ Principles & Pathways Beyond Sustainability" Holmgren Design Services（2002）

照片3　可食用墙面绿化与固有文化庭院（日本大学生物环境科学研究中心，系主任研究室研究项目）

5.1　绿化与地域微气候设计

1. 序言

即使是平坦的野外，只要有一户人家居住，在建筑物周边就会形成特有的气候。微气候就是在我们生活的地表附近形成的空间的特有的气候，具有气温、气流、湿度、热辐射、降雨、积雪、地面湿润状态等各种特征。当室外空间形成良好的微气候时，居住者就会采取开放式的生活方式，享受微气候的恩惠。这种生活方式不会造成环境负担，可以实现健康舒适的生活。创造良好的室外空间微气候，从环境与居住者的相互关系上看，意义深刻。

当该土地的气候特征、用地以及建筑物规划等不同时，绿化对微气候的影响也会得到大不一样的效果。日本建筑学会编写的《地球环境建筑系列丛书之入门篇：地球环境建筑进步第二版》[1)]中，列举有城市绿化方法，采用这些绿化方法时，在城市和建筑设计过程中，必须进行综合性研究和探讨，不能简单采取某一种绿化方法用于城市绿化事业。不同的绿化方法对微气候的不同影响效果是可以掌握的，但是把握气候、历史、地形等该土地固有的内涵，进行生活环境设计不是一件容易的事情，一般的设计理论都很少涉及。

本章节一边介绍绿色微气候设计实践案例，一边着眼自然环境设计，阐述具体的绿化方法与微气候之间的相互关系。

2. 利用原有绿色进行的住宅开发案例

1）利用原有树木、地形进行的住宅开发及其背景

本案例位于日本神奈川县川崎市北部居住区，丰富的既有绿色是其最大的特点。此处50年前是一块荒地，经过土地所有者的多年植树造林，形成了如今的一片树林（参见照片5-1-1）。土地所有者对土地开发的要求是尽量减少对树木的破坏，将绿色留给下一代。于是，在现行税

制（林地与宅基地并课税、固定资产税、继承税）下，签订了出让50年土地使用权的住宅开发协议，不改变土地所有权的、绿荫葱葱的住宅区应运而生（参见照片5-1-2）。如果没有维护管理，即便有再多的树木也形不成美丽的街景，对微气候的影响效果也不会很明显。幸运的是，在这里土地所有者和居住者共同进行日常管理和维护。

2）利用气候、土地特征的设计

进行考虑微气候的设计之前，掌握该土地的气候特征和该土地所拥有的优点和特点非常重要。根据该土地上空的长期气象观测，可以得到夏季的主风向是西南偏南。从地形上看，该住宅用地平缓向南倾斜，有利于夏季风的流动。

开发采取尽量保持原地形地貌的规划方案。在不移动原有树木下，布置建筑物平面和形状以及道路（参见图5-1-1）。斜面地形也尽量保持原状，保留的树种有樱花、榉树、玉兰、桉树等多种。

位于该住宅地主风向侧面的南侧树林原封不动地予以保留。东侧的市政道路被连片的樱花树覆盖，西侧的斜坡上也留有集中整片树木。住宅用地内外绿色得到更加一体化，生动地活用自然内涵。

3）住宅地内部微气候设计

进行住宅开发时，利用绿色对微气候的调节功能，尝试微气候设计。内部中心道路和停车空间兼作居住者的社交广场，利用原有高大樱花树营造巨大的树荫空间。该道路还作为风流动通道，地面铺设透水性石材，雨水可以渗入地下。住宅布局中也有微气候设计影子，有意识地安排室内通风，住宅之间避开正面对应布置方式，住宅南侧开口区域布置适当宽度的庭院。保证各住户的私密性，自由地开启窗户进行房间透气。

照片5-1-1　1954年冬，住宅用地实景，每种树5棵为一组，共有130余种树木

照片5-1-2　住宅外景（中央道路入口处拍摄）

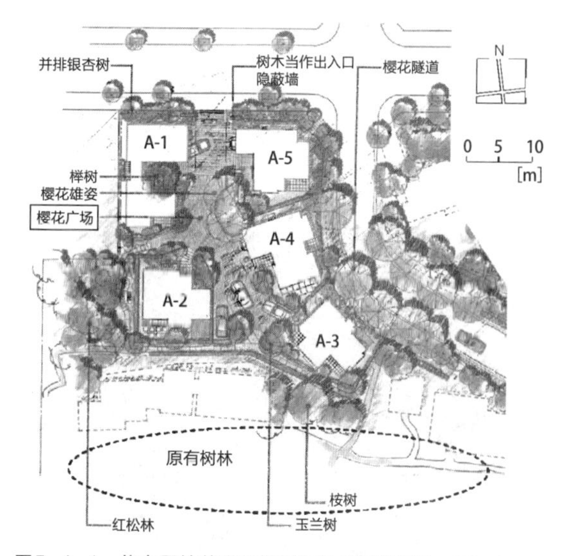

图5-1-1　住宅用地总平面规划与绿色规划设计：Misawa Home，高泽静明
（出处：宫崎台（樱坂）设计图书，Misawa Home）

3. 住宅地内部微气候与绿色效果

运用绿色实施微气候设计的住宅地，如何形成舒适的微气候环境呢？在这里主要根据夏季实测分析结果，做以下说明。

1）住宅用地的所处环境

住宅用地的所处环境，对住宅用地内部的微气候影响很大。首先，分析住宅用地的所处环境特征。图5–1–2是利用直升机测得的住宅用地以及周边的热映像图。可知住宅用地内外的表面温度分布特点明显不同，从照片5–1–3和图5–1–2中也可以看到。住宅用地周边是居住区，受到白天的太阳辐射，道路和屋顶等均显示高温。建筑物密集的地区是地域气温上升的主要原因。

另一方面，住宅用地内部存在几乎覆盖建筑物的高大树木，除一部分屋顶以外，住宅用地的整体表面温度相对低，形成凉爽的区域，整体上显示舒适微气候特点。

2）室外生活空间高大树木的日照遮挡效果

下面对居住用地内，树木对微气候的影响程度作说明。

图5–1–3是居住用地内巨大樱花树底下的中心道路的立体热映像图。它是站在里面的人可以看到的立体的全景映像图。水平方向360° 展开，纵向上为天顶下为脚下。可以看到，树叶茂盛的樱花树下形成的大范围树荫。树荫下的地面铺装温度和气温大致相当，而阳光直射的铺装地面温度比气温高出20℃。树上部的表面温度与气温几乎相同。这样的树荫空间，没有地面的热反射，不会感觉到热辐射的不适。可见，高大树木形成的树荫，阻止热辐射的效果是相当明显的。

种植比建筑物还要高的树木，可以阻挡屋顶、墙面、出入口等处的热辐射，可以调节室内的热环境。总之，在建筑物内外都能取得较好的效果。

建筑物和地面的表面温度，随阳光照射而上升，想把表面温度维持在气温以下，不是一件容易的事情。在利用高大树木彻底阻止阳光照射的前提下，采取喷洒等方法形成蒸发冷却效果时，才有可能使建筑物和地面的表面温度下降到气温以下。

如图5–1–4所示，由于樱花树是落叶树种，到了冬季阳光可以透过树枝直达地面，使得地面温度上升，形成温暖的日照空间。如果想在一个

照片5–1–3　住宅用地与周边航拍照片（中部树木成荫区域为住宅用地）

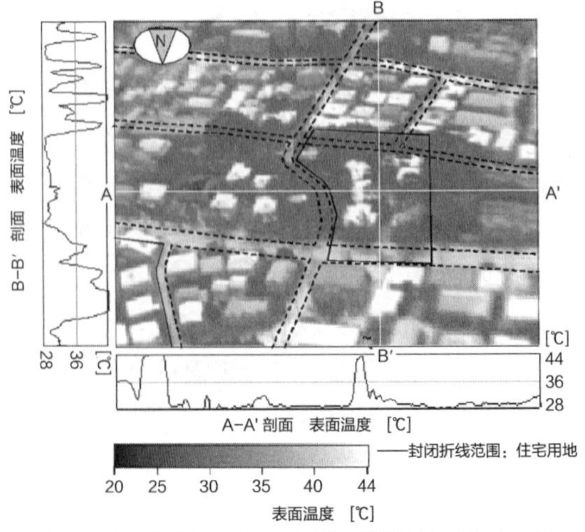

图5–1–2　夏季白天使用直升机测得的热映像（A–A′、B–B′表示剖面位置）

整年营造舒适的热环境，落叶树种是比较好的选择。

3）居住用地内的热辐射场以及其重要性

常温下的热辐射，通常感受不到其存在，没有人在意，但是热辐射在舒适性方面是很重要的考虑因素。下面是该居住用地内的实测结果。

如图5-1-5，从上到下表示南侧树林到中心道路的平均放射温度MRT分布情况。平均放射温度是将周围的热辐射值取平均后得到的数据，该数据由立体热映像图中求得。该平均值可以将行人走路时所受到的热辐射量进行量化。平均辐射温度MRT将在第6章6.1节作详细说明。

可以看出，树林内由于上部被树冠覆盖并且地面是潮湿的裸土，平均辐射温度MRT要比气温低。树木的日照遮挡和湿润地面的组合，对热辐射场的作用是相当大的。中心道路区域，不同的场所表现不同的平均辐射温度MRT并且差别很大。道路上空被树木覆盖的区域，其平均辐射温度MRT值几乎与树林相同，而道路上空敞开的区域，由于其地面温度的上升，平均辐射温度MRT值比气温高2℃，用地北侧的市政沥青路面的温度比气温高4℃。

试图把室外温度降低1℃不是一件容易的事情。不过热辐射场也不是一成不变的。图5-1-6表示风力较小时的热辐射场的变化情况。风力较小时，平均辐射温度对舒适度的影响和气温几乎相同[2)]。此外，热辐射场与空间形态和空间组成材料有直接的关系。在风力的影响下，气温在不同的空间组成中形成的热辐射场有很大差别。空

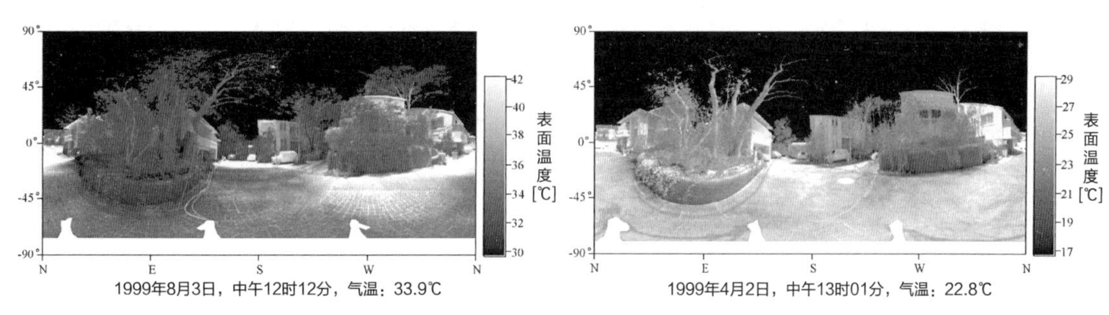

图5-1-3　立体热映像：夏季阳光直射的中午，高大树冠樱花树下

图5-1-4　立体热映像：春季阳光明媚的中午，高大树冠樱花树下（落叶期）

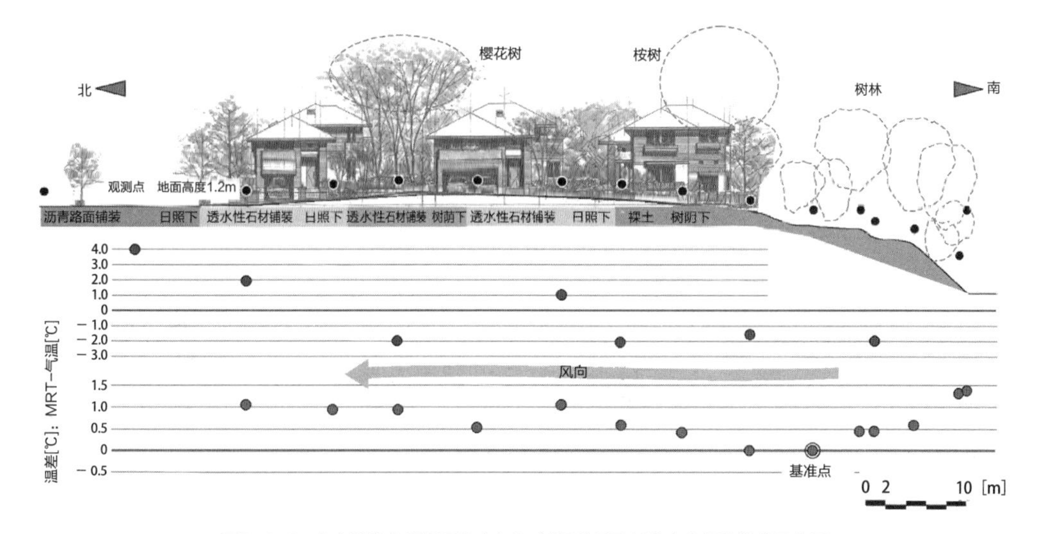

图5-1-5　中心道路上距地面高度1.2m处温差以及基准点之间的温差示意图（夏季、晴天，午后的时间段，风速数m/s南风）

间形态和材料构成，完全可以由设计进行干预。在进行室外空间设计时，有效利用热辐射场的原理，设法降低其表面温度是一件很重要的工作（图5-1-7）。

4）住宅用地内部的通风

日本的夏季处在湿热气候，营造舒适的室内外环境，确保用地内部的通风，很有必要。图5-1-8表示住宅用地内部的通风环境调查结果。住宅用地的主风向是西南风，风经过南侧树林吹进住宅用地内部。中心道路成了通风通道，风向按照设计意图在住宅用地内部流动。

风经过住宅用地外部的树林，吹入住宅用地内部。从各住户的室外环境上看，都是面向风向的，有利于风的流动。进入住宅用地内部的风与上空主风向比较，表现出非常复杂的状态。住宅用地内部布置的若干开口部，引导风的流向穿过室内，保持夏季室内良好通风。

也就是，设计不仅考虑上空的主风向，还要细致地把握风在住宅用地内部的气流分布，统一考虑并布置建筑物内外空间，保持空间的连续性。

5）树林的气温降低效果

下面谈一谈风的流动对住宅用地内部气温分布的影响。

图5-1-5是夏季烈日炎炎的午后时间段，上空风速数m/s时，南侧树林到中心道路的气温分布。从南侧吹入的风，经过树林之后，其温度渐渐在下降。这是由于树木的蒸发、散发作用和绿

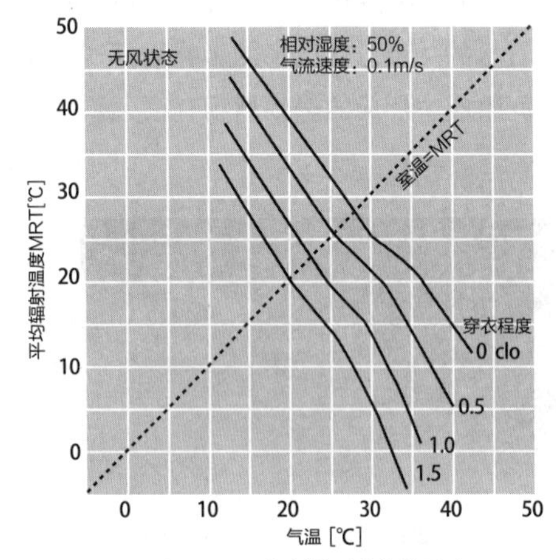

图5-1-6　辐射热对人体的影响
（出处：美国供暖与制冷以及空调工程师协会《基础知识手册》美国供暖与制冷以及空调工程师协会，纽约，1972）

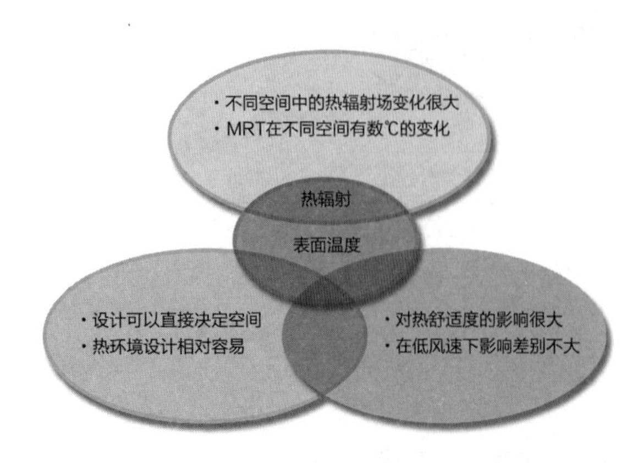

图5-1-7　热辐射场的重要性

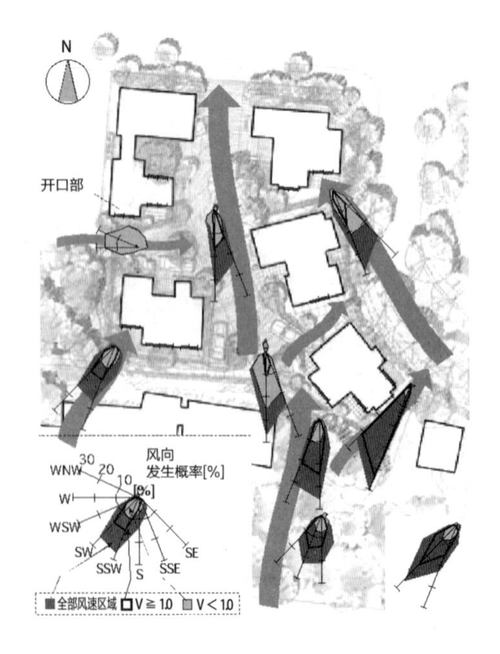

图5-1-8　住宅用地内部风的流动
（夏季、白天中午，上空风速数m/s，南风）

荫处地表面的较低温度，将风冷却的缘故。多少被降低温度的风，吹进各住户室内，这是不争的事实。

要在住宅用地内部营造凉爽氛围，就要抓住风向特点，采取吹风面种植绿色等措施是比较有效的方法。从室内环境上看，开口部前端种植绿色，既可以提高视觉美观，也可以引导凉爽的风吹进室内。

4. 绿色综合效果：来自居住者的反馈

以上，阐述有关微气候影响的实测结果。实际上，绿色带来的效果是多方面的。重要的是，居住者的视觉和身体的感觉效果如何，是让居住者感觉到舒适的居住环境，是开展关怀环境的生活方式。该居住地采取民意测验和调查的方法，收集居住者对绿色的感受，得到如下的结果。由于民意测验对象只有5户人家，据此下具有普遍意义的结论未免牵强。

历经三年的调查结果，对绿色的认识和评价方面，居住者认为：视觉效果好，肯定多鸟类光顾等生物栖息状态，感觉凉爽等肯定绿色存在的意见占多数。对居住者实际生活方面，调查三年间夏季使用空调和开启窗户情况是：有的住户整个夏季其窗户处于开启状态，三年间住户空调使用量大幅度减少。实现与环境共存，绿色、微气候、人类的协调是重要的一环。

（梅干野晁、浅轮贵史）

5.2 原生态圈设计

1. 序言

在日常生活环境中，存在多种生物丰富自然状态，这是毋庸置疑的。各种生物自由自在地栖息，是营造舒适生活环境的重要因素。这也是不争的事实。为了营造舒适安全的环境，各种基础设施也在进行调整。以前不太受重视的野生生物栖息地建设，也随着摆到议事日程中。在发达国家，尤其是在德国，野生生物栖息地建设看作是地域的基本组成部分，认为与其他生物共生共存是理所当然的事情，将其作为政治、行政施政的中心内容之一。从国家到州、郡、市镇、农村，都有各自的规划，明确定位生物、自然资源、景观的保护、保全、还原、再生等问题，相应的事业早已开始实施。在地域建设中，要遵循以下三个基本主题：

①设计要充分利用自然资源的个性和特色；

②要充分利用历史和文化营造空间；

③规划要以舒适性和安全性作为基本。

在上述三个基本主题中，非常详细规定“与生物共存”问题，并作为当今社会或者下一代舒适的空间规划和设计不可或缺的内容。

设计有个性的空间，重要的是要遵循各地域自然特征。原本就是自然造就了各地域的特征和个性，造就了地域的特色形成。以前的方针、规划、建设、管理等存在单一化和统一化的问题，忽视了自然所具有的特征（多样性和个性等），必须予以改正。在单体设施和空间调整过程方面同样存在一些问题，在结构、材料、设计等问题上，不能认为充分利用了地域的特征。还有，地域居民没有十分了解调整对象和调整方式，调整实施方也没有提供充分的信息。地域居民支撑着地域建设，因此提高地域居民的意识，得到地域居民热情参与和支持，对生物共存活动的推动，对原生态设计的推进，都是不可或缺的。

2. 原生态事业由来

在环境、绿地规划中，出现的“原生态”词语，在德国巴伐利亚州实施的自然资源、文化资源调查过程中最早被引用[1)]。在生态学里，很早就使用原生态的概念。不过在地域规划、景观规划、园林绿地规划等自然科学空间规划分支中，几乎很少采用“原生态”（Biotop，Biotope）词语。即使是在德国，1970年以前几乎没有进行诸如“原生态保护”图纸作业等。后来，德国巴伐利亚州以欧洲自然保护年（1970年）为契机，制定州自然保护法（1973年7月），成为德国联邦自然保护法（1976年）的引信。巴伐利亚州多为农用地，濒临危机的自然资源很多。其物种的减少或消失，很多场合都是农村地域的田园调整事业、生活环境调整改善等造成。

为此，州环境保护厅从1974年开始，利用三年时间实施自然资源调查，明确了巴伐利亚州必须保护的原生态圈。正如该州法律所阐明，“构成景观的该地域相对较小的部分”，对自然保护更加有效，更加重要。这个相对较小的部分，其天然程度较高，存在几乎不受人类影响的“物种”。遗憾的是，这个相对较小空间以及“小生态系”（Klein-Struktur，Small Structure）没能得到重视，其原状态也十分不完整，其价值也没有被明确。

调查始于1973年秋天，真正详细的调查时间是1974年春到1976年末，直到1979年还在进行结果分析和整理工作。调查结果整理发现，全州共有1万处，共38.377万公顷，每一处“文化景观”（Kulyurlandschaft，Culture Landscape）农用地的面积都较小，全部面积约占州总面积的4.3%。为了更加细致地认识和了解，从原生态的结构、形态到功能做了详细调查，得出的结论是，农村地域的原生态圈从生态性、景观功能看，其存在极为重要。该调查范围随后向山区、森林以及城市地域扩大，带动各种辅助性事业（如：在农村地域实施粗放型农业政策等）的迅速兴起。1970年开始的原生态圈调查和关联调整事业，没有终止于个别事业，一直持续到现在，已经形成了综合性地域规划、综合性城市村镇规划、综合性景观规划。

原生态圈概念如此深得人心的另一个原因是，从1950年开始每隔一年举行的园林博览会（Gartenschau，Garden Show）。1983年的世界园林博览会在德国慕尼黑举行，园区位于市中心西区[2)]，占地约72公顷。园区复原了地域景观（巴伐利亚州阿尔卑斯地区），如：设计山坡地形和畜牧场景观，把巨大的树林和草地展现在世人面前。博览会结束以后，园址成了慕尼黑西部公园，接踵而来的是这个巨大绿地的管理问题。在众多建议中，把它改造成能够体现当地自然景观的草地自然生态园兼做野生动植物栖息地的建议，得到了广大市民的支持，“自然复原：城市的自然”由此诞生。这是一个成功的设计改造范例，对后来的城市区域绿地设计和管理，带来了深刻的影响（照片5-2-2）。

3. 各种原生态圈建设

农村的原生态圈设计，依据群落居住区域和环绕其周围的开放性空间的不同而不同。通常在群落居住区域，是以建筑规划为中心，在周围的农用地，以田园整理和其他土地改造规划事业为中心兼顾原生态圈的建设。在农村，自古以来都非常重视高大树木、古树、路边树、成材树、灌木丛、树篱、石墙、土堤以及寺庙、守路神等民俗文化资源，这些景观要素得到较好保护。德国的美化农村活动，也都保护和新建这些景观要素[3)]。这种思考方式，在当今的农村景观规划中，也占据重要的位置。这种思考方式从功能上看，除了具有文化景观要素以外，也是各种野生生物栖息空间（原生态圈）的构成要素。来自农村的这个小空间，当作高自然性空间的集中地，完好地保护与还原。这种概念和方法近年来在城市区域也受到重视，设计开放性空间的时候，要求把原生态圈作为绿色网络节点或者生物生存走廊放到设计中。

如上面所阐述，我们身边的原生态圈存在意义重大，要特别需要关注的是，保护好那些有消失危险的小型规模的原生态圈。这些小型规模的原生态圈有以下若干类型：

（a）沿乡间道路、水边的排树以及树根；
（b）倾斜农地的低洼处和土堤；
（c）夹在农田中的荒草地；
（d）小型水滞留处、湿地；
（e）农田里的成材树、树木群、孤立树；
（f）泛水地；
（g）矮树丛；
（h）石墙；
（i）树篱；
（j）悬崖地。

在原生态设计中，需要考虑以下三个基本点：

①对土地集约化过程中，有消失危险但保护价值高的原生态圈，必须把它指定为自然保护区域或者作为天然纪念物予以保护。

②地方、地域性具有保护价值的原生态圈，要在地域构想和地域规划中予以落实。

③地区、区域性具有保护价值的原生态圈，要在景观规划和绿地规划中予以落实。

保护原生态圈，在保护每一个原生态圈的同时，在规划等级和空间连续性等方面也要仔细思考和落实。在实施过程中，无法保持现状的原生

照片5-2-1　高速路边作为补偿，复原的原生态圈（静水池）（德国慕尼黑郊外）

照片5-2-2　城市公园的草地管理（德国，慕尼黑西部公园）。照片远景：粗放型原生态再生，照片近景：集约管理

态圈，要采取整体搬迁或在他处进行复原、再生等措施。

实施水边的修整规划，其原生态的重要性早已被人类所熟知，凡是价值较高的原生态都是以保护为原则，其他地方则采取突出地域地区特色的设计，采用适当的材料，复原、再生原生态，营造丰富的水边环境[4)]。整治河流通常是以环境预案为优先，把握生态系统的各种因素，设计生物共存型河边环境。和德国一样，在日本的农村也在实施水边原生态修整。在新的环境设计方针指导下，利用泄洪区、堤坝、水渠、排水沟等水利设施，营造生物栖息空间（如：农林水产省水环境修整事业、水利设施完善事业等）。此外，农业、农村环境修整事业还包括有原生态圈保护以及相关其他方面的调整业务。由于目前对原生态圈和生态系的认识不充分，修整内容教条死板，追求形式多于内容，修整结果还没有达到预期效果。这就要求规划人员、政府相关人员和居住者三方都要充分了解现场、生物以及它们的相互关系，实施因地制宜、丰富多样、切实可行的修整事业。

道路边绿化，一直延续了基于植物学原理，选择适合当地的土生树种的方法，认为对地域景观很重要[5)]。认识到原生态圈的保护、复原、再生的重要性以后，在道路内区域、沿道路边，所有可能的地方，都进行保护或新建原生态圈（如：在高速路出入口环形范围，建设湿地型原生态或者由倒伏木、石堆等组成的多孔性空间）。当生物栖息地被道路分断时，在路边选择适当的替代场地，把将要消失的部分原封不动地搬移过来。这也是设计理应考虑解决的问题（照片5-2-1）[6)]。

教学、教育领域的原生态圈建设也在积极进行。学校把原生态圈建设和环境教育相互联系起来，其设计形式和内容也丰富多样。如：校舍屋顶绿化，内庭院中的原生态圈水池、堆肥等。和水边修整事业联合起来，也有把学校改造成“水边乐园之校”的案例（国土交通省），也有学校举办原生态演讲表演活动。利用校园，设置科目（如：小学综合练习时间），让学生自己思考、亲手设计和制作、维护管理等，各种活动生机勃勃地在开展。设计相对到位的原生态圈，作为学生校外实习场所时，教职工的积极性、知识性、指导能力和志愿者的热情协助是必不可少的。

城市公园的原生态圈建设，一般采取粗放型管理方式，把营造生物栖息空间列为重要位置[7)]。采取粗放型管理本身就是环境保护对策，也是原生态圈设计。一律采取集约型管理，很难得到物种多样化效果。绿地原本就赋予了多种绿色内容，根据不同条件，维持具有特色的动植物物种多样性，也将会是21世纪面对的重要课题（照片5-2-2）。

如今，原生态治理事业在公园绿地、学校、道路、河川、农村等地如火如荼地进行，整合个别和局部使之复合化，以求扩大绿色和原生态的多样化。根据各地方自治体的“有关绿色规划的综合化”政策，原生态的网络化成为可能，从地区到地域的广阔绿色网络正在形成。

4. 探索原生态设计

在原生态圈的复原、再生修整中，保护生物多样性问题上，笔者认为：保护物种、保护物种所需空间、保护支撑物种的自然环境尤为重要。进行原生态圈设计，要依据上述三个条件，基础数据的收集是必不可少的。之前的设计只是受命于建造，没有关心保护、管理、培育等问题。进行原生态圈设计之前，必须仔细调查原生态圈空间构成，采取模型化的方法充分研究原生态圈空间与人类的关系。不管是新建还是复原再生，必须收集设计所需基础数据（如：生物资源的栖息数据、原生态圈空间构成数据等）。每一个生物都有自己的生活方式和方法，在它的生命周期中，包括植物的发芽、开花、结果和动物的繁殖、越冬等，都有各自的时间性、季节性、繁殖栖息环境性等特定条件和实际情况。也就是说，动植物具有各自的生理、生态性特性。这些生物多多少少都是接受人类的影响在生存。影响施加者——人类的行为和生物的生存之间存在什么样的关系？把握这些基础数据是原生态设计的重要步骤。

设计中选择的标的物，从生物到原料以及材料，都要以现场收集（以现场为中心的思考方式）为原则。原生态设计与施工，要求具有动植物的丰富知识，要求注重技术的“连接作用”，因为原生态圈的建成到培育维护管理，需要漫长的时间。以往进行的设计施工的多数案例表明，都没有较好地交代各阶段的设计要求和设计目的，没有详细的设计说明。规划设计概念要正确贯穿规划、设计、施工、管理等各个方面，在此过程中，使其成形并具备功能。只有这样，原生态设计才能有更好的效果，才能开花结果。

原生态圈从保护到再生，其性价比也是讨论的课题。设法降低市民参与成本（维护管理成本）很重要。因为原生态圈的建设与维护管理，不能依靠行政开支，要依靠市民的广泛自发性来建设并培育下去。保护生物多样性是原生态圈设计出发点，这一点没有错。同时考虑到原生态圈是具有农业生产和城市公园休闲性功能的一个分支，所以在原生态圈动植物的选择上，要考虑节省能源和资源。

还有，每一个原生态圈的建设，要考虑同一流域内的连续性，也就是要实现网络化。从小小的单个原生态圈到整个地域景观，要有一个连续性认识。原生态圈（生物众相）与地形、地质特性（Geotpo），与微气候特性（Klimatop）关系密切，设计中必须加以认真考虑。有关原生态的许多课题，在日本的园林学会各分学会，作为生物技术（1989～1994年）、原生态概念和技术（1995年～现在），一直持续地讨论和研究。

5. 结束语

从诉说绿色的重要性到原生态的保护、复原、再生，也已经历30余年。到了20世纪80年代后半叶，这个主题似乎从地球中消失。到20世纪90年代才重新引起重视，于20世纪90年代后半叶，具体的事业陆续展开。1992年召开的联合国环境问题会议，是原生态设计受到重视的引擎。在该会议上，生物多样性被列为大会主题和21世纪备忘录。之后许多国家缔结生物多样性保护条约，实施生物多样性国家战略。

国家和地域的不同条件，原生态的调查、复原再生设计和技术，也面临不同的问题。德国和日本同样为发达国家，但其自然条件差异明显，物种的种类丰富程度和对自然的认识也不同。实际上，在德国也是从“身边的绿色与生物”和融入人类生活的“生物与所需自然资源保护”入手，逐渐向地域扩大和展开。在此过程中，住民的自然观和环境观也着实发生变化。住民也开始理解具体的事业，重新认识自己的生活城镇建设（包括保护景观）。积极的野外活动和乡土景观的执着保护以及反省历史，加深了创建下一代的意识。对当今和未来的节约能源和保护生物多样性的重要性的认识也得到提高。重视保护、复原自然资源和粗放型管理的工程、事业很自然地要求原生态设计。

日本的原生态事业设计，尚处在起步阶段，仅限于各个部门的个别事业。还没有形成统一的调查方法，容易进行分析评价的基础数据也较少。生物果真得到丰富了吗？原生态的重要性被认可以来，已经过了30余年。有谁知道修整以前的自然状态？谁也说不清的景观修复以及效果，修整后的管理等，都已经发生变化。各自进行的个别事业，只是制造了没有相互联系的个别原生态，都成了单一的“物种见证场所”。要从生态的观点重新认识统一的地域景观，按顺序有步骤地实施土地利用规划，营造安定的“绿色与生物与景观”。最近德国的一些工业城市聚集州（如：北莱茵—威斯特法伦）兴起一种保护野生鸟类的事业，被称为“窗框工程”。它是利用麦田等农地边缘以及窗框形状农田的一部分（给农田所有者给予补助），保护和复原野生鸟类栖息地，使各种鸟类在此繁衍生息。

个人收集的个别生物数据开始公布于众，积极推动数据共享，居民的各种支援活动也很高涨。最近各州厅推行的节约资源、保护生物多样性、物种和环境保护、保护景观等原生态关联事业过程中，重新认识原生态圈为首的自然资源的各种功能，积极探讨各种应对方式和方法。从生物信息的收集、传送、公开、共享，到花时间多角度重新分析、评价、验证迄今为止已经完成的案例，使得今后的原生态圈规划、设计、修整更上一层楼。

（胜野武彦）

5.3 地域景观规划

21世纪是环境时代，以环境为关键词的社会重新洗牌，不仅生活和产业，土地利用方式也要重新审视。实现紧凑型城市，形成小范围的物质循环，以降低环境负荷。土地利用必须以环境保护为前提。

有一种土地利用方法非常适合保护自然环境。就是严格控制运用工程技术强行改变土地性质，依据土壤、地形、植被等自然条件，采取相应的土地利用方式。这样才能有效使用地域资源，实现自产自销，重新编制环境为上的社会。

与自然环境相匹配的土地利用规划，通常称之为地域景观规划。地域景观乍一看似乎在强调视觉感受，因此有时地域景观规划被误认为是审美性景观修复规划。但是正如斯坦纳（Steiner）所定义[1)]，地域景观是把地域生态空间秩序，用视觉加以表示。地域景观规划不是审美性景观修复，是遵从地域生态秩序，实现与自然环境相适合的土地利用。

1. 地域景观规划基础之一：景观生态学

景观生态学是现代地域景观规划的基础学科之一。保护生态系统和生物多样化，是地域景观规划的目标之一，景观生态学为地域景观规划提供理论依据。

近年来，景观生态学的理论研究和应用非常普遍。回顾景观生态学的发展历史，可以发现有两种学派潮流。以德国地理学家特劳乌（Troll）为首的学派是其中的一个，1938年，特劳乌通过空中照片分析研究地域，指出："空中照片视

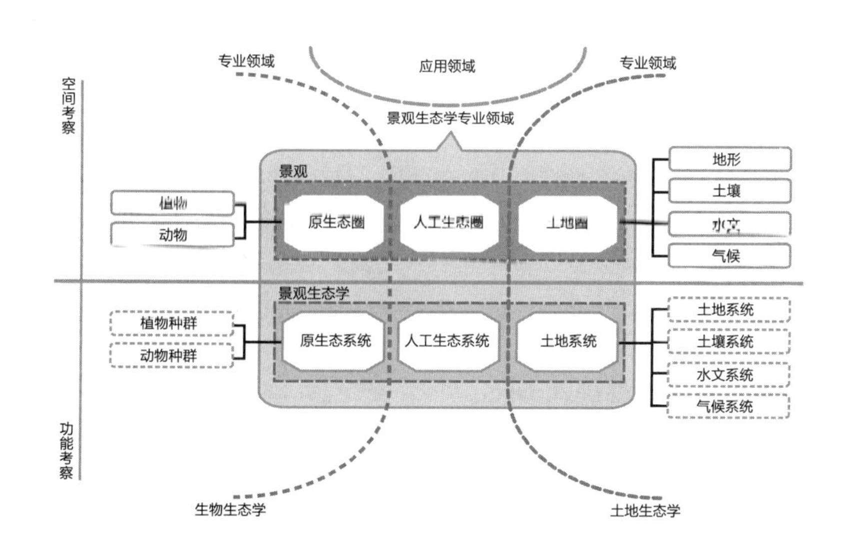

图5-3-1　雷瑟尔（Leser）整理的景观生态学与生物生态学、地生态学的相互关系
（出处：武内和彦《地域生态学》朝仓书店，1991年）

觉上只表现植被和土地，如果从照片中找到景观的生态关系，就可以了解其背后的自然、人为因素以及作用”。人为景观生态学的特点在于运用专业化、个体化的归纳解析方法，综合性阐明生物共同体以及环境条件的相互关系和作用。图5-3-1是雷瑟尔（Leser）整理的景观生态学与生物生态学、地生态学的相互关系。图中可以看到，景观生态学横跨生物生态学和地生态学两个专业领域，研究的对象也分为生态系的空间研究和生态系的功能研究[2)3)]。还有，荷兰的赞涅沃乌德（Zonneveld）提出了一个生态性的掌握景观的分阶段空间系统构造。即：生态圈→微观核心区→土地系统→宏观核心区（地域景观）[4)]。

以德国为首的欧洲学派，是在地理学的基础上，运用生物生态学建立景观生态学学说。而福尔曼（Forman）为代表的北美生态学者，是在均质的空间单位中，研究生物和生物组以及环境的相互作用（纵向关系），把研究结果运用于分析异质空间（景观空间）的相互作用（横向关系）上。并依此建立景观生态学学说。这个学说认为，景观可以通过结构、功能、变化等三个要素进行分析，其中的结构可以划分为碎片、通道、基质[5)]。碎片指土地表面斑纹，是讨论主题；通道指连接碎片的空间回廊；基质指包含碎片和通道的空间。举一个平地农村景观例子：平地中的林地是碎片，防风林是通道，农地和居住群落就是基质。欧洲派学说是以景观的综合性作为理论基础，而北美派则以战后快速发展的生态学为基础，经过研究分析掌握景观特点。

2. 景观生态学在地域景观规划中的应用

景观生态学自诞生起就是具有很强应用特征的学术分支，随着保护生物多样性和稀有物种的社会呼声日益高涨，它逐渐占据地域景观规划中一个中坚学术地位，并受到极大关注。从世界性范围看，原东西德国自然地域划分、加拿大和澳大利亚的生态地域划分都是景观生态学早期应用案例。1960年，在日本茨城县玉里村，井手久登等人依据自然地形原貌，实施的土地利用规划（图5-3-2），也是景观生态学早期应用示范[6)]。

欧洲有一个欧洲亲生态网络建设构想，计划在西欧范围内，不分国界实施广阔生态网络，简称EECONET。这是景观生态学在地域景观规划应用中的代表性的范例，旨在跨国界设立野生生物栖息地，大规模保护西欧各国急剧减少的野生动物。该建设构想包括以下4个主要内容[7)]：

①设立核心区域，作为重要的生物栖息地并予以保护；

②在核心区域周围，设立缓冲地带；

③设立生物迁徙、移动通道；

④通过修复、再生、复原生物栖息地，强化网络建设。

EECONET是面向全体欧洲各国的建设构想，荷兰的表现尤为积极，把建设构想的一部分作为国家生态网络构想，简称NEN，率先布置并实施（图5-3-3）。该国家构想划定核心区域和自然环境改善区域，对EECONET起了带头作用，在国内外受到好评。这里提到的核心区域是指“在国际、国内均具有重要生态功能的区域”，自然环境改善区域是指“自然环境改善可能性高的区域”，包括可以复原、再生甚至新建的生物栖息地。此外，还设立生物栖息地之间的生态通道[8)]。

制定NEN网络构想，采纳以下资料：

①保护并扩大原有生物核心区域：重要自然地域分布图（比例1：250 000）（参照图5-3-4）；

②指定原有生物核心区域的完善和自然环境改善区域：土壤图、地形图（比例1：50 000～1：1 000 000），水文图（比例1：600 000），动植物分布图（5km×5km方格）；

③设定生态通道：特定物种分布图（水獭、獾、鹿、鲑鱼、鳟鱼等）。

NEN网络构想的特点，就是根据自然环境的详细资料和数据，设定各种生态区域。照片5-3-1是高速路和指定生物核心区域关系照片，为了便于生物迁徙和移动，横跨高速路架设生态通道。没有停留在抽象的构想层面，而是落实到每一个细节和细部措施中，朝着生态国土面积全覆盖方向前进。可以说这也是荷兰NEN网络构想的特点。

3. 基础数据的重要性

景观生态学在地域景观规划中的应用，今后将越来越显示其重要性。在实际应用中，日本遇到的最大问题是，生态学性资料和数据的不足。例如：在德国的拜仁州，早在20世纪70年代就已经调查州内主要的生物栖息地，被整理成详细的

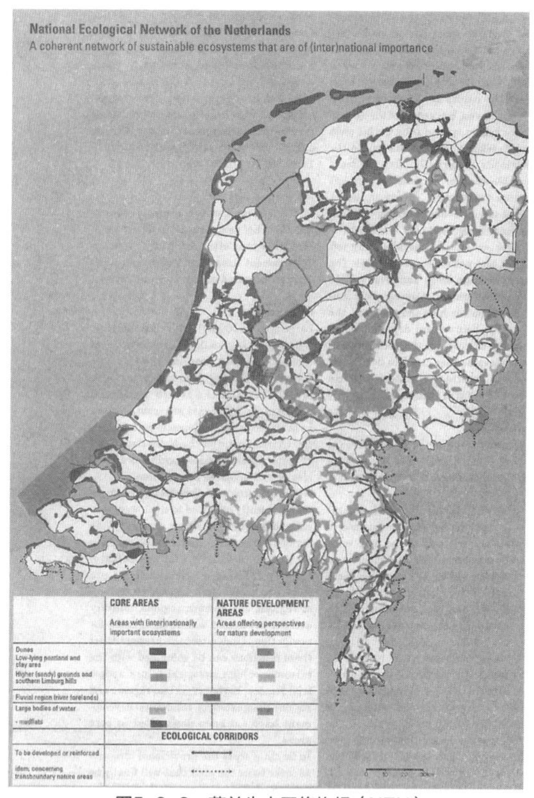

图5-3-3　荷兰生态网络构想（NEN）
（出处：G.Art.al.，〈生态网络〉《景观专刊》1995[3]）

图5-3-2　茨城县玉里村（现为小美玉市）依据自然地形原貌的土地利用规划
（出处：井手久登《景域保护论》应用植物社会学研究会，1971年）

照片5-3-1　横跨高速路架设生态通道，确保生物移动和迁徙（荷兰）

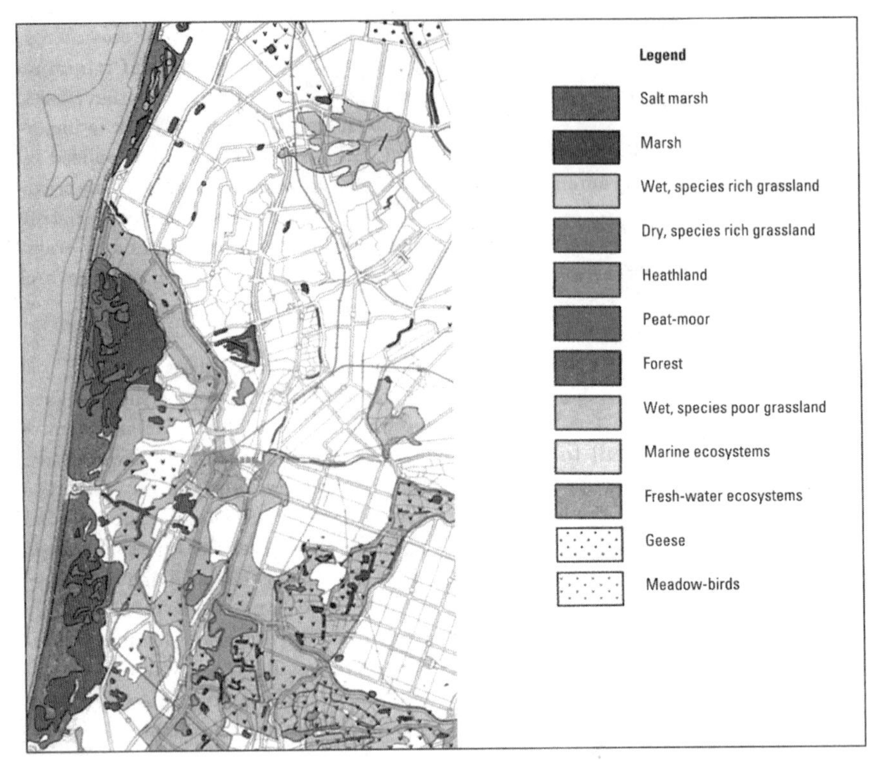

图5-3-4　荷兰生态网络构想之重要自然地域图
（出处：G.Art.al.，<生态网络>《景观（专刊）》1995[3]）

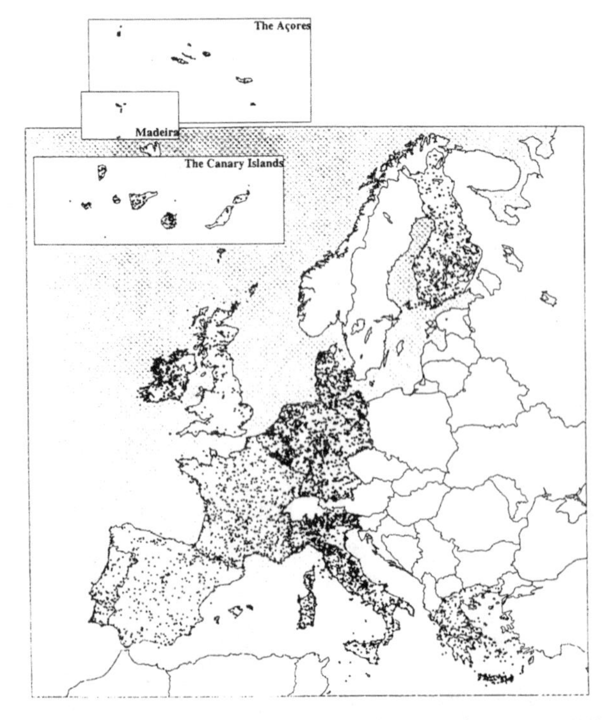

图5-3-5　欧盟整体土地利用与主要原生态分布信息平台（CORINE）刊登的重要的生物栖息地分布
（出处：《CORINE PROJECT》[平成10年度海外特别调查报告]道路绿化保全协会，1999年）

原生态圈基础数据[9]。欧盟公布欧盟范围内的整体土地利用与主要原生态分布信息，它是被称作CORINE的基础数据[10][11]。前面讲过的荷兰国家生态网络构想，也是根据各种生物以及栖息地的基本资料和数据制定。符合生态学观点的地域景观规划，一定是基于对目的地域的正确认识基础上。日本迫切需要这种基于生态学性调查的、环境的基础资料和数据。

4. 按照程序构思与规划的重要性

景观生态学是把景观当作由各种因素构成的异质体，研究各要素功能之间的相互关系的学问。福尔曼（Forman）为代表的北美生态学者，把景观作为结构、功能、变化的组合体，研究各种空间功能的相互关系。这种研究手法也是依据程序构思出来的。

这种方式认识景观，比较容易实施土地利用规划等原有空间规划，被作为以保护生物、生态系为原则的地域景观规划的基本认识。像以往的观察方法，在研究景观结构和功能的关系时，采取固定的结构和景观单位来把握空间，是得不到丰富的功能表现。例如：调查在日本深山实施的人工森林对保护生物的作用情况，这与管理方法和时间因素密不可分。要想得到正确的结果，必须掌握随时间变化的状态[12]。

切实保护生物和生态体系，需要把握植物的迁移、把握人为的和自然的冲击带来的变化，着眼景观成立的程序，掌握与程序相对应的柔软空间。在某程序下的个体景观单位，到另一程序时，有可能变成复数或者与其他个体相融合变成另一个体景观单位。迫切需要能够把握这种柔软景观的方式和方法。

5. 从透明性规划到框架性规划（参与性规划）

20世纪70年代初，美国提出环境评价概念，环境评价可以作为防止发生公害的预防手段，迅速传播到世界各国。从环境规划角度上看，环境评价是一种信息公开，具有规划程序的透明性。环境评价对规划方法的思考赋予较高的弹性和灵活。该环境评价于20世纪80年代成为世界潮流的自下而上的规划程序，有非常相近的亲和力，针对各种环境规划方法，在思想和技术两个方面都产生了很大的影响。

地域景观规划也受到影响。20世纪60年代后半期，伊恩·伦诺克斯·麦克哈格[13]为代表的美国学者们，提出了以透明环境因素为基础的地域环境规划方法（参见图5-3-6）[14]。该方法也叫做叠合蛋糕法，作为生态土地利用规划方法，1970年以后在日本等许多国家，广泛被采纳。以卡尔·斯坦尼茨[15]、朱利叶斯·戈瑞·法布士[16]为代表的学者们，在叠合蛋糕法的基础上，加入环境评价所反映的技术以及居民、市民的选择权，形成替代规划方法（参见图5-3-7）。这个替代规划方法是自下而上的参与性规划方法，贯穿美国式现实主义环境规划设想，开创地域景观规划方法新篇章。

以德国、荷兰为中心的西欧地域景观规划，始终认为空间大小和规划体系自上而下具有自主性，处于下位的规划必须是上位规划的一部分集合。即便如此，近年来这些国家也都开始认识到以居民、市民选择为基础的自下而上的规划体系的重要性，并开始付诸实施。自上而下的规划一直是没有异议的、决定性规划理论，如今渐渐也被自下而上的、可能性规划理论所取代。“生态”概念，始终是地域景观规划的目标，生物、生态体系的保护，也应该从原生态圈向更广泛生态领域扩展。

（横张　真）

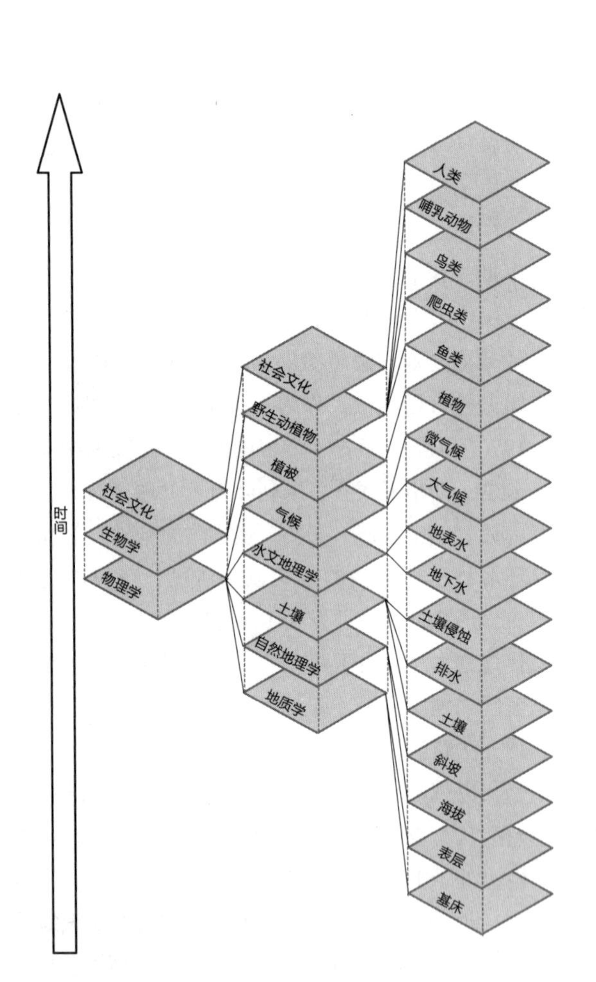

图5-3-6　伊恩·伦诺克斯·麦克哈格的叠合蛋糕模型
（出处：伊恩·伦诺克斯·麦克哈格《设计结合自然》，约翰·威理、松兹，1967年）

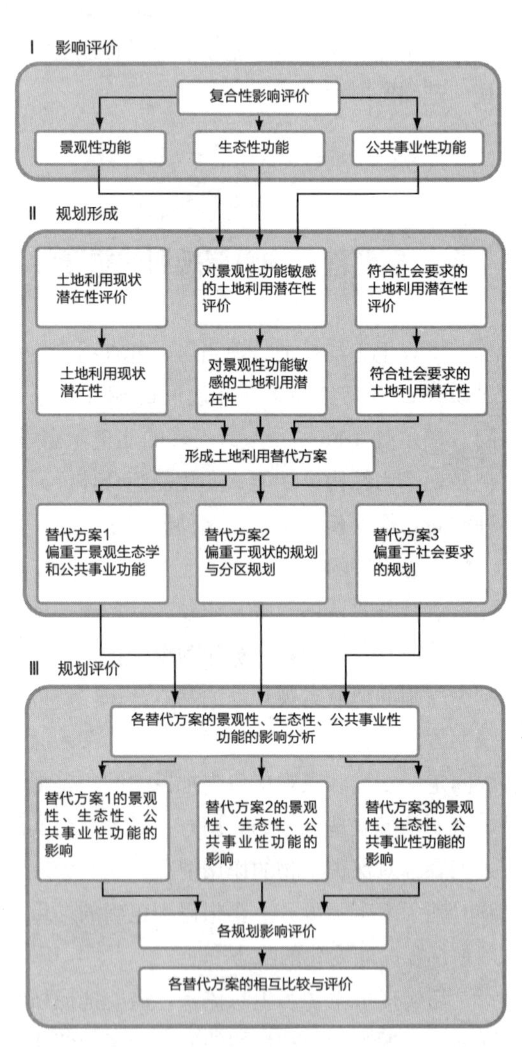

图5-3-7　法布士等替代规划方法之框架
（出处：朱利叶斯·戈瑞·法布士，G·M·格林，S·A·乔伊纳《地域景观规划程序：地域景观混合评价,规划替换构想与评价》，马萨诸塞大学，阿默斯特,1978年，横张 译）

第 5 章
注・参考文献

◆ 5.1 —注

1）日本建築学会編『シリーズ地球環境建築・入門編　地球環境建築のすすめ　第二版』(彰国社、2009 年)、p.104
2）图5-1-6表示各穿衣量下，不冷不热状态时的气温与辐射温度的关系。图中曲线是在相对湿度50%，风速0.1m/s以下，静止不动（代谢量1Met）时的舒适线。不管是哪一种穿衣量，基本都呈现-45° 线，也即在静止不动时，平均辐射温度和气温变化对人体的感受是相同。

◆ 5.1 —参考文献

○ 浅輪貴史・梅干野晁・武澤秀幸・清水敬示「緑の茂った戸建住宅地の屋外空間に形成される夏季の微気候に関する実測調査　屋外空間の微気候と居住者の開放的な住まい方との関わりに関する研究　その 1」『日本建築学会計画系論文集』第 563 号 (2003 年 1 月)
○ 梅干野晁『住まいの環境学—快適な住まいづくりを科学する—』(財団法人放送大学教育振興会、1995 年)

◆ 5.2 —注

1）勝野武彦「西ドイツ・バイエルン州のビオトープ調査について」『応用植物社会学研究』No.13（1984 年)、pp.41 ～ 48
2）勝野武彦「西ドイツにおける庭園博と緑地政策」『公園緑地』No.48（1987 年 3 月号)、pp.49 ～ 60
3）勝野武彦「西ドイツにおける景域保全の現状と問題点」『日本大学農獣医学会会誌』No.24（1976 年)、pp.115 ～ 122
4）勝野武彦「水緑空間の設計」『農業土木学会誌』Vol.53（1985 年 9 月号)、pp.19 ～ 27
5）勝野武彦「西ドイツにおける緑化とその事例」『道路と自然』No.11（1976 年)、pp.8 ～ 14
6）勝野武彦「野生動植物の生息する環境作り」『地理』No.39（1994 年 1 月号)、pp.35 ～ 41
7）勝野武彦「都市公園と生き物空間」『都市公園』No.130 (1995 年)、pp.5 ～ 12

◆ 5.2 —参考文献

○ 勝野武彦「西ドイツにおける景域保全の現状と問題点」『日本大学農獣医学会会誌』No.24（1976 年)
○ 勝野武彦「西ドイツにおける緑化とその事例」『道路と自然』No.11（1976 年)
○ 勝野武彦「西ベルリンにおける公園緑地の現況と問題点」『造園雑誌』No.45（1981 年 2 月号)
○ 勝野武彦「生活空間としての河川の機能」『ジュリスト』No.23（1981 年)
○ 勝野武彦「生態学的基盤に立った自然環境の保全について」『環境研究』No.41（1982 年)
○ 勝野武彦「西ドイツ・バイエルン州のビオトープ調査について」『応用植物社会学研究』No.13（1984 年)
○ 勝野武彦「水緑空間の設計」『農業土木学会誌』Vol.53（1985 年 9 月号)
○ 勝野武彦「西ドイツにおける庭園博と緑地政策」『公園緑地』No.48（1987 年 3 月号)
○ 勝野武彦「水辺における自然性の復元」『水と緑の読本』No.24（1988 年 9 月号)
○ 勝野武彦「農村における自然環境保全」『造園雑誌』No.52（1989 年 3 月号)
○ 勝野武彦「ビオトープ」『造園雑誌』No.55（1992 年 3 月号)
○ 勝野武彦「野生動植物の生息する環境作り」『地理』No.39 (1)（1994 年)
○ 勝野武彦「ビオトープと公園緑地」『造園修景』No.57（1995 年)
○ 勝野武彦「都市公園と生き物空間」『都市公園』No.130（1995 年)
○ 勝野武彦「緑のエコロジカル・デザイン最前線—エムシャーパーク計画と『未来の生態都市』プロジェクト」『BIO-City』No.22（ビオシティ、2001 年)

◆ 5.3 —注

1）F. Steiner, "The Living Landscape" (McGraw Hill, 1992)
2）武内和彦『地域の生態学』(朝倉書店、1991 年)
3）横山秀司『景観生態学』(古今書院、1995 年)
4）I. Zonneveld, "Land Ecology" (SPB Academic, 1995)
5）R. Forman & M. Godron, "Landscape Ecology" (Wiley, 1986)
6）井手久登『景域保全論』(応用植物社会学研究会、1971 年)
7）日本生態系協会編『エコロジカル・ネットワーク－環境軸は国境を越えて－』(日本生態系協会、1995 年)
8）G. Art et. al., 'Ecological Networks' , "Landscape (Special Issue)" (1995 [3])
9）勝野武彦「西ドイツ・バイエルン州のビオトープ調査について」『応用植物社会学研究』No.13（1984 年)
10）D. Moss & B. Wyatt, 'The CORINE Biotopes Project' , "Applied Geography" , No.14 (1994)
11）「CORINE Project（平成 10 年度海外特別調査報告)」(道路緑化保全協会、1999 年)
12）横張真・栗田英治「里山の変容メカニズム」『里山の環境学』(武内和彦他編、東京大学出版会、2001 年)
13）I. McHarg "Design with Nature" (John Wiley & Sons, 1967)
14）日本建築学会編『シリーズ地球環境建築・入門編　地球環境建築のすすめ　第二版』(彰国社、2009 年)、p.218
15）C. Steinitz, 'A framework for planning practice and education', "Process Architecture" , No.127 (1995)
16）J. G. Fabos, C. M. Greene, S. A. Joyner, "The Metland Landscape Planning Process: Composite landscape assessment, alternative plan formulation, and plan evaluation" (University of Massachusetts at Amherst, 1978)

案例 5-1

地域重生与生态网络

——埃姆瑟河流域之鲁尔工业地带自然复原以及生态网络规划

现在，以德国为中心的欧洲，持续不断地实施亲生态网络建设。仅德国就有200多家自治体在实施大范围亲生态网络规划。其中在鲁尔工业地带，运用亲生态网络手法，实施自然环境再生，营造以原生态为基础的城镇建设。

伴随工业发展，城市区域不断扩大，原有的自然环境不断减少，许多珍贵动植物的栖息地零散分布在城镇各处。保护生物多样性，首先要保护这些残余栖息地。在保护并恢复各自的原生态圈基础上，在更宽广的自然领域实现绿色网络。绘制原生态规划图纸，是具体实现绿色生态网络的重要步骤。

◉鲁尔的背景

鲁尔工业地带矿产蕴藏量非常丰富，19世纪以后，成为煤炭、钢铁、机械、化学、能源产业中心。战后机电、电子工业为首的高科技产业得到迅速发展，相配套的相关基础设施、交通网络也加速形成。为了解决劳动者的居住生活，建设田园城市型住宅街区，沿埃姆瑟河流域形成大型连片的生活街区。不过1960年以后，骨干产业开始迅速萎缩，工业场地和产业设施逐渐废弃，整个区域处在工业遗迹状态。

◉该地域地形地貌

该地域位于德国西部的埃姆瑟河流域，与比利时和荷兰相邻，东西长80km，南北长30km，总占地面积约800km^2。是鲁尔工业地带中心区域，南北向的莱茵河在该地域西侧流过。利珀河、埃姆瑟河、鲁尔河都是莱茵河的支流河，埃姆瑟河在中间。与埃姆瑟河并行的是莱茵・黑尔讷运河，该运河很早就是水路交通通道。所有河流都呈直线状，建设的河堤也都很完备。周边地域的排水全部流入埃姆瑟河，土壤和水质开始受到污染，自然绿地也逐渐减少，埃姆瑟河流域的自然环境开始恶化，各种环境问题也开始出现。

◉埃姆瑟公园概要

鲁尔工业地带原先为重工业地区，原有自然环境的改变比较严重，丧失许多原有的自然环境。在德国联邦政府和北莱茵威斯特法伦州政府的主持下，以埃姆瑟公园国际建筑博览会（IBA）为契机，发布埃姆瑟河流域再开发工程规划，自1989年起，实施保护环境重建工程长达10年。该规划的主要目的就是，埃姆瑟河流域的环境保护和恢复，维护全流域产业和经济发展。埃姆瑟公园的建设，给瘫痪的工业地带注入了新的希望，是兼顾保护生态系统实现可行性经济社会的城市战略。埃姆瑟公园国际建筑博览会有五大片区域组成。

◉埃姆瑟造林规划

埃姆瑟造林规划，是在东西长75km的绿色带上，由7条南北向绿色带分割组成封闭环形。埃姆瑟公园面积近300km^2，利用城市之间废弃的广阔区域，复原失去的自然环境，扩大城市区和城市之间的绿地，并把绿地全部连接在一起。该景观公园还开设行人和自行车专用道路。

◉埃姆瑟河流域整体净化规划

埃姆瑟河流域中，约350km长流域原先是工业化时期的排水河道。在整治河道和恢复中，实施废水和雨水系统分离，引进生态净化设备系统，沿河边设置生物栖息空间。经过工程的完美实施，被污染的众多河流终于变成自然河流。

◉公园里的办公区

作为“公园里的办公区”概念，利用许多工业废弃设施，改造为17家高水平的技术研发中心。

◉地域开发和生态住宅建设

在“新居住与生活”基本主题下，改造原先矿产、钢铁相关工业用地，建设环保型新型住宅区域，新建生态住宅3000户，改善环保型住宅3000户。

◉产业遗产的保护

该地域工业化历史近150年，巨大的矿山固然很重要，高炉、厂房等遗产散落在各处。在改造过程中，保留并维护产业史上有价值的历史遗物留给后代，改造并重新利用原有建筑物，为地域改造事业提供经验。

埃姆瑟公园建设是面向整体鲁尔工业地带，进行的生态地域建设。其规划目的就是，保护和恢复并扩大地域内的绿地和水系，改善居住环境，保护产业遗产。在已经失去自然环境的鲁尔工业地带上，居然还可以复原丰富的自然环境，得到很高的评价。铁路、道路等基础设施与崭新绿色区域的完美结合，是城市改造的典范。埃姆瑟公园建设的另一个贡献是，保护了历史遗产，与众多地方自治体、企业、市民团体、州政府齐心协力，净化了埃姆瑟河流域，再造了自然。

（巴特·德万克）

埃姆瑟河流域工程规划概要　　表1

规划时间	1989～1999年， 其中，全部完成再造工程需30年。
规划面积	800km^2
绿化面积	300km^2
涉及人口	250万人
规划项目（当时）	120项
埃姆瑟河支流总长度	350km

照片1　埃姆瑟河流域

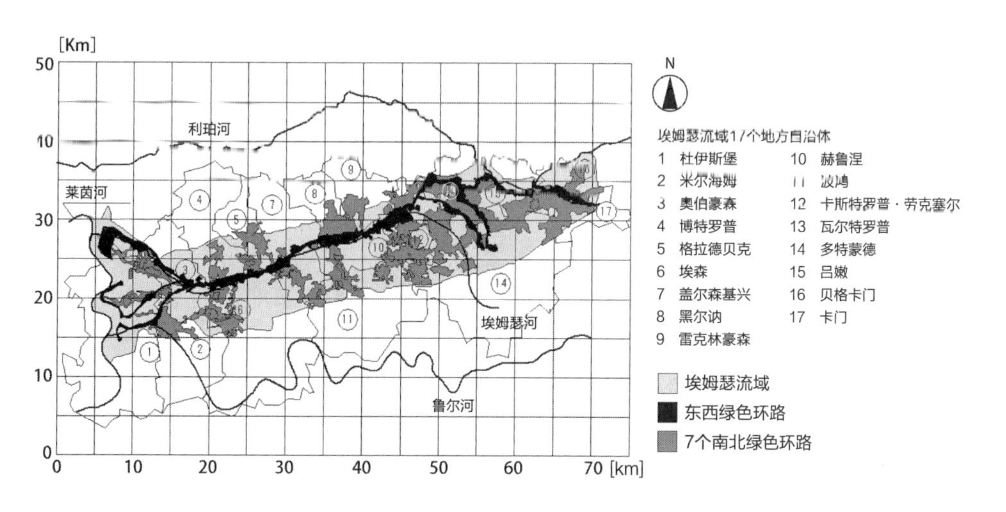

图1　埃姆瑟景观公园

6.1 城市的热环境设计

1. 城市热环境恶化现状

近年来，城市区域的热环境更加恶化，城市中心的气温比郊区高出很多，城市热岛效应现象已经表面化，热带夜的发生天数也在增加。室外恶劣的热环境不仅降低驻留者的热舒适度，而且中暑患者不断增加。建筑物和地面铺装，改变了土地覆盖原状，原自然绿色铺装遭到破坏，人类活动排放巨大热量。这些是造成热环境恶化的主要原因。另外，有关热岛现象的成因，可以参考本书的第3章和日本建筑学会编的《地球环境建筑系列入门篇：地球环境建筑推进（第二版）》[1)]。图6-1-1是初夏晴天中午，在东京城市中心商业区交叉路口观测到的立体热成像图（有关立体热成像解释参见第5章第5.1节）。发现受阳光直射的沥青路面和灯箱的温度很高，周围的商业大楼的空调室外机向大气排放大量热量。

回顾城市发展历程，大多是以经济性和高效率为优先的发展模式，很少考虑室外空间的热环境。现在大城市都在进行城市改造，都打着街区利用与环境共生的旗号，但是在街区利用旗帜下面，具体内容实际上还是延续着以往的追求功能和经济性。另一方面，地方的小城市也存在采伐深山树林，填埋水田并在其上建设城镇的无序现象。汽车社会的道路面积增加和郊区大型商业设施的停车场等，都是热岛效应现象产生的原因。

今后城市建设的基本原则是，尽量降低对周边环境的负荷，实现与环境共存的舒适的生活环境。为了实现这个目的，室外空间设计中必须考虑热环境的影响。本节介绍作者参与开发的室外热环境设计补充方法，通过实际的设计过程，探讨如何实现热环境设计。

2. 热环境设计原则和方法

调整热环境的方法与当地气候特点有很大的关系。熟知当地气候特点，与环境共生是热环境设计基础。以日本为例，从冲绳到北海道，从海边到山地，其气候特点大不相同。具体的热环境设计，夏季和冬季都要考虑，以夏季的酷热气候作为热环境设计要考虑的主要气候特征。酷热气候热环境设计要遵守以下设计规范：

①要完全遮挡强烈的日照。具体方法有，植树或者设置遮盖物。

②要确保通风通道，加快风的流动。具体方法有，有利于通风的并列式街区设计、引导风向的建筑物布置等。

③要充分利用绿植的蒸、散发作用。利用潮湿地表面，获得蒸、散发冷却和蓄冷效果。

表6-1-1为根据上述设计原则整理的、缓解热环境的设计方法。

具有较大树冠的高树，可以遮挡建筑物和地面，形成绿荫空间。绿荫空间白天表面温度与气温相同或者略低，不会发生散热使大气变暖，给驻留者带来清爽的感觉。树木的树叶有蒸散作用，可使气温降低。采用高大树木的确是较好的热环境对策。此外，树木形成森林状态，没有风流动时散发冷气，可以较好地冷却周边环境。

图6-1-2为受西晒超高层公寓墙面热成像图。可以看到受西晒墙面高温化现象。在诉说高层建筑物对日照的无奈。屋顶绿化和墙面绿化，对高

图6-1-2　受西晒超高层公寓墙面热成像图（白色部分是西侧高温处）

图6-1-1　商业区交叉路口观测到的立体热成像图（东京新宿区新宿车站东口周边）

热环境设计方法　　表6-1-1

类型	方法
绿化	并排种植树木 屋顶绿化 墙面绿化 阳台种植
日照遮挡	遮盖物、遮阳藤架等 建筑方法（遮阳篷等） 种植高大树木
日照反射	隔热性铺装 湿润高反射性涂料
蒸发冷却	保水性铺装 保水性建材 散水
水面确保	确保、营造水边空间 小河流的明渠化
通风	确保通风通道
蓄冷	热容量较大的地下

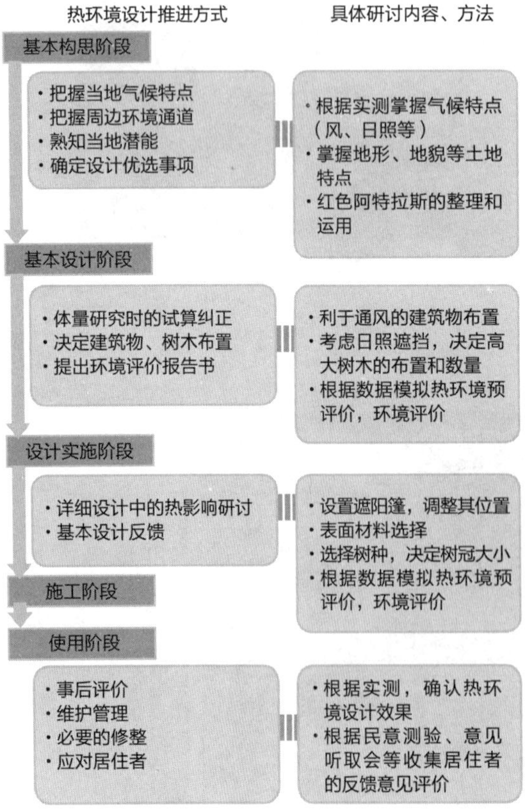

图6-1-3　设计程序与热环境设计

密度的城市空间，对其他热环境设计方法受限制的地方，是一个不错的选项。屋顶绿化和墙面绿化，近年来已被列入行政政策。屋顶绿化和墙面绿化可以抑制城市热岛效应，有效降低室内的热贯流，降低建筑物的热负荷，调节建筑物内外空间。

采用隔热性涂料或者湿润高反射性涂料，都可以提高表面日照反射率，获得降低表面温度的效果。利用屋顶冷却法，提高屋顶日照反射率的方法，可以有效降低建筑物的热负荷，也是一种常用的热环境设计方法。道路面也可以采用保水性材料，来获得蒸发冷却效果。不过，在烈日下长时间保持蒸发冷却效果是比较困难的事情。想要长时间保持蒸发冷却效果，应该采用保水性高的材料，还要和种植树木等其他方法组合使用。最好的方法是，采取尽量使阳光不直接到达地面的方法。

考虑热环境设计方法时，不是单一采取上述某一方法，应该把上述方法巧妙地组合起来运用，有时还需要考虑这些方法的连乘效果。

3. 热环境设计的推进方式

实现舒适的城市热环境，在设计阶段就要考虑热环境问题。也就是说在设计过程中充分揉进热环境设计因素，在每一个设计阶段都要重复检讨热环境因素的影响。以下为设计过程中需要考虑的热环境设计因素（图6-1-3）：

①掌握当地气候特点。开发事业形成的热环境，取决于当地气候特点，设计时务必熟悉其潜能。具体为，收集附近地区的气象台或者气象预报系统发布的气象数据。还有，采取实际观测和数据模拟等方式，预测热环境也很有效。各地方团体如果能提

供红色阿特拉斯（城市环境气候图），可以利用此数据进行开发。

②要注意周边微气候特性，根据热环境设计决定优选项顺序。风环境在不同的地区有自己特有的系统，这一点需要注意。例如：局部循环风常见地区，要根据该风向布置建筑物，又如：在河边附近，可以考虑冷气接受计划方案等。这种情况下，周边建筑物和地形地貌等对开发区域的微气候产生很大影响。

③确定设计潜能以后，要实施基本设计。在基本设计阶段，运用数据模拟等手段，决定基本设计方案，以便进入规划程序和设计优选等下一步设计步骤。最好是在体量研究阶段，进行热环境设计因素探讨。在前面第5章第5.1节也讲过，为了实现热环境设计效果最大化，要在这个阶段完成充分利用当地潜能的规划工作。

④实施设计阶段，全部设计内容等基本均已确定，此阶段要进行热环境对详细设计的影响评价。调整遮阳篷的大小，调整建筑表面材料的选择等，热环境影响因素还很多。有时候还会有重新研讨建筑物布置等回到基本设计阶段的情况，要留意设计反馈。

⑤上述为设计前的事前预测和事中事项，工程竣工入住以后，还要进行事后评价。验证热环境设计的有效性，掌握热环境的变化情况，也是很重要的工作。根据事后评价，为下次开发积累设计经验，必要时，对本期开发结果做适当的修整。

正如第5章第5.1节案例，热环境随时间会发生变化。利用自然潜能的热环境设计也要不断进行调整。热环境设计不能以开发项目的完成而结束，要根据事后评价进行适当修整，日常环境管理理应包括热环境设计内容。

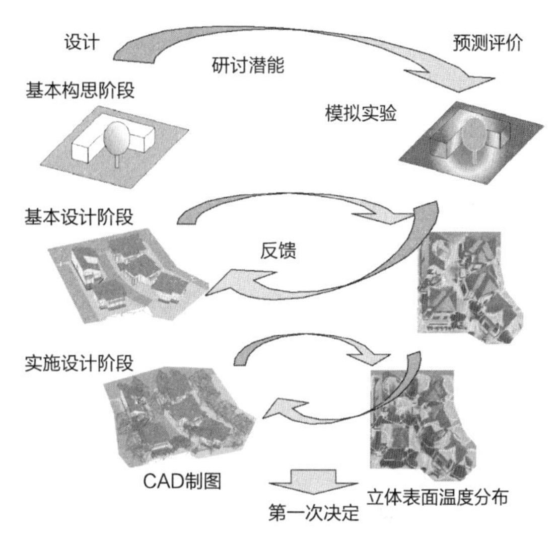

图6-1-4　数据模拟热环境设计

4. 数据模拟：热环境设计有效支撑

在城市规划和建筑设计中，应用热环境设计，预测评价方法必须具备以下要素：

①设计者或行政担当者自己可以使用；

②在各设计阶段，可以从热环境角度评价设计成果；

③设计者、委托者、市民用肉眼可以确认对策方法的效果。

下面介绍3D-CAD对应型室外热环境模拟方法[2]，并通过使用实例，探讨热环境设计使用方法和进展。

1）模拟方法概要

这里介绍的方法，使设计者自如地完成设计的同时，可以评价各设计阶段的热环境，不需要传热模拟等高级专业知识，自行检验所采用方法的效果。本方法是基于3D-CAD软件的模拟系统，通过模拟结果正确分析热环境预测、评价，掌握有关传热基本知识是必要的。如：太阳辐射热平衡、热舒适性与环境因素的关系等，都是热环境设计的必备条件。本方法概括如下（图6-1-5）：

①制作1/500～1/1000街区模型，作评价对象。把街区模型自动转换为网格状分析模型。

②选择建筑物、地面等空间要素的基础数据，选择剖面构成和材料（这是决定热平衡的重要因素）。当把绿化也作为热环境对策时，也要输入这些因素。选择项包括种植树木、屋顶绿化、墙面绿化等。

③计算机软件可以计算网格中每一个节点的日照直射、自然放射、多重日照反射、大气辐射、对应面长波辐射、热对流传播等数据，计算表面热平衡与构件材料内部的线性热传导，计算出街区全体表面温度分布。

④所有表面的温度分布数据就是计算机输出结果，此温度分布数据（图）不仅设计者或行政担当者容易看懂，一般市民也可以用肉眼理解热环境对策效果。输出的温度分布数据（图）可以是多视角立体模型，也可以是动画模型，可自由选择。

⑤热环境评价指标有以下两种，该指标均来自计算机模拟的所有表面的温度分布数据。

（a）热岛效应潜能（HIP）

环境共生的基本原则之一，就是不仅考虑用地内的热环境，还有尽量减少开发带来的对周边环境的不利影响。热岛效应潜能（HIP）就是针对开发对周边环境产生的负荷进行评价的指标之一，该指标是全体表面显现的热负荷值[3)]，该热负荷值直接提高大气温度（也可用全体表面显现的热量输出代替）。

（b）平均辐射温度（MRT）

影响室外生活空间舒适度的温热因素有4种，平均辐射温度（MRT）就是其中的影响因素之一。通常将室外距地面1.5m高处的大气平均温度作为平均辐射温度（MRT）[4)]。

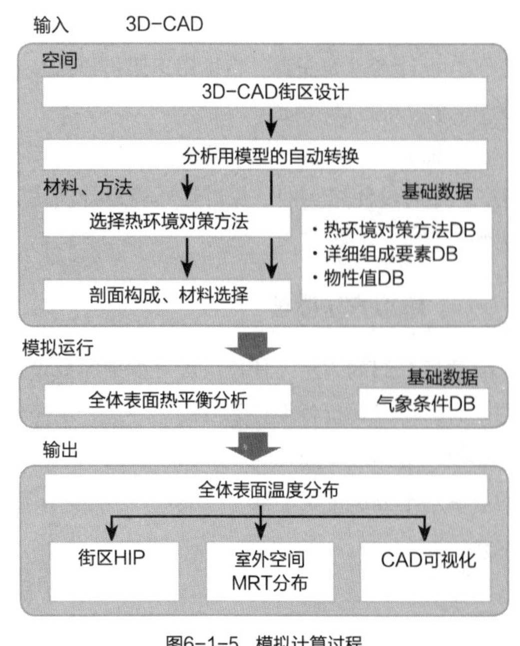

图6-1-5　模拟计算过程

2）别墅型居住地开发应用案例

该用地范围约1000m²，规划建设5户别墅型住宅。该工程运用3D-CAD对应型室外热环境模拟方法，对5户平面布局、道路、植树等规划进行研讨。

①在基本设计阶段，大胆改变建筑物配置，寻找不同体量下的可挖掘潜能。图6-1-6表示不同树木配置下的3种CAD模型。

②图6-1-7表示3种CAD模型表面温度计算结果，分整体鸟瞰和道路中央节点，输出其结果。在设计初期，如何选择高树，从结果图中完全可以分析。

从图6-1-7中可知，墙体的走向、屋顶的倾斜度、材料等对建筑物的影响各不相同。而对树木，其配置、形状大小对表面温度的影响非常明显。树冠周围的阴影区对表面温度的影响，通过热环境设计，可用视觉了解其效果，设计者和业主之间的沟通显得容易，可以营造良好的居住环

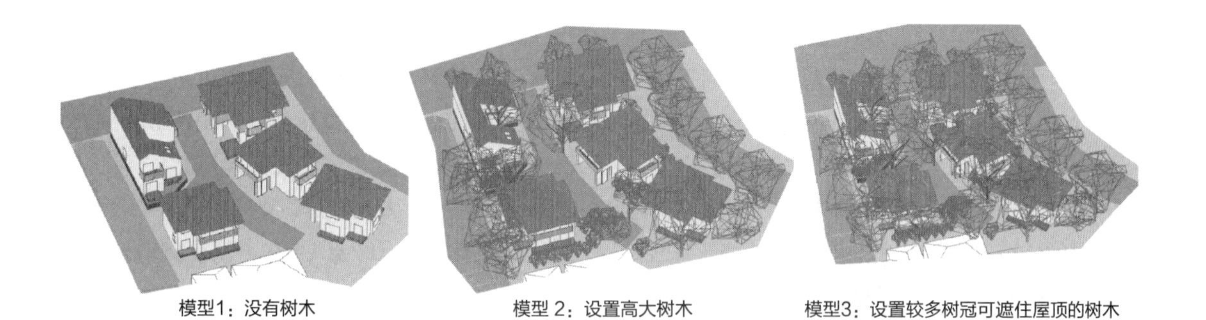

图6-1-6　数据模拟用住宅地CAD模型

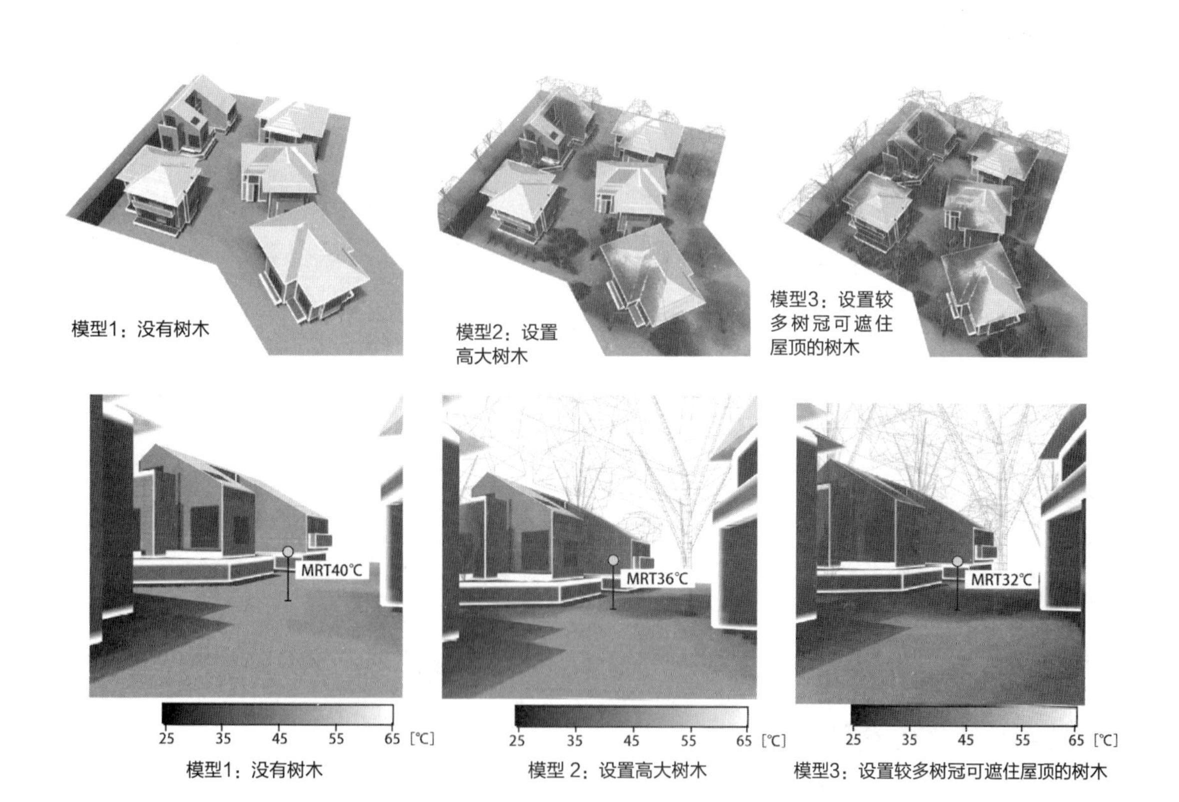

图6-1-7　全体表面温度计算结果（上段：整体鸟瞰，下段：室外生活空间，夏季晴天、中午12时）

境，设计程序上也很有效。通过具体而形象地描述热环境因素，推进设计事业，对热环境设计也能达成统一的意见。用简便易懂的热环境指标，解释设计与效果的关系尤为重要。

（a）室外空间热舒适性评价

如前所述，室外空间的热舒适度是用平均辐射温度MRT分布来评价。图6-1-8表示该居住区距地面1.5m处的平均辐射温度MRT分布。中午12时，用地内日照直射铺装面和树冠阴影区的平均辐射温度MRT相差近10℃。在第5章第5.1节也有表述，不同的平均辐射温度MRT，对热舒适度的影响很大。热环境设计事先设定居住者室外生活空间舒适度，利用不同树木种类和数量达到预期的目的。

另外，热环境设计模拟方法还可以进行弱风状态下容易产生热岛效应的预测[5)]。因为气流对热舒适度的影响也很大。运用计算流体力学的模拟方法，评价室外空间风向环境很有效。

（b）大气热负荷：热岛效应潜能评价

正如前所述，开发建设不仅在用地范围内营造舒适的环境，对周边环境和城市整体环境，也要控制输出大气热负荷，避免产生热岛效应。可以采取热岛效应潜能（HIP），评价居住地建设对周边大气热负荷影响。图6-1-9表示夏季晴天热岛效应潜能（HIP）值计算结果。可以看到，有树木和没有树木时的HIP最大值相差约15℃。

该居住地赋予大气的热负荷，相当于表面温度比大气高26℃的平坦地面赋予大气的热负荷，和平坦的沥青路面赋予大气的热负荷相同。当该

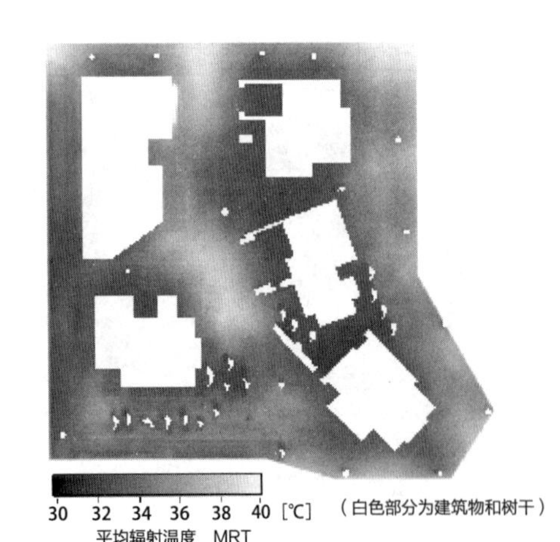

图6-1-8　距地面1.5m处平均辐射温度MRT分布
（夏季、晴天，中午12时，模型2）

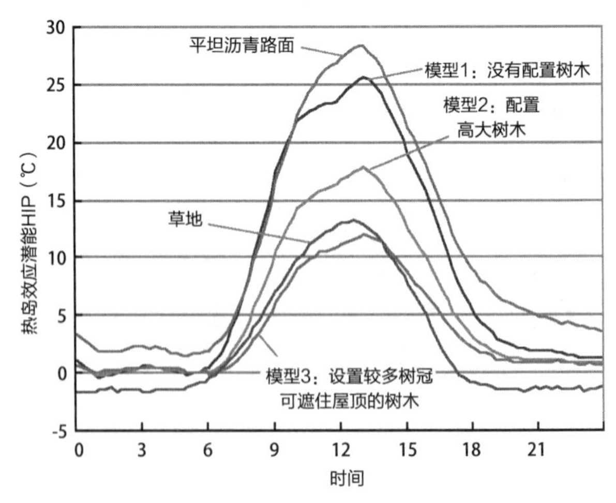

图6-1-9　热岛效应潜能HIP值日变化
（夏季、晴天）

居住地种植高大树木时，HIP最大值相差约12℃，和平坦的草地赋予大气的热负荷几乎相同。换句话说，该居住地建设赋予大气的热负荷相当于草地赋予大气的热负荷，可见高大树木的贡献是不能忽视的。还有一种评价方法是，和开发前做比较，由此可以评价设计方案。

以往的设计和规划，都是以道路、建筑物的布置、空间形状为主要解决对象。从本案例的结果看，植物的配置、提高地面热容量和保水性、材料的热性能等热环境设计也是必不可少的设计内容。（梅干野晁、浅轮贵史）

6.2 自然能源的生产与利用

1. 自然能源与新能源

1）自然能源

自然能源大体上可以划分为4种类型（表6-2-1）。第一种是太阳辐射产生的可再生能源，除直接照射的光和热外，还有风能、河流和堤坝的水势能、海浪能、生物能、海水和大地的蓄热能。这些能源都是与太阳辐射相关的能源。第二种是地球内部深处的地热能源。第三种是地球与月球引力造成的潮汐能。第四种是辐射冷却引起的冷气、冰雪等冷热能源。

综上所述，自然能源以各种形式存在并且其数量巨大。和核能源、化石能源相比，自然能源可获得的能源密度低，收集自然能源需要大面积的空间和交换设施。还有时间性变动较大，所处

自然能源种类　　表6-2-1

太阳辐射相关	太阳能	光、热、发电
	风力	发电、热
	生物	发电、热
	温度差	热
	水势能	发电
	海浪	发电
地热	火山性热水	发电、热
	非火山性深层热水	发电、热
	高温熔岩	发电、热
	岩浆的直接利用	发电、热
潮汐		发电
辐射冷却	冷气	冷热
	雪	冷热
	冰	冷热

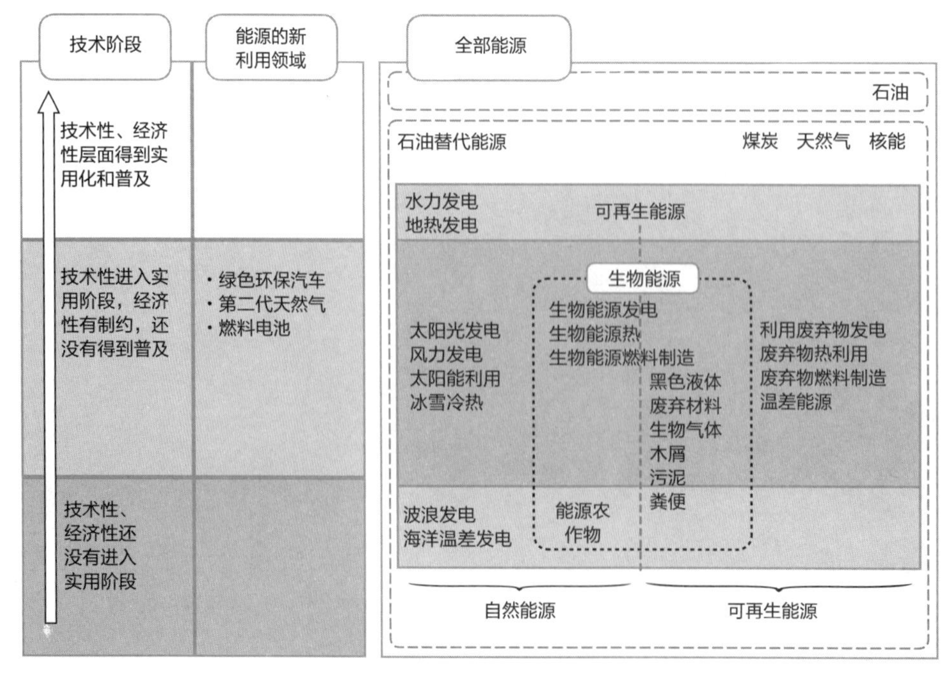

图6-2-1　新能源种类
（出处：资源能源厅“新能源动向巡回”网页[1]）

位置相对偏僻，需要能源储藏设施、化石能源替代设施、能源输送设施、使用所需基础设施等建设。因此短期内，自然能源的使用成本较现在的化石能源高，自然能源的普及尚有较大阻力。

2）新能源中的自然能源[1)]

新能源是日本政府发布的《关于促进新能源利用等的特别措施法》（1997年6月试行）（以后简称新能源法）中，"新能源利用等"所规定的、国家积极倡导的政策支援对象，必须具有以下特征：

①石油替代能源的制造、生产、利用等范围；

②受经济性制约，尚没有普及；

③试图引入石油替代能源所特别需要。

图6-2-1表示新能源种类。技术性进入实用阶段，经济性有制约，还没有得到普及的内容就是政策支援对象，其中的自然能源有，风能、太阳能、温差能源、生物能源和冰雪冷热能源。水力和地热发电、波浪发电、海洋温差发电不属于政策支援对象。另外，废弃物能源利用作为可再生能源列入政策支援对象。绿色环保汽车、第二代天然气能源、燃料电池作为新能源利用领域也被列入政策支援对象。2002年1月25日，日本政府发布补充令，将冰雪热利用和生物能源明确列入新能源目录。

2. 自然能源的赋予量和利用方法

1）太阳能的赋予量[2)3)]

在太阳辐射能源中，到达地球地表面的部分约为3.9×10^{18}MJ/年，换算成石油时为100兆亿kl/年左右。全世界一次能源消费量折算成石油约为100亿kl/年，仅相当于地球接受太阳辐射能源的一万分之一，也就是太阳52分钟的热辐射量。

大气层外与太阳光垂直面的能源密度是$1.382km^2$，我们称之为太阳定数[2)]。太阳光进入大气层以后，约30%太阳光反射回宇宙空间，余下70%，总计3.9×10^{21}MJ/年的太阳光被大气、地表面、海洋吸收。在总吸收热量中，47%热量重新反射到宇宙空间，22%热量以汽化热的形式成为水循环源泉，有效利用在光合作用的热量仅为总吸收热量的0.06%。而这0.06%热量就是地球所有生物的生命之源（图6-2-2）。

图6-2-3、图6-2-4分别表示日本和全球日辐射量分布。全球到达地面的平均日辐射量是$165W/m^2$，日本为$141W/m^2$，略低于全球平均日辐射量14%左右。但是日本全国范围内的平均日辐射量地区差别不大，大体上为3.2 kWh/m^2/日～4.0kWh/m^2/日，与欧洲的主要城市、纽约等北美东海岸城市相比，日本平均日辐射量还是丰富。北海道、九州大部分等位置倾斜度与地球纬度一致的地方平均日辐射量甚至达到4.0KWh/m^2/日以上。假设一个家庭一天洗澡所需热负荷为8kWh，则$5m^2$左右的太阳能集热器（集热系数定为0.4），就可以满足一家人每天的洗澡。还有，一个家庭年用电消费量大约是3000kWh，在屋顶设置$20m^2$左右的太阳能电池板（平均转换系数取0.1），就可以满足一家人一年的用电需求。

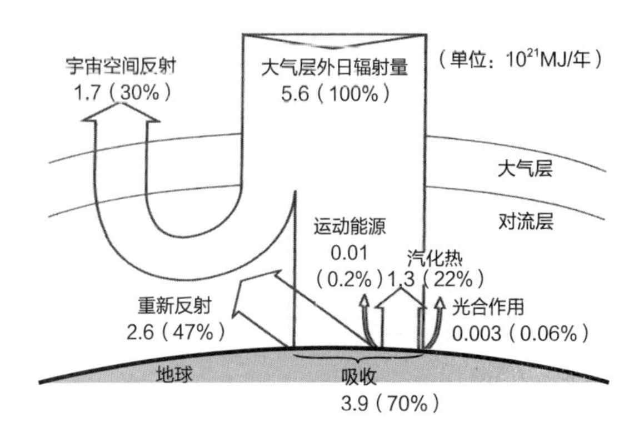

图6-2-2　地球太阳辐射能构成

（气象自动观测系统1951～1980年）

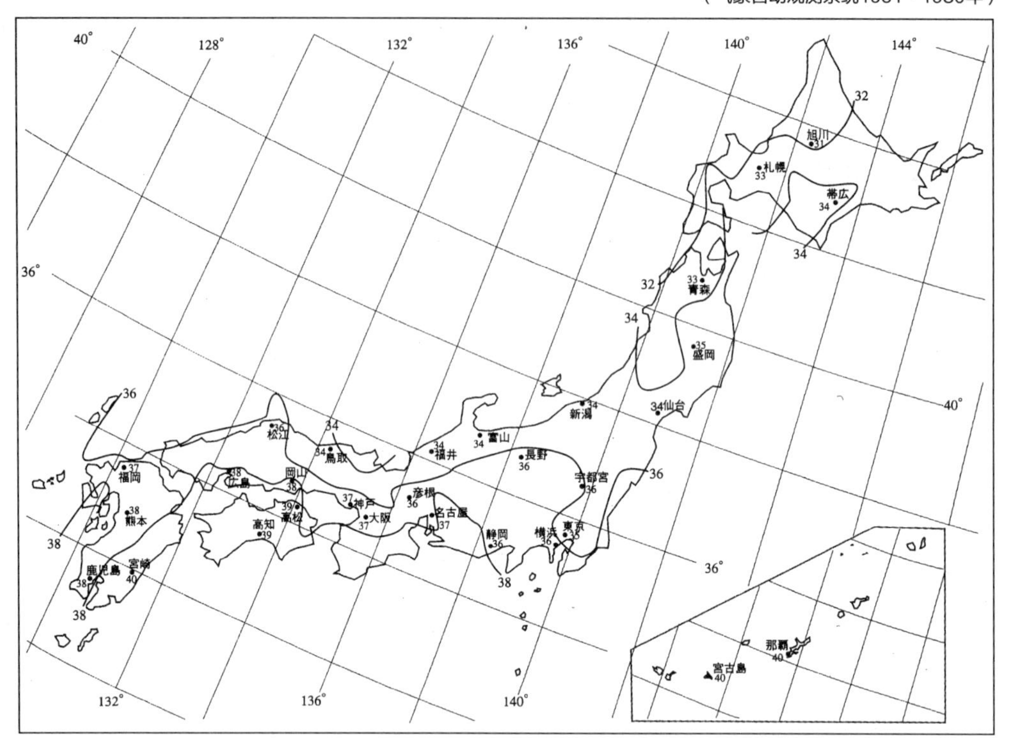

图6-2-3　日本平均日辐射量（kWh/m²/日）
（出处：NEDO编《太阳能建筑设计指南<太阳能利用系统案例集>》NEDO，2001年）

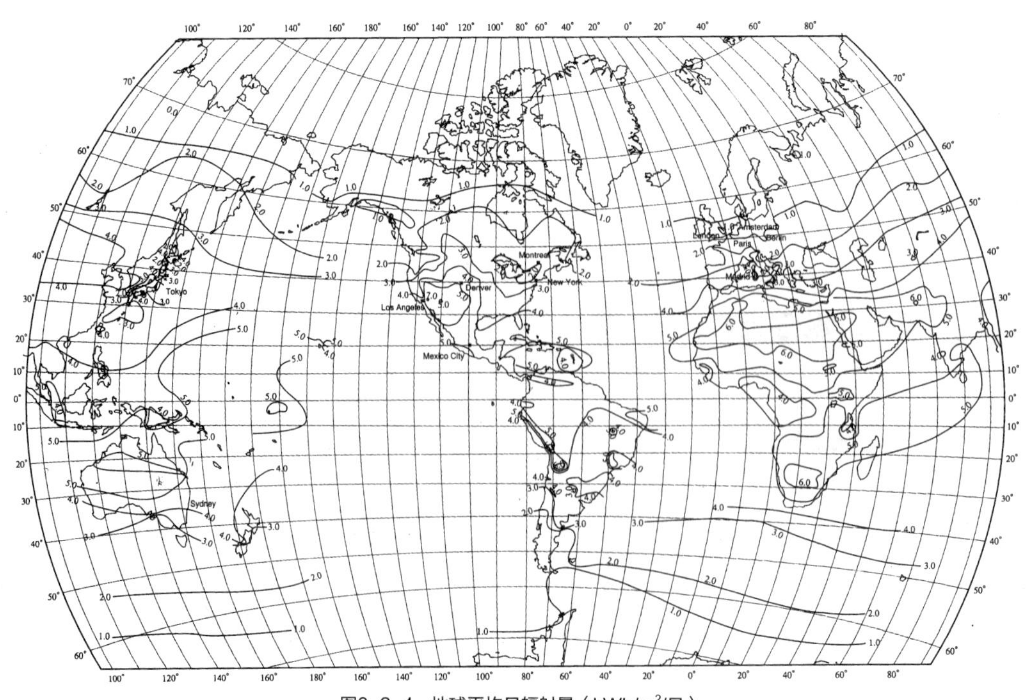

图6-2-4　地球平均日辐射量（kWh/m²/日）
（出处：NEDO编《太阳能建筑设计指南<太阳能利用系统案例集>》NEDO，2001年）

2）太阳能利用方法

太阳能利用有光利用、光热转换、光电转换等三种利用方式。

①光利用[2)]

光环境是室内环境的重要因素之一，由于直射光线耀眼、灼热，办公空间在大多数时间一般都用窗帘遮挡。现代办公大楼的照明用电量占其一次消费能源量的30%，降低照明用电量可以得到很大的节能效果。建筑物窗户设置，在设计时应与空调冷热负荷、室内照明设计统筹考虑。近年来，出现利用光导纤维和镜子等将光线引入室内阴面的设备，也被建筑设计所采纳。

②光热转换[3)]

光转换成热，在理想状态可以实现100%转换，其热效率非常高。不过，温度越高，其热损失越大，如何降低热损失是问题的关键。以目前的利用条件和环境，急需有关蓄热技术，保证供需平衡，解决时间性波动等。

热利用类型可以分为，使用集热器等机械设备的主动型和利用建筑物本身进行热处理的被动型。

主动型是以采用集热器为主，通常利用水、空气做媒介。提高太阳光的集热密度，可以获得3000℃以上高温，可以直接用于工业加工等行业。干旱地区可以建造数万kW级较大规模太阳能发电厂，已有许多投入商业运作。太阳能发电有塔式和曲面式两种聚光方式。石油危机以后，作为日光规划的一部分，在日本香川县仁尾町（现在的三丰市），建设两种方式的发电验证设施，于1981年世界上首次试验成功1MW级发电，因日照条件不理想以及经济性差，试验研究最终中断。不过在美国加利福尼亚州毛哈别沙漠建设的太阳能发电设施，采取太阳能与化石燃料各占50%的混合发电系统，成功转型为商业运作，到1996年为止，累计发电量达到333MW。

在我们身边常见的主动型太阳能利用是太阳能热水器。建筑物采用的集热器，大体上可以划分为，平板型、真空管型、抛物面复合聚光器（CPC）等三种。图6-2-5表示三种类型的热效率，右侧为三种类型集热器的基本构造。抛物面复合聚光器（CPC），在铜管下，铺设波折型金属聚光反射薄板，也叫做复合抛物线反射镜。与真空管型比较，热效率低，但价格便宜且耐高温，是近年多被采用的类型。

据统计，到2001年日本太阳能热水器使用达到630万台，位居世界首位。可以替代石油约90万kl。2010年的目标计划是替代石油439万kl，是现在的5倍。为此，出台了《住宅太阳能高效利

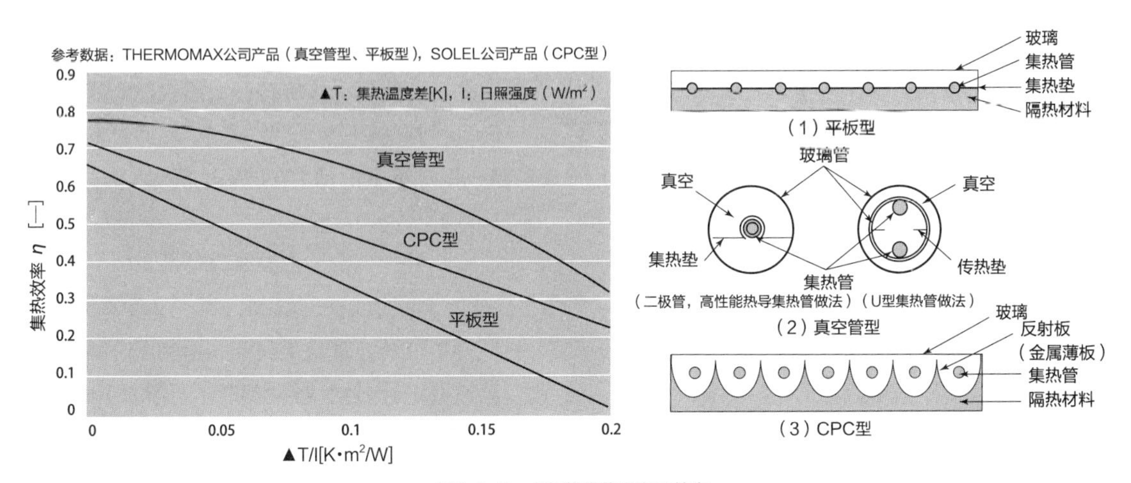

图6-2-5　太阳能集热器以及效率

用系统补助制度》（新能源财团）[4]，计划从2002年7月开始，在住宅屋顶安装高效利用系统太阳能热水器。该太阳能热水器系统由添加防冻液等强制循环集热器和太阳蓄热槽等组成。

此外，住宅采暖和中等规模的农作物、木材烘干作业，可以采用空气集热器。住宅采暖可以利用铺设在地面的圆砾、硬地、混凝土等蓄热体，安装使用费用较低，许多家庭都采用这种方法。

被动型热利用是将日照吸收于地面、墙壁等蓄热体的方式，这种房子称为被动式太阳房，日本的北海道、东北等寒冷地区采用较多。

③光电转换[5]

1954年，美国的比尔研究所发明太阳能电池，其原理是，半导体接受日光照射以后，产生电极，在电路形成电流，给负荷提供电力。

太阳能电池大体上分为矽系列与化合物系列两种。化合物系列价格高，转换效率也高，主要使用在人造卫星等上。一般的民用领域，综合考虑转换效率、安全性、价格等因素，通常采用矽系列。矽系列还可以划分为结晶系列和非结晶系列，结晶系列进一步细分为单晶体系列和多晶体系列。多晶体系列价格便宜，成为主流。光能转变为电能的转换比例称为转换效率，成品级别的转换效率分别为：单晶体17%，多晶体15%，非晶体6%～9%左右。年运转率是装机容量与年间运行时间的乘积除以一年时间得到，日本的太阳能发电年运转率是11.5%左右，是风力发电年运转率25%的一半以下。太阳能电池只需要设置在阳光充足的地方，无噪音无振动无烟尘，几乎不需要保养，半永久性提供宝贵的电能。而且不需要规模效益，日照下即可发电，很适合家庭使用。制造时投入的能源用一定时间的发电量来回收，称为能源回收期。根据有关报告，结晶系列矽系统的能源回收期是2年～3年[6]。之后是能源的净输出，可用太阳能发电来支持太阳能发电设备制造，形成良性循环。

太阳能发电系统一般设置在屋顶，由几十块太阳能电池储存板组成，每一块面积约1m^2，电力容量为135W。由动力控制装置，将电池产生的直流电转换成交流电，控制电波和电压，自动完成与外部系统电源之间的买卖交易。1992年开始实行住户剩余电量购买制度，1994年起实施住户太阳能发电系统监控事业，使住户采用太阳能发电系统的热情不断提高，预计到2008年年底，发电容量将达到197万kW，位居世界第三位。最近日本各地大规模建设被称为太阳制造的太阳能发电厂，2010年的太阳能发电目标是2800万kW，是以前累计总数的14倍。

日本国内年平均发电量（规定容量）是1100kWh/kW，如果每户安装3kW～4kW左右的太阳能发电系统，基本满足每户人家用电需求。关东以南地区的供电企业，每到酷热夏季供电能力就达到顶峰，面临拉闸压力。这些地方推广安装太阳能发电系统是非常行之有效的。目前的住宅用3kW标准太阳能发电系统，其安装成本为150万～200万日元，扣除国家补助资金7万日元/1kW，个人负担费用为180万日元略高一点（2010年统计）。另一方面，供电企业的电力收购价格是48日元/kWh，按照目前情况计算，住户投资回收期约为12年[7]。

3）风能[8][9][10]

人类自古以来利用帆船、风车等把风能巧妙地转换成动力能源使用。世界上最早的风力发电，于1890年在丹麦诞生。图6-2-6是风力发电机构造。其原理为风车叶片随风转动，带动安装在顶端鼻筒内的发电机旋转，从而获得电能。

假设风速为v，密度为ρ，空气通过断面面积为A，则理论上的动力P可以由下式求得：

$$P=\left(\frac{1}{2}\rho v^2\right)Av=\frac{1}{2}\rho Av^3$$

上式中可知，理论上风能与风速的立方成正比，风速一定时，空气密度和空气通过断面面积越大，则风能P值越大，越有利。由于空气密度较低，若要获得较大风能，需要大型风车。现在使用的风车其叶片回转直径可达75m、装机容量达到2000kW。据说德国在2005年前后，要试验叶片回转直径144m、装机容量达到4500kW的风车。

在日本，风随季节和时间的变化很大，与欧美大不相同。叶片和控制系统设计自然也不同。根据报告，在日本，以装机容量与年间运行时间的乘积除以一年时间得到的风力发电年运转率是25%～28%之间。这个数据要比太阳能发电效率

日本总发电量1万kW以上的风电农场一览表（2002年度末）　　表6-2-2

年度	运行年月	建设方	建设地点		单车容量[KW]	总台数	总容量	叶轮制造方	用途
H12	2000年10月	（株）YUURASU ENAZII苫前	北海道	苫前町	1000	20	20 000	BONUS	出售
H13	2001年10月	（株）DORIIMU ADDU 苫前	北海道	苫前町	1650	14	23 100	Vestas	出售
H13	2001年10月	SARAKI TOMANAI 风力（株）	北海道	稚内市	1650	9	14 850	Vestas	出售
H13	2001年11月	东北自然能源开发（株）	秋田县	能代市	600	24	14 400	日立—Enercon	出售
H13	2001年11月	（株）YUURASU ENAZII 岩屋	青森县	东通村	1300	25	32 500	BONUS	出售
H13	2001年11月	幌延风力发电（株）	北海道	幌延町	750	28	21 000	Lagerwey	出售
H13	2001年11月	江差 UINDO PAWAA（株）	北海道	江差町	750	28	21 000	Lagerwey	出售
H14	2001年12月	仁贺保高原风量发电（株）	秋田县	仁贺保町	1650	15	24 750	Vestas	出售
H14	2001年1月	IKO·PAWAA（株）MUTSU小川原UINDOFU AAMU	青森县	六所村	1500	22	33 000	NEG-Micon	出售
H14	2002年2月	IKO·PAWAA（株）岩屋UINDO FUAAMU	青森县	东通村	1500	18	27 000	NEG-Micon	出售
H14	2002年3月	（株）ENUESU UINDO PAWAA HIBIKI	福冈县	北九州市	1500	10	15 000	GEWind Energy	出售
H14	2003年3月	南九州UINDOPAWAA（株）庄（株）	鹿儿岛县	肝属郡	1300	10	13 000	IHI-NORDEX	出售
H14	2002年3月	（株）青山高原 UINDOFUAAMU	三重县	久居市 大山田村	700	20	14 000	MKK-Lagerwey	出售

（根据NEDO新能源接入促进部调查数据[10]，长野编辑、制作表格）

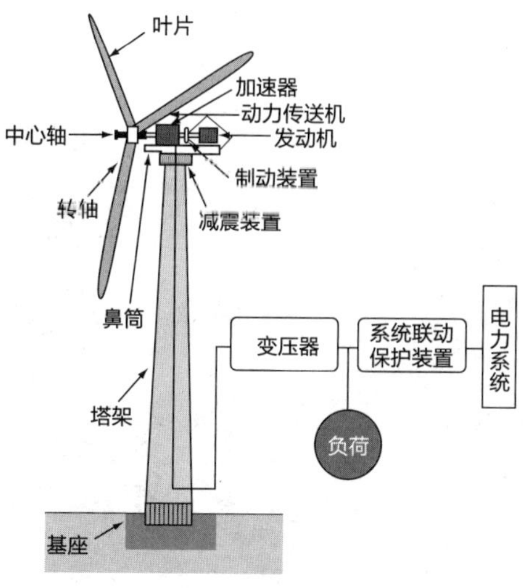

图6-2-6　风力发电机构造

照片6-2-1　苫前町风电农场
（出处：苫前町网站[11]）

高。（前面已经讲述太阳能发电效率为11.5%）日本海岸线总长是32 000km，在其中的6000km上，建设高度约100m的风车（2800kW级别），根据测算可以获得30亿～300亿kWh（相当于2007年度日本总发电量的0.25%～2.5%）电能。风力发电必要的条件有以下几点：

①需要相对稳定的强风：从经济性考虑，年平均风速要6.0m以上。风速变化幅度越小越好，日本的情况是，风速变化幅度要比欧美大。

②用地范围要大：为了有效使用附属设施，一个地方要尽量设置大量风车。因此所需用地范围也大，最近海面上也在矗立风车。

③港湾和道路：大型风车的构件尺寸一般都大，要具备可搬运叶片、塔杆等大型构件的港湾和道路。

④输电线路：需要可以输送电能的大容量输电设施。

⑤考虑周边环境：由于风车巨大，可能带来景观、噪音、家畜、候鸟等问题。要充分征得周边居民的理解，解决可能的负面影响。

到2008年，日本的风电总容量达到1880MW，建设条件好的地方，都建成风电农场（指一个地方设置大量风车以及相应附属设施的场地）。表6-2-2为风电总容量1万kW以上的日本风电农场建设情况。截至2002年，全日本共建设13处风电农场，其中的苫前町，风电总容量达到53MW，是日本最大的风电农场之一（照片6-2-1）[11]。之所以在苫前町能够建设如此大型风电农场，其原因就是，苫前町具备了所有建设大型风电农场的条件。如：该处沿海岸线有苫前町自营的宽敞畜牧场；离港口和国道近便于运输搬运风车构件；牧场有早已关闭的羽幌炭坑口电站的输电线路；风能的利用是当地居民多年愿望；商业运行性价比高等等。

新能源法的目标到2020年风能接入总电量是11 310MW，是2008年的6倍。今后一方面和欧洲一样继续研讨海洋中建设发电厂的可行性，另一方面要做好其他方面工作。如：完善输电线路，完善稳定的售电系统和自营系统，建立稳定的电压体系，建立和完善适应电量变化的蓄能设施等，这些都是风能普及所必需的重要课题。

4）生物能源[12]

几十年前的日本家庭的生活用能源，也几乎都是柴火和煤炭。如今世界各地的许多地方，不仅把柴火和煤炭当作家庭主要的生活用能源，有些地方把干牛粪等生物能源当作生活能源使用。

2002年1月，日本政府颁布新能源法修正案，把生物能源列入新能源范畴。生物能源是来自动植物的有机物，并可以作为能源使用的资源，不包括原油、石油气、可燃性天然气体、煤炭以及相关制品。生物能源基本上是植物光合作用时的碳酸同化产物，可再生，作为能源使用时，二氧化碳的排放量是零，称之为“中性碳”。生物能源的资源大体上分为未利用资源系列和生产资源系列。在日本，几乎都属于未利用资源系列，如木料系列、造纸系列、农业残渣、粪便、污泥、废弃食物等。欧洲各国设有培育木材、柳树、草、蔬菜种子等的农场，用作专门生产能源。

据测算，世界生物能源年赋存量大约是290EJ（1EJ=1012MJ，换算成石油为77亿kl），占世界一次能源消费量的7成。日本的生物能源年赋存量大约是1667PJ（换算成石油为4334万kl），

照片6-2-2　木质系列生物原料热电合用发电设施（秋田县能代市）（摄影：长野克则）

其中的一部分木材余料、稻草、谷壳等和所有废纸都已经回收利用，作为生物能源的年赋存量大约是1261PJ（换算成石油为3279万kl）。2001年日本一次能源消费量是22 800PJ（换算成石油为9280万kl），生物能源的赋存量相当于全日本一次能源年消费量的5.5%。其中的木质系列约占可利用生物能源30%，如果能够解决收集、运输、储藏费用以及出售能源价格稳定的话，区域供热、建筑物采暖、提供洗澡水等方面，比较容易得到应用。表6-2-3列出生物能源转换技术目录和当前的技术水平。木质系列生物能源实用阶段，现阶段大部分都是采取直接燃烧来实现，气化、乙醇发酵等有少一部分已经进入实验验证阶段。把原料进行粉碎化、颗粒化、固体化（RDF），有利于储藏和供应自动化，今后只要设法降低成本，加上石油价格的上涨以及征收碳排放税，生物能源利用事业快速发展的可能性很高。照片6-2-2是利用木质系列生物原料的热电合用发电设施。该设施位于日本秋田县能代市，2002年开始投入运营，由能代森林合作负

生物能源转换技术目录和当前的技术水平　　表6-2-3

转换技术	适宜的生物原料	方式方法	技术水平
直接燃烧	木质生物建设废料（RDF） 胶合板材	煤炉（固定、倾斜、移动）/流动炉（初级产品、循环式）/窑炉	◎
	采伐的过密木材	煤炉（固定、倾斜、移动）/流动炉（初级产品、循环式）/窑炉	○（小部分：□）
	木质生物原料	小型气化炉	□（○）
	畜牧废弃物　牛猪鸡粪便等	干燥设备+煤炉，煤窑炉	○
	生活废弃物（普通废弃物、RDF）	煤炉/流动炉	◎
	产业废弃物　脱水污泥 废纸 （RDF）	窑炉 煤炉/流动炉 流动炉	◎ ◎ ◎
	食物废弃物　咖啡渣 其他残渣	下填料式炉 流动炉	○ ○
	农业废弃物　谷壳 甘蔗渣	煤炉（移动） 流动炉	◎ ○
（混合燃烧）	干燥生物原料+煤炭	流动炉	○
燃烧转换	木质生物原料	颗粒化（+锅炉、干燥炉）	○
	木质生物原料	炭化	○
化学燃料转换	木质生物原料/草木	部分氧化	□
	畜牧废弃物/农业废弃物	热分解　气化	□
	生活废弃物（含废纸）		◎
	食物废弃物	热分解　气化 水蒸气改质 超临界气化、油化	□ □ △
	地沟油	油脂化	○
生物化学转换	剪树枝、废纸	甲烷发酵	□
	食物废弃物等	甲烷发酵	○
	农产品（砂糖稷、玉米花）	乙醇发酵	○
	木质生物原料		△
	畜牧废弃物（奶牛、猪粪便）	甲烷发酵	○
	畜牧废弃物（肉牛、鸡粪便）	甲烷发酵	○
	食物废弃物	乙醇发酵	○
	产业废弃物（有机污泥）	丙酮、丁醇发酵	○
	生活废弃物（厨房垃圾）	氢气发酵	△

（出处：NEDO《生物能导入手册》2003年）
◎：非常普及的技术，○：实用的技术，□：以实用为目标的技术，△：开发水平的技术

日本地热发电厂一览（截至2002年末）　表6-2-4

发电厂名称	所在地区	热电供应部门	容量（kW）	运转时间（年月日）
松川	岩手县松尾村	日本重化学工业	23 500	1966.10.8
大岳	大分县九重町	九州电力	12 500	1967.8.12
大沼	秋田县鹿角市	三菱材料	9500	1974.6.17
鬼首	宫城县鸣子町	电源开发	12 500	1975.3.19
八丁原1号机	大分县九重町	九州电力	55 000	1977.6.24
葛根田1号机	岩手县雫石町	东北电力、日本重化学工业	50 000	1978.5.26
衫乃井	大分县别府市	衫乃井酒店	3000	1981.3.6
森	北海道	北海道电力、道南地热能源	50 000	1982.11.26
雾岛国际酒店	鹿儿岛县牧园町	雾岛国际酒店	100	1984.4.23
八丁原2号机	大分县九重町	九州电力	55 000	1990.6.22
岳之汤	熊本县小国町	广濑商事	200	1991.10.19
上之岳	秋田县汤泽市	东北电力、秋田地热能源	28 800	1994.3.4
山川	鹿儿岛县山川町	九州电力、九州地热	30 000	1995.3.1
澄川	秋田县鹿角市	东北电力、三菱材料	50 000	1995.3.2
柳津西山	福岛县柳津町	东北电力、奥会津地热	65 000	1995.5.25
葛根田2号机	岩手县雫石町	东北电力、东北地热能源	30 000	1996.3.1
大雾	鹿儿岛县牧园	九州电力、日铁鹿儿岛地热	30 000	1996.3.1
泷上	大分县九重町	九州电力	25 000	1996.11.1
八丈岛	东京都八丈町	东北电力	3300	1999.3.25
九重	大分县九重町	九重观光酒店	2000	2000.12.1
			535 250	

（出处：NEDO旧地热开发室网站《地热能开发现状“日本的地热发电所”》）

责管理。年使用树皮类燃料54 000t，发电量是3000kW，蒸汽供应能力为24t/h，电量和蒸汽全部出售给旁边的胶合板生产企业。

5）地热能源[13)]

地热能源通常叫做地热，除火山性热水以外，还包括大量埋藏在地下深处的非火山性热水，以及尚处在研究阶段的高温岩体和未来的岩浆直接利用等。

1904年，意大利首次成功利用地热发电，采用天然蒸汽驱动3/4马力发电机来发电。截止到2002年，世界上地热发电容量最多的国家依次为：美国220万kW，菲律宾190万kW，意大利92万kW，墨西哥89万kW，印度尼西亚59万kW，日本54万kW，新西兰43万kW。表6-2-4是日本地热发电厂一览表，到2002年，共建造20家地热发电厂，总发电量为535MW。

地热除发电以外，广泛应用在空调采暖供热、农业、产业、洗浴（温泉）等领域。在日本，地热用于温泉占压倒性多数，采暖供热领域使用较少，地热总的使用量位居世界第一。不过在冰岛和法国，采暖供热领域大量使用地热。冰岛人口的80%（19万人）使用地热为采暖供热，包括地热发电在内，地热使用量占总能源消费量的30%。

照片6-2-3　法国兰斯河入海口潮汐电站
（出处：彼得·弗兰克〈海洋能源〉《世界可再生能源》问题回顾2002-2003，Vol.5，N0.4，2002）

6）潮汐能源、海洋能源（海洋温差发电等）[14）15）16）]

首先介绍潮汐能源利用。潮汐能源利用是，构筑装有叶轮泵的海堤，利用潮汐使海堤内外的海水流动，海水动能驱动叶轮泵而发电。要求潮汐落差大，海堤内侧保持大量水。世界上首次商业运行的潮汐电站位于法国多佛尔海峡兰斯河入海口，装机容量为200MW，1967年投入使用，目前一直在使用（照片6-2-3）[14）]。位于北美的胡安德湾、英国的塞文河入海口的潮汐落差都有10m上下，陆地内侧也可以保证巨大水量。相比之下，日本有明海的最大潮汐落差只有5.4m。加上近年来海滩的生态重要性日益凸显，潮汐能源利用规划面临困难。另一方面，类似于小型水力发电原理，利用黑潮和潮汐吸收动能的构想正在研究中。

其次介绍海洋温差发电。赤道附近海面温度可以达到27～29℃，与海面下1000m处有2℃的温差，利用氨水等做流体媒介，以蒸汽循环方式解决发电。1973年进入研究阶段。在理想的状态下，27℃温度内低于2℃的重力循环产生的热效率是8.3%，考虑到蒸发装置、冷凝器运行需要温差加上循环过程中的各种热损失，实际的热效率大约是4%左右，偏低。

7）温差能源[17）18）19）20）21）]

海水和河水与大气之间始终存在温差，这与季节变化关系不大。通过热交换器或热力泵可以获得热源，应用领域很广泛。如供热、空调采暖、温室栽培、寒冷地区融雪作业等。大地同样存在温差，地源热泵就是其利用实例，只是日本新能源法没有将其列入支援对象。表6-2-5是日本利用温差能源的设施的情况，全日本目前共有5家。由于世界上的大城市大多位于海边，海水温差利用海水具有很高的开发潜力。

地源热泵（GSHP）也是温差利用实例之一，虽没有被列入新能源法支援对象，但很适合寒冷地区的采暖供热。图6-2-7表示日本常用的GSHP的工作原理，GSHP被认为是在封闭状态下与基础地面做间接热交换。GSHP的形式有垂直和水平两种，都是由埋在地里的热交换器、水源热泵、二次热利用系统组成。地中10m以下温度基本保持不变，与该地区室外空气温度没有关系。GSHP系统初期投资比较大，运行效率（SPF）比空气热源系统要好。在北海道，当埋在地里的热交换器各项指标要求适合时，运行效率（SPF）可以达到空气热源系统的2倍。由于在地面没有其他设备，没有噪音，不影响室外整体美观。因为系统是密闭下运行，在地下热交换器中采用树

利用温差能源的区域供热设施　　表6-2-5

热源	区域	所在地区	供热年月
海水	海滨百鸟	福冈市	1993.4
	大阪南港关心世界	大阪市	1994.4
河水	箱崎	东京中央区	1989.4
	天满桥1丁目	大阪市	1996.1
	富山车站前	富山市	1996.7

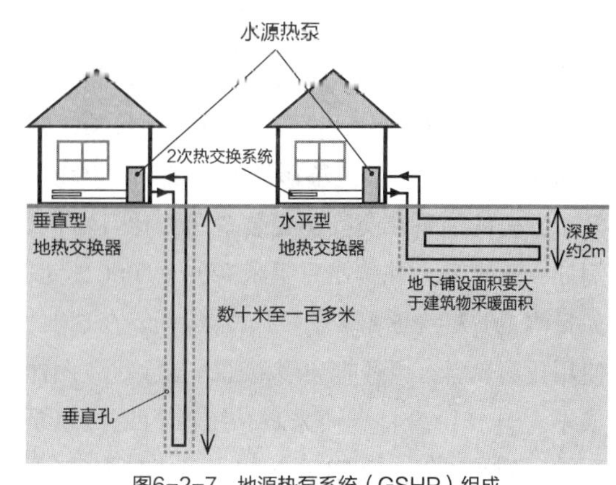

图6-2-7　地源热泵系统（GSHP）组成

照片6-2-4　瑞典住宅地源热泵钻孔场景（照片摄影：长野克则）

照片6-2-6　瑞典中部森芝瓦尔“Sundsvall”公立医院制冷用室外储雪槽（照片摄影：柯泽尔·思格斯伯格（Kjell Skogsberg））

照片6-2-5
日本产地下变频热泵组合设备（已量产）（照片提供：SANPOTTO株式会社）

地下热泵参数　　表6-2-6

额定电压	单相220V
定额周波数	50Hz
供暖能力	7.0kW（6000kcal/h）
冷媒种类	R410A
成绩系数	COP4.0（0～35℃）
压缩机	变频式卷轴
循环泵	1次，2次内藏直流循环
额定电量消耗	1700W
重量	60kg
外形尺寸	高750mm，宽650mm，进深450mm

脂管可以延长其寿命（无维护费用）。在北美和北欧的采暖系统中，逐渐具备价格竞争优势，截止到2007年，在世界范围形成了年15万台市场规模。欧美的地下热交换器安装费用要比日本低，例如：垂直型钻孔费用每延米3000～5000日元，为日本的1/3～1/5（参见照片6-2-4）。在瑞典，使用化石燃料，要征收环境税和碳排放税，燃油成本上升，纷纷将燃油采暖系统改为地源热泵系统，到2002年，GSHP系统的年销售量突破3万台。在日本，GSHP系统的年销售量约50件，不过垂直型钻孔费用已经降到每延米1万日元以下。从2004年开始，实行与欧美同步的地下热交换器（参照照片6-2-5、表6-2-6）价格，相信市场会迅速扩大。

8）冰雪冷能源[22）23）]

冰雪在常年不融化地区是身边的能源之一，而目前使用的制冷设备均排放二氧化碳，开发运用冰雪的技术正在兴起。利用冰雪的冷热设备，可以使农作物比较容易在低温高湿度下储藏，而且也比较稳定。在建筑物冷气使用中，还具有除尘、除湿以及吸收水溶性气体等作用。为此，日本在2002年1月，对新能源法进行修正，将冰雪利用纳入新能源支援对象。并且对冰雪做了如下规定：将天然冰雪（利用冷冻设备制造的除外）作为热源，用于冷藏或者冷库以及其他用途。

冰雪利用遇到的第一个问题是储藏。雪储藏方式有直接搬运式入库和集装箱式入库。冰储藏方式有：将水放入水槽在冬季室外冰冻；冬季从河流湖泊中直接破取冰块运到储冰库储存；冷冻土壤形成门口冻土等方法。

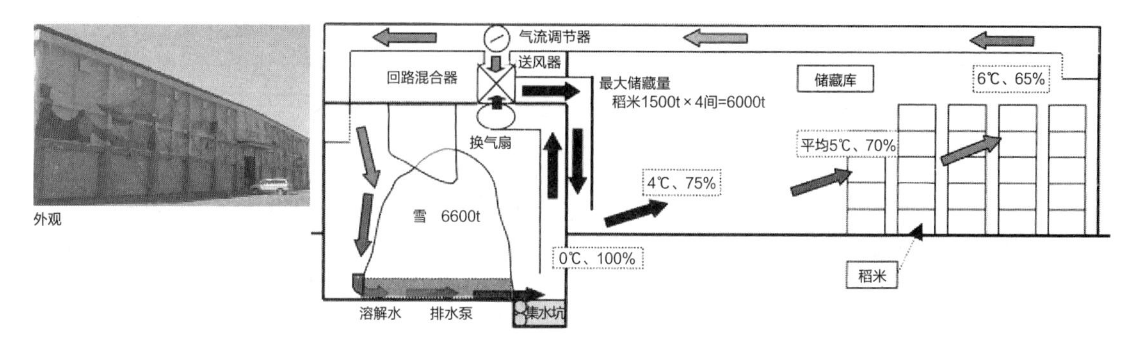

图6-2-8　稻米雪冷藏系统（北海道美呗市农业合作组织）
（出处：经济产业省北海道经济产业局、东北经济产业局、关东经济产业局《冰雪热能实用案例集2》2002年）

截止到2010年6月，日本共有140余处冰雪能源利用设施。其中的117处是雪利用设施，14处是冰利用设施，5处是冰雪合并利用设施，余下4处是其他方式的利用设施。图6-2-8是日本最大的稻米雪冷藏系统，是美呗市农业合作组织恒温储藏设施系统。利用3600t雪，储藏6000t稻米。输送4℃、相对湿度75%的冷气，冷库内可以保持5℃、70%相对湿度。作为农作物储藏等冷库使用，建设成本是最大问题。在札幌，业务冷库采取雪利用方案时，所需用雪储存量几乎相当于冷库容量。如果具备足够大的场地，可以开挖大型土坑来保存雪，既可以减少热损失，又可以减少成本开支，是不错的选择。照片6-2-6是瑞典中部森芝瓦尔公立医院制冷用室外储雪槽，利用雪热交换提供7℃冷水。该储雪槽长140m、宽60m、平均深度7m，是矩形洼地。储雪量约为50 000m^3。该医院占地面积19万m^2，拥有床位200床，自2000年夏天起承担医院全部冷气负荷。储存时期，使用20cm厚的木屑覆盖表面，起到隔热和阻止蒸发作用，控制表面融雪。日本也有类似的案例。作为验证试验，日本高铁札幌车站北出口广场地下建设2000m^3容量融雪槽，冬季即将结束时储存雪，到夏季利用雪冷热交换运行区域冷库。

3. 自然能源的使用与普及

本节所讲述，自然能源的利用方式和方法很多。在具体使用时，要考虑当地的风土和建筑物的实用功能。从节能和环境保护出发，尽量计划采用性价比高的方式和方法，最终决定之前还要考虑整个系统的成本平衡。

值得一提的是，为了普及利用自然能源这种分散型电源，政府颁布了“电力从业者有关新能源利用特别措施法”（简称RPS法）。该法律规定：2002年4月1日以后开工建设的电力企业有义务按一定比例采纳风能、太阳能、地热、中小型水力发电（水势能式，1MW以下）、生物能源等所有采用新能源生产的电能。规定中的采用比例每隔数年都要增加。电力从业者为了满足政府规定的目标值，必须采取措施要么自己建设新能源电力设施，要么从其他地方购入新能源电力，要么向政府支付与新能源电量相当的费用。不过，新能源的发电量迅速增加足以满足政府规定的目标电量，有可能引起电力从业者的购电报价过低或者不愁购电的情况，此时出售电力方也就是新能源投资方的风险会增加。总之，只要RPS法设定的使用目标适当，自然能源的运用会得到加速发展。

（长野克则）

6.3 城市能源系统设计

1. 城市能源系统概论

不同的人群对城市能源系统的理解差别很大。有人认为它是一个城市总的能源供给与消费（如：东京23个区整体），也有人认为它是街区的一部分系统（如：区域性冷暖设施、个别家庭的冷暖设施等系统）。本章节以建筑物内民生能源消费为对象，包括建筑物、街区次要系统在内，把城市内全部能源事业概括为城市能源系统。

城市能源系统的可持续发展，首先要明确能源事业整体和影响环境的全部内容。在此基础上，正确评价各因素对整体的影响。下面介绍城市能源系统组成要素和相互关系，介绍评价指标，阐述今后的改善方向。

2. 城市能源系统的要素和界限

以后的日本城市会形成第二产业陆续搬出、第三产业和居住用地占据一大半的格局。这就意味着在产业、运输、民生三大能源消费体中，运输和民生尤其是民生的能源消费比例将会提高。图6-3-1是以民生为载体，绘制的城市能源系统结构。

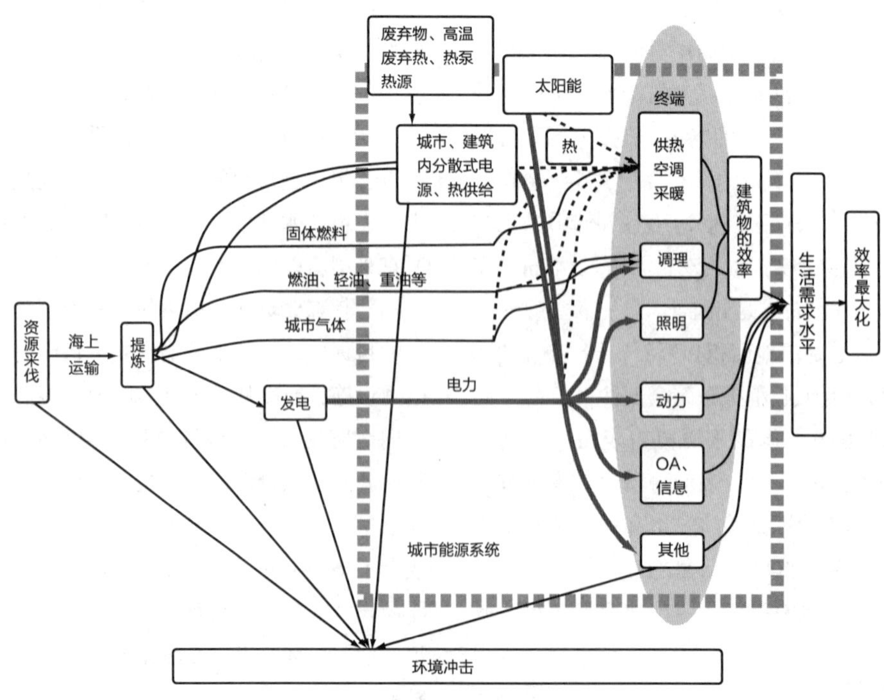

图6-3-1　城市能源系统的要素和界限

城市（民生领域）能源消费的目的就是，在建筑物内外营造舒适的环境，提高写字楼、商业设施的生产效率。在图6-3-1把这些统称为效率。另一方面，从城市的可持续发展也就是从保护地球、地域环境角度看，正如图6-3-1所表示，把能源事业各个阶段对环境冲击最小化显得很重要。总之，城市能源消费的最终目标用环境效率概念可以用以下式（1）表示：

$$\frac{\text{效率最大化}}{\text{最大环境冲击}} \rightarrow \text{最大化} \qquad (1)$$

当然，利用式（1）真实定量地评价城市能源系统是比较困难的，下面是其具体原因：

①首先式（1）中的分子，效率最大化本身无法定量分析。人口和地域经济活动量渐渐被代理指标所取代，城市白天和夜间人口流动变化很大，人类的丰富生活未必和经济性生产规模成正比，有必要研讨更为适宜的评价指标。尤其像日本这样发达国家的大城市，用式（1）得出的效率都很高，与世界性、地域性公正的效率分配有冲突，有必要进行调整。

②同样，式（1）中的分母，最大环境冲击所表现的内容也多种多样。近年来，建筑环境评价中常用的指标是二氧化碳排放。但是能源消费对环境的影响，绝不是仅限于地球的变暖化。正如图6-3-1所表示，从大气受到污染角度，很有必要明确各个阶段环境负荷的影响对环境最终冲击量的差别。

当然，式（1）就是城市能源系统最终目标这一点没有异议。基于这个认识，我们可以把图6-3-1从右到左进行推演，也就是从能源下游往上游观察，可以得到以下需要解决的问题：

①人类的生活需求水平是决定效率最大化的重要因素。如图6-3-1所表示的供热、空调采暖、调理、照明、动力、信息和其他能源消费以及相应的服务水平。穿衣的正确与否，也许就是缓解室内空调采暖的条件之一吧？生活在城市的人类正确认识环境保护的重要性，以较小的能源消费实现较高的环境效率不是不可能的。

②空调采暖和照明占民用能源消费一大部分，而建筑物在调节室内温度、湿度、亮度，从而改变外部热能和电能输入等方面，是非常重要的装置。隔热性和密闭性较差的建筑物，即便有充足的热源，也做不到均匀的冷气分布，对热的舒适性感觉远没有隔热性和密闭性较好的建筑物中的感受。各终端设备的寿命一般都是十几年，其中能够有效节能的设备运行期可能更短，而建筑物的寿命是很长的，至少都在几十年以上。建筑物作为地球环境建筑所倡导的主题之一，要求的寿命更长。既然建筑物是几十年或者更长时间里的现实存在，提高建筑物自身的节能性能，对城市能源系统的影响巨大。如何进行优良品质的建筑设计，是城市建设中的重要课题，急需采取相应对策和措施。

③按照以前的思考方式，城市能源系统只不过是从城市能源接口传送到城市内各个终端设备的一个系统，日本的现状恰好就是如此。即从城市外部接入电力、气体、石油等能源后直接传送到各终端消费。而另一种体现城市水平的（后章节要讲到此问题）分散型电源、分散型热供给系统的普及率非常低。

④多数终端设施一般都是电力与气体，气体与燃油等2种以上能源的复合消费体，选择不同的能源组合，对环境影响的大小和种类也不同。

⑤电能是适合几乎所有终端设施的高灵活性能源，近年来在终端设施中的占有率不断提高。不过，正如图6-3-1所表示，电能的来源是比较丰富的。一次能源转换成电能，可以在城市外实现，也可以在城市内

实现，也可以在各建筑物内实现。在电能自由化进程中，其菜单也呈多样化。随即对环境影响的大小和种类也会不一样。

⑥在城市外实现一次能源的电能转换，采用的方式有水力发电、火力发电、核电等多种。城市的需求，包括路径、需求时间、不同季节的需求变化等，对这些发电厂的运营、供需计划带来很大影响。另一方面，发电厂考虑经济等因素，采取夜间电能使用优惠的措施，诱导城市能源系统的计划与运行。这也就是说，城市能源系统的计划与运行与城市外电力系统的计划与运营，不是各自独立的，对环境的影响具有密切联系。

⑦不仅是城市外电力系统，城市外其他地方包括提炼、海运、陆地运输、资源采集等，城市内所有能源使用活动，才是影响环境的主要原因。因此，环境影响的评价必须是综合性的。

3. 城市能源系统与环境冲击

城市能源系统对环境的冲击有以下几个方面[1)]：

①非再生能源的枯竭：主要指化石能源和核燃料消费，也包括系统使用的金属等资源；

②地球变暖：燃烧化石能源产生的大量二氧化碳以及使用制冷设施产生的氟利昂等向大气中的排放和泄漏；

③臭氧层破坏：使用在制冷设施中的氟利昂泄漏引起；

④氧化：燃烧化石能源产生的硫化物、氮氧化物的排放引起；

⑤大气污染造成人体伤害：燃烧化石能源产生的硫化物、氮氧化物、尘埃的排放引起；与地球变暖不同，在排放地（对人体、生态系中的裸露等）影响很大；此外，氮氧化物与设备运行中产生的碳化氢类发生反应，形成光化学烟尘；

⑥热岛效应现象：消费能源产生的废气，改变城市地表面原有性质，使得城市气温上升。

除上述所列以外，建筑物外的空调室外机和冷却塔，尽管难以定量分析其影响，但对地域景观的影响不能忽视，它也是冲击环境的因素之一。

4. 城市能源系统的改善策略

在充分了解各种冲击环境因素的基础上，使城市能源系统向可持续发展方向转变，必须配套相应的策略和方法。尤其前面讲过的，转变生活方式和建筑设计是重要课题。图6-3-1所示，纵观城市内能源流入到终端设施的全过程，主要有以下4个方面的改善策略：

①在建筑物内，充分利用太阳能作为热源和电源；

②提高终端设施的效率；

③在城市和建筑物引入分散型电源；

④城市、街区的集中供热。

其中的①条是第二节的主题，这里不再重复阐述。②条是有关提高终端设施效率问题，日本早已出台了有关合理使用能源的法律，被称为“领跑标准”，在世界上也是比较严格的标准。该标准规定，现有的所有设施，在数年内都要达到目前最高能源使用效率的设施水平。例如：家庭用空调设施的冷暖系数（电能与产生热量之比）的平均值要达到5（容量3.2kW以下），还要降低设施没有运行、处于待机状态时的电力消耗。以往在城市层面上，分析和规划能源系统，终端设施的能源消费都是以建筑物的占地面积或者家庭为单位的占多数。以后随着终端设施的高效率，新型设施的普及，建筑物自身节能效率的提高，原来的标准单位能源消费将会发生很大变化。这一点必须引起足够重视。

③条分散型电源问题，对发电机、叶轮机、燃料电池等设备，进行技术改造和升级，形成各种类型的发电设备。因发电效率不及城外大型发电厂，当不使用废弃物等非化石能源时，从减少环境冲击角度看，小型发电设施尽量组合利用发电产生废热（当然，即便是使用废弃物发电，小型发电设施对环境负荷的影响要小）。酒店、医院等机构热源需求量较大，小型发电设施可以做到自给自足，而家庭等其他情况，热源可能有剩余，为此在区域范围内，设法互相调剂使用热源，避免热源的浪费。

5. 区域性集中供热的重要性

区域性集中供热不是上述分散型电源的简单组合。采暖、空调、供热等热源使用，民生领域所占比例很大（参见图6-3-2），但要求的温度并不高。分散型电源运行温度都很高（汽轮机、发电机等的运行温度为500℃左右），有热利用潜力。通常使用的单一型能源设施技术上完全都可以串联，由热泵生产高效率的热源。供热系统本身的节能，对城市来说意义重大，是非常有效的能源对策。

日本根据供热事业法，积极推行区域性集中供热，截止到2009年3月，共建设147座区域性集中供热系统，年供热量达到24 030TJ。集中供热是通过集中管理城市中心采暖燃料消费，达到防止大气污染的目的，节能标的物就是机器设备。不过近年来，小型设备的效率得到很大提高，集中供热系统的节能标的物也在发生改变，以下3点是集中供热系统的节能来源：

①充分利用设施本身，提高机器运行效率，实行有效管理

冷冻机、热泵等热源生产设施与电视机、灯光照明不同，在不同的热量和温度条件下，其运行效率会发生变化。而电视机、灯光照明的能源效率基本保持不变，其消费量与时间的长短有关。区域性集中供热系统，一般规模都较大，都备有若干套设备，以适当的方式分担总热负荷，使机器设备经常处在良好的运行状态。如果有蓄热系统，则机器设备更加高效而稳定地运行。一般都配备高精度监测、记录设施，由专业人员负责监视，个别建筑物通常是不可能做到的。

②热源的分阶段利用

这种热源供应系统的热源来自各分散型发电废热、工厂和垃圾焚烧设施的废热。欧洲是采暖为主，考虑到采暖温度要求不高，一般都是从中

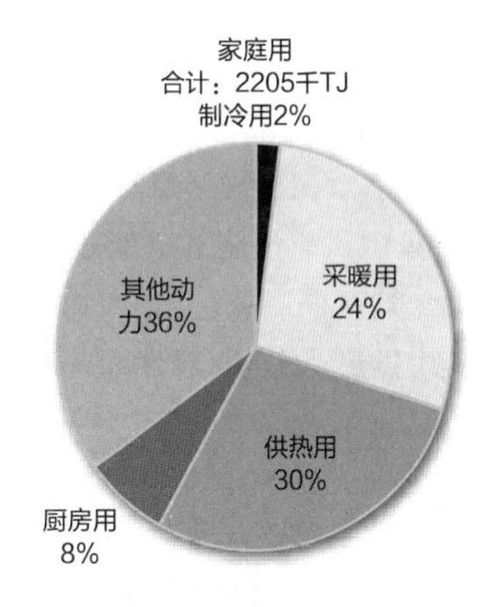

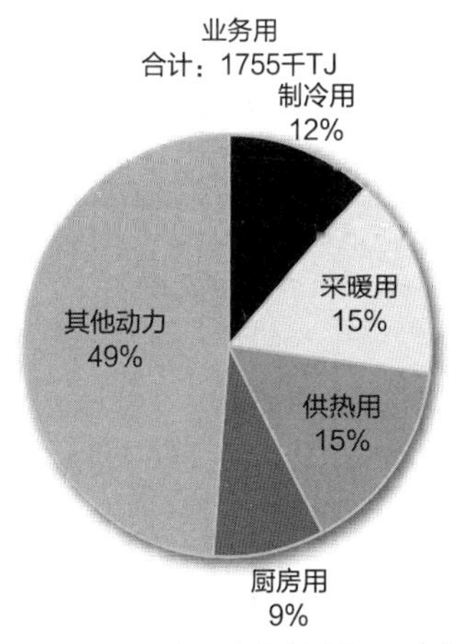

图6-3-2　民用能源消费比例（2008年）
（出处：日本能源经济研究所计量分析组合编《2010年版能源经济统计总览》节能中心，2010年）

小发电厂和工厂收集废热后，长距离运送到采暖所在地区，技术工艺很发达。日本是供冷为主，温度要求较高，吸收式冷冻机（把热源作为驱动能的冷冻机）运行温度为200℃左右。目前约有50余家集中供热设施，采用各分散型发电废热和工厂废热作为热源。

③城市废热与尚未开发热源利用

冷冻机和热泵的热源，一般都是通过冷却塔、散热塔的水与大气进行热交换得到的。其实地铁、地下街排出的气体或者河水、海水、地下管道里的城市生活废水的温度条件比大气优越（制冷时比大气温度低，制热时比大气温度高），机器设备运行效率有可能更高。目前在日本约有30余家集中供热设施，采用上述媒介生产热源。

集中供热设施的特点，除了节能以外，还有减小设备所占空间、提高地域景观、可以调节电力和城市气体消费的时间性、季节性要求等。由于不同的地域特性（热需求的变化、未开发热源的利用可行性等），其能源消费效率也不尽相同，因此很难将集中供热设施的节能效果予以定量化。据近些年的调查，和个别建筑物的热源系统做比较，集中供热设施的优越性越来越明显[2]。

6. 城市规划与城市能源系统

城市的密度高（狭小的区域热需求量高，则热运送距离相对于热量要小得多），热需求量大，城市规划如何，所需的热量就如何。如何发挥区域性集中供热系统节能效率高的特点，除了挖掘上述城市废热、未开发热源利用等以外，与城市规划关系密切。区域性集中供热系统节能设计的好与坏，自然影响其节能效果。城市规划的好与坏，同样也对能源系统效率产生很大影响。

城市中心型能源技术是区域性集中供热系统的代表，其节能来源是城市的高密度性。城市密度越高，其能源技术的适应性越强。根据全日本区域性集中供热系统普及风险测算研究结果[3]，区域性集中供热系统建设可行性地区是法定容积率500%以上的既存城市街区和总容积率100%以上的再开发和新开发地区。另一方面，太阳能发电、太阳热利用、被动型阳光房、有良好通风要求[4]的街区冷库等均希望所在地区的低密度化。日本城市的实际情况是，介于上述两者之间的占一大半，城市中心区的密度更高，城市周边的密度相对要低。这就是提高城市能源系统效率的最重要条件[5]。以往讨论环境冲击型城市如何降低能源消费、提高效率等问题，大多从交通运输上寻找答案，现在开始从民用能源系统角度，提出重要观点[6]。

今后的能源技术，包括太阳能发电在内的自然能源系统的普及、燃料电池的氢气能源系统转换等，要从彻底改变城市能源系统结构上下工夫，为城市规划和建设建言献策。　（下田吉之）

第6章 注・参考文献

◆ 6.1 —注

1) 日本建築学会編『シリーズ地球環境建築・入門編　地球環境建築のすすめ　第二版』(彰国社、2009年)、pp.97-101
2) 山村真司・梅干野晁・浅輪貴史「建築外部空間デザインの設計支援を目的とした熱放射環境の予測手法の開発」『日本建築学会計画系論文集』第554号 (2002年4月)、pp.85-92
3) HIP是作者提出的建筑用地或者街区等开发用地对周围环境的影响指标，可以评价热岛效应的影响程度。该评价指标是包括建筑物和地面在内所有显现热与用地面积或者街区面积的比率。假设用地或者街区为平坦面，计算该平坦面的换算温度，可用下式计算：

$$HIP=\frac{\int_{所有表面}(T_S-T_a)\,ds}{A}$$

HIP：热岛效应潜能 (℃)
T_S：微小面表面温度 (℃)
T_a：气温 (℃)(假定在建筑用地计算范围内没有气温)
A：用地或者街区的投影面积 (m^2)
ds：微积分小面积 (m^2)

4) 夏季，人在建筑物外部空间感觉到热，原因除了气温以外，来自周围物体中的热辐射是不可忽视的影响因素。建筑物、地面的热辐射，取决于其表面温度、空间形态和组成材料。绿化是解决其热辐射的有效对策。平均辐射温度MRT是从周围各方向接受的热辐射平均值，可用下式计算：

$$MRT=\sqrt[4]{\sum_{i=1}^{N}F_i\cdot Ts_i^4}-273.2$$

MRT：平均辐射温度 (℃)
F_i：某解析模型到微积分小面的形状系数『－』
Ts_i：微积分小面的表面温度 (K)
N：微积分小面总和

5) 计算时假设城市计算面范围内没有气温和风速。

◆ 6.1 —参考文献

○山村真司・梅干野晁・浅輪貴史「建築外部空間デザインの設計支援を目的とした熱放射環境の予測手法の開発」『日本建築学会計画系論文集』第554号 (2002年4月)

◆ 6.2 —注

1) 資源エネルギー庁ウェブサイト「新エネルギーを巡る動向」＝http://www.enecho.meti.go.jp/energy/newenergy/020331a.pdf
2) 日本太陽エネルギー学会編「新太陽エネルギー利用ハンドブック」第I編、第1章 (日本太陽エネルギー学会、2001年)
3) NEDO編『ソーラー建築デザインガイド[太陽熱利用システム事例集]』(NEDO、2001年)
4) 新エネルギー財団 (NEF) 太陽熱高度利用システムウェブサイト「住宅用太陽熱高度利用システム導入促進対策費補助金補助事業」＝http://www.solar.nef.or.jp/thermal/josei/H15_simo/gaiyo.pdf
5) NEDO編『PV建築デザインガイド[世界の太陽光発電建築事例集]』(NEDO、2000年)
6) NEDO「太陽光発電評価の調査研究」(1998年)
7) NEFウェブサイト「太陽光発電」＝http://www.solar.nef.or.jp/index1.htm
8) 清水幸丸『風力発電技術』(パワー社、1994年)
9) NEDO北海道支部『北海道新エネルギー導入データ集』2001年
10) NEDO旧新エネルギー導入促進部ウェブサイト「日本における風力発電設備・導入実績 (稼働中の設備)」＝http://www.nedo.go.jp/intro/pamph/fuuryoku/ichiran.pdf
11) 苫前町風力発電プロジェクトウェブサイト＝http://www.voicenet.co.jp/~tomamae/
12) NEDO『バイオマスエネルギー導入ガイドブック』(2003年)
13) NEDO旧地熱開発室ウェブサイト「地熱エネルギー開発の現状「我が国の地熱発電所」」＝http://www.nedo.go.jp/chinetsu/keimou2/index.htm
14) Peter Frankel 'Energy from the Oceans' "Renewable Energy World" Review Issue 2002-2003,Vol.5,No.4 (2002)
15) 日本太陽エネルギー学会編『新太陽エネルギー利用ハンドブック、第III編、第1章、第2章』(日本太陽エネルギー学会、2001年)
16) 宮崎武晃「5.4 海洋エネルギー」『日本エネルギー学会誌』(第74巻第7号、1995年)
17) 日本熱供給事業協会ウェブサイト「未利用エネルギーを活用した地域熱供給システム」＝http://www.jdhc.or.jp/system/index.html
18) NEDOウェブサイト「未利用エネルギー」＝http://www.nedo.go.jp/intro/shinene/pdf/s2_6.pdf
19) 長野克則「地熱ヒートポンプ」『冷凍』76 (890)、1029-1034 (2001年)
20) 長野克則「地熱利用技術」『建築設備士』29 (9)、25-28、(1997年)
21) NEDO旧地熱開発室ウェブサイト「地中熱利用ヒートポンプシステムの特徴と課題」＝http://www.nedo.go.jp/kankobutsu/pamphlets/chinetsu/geohp.pdf
22) 経済産業省北海道経済産業局・東北経済産業局・関東経済産業局『雪氷熱エネルギー活用事例集2』(2002年)
23) Kjell Skogsberg and Bo Nordell 'Seasonal Snow Storage for Cooling of Hospital in Sundsvall' "Proceedings of 8th International Conference of Thermal Energy Storage" Vol.1,pp.245-250 (2003)

◆ 6.2 —参考文献

○経済産業省北海道産業局『雪氷熱エネルギー活用事例集4 (COOL ENERGY 4) 増補版』(2010年)

◆ 6.3 —注

1) 下田吉之 (分担執筆)「第10章　建築エネルギー源の環境影響評価」『建築の次世代エネルギー源』(日本建築学会・日本環境管理学会共編、井上書院、2002年)

2) 下田吉之・佐土原聡・福島朝彦「地域熱供給システムの省エネルギー性、CO_2削減効果に関する実態研究」『日本建築学会大会学術講演梗概集』D-1（2003年9月）、pp.531-538
3) 佐土原聡・長野克則・三浦昌生・村上公哉・森山正和・下田吉之・片山忠久・依田浩敏・北山広樹「日本全国の地域冷暖房導入可能性と地球環境保全効果に関する調査研究」『日本建築学会計画系論文集』第510号（1998年）、pp.61-67
4) 久保田徹・三浦昌生・富永禎秀・持田灯「風通しを考慮した住宅地計画のための全国主要都市におけるグロス建ぺい率の基準値　建築群の配置・集合形態が地域的な風通しに及ぼす影響　その2」『日本建築学会計画系論文集』第556号（2002年）、pp.107-114
5) 下田吉之（分担執筆）「第5章　エネルギー＆リサイクル」『都市のリ・デザイン　持続と再生のまちづくり』（鳴海邦碩編、学芸出版社、1999年）
6) 佐藤滋「コンパクトシティ」『シリーズ地球環境建築・入門編　地球環境建築のすすめ　第二版』（日本建築学会編、彰国社、2009年）、pp.78-83

专栏 3

丹麦和瑞典的哥得兰岛在利用可再生能源方面对社会的贡献

近年来，世界各地兴起可再生能源利用热潮。其中丹麦已经走到自然能源应用国家前列，瑞典的哥特兰岛在能源自给自足方面也很有特色，本专栏专门针对上述两个国家可再生能源应用情况做具体阐述。

——丹麦城市与地域的可再生能源应用

截止到2010年3月，丹麦风电设备总量达到5081套，装机容量为349万kW，人均发电量是630W，位居世界第一（排名世界第二的西班牙人均发电量是370W）。据统计，2010年丹麦风电发电量占全部电力消费量的20%。此外，丹麦大力发展包括生物气体能源在内的可再生能源利用。丹麦之所以大力开发风电、生物气体能源，与其国情是分不开的。

丹麦地处北纬55°，国土面积是43 000km^2（日本的北九州为42 000km^2），人口约553万。年降水量是600～700mm，年平均气温为7.9℃，年平均湿度为82%。

丹麦的国土面积小，资源匮乏，但社会福利较高。在丹麦，实行免费教育，医疗费用的绝大部分由国家负担，早在一个世纪前已经废止家庭养老制度，老年人实行由国民年金和居家赡养制度。丹麦的国家政策，把国民看作维持国家的资源。完善的国民收入再分配制度，提高了国民的生活水平，健全了社会福利，国民对居住提出更高的要求。其结果，几乎每个居家的洗浴和洗漱空间都采用地采暖，居室采用散热器采暖，组成全房间采暖体系。丹麦政府很早就认识到每个家庭各自安装供热设备，会对国家经济产生负面影响。于是组建区域性供热公司，实行集中生产和供应热源。丹麦的集中供热始于20世纪20年代，第二次世界大战后得到飞速发展，到现在乡村和小城市也都采取集中供热方式为居民供热。从丹麦的集中供热普及率上看，240万总户数中，约120万户使用集中供热，供热公司数量达到400余家。热源的95%来自独立单体余热、可再生能源、废弃物等，剩下的5%热源由化石能源提供。

2008年，丹麦可再生能源提供的能源量是122PJ，相当于292万t石油，约占丹麦总能源消费量（864PJ）的14.1%。

自20世纪70年代石油危机以后，丹麦政府议会改用煤炭发电，降低国外石油能源依赖，充分利用发电余热为集中供热提供热源。为了有效减少对国外能源的依存度，大力发展风力发电、生物气体工厂、麦秸木料废弃物发电等可再生能源事业，风力发电等可再生能源利用成了国家和地域发展不可或缺的一员。

——瑞典哥得兰岛利用可再生能源为地域发展注入活力

瑞典的哥得兰岛（Gotland）是在波罗的海诸岛屿中最大的岛屿，人口约6万，分布在岛中的15个村庄生活，维斯比（Visby）是岛内最大的村镇。在20世纪90年代中期之前，岛内能源供应全部依靠本土，能源供给过程中，几乎每天都有故障发生，能源供给很不稳定。为了改变这种状况，哥得兰岛GEAB能源公司在维斯比建设近代传统性区域集中供热系统，向着摆脱本土的能源依赖，迈出了重要的一步。该区域集中供热系统采用当地可再生原料如木屑、林业废木料、甲烷等作为热源。之后在岛内另外3个村镇也相继开始利用可再生能源的区域集中供热。原先岛内若干居民自发组建使用的风力发电受到政府重视，被纳入到可再生能源事业之中。截止到2008年6月，瑞典风电装机容量达到729MW，其中的绝大部分位于以哥得兰岛（90MW）为中心的瑞典东部。另一个成功的案例是，位于岛北部的CEMENTA水泥厂，利用生产水泥产生的余热，不仅为集中供热提供热源，还为生产西红柿、黄瓜的温室大棚供应热源。哥得兰岛大力发展可再生能源事业，有力促进当地经济发展。对当地以农业和旅游为主的产业，可再生能源事业带来的益处很多，大致可归纳为以下4点：

①增加和稳定就业；

②能源的独立自主和能源价格的稳定；

③投资活跃，带动产业升级；

④有利于岛内居民收入的再分配。

其中的第一条增加和稳定就业，对除了农业以外没有其他产业的哥得兰岛意义重大，通过推进可再生能源事业，稳定当地就业，的确是一件了不起的事情。可再生能源事业带动就业具体表现为：维斯比集中供热工程建设期间的劳动就业，投入使用以后运营管理中的劳动就业，风力发电建设期间的劳动就业，为风电企业实习生服务的新增培训机构的劳动就业等等。农家从风电企业获取土地租金收益，可以向集中供热企业出售木屑，开辟了新的收入来源。第二条能源的独立自主和能源价格的稳定，具体表现在：为了向本土出售岛内生产的风电，架设两条高质量的输电线路，实现了能源的多元化，保证地域能源供给，降低对本土的依赖，能源价格也呈下降趋势。第三条投资活跃，带动产业升级，具体表现为：与地域能源开发相关的输电投资，公路工程投资等，为哥特兰岛带来长期的经济效益，带动可再生能源产业技术升级。最后的第四条有利于岛内居民收入的再分配，具体表现为：风电投资所有者为了回报当地，将风力发电总量的1%投资地域开发基金等，风电产业有力支撑当地村镇收入再分配。

丹麦和瑞典的哥得兰岛之所以积极发展可再生能源利用，其根本原因是，试图通过能源消费的自立，给国家和地域注入新活力，带动经济健康发展。

（KENZI·SUTEFUAN·SUZUKI）

照片1　哥得兰岛市民积极参加建设的风电庄园
（照片提供：系长浩司）

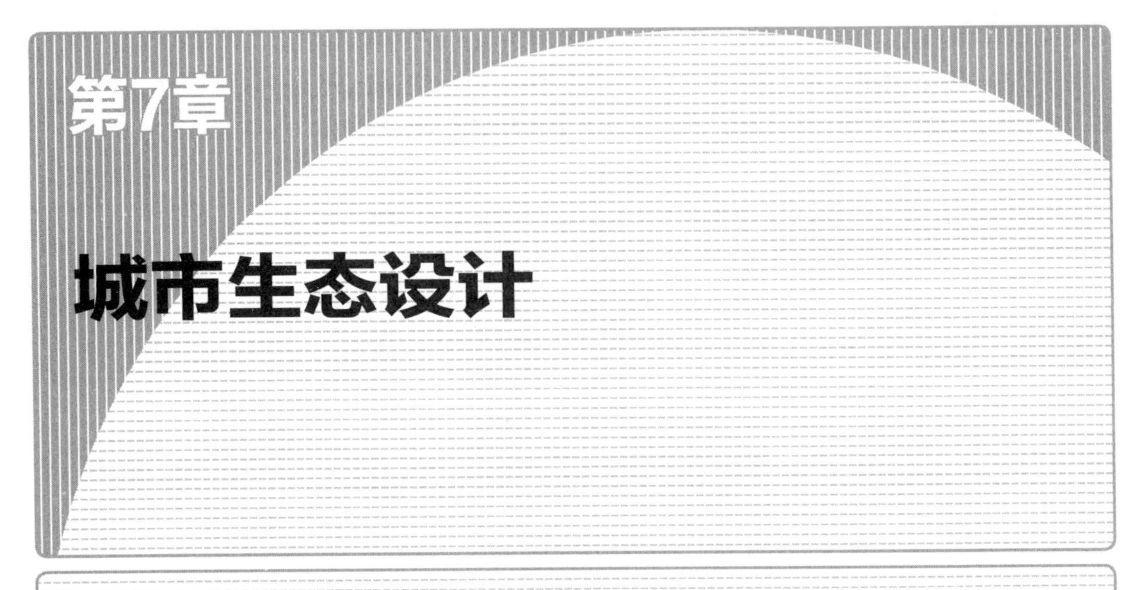

7.1 环保型生态城市

1. 序言

1）可持续发展

1987年，联合国环境开发会议大会主席布隆德兰特提出了可持续发展概念，在之后的里约联合国地球气候大会上被广泛认同，成了一个世界性的关键词汇。世界各地积极研究、探索和整理符合地域实际的可持续发展方式和方法，制定出各地域版本。里约联合国地球气候大会将此地域版本列入大会“议事日程21”。

城市是一个工作、创造财富、提供服务和信息的场所，城市带给人们欢乐和悲伤，持续地展现其魅力。古今中外，无论哪一个城市，市民和施政者最关心的问题就是城市的发展。但是，如今的地球环境时代环保型发展所要求的是带引号的发展，这一点很新鲜。也就是说，城市的发展要受到空间和资源的制约（环境容量），每一个城市的每一个经营活动也不是各自独立的行为，并且在空间（城市、地域之间）和时间（世代之间）上都是相互依存的。我们要求的城市发展是基于这种认识上的发展。

人都有追求和享受更高生活的权利，实现这个目标，需要更多的经济活动，其结果必然导致环境负荷，将环境负荷转嫁于其他地方，则造成“其他地方不经济”。剥夺了其他不经济地方的人生活的权力。这个问题是无法回避的，必须要面对。当今的世界，很多地方自治体财政陷入困境，市场经济结构趋于国际化。在这种情况下，如何控制城市运营，如何建立组织架构是摆在我们面前的大课题之一。

2）面向地球环境时代的城市

那么，什么样的城市就是环保型生态城市呢？2000年，日本建筑学会以及相关5个团体发表了地球环境与建筑宪章。本书根据该宪章，阐述有关理论、观点，列举一些案例，目的是普及可持续社会发展必不可少的建筑设计与城市建设。前面的章节也不例外，讨论的对象不仅有建筑单体以及相应建筑用地，还包括了周边地域、街区、城市以及自然。这是因为“地球环境建筑”概念中，从单体建筑因素到这些建筑单体的集合体城镇或者城市之间是相互关联的，波浪状扩张的空间结构与相对应的人类活动之间也是互相关联的，我们的理解和展望都以这种关联作为前提。

当然，主题从建筑单体扩大成为其集合体城市，所有的利害相关者或者当事者，不管是公与私还是个人与组织，都会大幅度扩大。其经济规模和责任远比建筑单体大很多。在民主主义架构中，如何把握住方向，正确实施下去，是值得深思的问题。

3）城市发展与市场原理

从目前城市发展大的方面看，主要有两种观点：一种是完全交给市场经济规律的美国型观点，另一种是市场经济为基础，赋予一定的社会性伦理和政策，进行相应控制的欧洲型观点。以削减国际上二氧化碳排放为目标的COP3京都议定书协商谈判中，上述两种观点带来的不同后果是很鲜明的。这里暂且不评价两种观点的背后用意，仅仅从城市发展观点讨论。当今世界剧烈城市化结果，财富和信息集中高度不对称，这是不争的事实。这个事实表明，市场原理对城市的可持续发展不一定适合。世界人口目前已经突破了60亿（21世纪），到下一个世纪（22世纪）有可能突破100亿。假设其中的大半（8～9成）居住在城市生活，能源、资源和食物分配不仅无法满足，就连我们赖以生活的生态系统的维持都会成问题。早在50多年以前，希腊建筑学家康斯坦丁诺（Apostolou·Doxiadēs 1913～1975年）充分认识到这种危机的严重性，极力坚持综合性土地利用规划的重要性，倡导在全球范围保护生态功能。

4）欧洲的可持续发展目标

“可持续性”这个词汇非常流行，听起来很不错，但是还没有严格的定义，大家的关心开始转向“可持续性”可否看得见，摸得着，可否予以定量化等问题上。作者认为，这种关心仅仅停留在“可持续性”的一个方面。欧盟在1993年通过第五次环境行动计划（1993～2000年），该计划的副题就是：“面向可持续性”，将可持续性发展列为核心位置，可持续性发展对象和领域概括

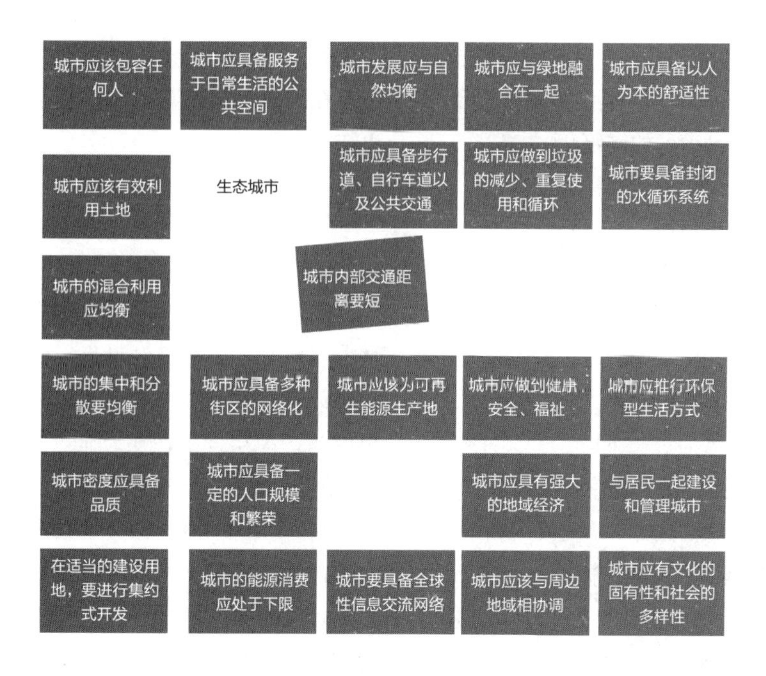

图7-1-1 生态城市主要标志（摘自Joachim Eble）
（出处：Joachim Eble讲演稿、台南，2004年）

为以下5个方面：

①生态的可持续性；

②社会发展的可持续性（财产和收入要均衡发展）；

③经济的可持续性（不仅要考虑本身的效益，还要考虑对外部经济带来的不利影响和资源分配）；

④空间的可持续性（保持城市与农村的均衡发展，合理分配人类居住和地域性经济活动）；

⑤文化的可持续性（要尊重文化多样性，采取适合地域文化的解决方式）。

也有将上述5个领域分成“环境=①+④”、“社会与文化=②+⑤”、经济等3个领域做相应解释。

德国的实践性环境建筑家艾伯尔（Joachim Eble），根据上述“可持续性”基本架构，在欧洲的多个城市策划生态城市，将生态城市所要求的具体内容归纳整理成以下25个（参见图7-1-1）：

①城市应该包容任何人；

②城市应该有效利用土地；

③城市的混合利用应均衡；

④城市的集中和分散要均衡；

⑤城市密度应具备品质；

⑥在适当的建设用地，要进行集约式开发；

⑦城市应具备服务于日常生活的公共空间；

⑧城市应具备多种街区的网络化；

⑨城市应具备一定的人口规模和繁荣；

⑩城市应该与周边地域相协调；

⑪城市发展应与自然均衡；

⑫城市应具备步行道、自行车道以及公共交通；

⑬城市内部交通距离要短；

⑭城市应该为可再生能源生产地；

⑮城市的能源消费应处于下限；

⑯城市应与绿地融合在一起；

⑰城市应做到垃圾的减少、重复使用和循环；

⑱城市应做到健康、安全、福祉；

⑲城市应具有强大的地域经济；

⑳城市要具备全球性信息交流网络；

㉑城市应具备以人为本的舒适性；

㉒城市要具备封闭的水循环系统；

㉓城市应推行环保型生活方式；

㉔与居民一起建设和管理城市；

㉕城市应有文化的固有性和社会的多样性。

5）面向全球性城市网络

根据冈部明子著作《环保城市：欧洲地域、环境战略》[1]，欧洲环境政策的最大特点之一就是，在实现可持续发展进程中，城市必须发挥核心作用。截止到2004年5月，从北欧到南欧总计有25个主权国家加入欧盟，约占总人口的80%居住在城市。考虑到目前的环境问题大多是由城市的运营活动引起，欧盟提出的环境战略非常及时妥当。环境战略兼顾了南北不同国家的不同利益和不同城市的不同文化和生活，强化了各个城市之间的联系（构筑由100个城市组成的欧洲城市）。据此，面向环保型城市目标，展开一系列行动。这个行动已经转为ICT革命，朝着构筑跨越国家和欧洲的全球性城市网络迈进。

当然，任何一个倡议或者战略的实施，都不会是一帆风顺的。欧洲也受到美国主导的市场全球化的影响，市场至上主义在抬头，面临失业和反恐政策，导致反对移民的声音在高涨，极右势力也在扩张。在环境政策的实施上，退却的国家也在增加。

6）日本的状况

①行政政策动向

经过经济泡沫后的日本，到了20世纪90年代情况有所改变。从里约世界气候大会（1992年）到签订京都议定书（1997年）期间，要特别提一提的是国家层面的政策动向。继1993年颁布的《环境基本法》，1994年当时的建设省整理编辑《建设省环境政策大纲》[2]（参见图7-1-2）。在这之前的发生石油危机后的20世纪70年代后半期，也出台过能源政策以及节能政策，相比之下，这次颁布的《建设省环境政策大纲》首次包括了a．环境保护，b．美丽环境建设，c．致力于环境建设作为建设行政目标，为地球环境改善做贡献等内容。

大纲中列举了所属各局要推进的7个主题事业，包括建设环境共存住宅、环境低负荷型建筑物，建设生态城市[3)]，创建多自然型江河，建设生态道路，建设环境共存型公共建筑物，建设自然生态体验型公园等方面。无论是哪一个主题事业，都是以高品质的环境整治为对象，实施事业支援作前提。为迎接联合国里约世界气候大会，1990年日本政府制定《防止地球变暖行动规划》，从政府层面发生了很大变化。之后该大纲在2001年做过一次修订，2004年6月又出台了《环境行动规划》。该大纲和规划成了如今国土交通省一系列环境政策[4)]之核心。

另一方面，地方自治团体把治理公害作为主要课题，公害是经济高速发展带来的负面遗产。其中北九州市和神户市率先致力于生态城市建设。北九州市没有受到地震灾害，积极把钢铁等基础产业搬出城外，比较成功地实现想要实施的政策，在进行城市再生过程中，得到意想不到的成果。

2001年，日本颁布《推行循环型社会基本法》，试图增强城市经济活力的城市再生行动上升为国家行动。2002年2月，日本政府决定实施《景观绿化三法则》（景观法案、城市绿地保护法修正案、实行景观法所需相关法律调整等），从法律层面进行综合性大调整，为推进“建设美丽国家”行动，奠定了基础。总之，最大的特点是从制度层面，为民间合作组织和非营利性民间机构的参与打开了门户。

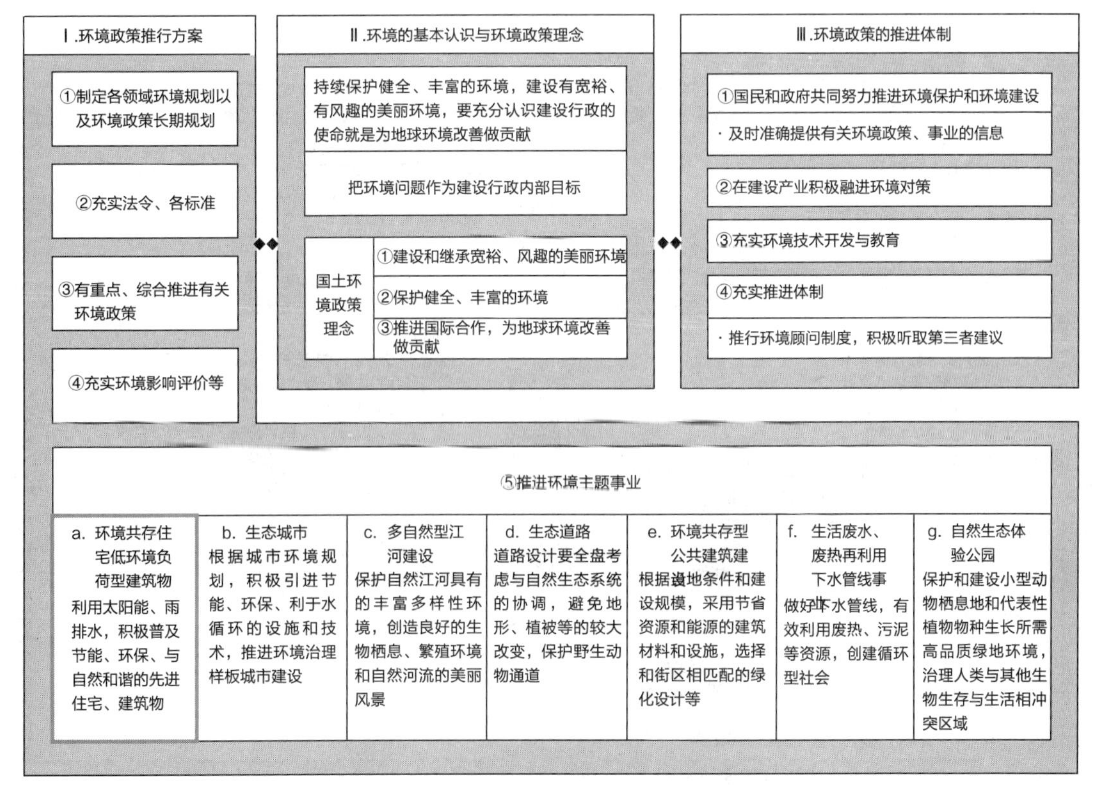

图7-1-2　环境政策大纲概要（1994年1月13日）
（出处：原建设省资料）

②自下而上的地域运动

相对于上述政府主导型动向，20世纪70年代开始，日本全国范围内掀起叫做“城镇建设”的地域草根活动。这个活动旨在挖掘地域社会潜在力和自发力，解决身边问题，为迎接新的主题，实施轮廓制造[5]。早稻田大学佐藤滋教授认为，这个草根活动有发展前景，做了以下5点分析：

a．市民以及市民社会为主体的运营地域社会的分权社会来临；

b．针对地域社会，具有法人资格的民间团体促使市民活动的自立；

c．随着膝下少儿女高龄化社会的到来，可持续性成熟社会为前提的社会化管理为目标；

d．伴随多样化价值观，城镇建设将会是创造性的、魅力性的、实现自我的主题；

e．各地的城镇建设样板，促使社会制度体制升华。

上述这些活动，无论是国家层面还是地域范围，都和可持续性生态城市的理念和目标紧密相连，对今后的日本社会将会带来很大影响。

出版本书的目的是，针对与建筑有关的城市与地域的诸多问题，进行对照、分析、阐明观点。德国的一些城市在推进国家政策和市民层面各种活动中，表现比较活跃，优秀的代表性作品较多，下面列举德国若干城市的学习样板，分别予以详细介绍。巴西的库里奇巴市，在原有城市可持续性发展模式上，取得良好效果，受到世界较高评价，将在本章第五节案例7-1中予以介绍。

1）汉堡：风景景观规划与城市建设规划的完美互补；

2）斯图加特：城市中心区生态规划与园林博览会绿色网络化；

3）弗赖堡：城市中心区保护、重生与城市综合环境政策；

4）埃姆瑟公园：国际建筑博览会上，17个城市群旧重工业地域的记忆和重生；

5）卡塞尔：生态与现代艺术的融合。

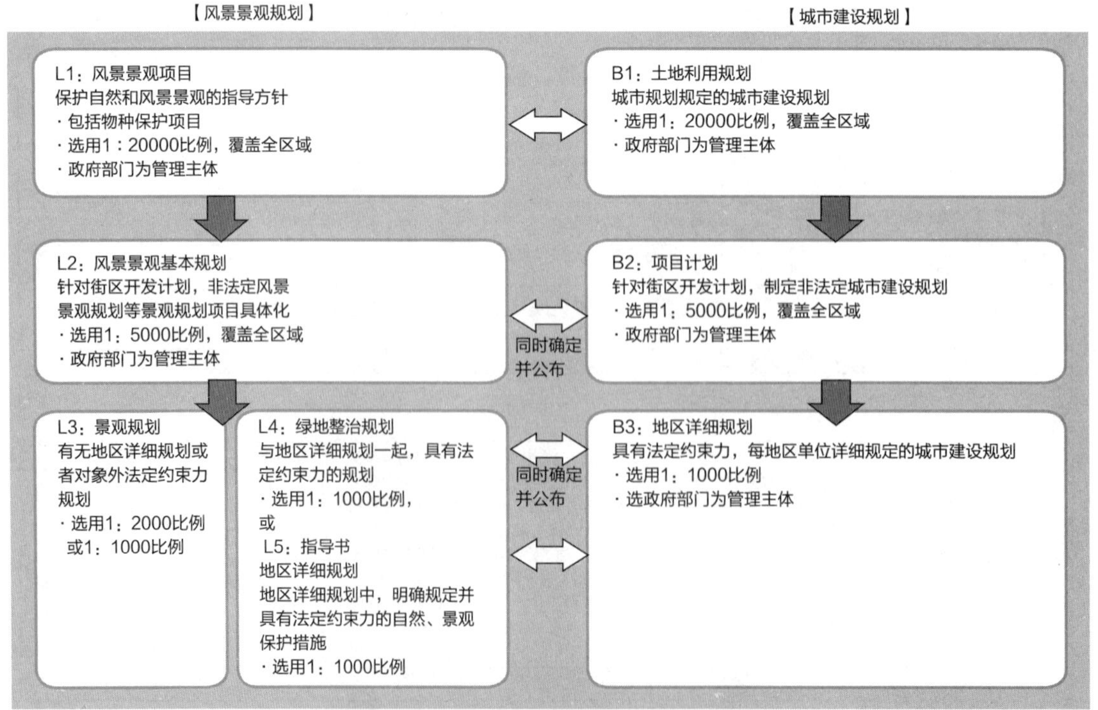

图7-1-3　建设管理规划与风景景观规划的相互关系
（根据汉堡市有关自然、风景景观保护法律（1981年7月2日））

2. 样板学习

1）汉堡市

汉堡市人口为160万，是仅次于柏林的德国第二大城市。城市圈人口超过300万，是德国北部的一个大型居住区域。历史上汉堡曾经以自由帝国城市自居，地位和州相同，具有自行制定城市总体规划（土地利用规划）和详细规划（地区详细规划）的权利。

汉堡市进入20世纪90年代以后，尽管1973年制定的原城市总体规划发生了很大变化，但是原先规划的第一目标就是从生态的观点改善城市。从环境保护、风景景观改造、社会性建筑环境入手，引入全新的城市空间模式。另一方面，包括周边地域在内的城市圈结构基本保持不变。早在1969年就已经策划开发治理模式，明确了广义上的开发治理轴线和位于其中的绿色轴线。在此开发模式的基础上，汉堡市城市开发治理规划体系由总体规划（1：50000）、非法定区域总平面规划（项目规划，1：5000）、详细规划（1：1000）组成。

20世纪80年代初，修订汉堡自然保护法，规定无论街区与否，在全行政区域内统一处理自然环境与风景景观的问题，为风景景观项目提供依据。这个修订是迎合进入20世纪80年代以来，要求用环境保护和生态观点实施城市规划的呼声日渐强烈而制定。和总体规划的全面修订并行，制定风景景观项目实施政策，建立相应的行政机构。

总体规划是出于城市开发治理为目的的土地利用总平面，而风景景观项目实施政策是出于保护广泛意义上的自然环境为目的的土地利用总平面。风景景观规划体系和总体规划为基础的建设管理规划体系一样，由涵盖全区域的风景景观总平面的风景景观基本规划（1：5000），用作地区详细规划的绿地治理规划（1：1000）等三个部分组成。

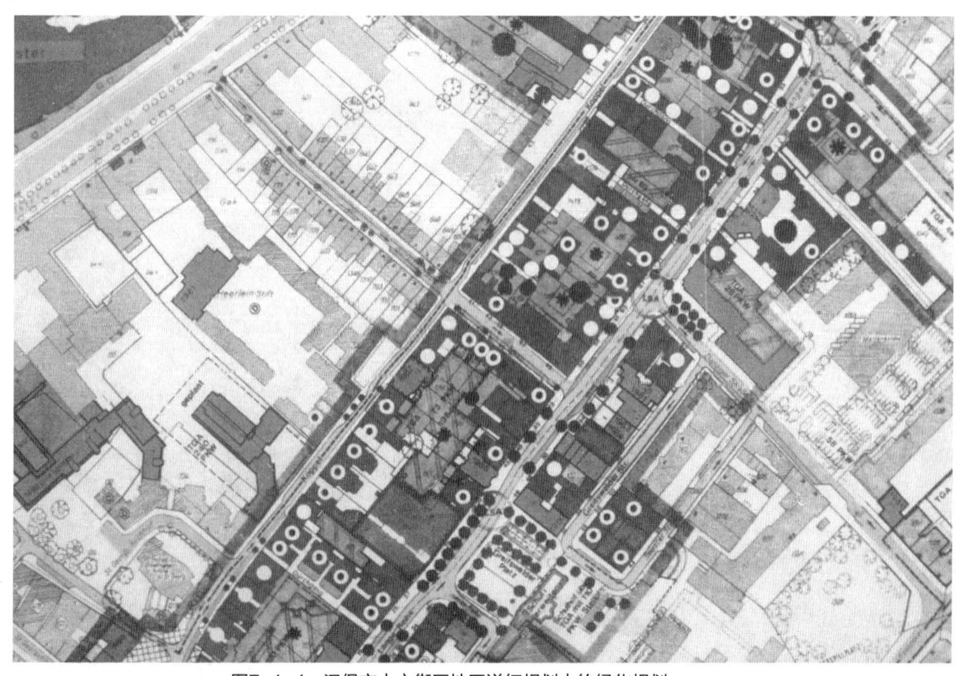

图7-1-4　汉堡市中心街区地区详细规划中的绿化规划

建筑、城市规划相关规定和绿化、景观规划相辅相成，形成覆盖全区域的建筑、城市、地域规划的完善的体系架构。图7-1-4是20世纪80年代根据地区详细规划，在汉堡市中心实施的绿化规划。为了缓解城市气候和改善城市环境，进行屋顶、庭院绿化和路边植树等绿化事业，将实施区域的绿化率从实施前的3%提高至30%，提高10倍。

在广域绿化规划中，作为风景景观规划的一部分，由若干个自治团体共同拥有水系和绿地的方式实施景观事业，这种方式德国各地随处可见，效果良好。在城市土地利用规划中，充分反映广域的景观规划，在地区详细规划中，先于建筑规定居民满意的植被覆盖率、屋顶绿化比例，有力推进绿化事业。

2）斯图加特市

20世纪80年代以后，德国的城市建设流行一个大潮流，那就是巧妙利用城市周边的自然形状组合。以下介绍之前也经常提到过的巴登—符腾堡州首府斯图加特市。

①完善城市气候规划

由于斯图加特城市中心位于典型的盆地中央，20世纪70年代治理的主要课题就是城市中心区大气污染慢性病。斯图加特是代表德国的汽车生产基地（戴姆勒奔驰与保时捷），20世纪60年代建设的市中心道路网，远远不能适应此后迅速发展起来的汽车交通需求，这也是大气污染慢性病的主因。主管城市规划和建设业务的市政当局，于1980年作为城市规划一环节，成片治理市中心街区内外的绿地，详细测定各个地区的地表面温度，制定自然风流动规划。该规划根据广域风景景观规划，试图从城市外围的森林区域引入新鲜空气，驱散沉淀在盆地中央的受污染空气，是一种利用绿色和自然风来改善城市气候的尝试。规划团队邀请气象专家参加，规划方案的流程大致如下：

（a）根据空中紫外线照片，绘制冬天与夏季、白天与黑夜的地表温度分布图。调查空气的流动、河流、湖泊、绿地、建筑物等对热环境的影响。

（b）把城市区域划分成网格状，详细调查每个网格内的风向、风量、风速等数据。

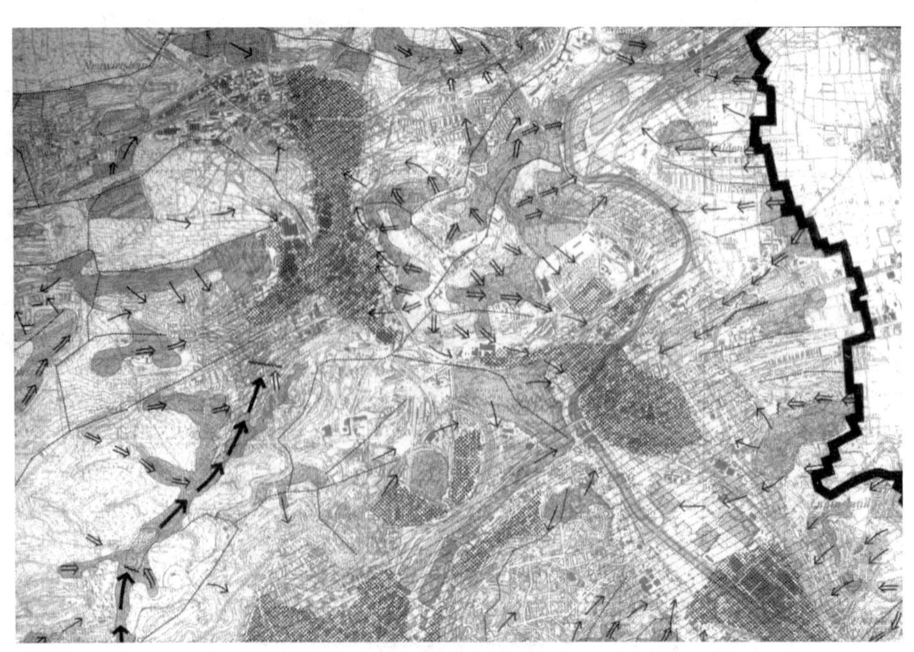

图7-1-5 斯图加特市自然风向规划图

（c）为了将新鲜干净的空气引入城市中心区，提出以下包括重新布置道路、公园、森林、建筑物等内容在内的城市治理规划和建筑物建设指南：

ⓐ保护和扩大城市近郊丘陵区域的绿地，禁止除改建以外的其他房屋建设；

ⓑ城市中心区的房屋高度限制在5层以下，鼓励房屋间距3m以上；

ⓒ每个100m左右，设置停车站或公园，保证自然风道畅通；

ⓓ森林中设置可以加速起风的风道；

ⓔ林地中设置可滞留新鲜凉爽空气的“空气坝”。

上述建议被收录到1982年的风向规划图中（参见图7-1-5）。风向规划图与水利规划图、绿化规划图，一起成为斯图加特市生态城市规划的一部分。

尽管环境保护局拥有100名专业人士，绿化事业得到环境保护局的大力支持，但在开始阶段受到不少阻力，尤其是对ⓐ和ⓑ条，为了得到大家对行政层面的建筑物指导书的理解和支持，费了不少心思，吃尽了苦头。从制定规划到实施经过了10年，回过头来，对效果进行事后验证，得到如下结论：

（a）城市中心区每小时的新鲜空气流入量为19000万m^3，有效驱散受污染空气；

（b）有效缓解夏季的城市热岛效应；

（c）降低一氧化碳排放量至9mg/m^3（该市标准是30mg/m^3）。

②U字形绿色网络

1993年，在斯图加特举办国际庭院博览会，借此契机城市中心区绿地和郊区绿地之间的U字形绿色网络，这个多年的悬案终于得到治理并完成。该提案早在1933年的帝国博览会上就被提到过，后又经过1950年、1961年、1977年的联邦庭院博览会，始终没有得到落实和解决，多亏这次规模庞大的国际庭院博览会，期待多年的城市中心绿化规划终于画上圆满的句号。

完成后的U字形绿色网络，伸长了约8km，对市区人口60万、市区面积200km^2的斯图加特市，其绿化面积实际上增加到24%。这样不把博览会当作一次性节日消费，而把投入的资金用作建立城市优良资产架构。将在后面介绍的鲁尔工业区的重生，同样是借助国际建筑博览会来实现，德国的城市建设手法很值得我们借鉴。

3）弗赖堡市

弗赖堡市位于德国西南部，距莱茵河东23km处，南临瑞士，西邻法国。城市东面覆盖有延绵森林，具有良好的周边自然环境，城市人口约19万。享有大学城美誉的弗赖堡，在城市中心区42hm^2范围，实行汽车禁行的环境保护型交通政策，在数得着的德国环境城市中，其环境政策的综合性、独立性、效果等方面，得到很高评价。切尔诺贝利核电事件的争论，将“环境问题”摆上城市建设的主要议题。女性议员约占该市议会一半席位，众多环境政策都是围绕交通政策、道路行政、能源政策为中心展开，致力于生态城市建设。代表性的施政方针整理成以下7点：

①并行街区复原与景观形成

第二次世界大战使城市中心成了一片废墟，在城市重建过程中，充分听取市民意见，作为战争灾害恢复一环节，选择中世纪风格的并行街区复原方案。仅保留具有历史意义的，不到10%的建筑物为核心，加上完整的环境政策，城市复原事业实现了高品质的城市文化继承。

②商业圈的政策引导

为了充分发挥原有街区的商业活力，出台引导性政策。在指定的历史保护区域和郊区，对商业设施的种类、业态、规模、商品目录等做了规定，有计划地引导商业设施的建设。形成了郊区购物中心与市中心街区商业街相呼应的现代地方城市布局。

③交通政策

发行电车、公共汽车、铁路连乘的环境定期车票（节假日家族成员凭一张车票可连乘），大幅度降低节假日郊区私家车流量。

（a）为了降低进入城中心街区的私家车数量，在城区外部设立与路面电车衔接的停车场（免停车费），在城中心街区周边建设集合式住宅和停车场（收费）组合建筑。完成在城中心街区除出租车、公交车、地面电车外，只有步行街和自行车道的布局。

（b）市内自行车道总长超过140km，车道网络被不断治理、扩张，完善市自行车停放，成了德国自行车设施最完善的城市。

（c）在市内所有居住区，汽车车速限定为30km/h，有效防止大气污染，居住空间得到安全保障。

（d）在战后城市重建中，没有采纳其他城市那样的汽车优先规划，而是选择路面电车优先的交通信号系统，利用交通信号压缩运行时间，控制汽车行驶。开行低底盘式公交车，满足老弱病残无障碍便利上下车。缩短公交车站站点距离，重视公交近距离交通，实施充满预见性的交通政策。

④自然保护

保护与延绵森林相连接的周边自然环境，积极推动遭受城市化破坏的生态环境的重生与复原事业，禁止使用道路防结冰用盐类材料，禁止使用杀虫剂，强化树木保护条例，限制倾斜地区域住宅开发等。

⑤瑞泽尔赫尔特地区住宅开发

为了解决多年遗留下来的居住不足和满足乐于去郊区生活的市民需要，在城市西部瑞泽尔赫尔特地区，开发建设占地面积70 hm^2，可容纳12000人生活的新型综合住宅区。总平面设计以环保型居住为目标，采用国际设计竞赛优胜者方案。规划设计内容包括：混合型社交、与原有环保型交通系统的连接、节能型低密度中低层住宅等。该新型综合住宅区完全被包围在240 hm^2以上的景观保护地域，到处洋溢着绿色气息呈现完全崭新的城镇姿态，生活在浓厚历史氛围的城市中心区感受不到那样的感觉。

⑥垃圾处理对策

该城市的垃圾处理对策有以下3种：

（a）控制废弃：家庭生活垃圾奖励采取混合

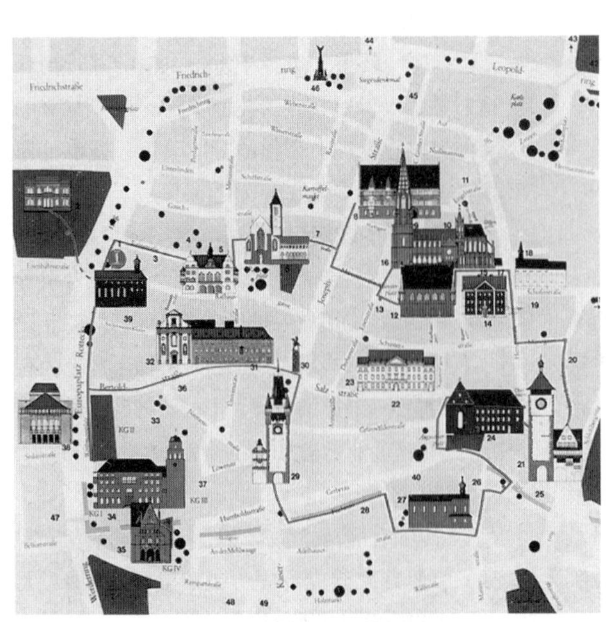

图7-1-6　弗莱堡市中心街区导游图

照片7-1-1　保存并重生的旧市街区步行街

堆肥，彻底的儿童教育；

（b）垃圾分类：一般家庭生活垃圾分为6种；

（c）重复利用：彻底的资源再利用，利用埋地式沼气，提供地域热电。

⑦能源政策

呼朗赫法物理研究所进行的太阳能实验建筑。

4）国际建筑博览会：埃姆瑟公园（参照第5章案例5-1）

位于德国西北部的北莱茵威斯特法伦州，直到20世纪，都是德国乃至全欧洲最重要的重工业基地。以煤炭和钢铁产业为中心，重工业很发达。利用莱茵河、鲁尔河、埃姆瑟河等水利资源，开展水上运输和全流域合作，规划建设工业和农业并存的城市。

但是，随着石油能源代替煤炭，价格竞争优势逐渐下降，昔日的繁荣也日渐衰退。到了东西德国合并期（1990年）前后，该地域经济几近崩溃，失业率超过15%，面临极其严峻的事态。于是州政府联合该流域自治团体和企业，发起建设从根本上改变产业结构和生活环境的一系列工程项目，即“埃姆瑟公园：国际建筑博览会建设规划”。

该建设规划由北莱茵威斯特法伦州开发公社（LEG）具体负责，根据联邦建设法律，购入工厂遗址，与市民和相关企业充分协商，提出城市建设理念和具体的实施方法。其中做出很大贡献的是，国际建筑博览会筹建有限公司（IBA）。这个具有时限性的公司（IBA）由州政府和埃森、杜伊斯堡等埃姆瑟河流域17个城市共同出资设立，本身不具有事业主体责任，只起协调作用，公司注册有效期只有10年。这是德国特有的项目运作模式，早在1901年已经开始运用，柏林城市重建也采用这种项目运作模式。该公司提出98km长埃姆瑟河流域周边地域宏伟的建设构想，召集多次工作会议，内容涉及旧工业地域各个方面，还涉及个别的建筑设计项目。参加会议的人员来自州政府、相关17个城市、市民（工会、消费者团体、较好保护团体、中小企业、城市规划专家等）等代表。会议代表组成依据联邦建设法，要充分反映民意。该公司倡导的行动理念如下：

①开发要基于综合性生态理念；

②开发不局限于社会允许，要积极改善社会现状；

③以新的城市景观建设为基础，体现地域文化；

④各事业要有相互联系，创建综合性地域社会网络化；

⑤面向21世纪，促进原有产业、地域社会结构转变升级。

事业开发费用总计3000亿日元以上，完成各种主题概念下的许多工程项目。包括：地域风景、城市景观恢复；生态水系复原；原厂址上的学术研究、产业公园化；保护产业文化意义的建筑；建设新型住宅示范基地；各项目之间的网络化；激活地域社会文化活动。

完成项目总数合计120余项，其中主要项目达80项，遍布在长100km河流流域周边城市群中。该公司运作到2000年夏天，迎来设立公司第10年，在圆满完成预定任务后，宣告解散。以下为具有代表性的工程项目：

①盖尔森基兴市州立学术中心：环境高科技研发机构；

②埃森市关税同盟第12坑道：利用历史意义的煤炭坑道，保存和整治钢铁生产设施，使之成为文化、设计中心；

③赫恩市蒙特斯尼学院：大量采用太阳能光伏发电和沼气，运行地域供热设施，集研修、住宿、图书馆、行政办公为一体的大型复合设施；

④杜伊斯堡市港湾治理、集合住宅小区等：原港湾地区的亲水型生态城市建设。

5）卡塞尔市：生态与现代艺术融合[6]

头顶着赫拉克勒斯，站在瞭望台上，面向富尔达河和城市中心，映入眼帘的是6km长的城市主轴线（道路）。18世纪初，意大利建筑家古尔尼埃罗接受赫森公国卡尔方伯邀请，来到卡塞尔，完成巴洛克风格城市结构设计。就是这座城市，成了第二次世界大战后开始的欧洲最大的现代艺术展览会所在地。城市主轴前端有市政厅和欧洲最古老的大型美术馆：弗里德里希美术馆，也是现代艺术展览会主会场。流经此地的富尔达河流域，在20世纪初为迎接庭院博览会而被治理，仍然采取巴洛克风格，建成宽广美丽的亲水公园："卡哨尔"公园。艺术展览会期间，整个城市都会变成美术馆，世界各地游客蜂拥而至，人口只有13万，原本宁静祥和的城市顿时变成热闹非凡。

在东西德国合并以前，卡塞尔市位于国境线附近，没能得到较好发展，城市面积大而人口过于稀少成了当时市政厅的一块心病。为了吸引更多的人前来定居，以低廉的土地价格为武器，市政当局出台多种政策和措施。在1981年举行的第六届现代艺术展览会上，拿出城市周边超过300hm^{2}以上的土地，策划了以住宅为主题的城市建筑艺术和城市中的艺术展，可谓是国际建筑博览会的翻版。之后举办国际设计竞赛，经过获奖者的大力协助和公社、州、联邦、民间的支援，住宅城市规划终于开始进入实施阶段。其中的一部分，于1982年竣工并投入使用。这些住宅区历经近30年都已进入成熟期，发现当时以低层连续集合住宅为核心的各类建筑群设计方案，竟如此宁静祥和，与周边的自然环境完美结合在一起。

另一方面，建筑生物学范畴的生态居住环境建设开始受到重视，居民们自行组建俱乐部，与市政当局共同建设生态小区：卡塞尔生态小区（详见第9章案例9-4）。于1984年完成第一期建设。同一时期蒂宾根市近郊区也建设一处生态低层集合住宅小区："夏弗布柳尔"生态小区。两个生态小区都具有一定规模，在德国国内很有代表性。采取组合式户型是卡塞尔生态小区的特点，于1993年完成第二期建设。生态设计规则和内容由法定性地区详细规划做后盾的方法，很值得我们深思和借鉴。在德国现代艺术家约瑟夫（Joseph Beuys）的倡导下，以现代艺术博览会为契机，在城区种植近7000棵橡树。如今这些树都已经长大，其中的一部分树木与石柱一起，成为卡塞尔亲生态小区之绿色的一部分。

（岩村和夫）

照片7-1-2　卡塞尔城市主轴与城市全貌

照片7-1-3　国际建筑博览会再版

照片7-1-4　卡塞尔生态小区全景

7.2 紧凑型城市：郊区小型卫星城

1. 紧凑型城市发展背景

在以往的地方自治体城市规划总平面中，很少有人提及城市的紧凑化，提出城市紧凑化的自治体不到总数的10%[1]。不过最近以来，提出城市紧凑化的自治体比例迅速上升，关心城市紧凑化的群体有规划师、建筑家、政策担当者（行政）、市民。甚至广辞苑词典还收录了市民发言权的释解。政府有关方面正在致力于城市街区空间的紧凑化方向[2)3)4)]。这一切源于20世纪90年代后半期开始，城市规划和开发前提条件发生如下变化：

- 陷入财政危机，持续的大规模公共建设投资越来越困难。过多的公共投资遭到国民的质疑。
- 预测全国人口总量继续下降。的确，半数以上道县人口在下降。
- 老龄化社会的到来。追求更高品质的城市生活。单身家庭增加，聚集城市中心。
- 郊区居住需求在减少，郊区居住小区人口在减少与老龄化。
- 城市中心街区（商业街）的空洞化，持续衰退。城市治理停滞不前。
- 大城市中心街区公寓需求和人口增加。
- 产业结构调整，泡沫期产生的高地价空闲土地和空置房屋利用，鼓励民间投资流向大城市的振兴经济政策。
- 地价的回落。重整房地产的城市再开发，各区规划治理停滞。
- 农业政策失败导致的农村无秩序的城镇开发。
- 国民的环境、保护自然意识提高。

上述这些变化，导致日本的城市规划系统，也从街区的扩大规划方式，发生相应转变。

从世界范围上看，城市紧凑化的理解与共识，也都来自对近代城市化带来的种种问题的反省。可以说从19世纪到20世纪是全球城市化时代，城市近代产业的形成，导致城市人口的激增和农村人口的减少。人们的生活方式也走向城市化，城市空间也迅速扩大。城市街区的无秩序开发，破坏自然环境，汽车优先交通体系、汽车生活常态化。

城市紧凑化理论，是以既有城市的重组为方向，由欧美发达国家率先发起。欧盟、联合国自20世纪80年末期提出环保型可持续发展城市构想，作为各国城市建设战略性发展方向[5)]。

要充分认识地球环境问题的重要性，城市紧凑化是可持续发展城市比较理想的城市形态（节约能源和资源、保护自然和农业环境、摆脱汽车交通时代等）。

2. 近代城市样板与紧凑型城市原型

作为近代城市样板的霍华德（Howard）的田园城市构想，是在原有大城市的郊区开发建设新的城市，试图以此来解决城市的诸多问题。田园城市样板成了近代城市郊区空间样板。20世纪30年代，勒·柯布西耶的《光辉城市》，试图用建筑的高层化释放城市地面空间，重新构筑大城市结构。勒·柯布西耶的模式，成了大城市中心区和热点区域的开发模式。20世纪60年代，J·杰格布斯一概否定分区规划、近邻居住、郊区新城等近代城市规划原理，模仿纽约，设计一个高密度、多种混居形式、繁华的街路空间，塑造了美丽传说[6)]。

紧凑型城市概念源于欧洲中世纪城市。中世纪的欧洲城市特点是：高密度，复合功能，步行交通优先，热闹的街区，浓厚的历史继承与地域个性，交流与自治，城市空间的明确界定等。紧凑型城市同样要具备这些特征。

如今的紧凑型城市模式，通过城市规划，改变近代城市的郊区化和汽车交通优先，恢复被遗弃的中世纪城市特点。当今世界，具有紧凑化特点的中小型历史城市还是很多，大多数以旅游城市的形式接待众多游客。紧凑型城市的规划模式，对中小城市要求恢复和维持其传统的紧凑化形态，对大中型城市要求充分运用紧凑型城市的理念和特性，重新构筑城市圈。

英国牛津大学布鲁克斯学院，在紧凑型城市研究领域非常有名。2003年11月，邀请该大学迈克·詹克斯教授分别在东京和名古屋做主题演讲。迈克·詹克斯教授在演讲中强调：紧凑型城市是具有很强意识的词组。1999年曾经访问日本的德国亚琛工业大学格阿哈尔特·格鲁迪斯教授（著名的城市空间结构研究学者）讲道：紧凑型城市在欧洲人的心中，具有浪漫概念。

迈克·詹克斯教授在演讲中提到布鲁塞尔、阿姆斯特丹等城市中心作为紧凑型城市的观点，特别提到阿姆斯特丹的中心街区正在向外扩张问题。总之，紧凑型城市的城市规划概念不是局限在城市中心区域的改造，而是要作为城市圈的问题进行思考。

3. 快速发展的城市化与住宅、居住环境的提高以及经济发展代价：失去紧凑化内涵

19世纪后半叶的城市，采取工厂周边形成工人生活区（贫民窟），职场与居住街区之间的交通大多可以步行解决。发达国家自20世纪开始推行城市街区的郊区化和低密度化，以发达的公共交通为依托，远离过度密集、不干净的城市中心，形成郊区居住城里上班的格局。家庭人口也不断下降，低密度郊区生活倒也是享受。不过在此期间采取的整体性低密度化和郊区的分散式开发，也成了不得不面对的问题。

在这里列举伦敦的城市扩大问题[7)]。1801年的伦敦城市人口为100万，城市中心街区半径为2英里（3.2km），可谓是典型的紧凑型城市形状。到了1850年，人口增加到200万，城市中心街区半径为3英里（4.8km），大多情况下，步行还可以解决问题。之后人口增加和交通建设并行发展，1863年开通蒸汽机车地铁、1870年马车和铁路并用、1890年开通郊区电车、20世纪初的有轨电车和电动地铁等，到了1919年开通电动客车等大型运输系统，支撑着城市的郊区化。

1914年，伦敦人口达到650万，可工作范围扩大到15英里（24km），城市街区的范围超出了紧凑型城市街区范畴。第一次世界大战结束以后，英国推行给予士兵合适安置房政策，对持有房屋者提供补助，地价相对便宜的郊区大兴土木，兴建住宅。之后的汽车普及加速了城市街区的郊区化（英国每1000人乘用车保有量依次为：1920年6辆，1950年52辆，1990年402辆）。

从20世纪30年代开始，伦敦也出台过禁止摊饼式开发、引入绿色环带等防止城市无原则性扩张的政策。第二次世界大战后，在绿色环带外兴建卫星城，1960年后兴起的商业设施建设等将各种城市中心街区的设施复制到郊区，剥夺原城市中心街区的热闹功能，降低了原公共交通的合理性，加速了汽车的使用频率。从20世纪70年代到20世纪80年代，欧洲诸多城市受到经济全球化影响，加速衰退，要求减少大城市人口和反对城市化的呼声此起彼伏。

在英国，根据建筑住宅法，治理近代城市初期形成的城区贫民窟，居住标准得到了提高。不过，城区贫民窟居住环境改善问题，至今仍然是需要解决的大问题。对多数底层市民来说，渴望郊区低密度住宅开发，给他们带来舒适的居住环境。第二次世界大战后英国通过土地开发权的国

有化、地区规划条例、绿色环带设置等，把城市形态控制手段系统化。

在日本，紧凑型城市的原型可以追溯到江户时代的城下町。不过正如佐藤滋所讲[8]，日本的城下町没有城墙，与自然和周围农村融为一体，具有与中世纪欧洲城市不同的特点。当然从另一方面讲，为近代城市的无序扩张提供便利的空间。明治以来的城市化始于低密度武家土地的再开发，城市内部结构被格子状道路划分、开发和治理街区周边的农耕地、零碎的土地所有、廉价的丘陵地带等这些空间条件也成为助长城市无序开发的原因。

20世纪60年代之前的日本，城市街区的主要交通依靠公共汽车和地面电车，保持以步行解决生活问题的地域空间。之后的汽车快速普及（每1000人乘用车拥有量依次为：1960年5辆，1980年202辆，2000年420辆，2008年453辆），郊区住宅开发，80年代以后的大型购物中心、大学、医院、市县官府等各种城市功能体开始分散，和住宅开发一起矗立在郊区。

日本的城市规划系统没能充分控制这种开发倾向，只是把混合用途的旧城市规划法引入新城市规划法中。这种线性引入制度，对抑制城市街区的郊区扩张，不能说很成功。20世纪80年代以后推行开发降温措施，也没能抵挡住开发热情。其主要原因是，土地所有者的开发权优先于土地利用的公共性，也就是所谓的建筑自由原则。这是日本城市规划的特点之一。

4. 紧凑型城市之10问

围绕城市空间的紧凑化政策，欧美国家有过各种议论，主要的争论有以下三点：

第一，都认为紧凑型城市是可持续性城市形态，但是从感觉上看，其有效性和效果只能是定性的，缺乏科学的、定量的分析结果。

第二，如何实施的规划论和政策论。由于与现实的城市形成实际有冲突之处，可否得到市民的理解和支持，具体的措施和实现方法有效性如何等问题。

第三，紧凑型城市政策和事业对城市街区环境有无反作用和副作用的问题。

在日本，同样从高涨的紧凑型城市的关心中，出现各种疑问和质疑，以下为代表性的质疑和作者的思考。

1）日本有无紧凑型城市典型案例

这个疑问出自日本城市形态的原型不适宜紧凑型城市理论，因关系到紧凑型城市定义，难以明确回答。从中世纪城市原型上思考，欧洲有历史的中小城市，在紧凑型城市改造中可以说是比较成功的。比如：意大利和法国的许多地方城市。紧凑型城市的积极推动者，英国建筑学家R·罗佳斯推荐西班牙的巴塞罗那属于紧凑型城市改造典型。

在日本，具有历史的中小城市，如："高山"、"近江八幡"、"郡上八幡"等城市中心街区，可以认为具有紧凑型城市形态。不过这些城市的人口密度有些低。在日本的地方城市[9]中，人口相对集中地区，人口密度（据2000年国情调查）前五位的城市依次是：那霸、浦添、长崎、大野城、取手。位于第四、五位的大野城和取手市属于郊区居住型城市，工业和商业均不发达，城市中心街区作用不高。那霸和浦添市是美军基地，长崎市受地形条件限制，城市扩大空间狭小而城

照片7-2-1　巴塞罗那市紧凑型城市评价较高

市街区人口密度高。长崎市地面电车车费是100日元，汽车保有量也相对较低。但是上述五个城市都没有把紧凑型城市化政策摆上议事日程。福冈市属于100万人口城市，城市中心街区比较有活力，但从城市圈的整体上看，还是处于无序的城市街区状态。

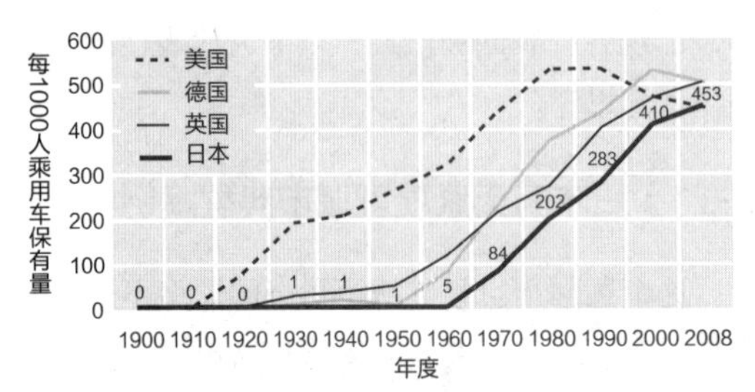

图7-2-1　主要国家汽车普及率变化

照片7-2-2　长崎斜坡地区住宅

照片7-2-3　标榜为紧凑型城市的东京六本木大厦城

2）在超大型城市圈能否实现紧凑型城市？

迈克·詹克斯教授的紧凑型城市三部著作中，第三册讲述发展中国家可持续城市形态[10)]问题。虽然没有提及1000万以上人口的超大型城市的紧凑型城市问题，但是认为紧凑型城市的理念（控制汽车交通与提倡公交出行、抑制郊区无序开发与自然共存、保持高密度居住生活与环境改善、充实步行圈生活服务等）是城市政策有效的发展方向。

在大城市圈的交通要道附近，开发高密度居住和复合功能的项目，有人称之为紧凑型城市模式，这种项目归根结底，也不过是城市的组成部分。这种项目对周边和地域的可持续性到底有多大的贡献？很值得深思。

与之相反，还有一种疑问是：是不是只有大城市才有可能实现紧凑型城市化？欧洲中世纪城市，基本由中低层集合住宅组成。像杰格布斯的纽约样板城市模式那样，在中小城市里营造一个热闹非凡、高密度、复合功能的模式，是难以实现的。

日本的地方城市多数是低层住宅并且普遍存在人口减少趋势，把高密度作为紧凑化指标是有困难，但是把城市功能和日常生活圈进行紧凑化是有可能的。神户市的紧凑化城镇构想，充分利用了大城市特点，展现紧凑型城市的另一个类型。

3）紧凑型城市的人口密度是多少呢？

在人口高密度区，实施紧凑型城市比较容易理解。表7-2-1、表7-2-2表示人口密度有关情况。表中可以看出，巴塞罗那人口密度是400人/hm^2，世界大城市香港位居第二。日本江户时代城下町的人口密度也大致相当。人口密度有两种计算方法，一种是包括道路、公园绿地、学校等所有城市设施的地域面积上的密度，另一种是只针对住宅用地的净密度。具有复合功能的混合居住区和主干道的区域，两种计算结果相差较大。

不同国家和地域，住宅的形式和标准随时代而发生变化，难以用统一的标准衡量。即便是同一个住宅，居住的家庭人数不同，衡量标准也不同。另外，发展中国家的大城市，虽然人口密度高，但对紧凑型城市的热情不高。

因此，从步行生活、公共交通的便利性、其他各种城市水准等因素考虑，每公顷人口综合密度：100万以上城市为300人；50万以上为150人；中小城市约为120人左右时，大致上可以认为具有紧凑型城市形态的城市人口密度。此数据来自20世纪60年代郊区化急速发展时期。由于家庭人口数量在下降，住宅的大小和数量上也趋富余，衡量指标也应该从人口密度转变为户数密度，更能清楚地表达有关城市形态的问题。

4）高层建筑适不适合紧凑型城市的街区建筑形态?

紧凑型城市是把城市整体形态作为思考对象。大城市大体上由中心城区、郊区、中间连接区域等三部分组成，火车站等焦点区域及其周边富有特色，城市结构比较复杂。

城市再开发地区的高密度、复合功能的高大城市综合体与紧凑型城市功能类似。这里不需要刻意否定高大建筑体本身，需要关注的是，该高大城市综合体在城市所处的位置，与周边的关系又是如何等问题。因为不同情况的评价也不同。表7–2–3参考英国城市特别工作小组（建筑家R·罗佳斯主持）的城市复兴报告书制作而成。该报告书设想每公顷容纳75户的密度极高地区。

该报告书推荐多层建筑提案，高层建筑具有分割地域、失去街区热闹、大厦周边广阔空地犯罪率高、不安全等问题。英国推动拆除高层住宅事业，或许高层住宅本身也有问题。柏林的城市改造以传统围合型街区作为基本。韩国的高层住宅群可以认为是紧凑型城市的一种类型，但是也在准备治理景观等问题。

建筑底层部分作为商业服务设施，高层部分作为居住的建筑设计，被称之为香港模式。很有必要对东京正在实施的高层建筑群城市再开发事业，重新做客观的评价。开发商在高地价地区开发高层住宅，采取建筑密度10%以下，容积率取高限，最低限度控制大楼周边的开放空间等方式。日本城市的中心街区大多由低层建筑组成，在其中间塞进商业氛围浓厚的高层建筑、高层住宅。提倡城市紧凑化，紧凑化本身不是目的，城市紧凑化要求形成高品质的生活空间，要求社会、经济的可持续发展得到加强。这些才是开发项目的评价指标。

人口密度（1）（人/hm^2）　表7-2-1

当前密度	综合密度	净密度
巴塞罗那中心城区***	400	
香港*	293	879
东京*	105	316
伦敦*	56	168
巴黎*	48	145
多伦多*	39	119
墨尔本*	16	49
洛杉矶*	20	60
合适密度建议	**综合密度**	**净密度**
公共交通圈*	30～40	90～120
步行圈*	100	300
环保型中心城区**		225～300
容易接近中心城区的城市**		370以下

出处：注释11）、*注释12）、**注释13）、***注释14）

人口密度（2）（人/hm^2）　表7-2-2

地域、时期	密度 人/hm^2
城下町江户·町人地·1837年	876
城下町金泽·町人地·1810年	400
东京15个区·1930年	540
东京/台东区·1960年→2000年	316→155
长崎市DID·1960年→2000年	150→79
金泽市DID·1960年→2000年	141→63
高山市DID·1960年→2000年	125→54
高藏寺卫星城（净密度，低密～高密居住地）	100～600
英国·米尔顿凯恩斯	25户/hm^2
英国城市庄园推荐值（综合密度）	100

注：DID为人口集中地区——译者

同一户数密度的三种住宅用地模型　表7-2-3

类型	高层	中低层围合型	低层并列型
形态	100m　100m	100m　100m	100m　100m
人口密度	75户/hm^2	75户/hm^2	75户/hm^2
容积率	98%	88%	75%
建筑密度	5%	30%	38%
特点	开间7m，进深16m的住宅平面；大楼周围大型停车场和开放空间；开放空间绿地。	围合型街区；住户共有中庭；成块状体系；社交连续；路边停车。	开间5m，进深10m的住宅平面；7m进深后院；12m宽道路；路边停车；无公用绿地。
条件	建筑用地100m见方；户均面积100m^2；公用面积30%；19层建筑。	建筑用地100m见方；户均面积100m^2；公用面积10%；服务设施6户；3层建筑。	建筑用地100m见方；户均面积100m^2；公用面积0%；2层建筑。

出处：注释14）图为基础，作者制表

可持续性角度评价紧凑型城市（作者制作）　表7-2-4

	环境/能源	社会面	经济增长面	城市运营/财政
有利一面	·使用汽车少； ·大容量交通运输成本低； ·城市开发减少农地、自然破坏； ·地域性能源利用可能； ·空间资本的活用。	·各阶层社交； ·弱势群体移动设施、信息便利； ·享受中心城区繁华； ·人性化的城市空间姿态。	·持续形成城市文化； ·面对面可直接机会多； ·市场的形成与获得机会； ·各种组织与人的结合容易； ·深夜经济	·城市基础设施有效性； ·缩短市政管线、道路等线性城市基础设施长度和降低维护费用； ·地价上升推动税收增加，开发事业活跃。
不利一面	·热岛效应现象； ·开放空间较小； ·城市生活环境过密； ·废弃物的自然循环处理利用困难。	·混居造成紧张与摩擦； ·土地、住宅价格上升； ·享受宽裕住宅户型困难； ·过密、高层住宅居住环境恶化。	·自由选址受限 ·高地价、住宅佣金。	·供应低价位住宅困难； ·低收入者的集聚。

5）可否定量分析紧凑型城市效果？

近年来，针对这个问题，日本的交通土木领域，研究非常活跃。不过尚没有达到可以确认的程度。纽曼和肯瓦基发表了非常有名的论文《人口密度高的城市，汽油消费量小》。根据调查，日本的主要城市都有类似的倾向，这或许是最有说服力的证明。另外，容纳同样数量人口，高密度区使用的平面土地面积要小，而郊区的分散型开发容易挤压绿地空间开发。这一点比较容易理解。

迈克·詹克斯教授在演讲中，介绍在英国五个城市实施的实验验证研究情况。表7-2-4列出可持续发展城市进行紧凑型城市评价时的有利和不利的因素。规划和设计是解决不利因素的最好利剑，比低密度城市形态重要得多。城市紧凑化政策和规划的实施细则很重要。

6）把日本无序化城市改变为紧凑型城市的方法都有哪些？

城市的紧凑化具有多样性，针对各种课题，也要有相应的实施策略。以下的方法可以供参考：

①控制分散式开发，城市功能进一步向城市中心街区集中

日本的城市规划制度，对建设用地的控制无可奈何。城市规划法对规划限制一直以来比较温和，地方自治体在政策层面选择余地很大，到了2006年，才陆续增加规划限制强制性条例。回顾城市土地利用情况，发现城市和农业领域的政策、规划相分离，有时互相对立。今后应调整分权形式，丰富城市规划目录。各自治体的应对选择，将对城市中心街区形态带来很大的变化。在日本，很有必要把分散到郊区的城市功能重新集中到城市中心街区。

②应优先发展原有城市中心街区的开发

要积极推荐城中居住。这样一来要增加城市中心街区公寓居住服务设施，传统的社交可能受到弱化，城市景观也受到影响。市区内的原工业用地、海边的产业用地或许成为城市开发新亮点。

③推动日益衰退的原有城市中心街区重生事业并注入活力

在日本，随着地价的下降、产业结构升级、办公大楼的过剩、人们的城市中心回归，将原有大楼改造成居住和小型办公场所的事业开始活跃，成为城市重生和房地产升值的重要手段。把城市中心街区改造成集商业、居住、办公、娱乐为一体的复合功能集合空间，是当前的主要课题。

④促进高密度复合功能开发

作为点开发，积极推荐建设城市综合体。当然，认为职场和居住成为一体，职场与居住距离肯定会缩短，这种说法只不过是一种幻想。不过，地上部分增加的商业功能，肯定吸引人口的增加，会提高地区的魅力。

⑤居住附近形成服务网点

在市区居住地附近设立复合功能型生活服务设施，在步行范围内改善生活条件。面对以居住为中心的远近郊区居住地形态，有没有紧凑化的必要性和可行性？在英国，围绕着郊区的可持续性议论纷纷，大规模地进行居住地改造还是不现实。适当地进行低密度化（小型家庭、单身家庭），把治理目标确定为：提高服务质量，治理环境，把周边自然和农地连成一片，没有废弃原有居住地，维护资产价值，形成持续的居住地。

7）郊区居住地的减少与促进城区居住，是否意味着城市的紧凑化在取得进展?

原则上方向是肯定的。但是不希望出台积极缩小郊区住宅地的方针政策。把农地和丘陵地的开发，当成反转电影胶片那样是行不通的。家庭数也就是居住的住宅户数，不会随着人口的减少而减少。大部分地上建筑物都是打工者和退休人员的个人资产，轻易把它还原为绿色是不可能的。远郊区正在悄悄地开始发生变化。要根据当地实际情况如：社交状态、住宅地发展现状、周边设施的便利性，以交通为核心，因地制宜地谋求提高生活质量，保持郊外居住生活的可持续性。

城区居住，以低价下降为背景，人口向城市中心街区的转移持续地在进行当中。要拿出适合老年人居住的方法。“住宅双六”（户主把郊区房产抵押或者交给企业管理，作为回报，企业在城里给户主提供住房的方式——译者）始于设施共享的民间借贷，很受在郊区拥有房产的户主青睐。因为当今人的寿命到了80岁时代，60岁退休以后还有20～30年的生活时光，在哪里度过这么长的生活时光？的确成了问题。晚年在公寓里度过，各种设施齐备，生活便利，很受老年人欢迎。许多地方城市的公寓大多集中在城市中心街区，新建公寓也都指定在城区建设。即便如此，居住在公寓里的老人中，拥有郊区房产的老年人比例很高。打着城区居住口号，盲目建设高容积率集合住宅，会引起很多有关建筑纠纷。因此，要以社交主体规划为基础，以地域可持续性和城区繁荣为依托，除新建以外，重视原有建筑的翻新改造，推行鼓励各阶层混住的住宅政策等，是当前的重要工作。

8）紧凑化城市政策，导致投资向城市中心集中，是否意味着放弃山村建设？

如何分配有限的资金，确是带有政治性的问题。紧凑化城市政策并不是放弃山村建设。恰恰相反，该政策将会遏制无序城市开发，提高城市的聚集，有效保护城市周边的农地、山林和自然环境。以后的工作，对汽车交通的压力，不是推进城市街区的道路建设，而是大力促进公共交通的建设，鼓励步行，鼓励骑自行车并配备相应措施。减少公共投资，提高投资效率，整体上减轻财政负担。

9）城市紧凑化政策是否得到开发商的支持？

日本的规划限制政策温和，依据经济学理论，一直延续了尽量温和对待土地利用规划限制，以提高企业竞争活力的政策。包括伦敦在内的英国东南部地区，由于家庭户数的增加导致了住宅需求的旺盛，政府推行有计划的开发事业。由于原有城市街区遇到诸多限制，提出利用一部分绿化带的设想，引起舆论轰动。英国政府一直致力于紧凑化城市政策，对原规划进行适当调整，允许新建住宅户数的40%利用绿化地建设。

针对紧凑化城市政策，做了住宅开发商民意测验。其结果出乎预料，大部分开发商持支持态度，乐意重新回到城市区域开发[11)]。开发商要求去除土地污染，解除自治体的部分规划限制，改善土地混合使用面临的问题等。在城市街区高密度单一功能开发，利润可观，是开发商乐见的开发事业。日本的土地利用规划对绿化地的开发限制是，1990年前后为55%，2000年下降到48%，到了2009年达到32%，政府的方针政策已经大幅度走在前面。

10）紧凑化城市是可持续城市形态吗？

迈克·詹克斯教授在演讲中，是这样回答这个问题：可以说是，也可以说不是，问题的关键是平衡。回答既有些暧昧，同时也很坦率。经济发展和汽车使用优先的城市无秩序开发，是20世纪城市必须面对的诸多问题的成因。城市的紧凑化具有中世纪城市优秀特征，是可以解决20世纪城市诸多问题的重要发展方向。到底什么样才是紧凑化城市的问题，必须在各个国家和地域、不同城市中寻找答案。日本的情况是，已经走出经济成长期，必须探索与之相适应的城市形态和城市政策。

对无序的城市街区放之任之是不可以的，因为谁都清楚这种情况下不可能诞生可持续性城市和地域。当然，城市的紧凑化也不是解决问题的万能钥匙。郊区居住地面积很大，相当于城市街区很大一部分面积。一概否定郊区居住实际情况，重新编进高密度、复合功能城市街区居住规划，强制性限制居住者交通移动，既不现实也不期待。充分发挥既成低密度区潜能，促进环境改善是可能的。在人口日趋减少的城市街区，增加住宅供应，提高良好的城市住宅品质，这是我们所期待的。在紧凑化城市名目下，实施大规模的高层建筑群建设和相应的推广政策，还是存在一些问题。

重要的是，要充分考虑政策的平衡性，规划方案与实施设计要与地域文脉有机结合，提高环境价值。

5. 牛津的可持续性城市形态与城市生活

最后，给大家介绍可持续性城市形态和作者眼中的牛津城。

作者在英国牛津滞留期间（2002年），曾经收到牛津是否为紧凑化城市的提问。中世纪以来的城市形成历史，充满活力的城市中心街区、工厂、业务广场、众多观光游客，环绕城市的绿色带等，具备了紧凑化城市条件。从19世纪开始，牛津城逐渐沿着河边、地形以及以原历史性中心街区为中心向外扩张。目前的牛津城市街区由三块街区结构组成（参见图7-2-2），人口约为13万人，其中两所大学的学生数是3万人。

多数住宅地是由2层带阳台公寓或者部分分离式住宅组成。第二次世界大战结束以后，陆续建设公营住宅：贫民区住宅改造项目，汽车厂附近弱势群体居住比例超过10%的住宅地等。城市中心街区北侧有19世纪末开发的独立住宅为核心的高档住宅地。住宅地的人口密度，最高地区也就是综合密度50人/公顷左右。因此，用步行来解决城市移动相对困难。值得庆贺的是，牛津市在英国属于自行车使用率比较高的城市。第二次世界大战以前废止地面电车，公共汽车是主要的公共交通工具。

具有悠久历史的中心城区，有许多传统学院。在商业中心有，市营固定室内市场、中型超市、新建商业大厦、全国性连锁商店等。除此之外，还有许多书店、酒馆、各国风味餐厅等。住宅地附近也有可步行的商业街。电影院在中心城区有两家，次中心城区有两家。音乐大厅、剧院、博物馆也不少，随时为游客和市民服务。

住宅地配有小型规模小学，在市区有若干家大型医院，还有著名大学录取率高的高级中学。在城区与住宅地之间的大型公园，夏天经常举行各种音乐会和临时游乐园。

城区设置步行街、驻车场，有计划地限制汽车穿行。立体停车场的设置，离城区越近停车费越高，享受便利的同时付出的代价也高。环城公路的5个主要入口处，设置驻车换乘公共汽车停车场（每处可停车5000辆）。穿越绿色带，众多商人和购物客涌进城里。在中心城区，步行者的通行量超过4000人/小时，街上人头攒动、热闹。新设立的广场，每周有两次市场促销活动，那时的人流更是热闹非凡。

城市街区周围有，大学公园、体育广场、蓄洪区绿地、牧场等。与伦敦等其他城市相连接的泰晤士河以及市内河中，可乘坐游艇，也有水上旅馆。城区的自行车车道得到完善，河边的骑车巡游也很惬意。20世纪60年代设定的绿化带，有效抑制了城市街区的扩大。另一方面，城区的住宅租售价格高，农村地区要求开发的呼声也在高涨。

牛津市的城市开发，围绕着火车站和公交中心往近郊区的搬迁展开。扩建新购物中心，结合历史遗产建设文化设施等，强化中心街区功能。鉴于中心街区步行街景观有些魅力欠缺，也在实施改造。

最后，谈一谈总平面规划和设计上应该如何考虑丰富城市空间创造与可持续性问题。以下4个方面是总平面规划和设计方向：

①在紧凑化城市政策的实施上，要把握各种地域固有的历史、地理条件，做好经济、社会、环境的平衡；

②在形成可持续性地域空间的过程中，有时会出现与城市紧凑化政策相背离的情况，此时设法有效利用城市成长中形成的每一个组块非常重要。

③把握好局部与整体、地区与广域的关系。尤其在既有城市街区实施大规模复合功能开发时，要注意其在地域的定位和可持续性发展。

④建设城市的目的，就是为各阶层市民享受丰富的城市生活创造条件。土地利用和公共空间的设计将扮演重要角色。（海道清信）

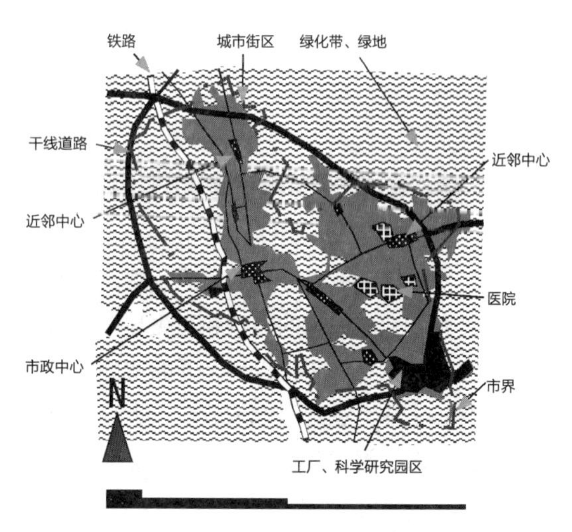

图7-2-2　牛津城市结构

7.3 并行街区的发展保护与生态城市

1. 并行街区的发展保护与生态设计

日本的多数现代城市和农村，主要是江户时代形成的城下町、宿场町、门前町、在乡町都以集聚村落为基础，近代以后随时代的变迁，逐渐扩大规模，不断更新生活环境而形成如今的形态。

地方自治体自20世纪60年代开始，率先陆续实施历史性并行街区和集聚村落的挖掘保护。从生态设计立场，如何看待并行街区的挖掘保护呢？

生态立场包括：自然性（与生态系的共存共生）、社会性（人类团体与社交）、经济性（地域内的能源交换）、精神性（心情、安心、治愈）等因素。并行街区的挖掘保护与生态因素具有一致性，这是因为这些被保护起来的并行街区，从历史上看多数是产业革命以前形成的，当时的建筑、土木、造园技术与地域固有的风土条件一致，具备生态概念。当时的建设活动尤其重视自然性、社会性、精神性，地域固有文化也可以算是生态概念。

2. 并行街区挖掘保护实践与展开

第二次世界大战后经济的高速发展，加速了国土的变化，地域固有的自然和历史环境面临被丢失。进入20世纪60年代以后，开始实施历史环境挖掘保护事业。在这里大致分成三大块，包括生态观点在内，阐述其事业特征。

1）从保护古都事业开始，向生态历史环境保护延伸

最初的应对措施是，源于古都的自然、历史环境的破坏。奈良、京都、镰仓等曾经是日本都城的历史城市，遇到严重的环境破坏和种种社会问题。例如：奈良市平成京遗址附近的近畿铁路检车区建设规划、京都市京都塔建设规划、镰仓市鹤冈八幡宫后山住宅开发规划等。当时对历史环境保护的意义认识不足，尚没有出台有效的保护制度。

鉴于当时的社会状况，1966年制定有关古都历史风土保护的特别措施法（以下简称古都保护法）。使用历史风土词语，把历史风土定义为：把具有历史意义的建筑物、遗迹与周围自然环境融合为一个整体，展现古都传统文化，保持当时的土地现状。

古都保护法的第一个特点是，使用历史风土词语，首次设立建筑物、遗迹以及周边自然环境的保护制度；第二个特点是，根据历史风土保护规划，在地域地区城市规划中指定历史风土特别保护区域，实现与城市规划制度的统一。

古都保护法自然要保护寺院、神社等古都特征的建筑物、遗迹，还要保护文化和信仰、周围森林等具有重要历史背景的自然环境。很清楚地发现出发点与亲生态观点的一致性。

另一方面，古都保护法没有涉及并行街区和集聚村落保护。也有观点认为，仅仅限定社寺陵墓和相应的自然环境保护，法律内容不全面。并行街区和集聚村落被排除在保护以外的主要原因是，当时的日本对并行街区保护，一是经验不足，二是把民居等列入保护范围，担心会带来日后的规划限制、补偿等问题，故特意排除在外。

结果是，京都市的嵯峨鸟居本之门前町、上贺茂之社家町、产宁坂的门前町、奈良县明日香村的民居群等，虽然与历史风土特别保护区相邻，也都排除在保护范围之外。

此外，从全日本范围看，古都保护法仅限于保护曾经是政治中心的古都，其他多数历史城市也都排除在保护范围之外，受到很大质疑。

2）设立传统建筑群保护地区：并行街区、聚集村落挖掘保护

在古都历史性环境保护实施过程中，各地要求保护历史性环境的住民运动此起彼伏。1968年，金泽市和仓敷市分别率先制定了传统环境保护条例和传统美观条例，到了20世纪70年代，柳川市、盛岗市、京都市、高山市、神户市、高粱市、萩市、南木曾町等自治体，相继制定了有关历史性环境保护条例。

受地方自治体制定条例推动，1975年日本出台文化财富保护法和城市规划修正案，传统建筑物群被列入文化财富之一。作为全方位保护地区制度，新设立传统建筑物保护地区（以下简称“传建地区”）。传统建筑物的定义是：与周围环境融为一体的、形成历史风景的、有高价值的传统性建筑物群。传统建筑物保护地区的定义是：为了保护传统性建筑物群以及与其为一体的、可以形成价值的环境，由市町村指定的地区。

“传建地区”制度的特征是：第一次针对并行街区和集聚村落，实施全方位保护；在城市规划区域内，作为地域地区的一种权力，可以指定“传建地区”，与城市规划制度相统一；以市町村为主体，经过与住民的协商，可以自主决定的一种分权制度等。国家层面根据拥有“传建地区”的市町村的自主申请，选择重要传统性建筑物保护地区（以下简称“重传建地区”），实施到现在，所有的“传建地区”都被选定为“重传建地区”。

制定“传建地区”制度已有30余年，到2009年12月，全日本74个市町村总计有86处指定为“传建地区”，为保护并行街区做出贡献。

3）从亲生态观点，整体性复原和保护重要传统建筑物以及周围自然环境

进入20世纪90年代以后，作为亲生态“传建地区”补充内容，除城市规划区域以外，指定山间渔村村落为“传建地区”的数量增加。保护村落时，尤其重视周围自然环境的整体保护，使得“传建地区”制度更加体现亲生态观点。

例如：竹富町竹富岛（冲绳县），将整个岛屿和周围的珊瑚海礁，指定为“重传建地区”，结合町条例确定的历史景观保护区以及国家公园，实现全覆盖，村落和海岸景观被整体保护起来。还有，世界遗产地之一的白川村荻町（岐阜县），自行指定人字形村落周边的田野、河流、森林为景观保护地区；同为世界遗产地之一的南砺市相仓和菅沼（均为富山县），将自然环境设定为历史遗迹和县立自然公园，也有村落生态缓冲地带功能。

另外，由于“传建地区”可以涵盖建筑群和周边环境，南木曾町妻笼宿（长野县）和南丹市美山町北（京都府）等地方，将群落周边的田野、森林纳入“传建地区”范围，保护范围得到进一步扩大。

城市规划区域内也有类似的举措。例如：京都市将与“重传建地区”毗邻的自然环境指定为历史风土遗留区域（或历史风土特别保存地区）或景观风景地区，与“重传建地区”成为一个整体。还有，古都保护法不适用的其他历史城市，利用城市规划或自治条例指定景观风景区，根据需要将并行街区周边的自然环境一并进行整体保护。

4）地方自治体开展的各种保护事业

随着实行“传建地区”制度，并行街区保护复原事业逐渐被社会认可。受到此影响，20世纪

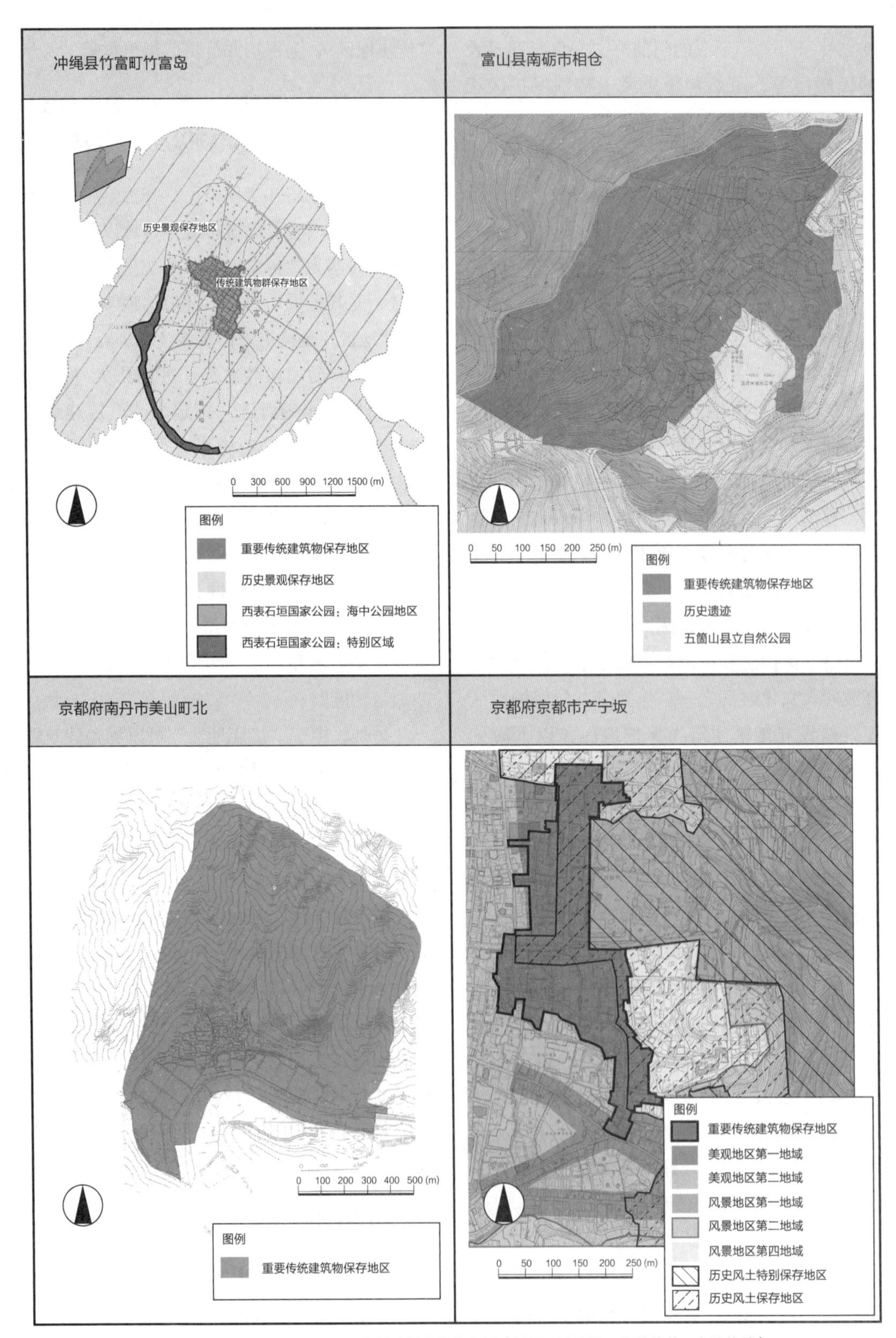

图7-3-1　基于生态观点的重要传统建筑物保护案例（制图：浅野聪、佐藤德英、岛津将德）

80年代以后，各地方团体相继制定各自的景观条例和景观总平面规划，自主开展市町村景观建设和并行街区保护复原事业。尤其是景观条例于80年代以后开始陆续被制定出来，直到景观法出台之前（2003年9月），全日本共有450个市町村[1)]出台景观条例，占全日本市町村总数的14%。

进入20世纪90年代以后，相继出台新的景观建设相关法律。如：与城市规划法修订相对应的市町村城市规划总平面的重新制定（1992年）；与文化遗产保护法修订相对应的新的文化遗产登记制度（1996年）；城市中心街区活用法（1998年）以及特许非营利活动促进法（NPO法）的出台（1998年）等。

进入21世纪以后，进一步出台了《景观法》（2004年）和《历史城镇建设法》（官方名称：有关保护和完善地域历史风景的法律，2008年）。以此为契机，积极引入市町村综合规划、城市总平面规划、景观规划等与并行街区保护复原密切相关的规划，市民与非营利法人机构共同促进景观事业，整体上重新评价地域历史环境，为城镇建设注入新的活力。

3. 生态城市建设与一体化历史城市保护复原

由于日本的国土大多被森林覆盖，可居住用地受到限制，多数历史性并行街区和村落与田野、森林、河流、大海很近，坐落于连续的自然环境中。因此，在保护与复原事业上，力求居住空间和自然环境为一体的生态观点相对容易实现。

之前的并行街区保护与复原事业，都是从生态观点出发，进行实践活动。在实践过程中，迎来了构筑循环型社会的实践运动，事业要求两者一体化，促使对生态设计提出了更高更新的要求。本节最后针对此更高更新的要求，阐述以下三种观点：

1）以生态居住为出发点，转变生活方式

首先要强调的是，居住者很有必要重新检讨居所这个保护并行街区出发点和生活方式。

例如：迄今为止的“重传建地区”保护规划的侧重点是文化遗产和景观保护等并行街区硬件方面的整治和保护比例大。没有从生态观点检讨居民的居所这个城镇建设的始发点以及居民的生活方式。

关于居所，外观上修整的基本保持传统的式样，屋内改造多数采取自由取舍，丢失临街房屋和农家原有的通风和日照结构。整体上看，改造过度依赖空调等设备。

面向循环型社会目标，不仅要提高景观，生活方面也要综合再研讨，开发更为生态的综合设计（包括加层改造），和普通城市街区一样使用电力和减少垃圾，致力于身边生活方式的彻底转变。

2）重视参与、体验、活用，建设协同型自然环境

保护和复原历史性环境，在经济高速发展时期，主要是防止和抑制并行街区和周围环境的无秩序的开发事业。到了开发压力减弱的现在，其重点从单纯的防止和抑制转变为重视参与、体验、活用的协同型自然环境建设上。现在的情况是，对并行街区事业协同有力，对周边环境事业协同欠缺。

迄今为止的自然环境的保护与复原，仅限于提高欣赏度。从今以后通过参与型环境管理实践活动、提供体验型环境学习场所等方式，积极活用山林，要对环境创造崭新的理念。

要挖掘地域生活文化和赖以生存的自然环境与居住空间之间的新的、深层次的价值，从亲生态理念出发，重视参与、体验、活用，积极推进协同型自然环境建设。

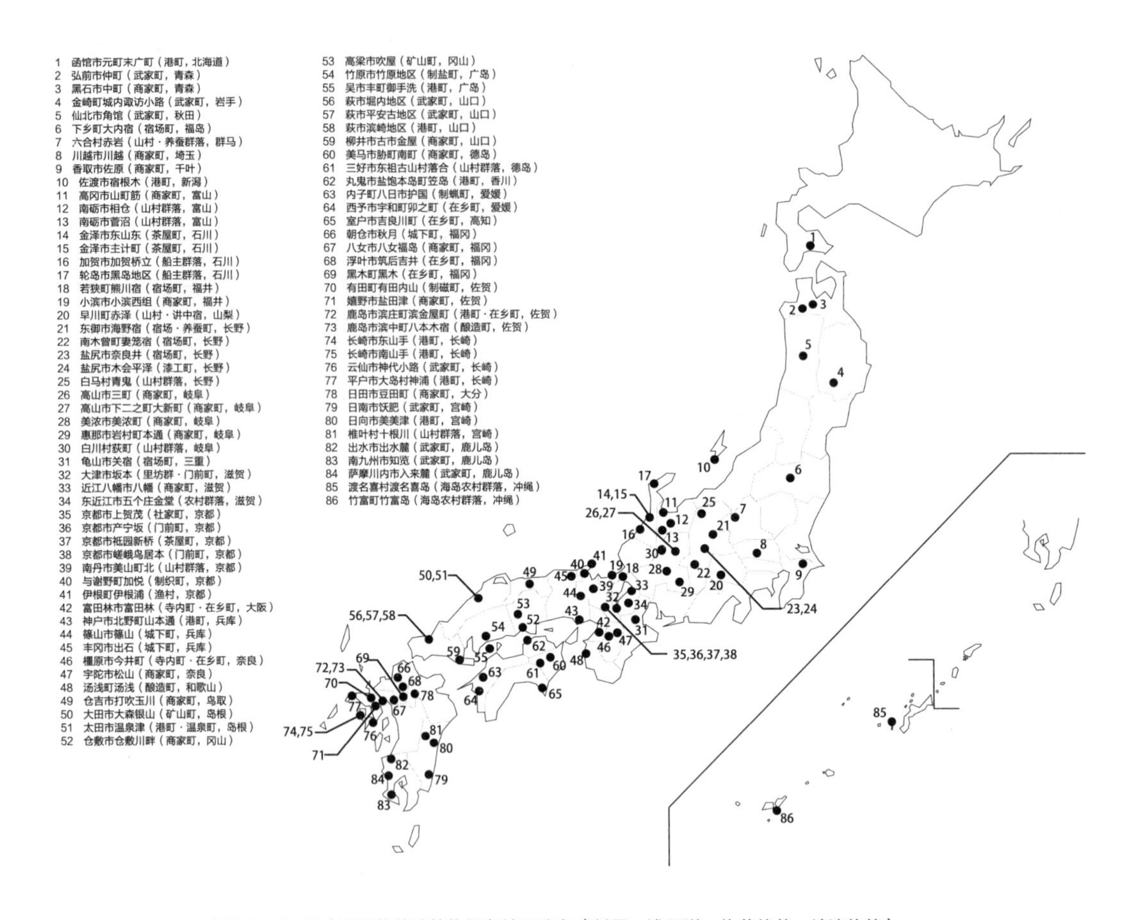

图7-3-2　日本重要传统建筑物保存地区分布（制图：浅野聪、佐藤德英、嶋津将德）

3）从20世纪的并行街区保护复原向21世纪生态历史城市保护复原迈进

迄今为止的并行街区的保护，都是以地区层面为对象。对历史城市，虽然认为城市结构本身是历史遗产，但在城市层面并没有进行保护与复原。例如：在城下町，城市规划道路将中心街区一分为二，原来的历史环境受到很大破坏，这样的事例还很多。有的规划完成以后并没有付诸实施，而有的城市规划道路非常有必要进行调整。

应当在城市层面重新评价历史性环境，在市町村城市规划总平面和景观规划中，重新构筑和保护城市结构，与地区层面的并行街区保护完美结合。对环绕并行街区的自然环境，也要站在城市层面的高度予以对待，运用绿色基本规划和环境基本规划，与广域自然环境的保护与复原相协调。只有这样，地区的并行街区保护复原与城市生态设计才能成为一体，生态城市建设才能更具复合性和广阔性。

上述这些观点，在20世纪没能较好地予以实施和总结。20世纪的并行街区保护与复原，在地区层面取得了很好的业绩，是以经济发展期的消费型社会为前提的。21世纪的历史城市保护与复原，则以构筑循环型社会为前提，要把地区层面和城市层面统一起来，将理念和实践大幅度地开展起来，这也是我们面临的需要解决的课题。

（浅野聪）

7.4 小区之环境共存型再生

1. 序言

提起环境共存型住宅小区，都不约而同地想到：太阳能、风力发电等设施；雨水循环利用设施；生物栖息地；善待地球环境的居住地等。不过，环境共存型住宅小区其实拥有更广泛的含义。营造像模像样的人类生活，不仅需要丰富的自然环境，还要享受便利的社交生活环境。能够利用住宅地规划来满足这些需求，可以称为环境共存型住宅小区。住宅地规划的出发点，不是是否采用了适宜环境的设施，而是是否基于创造良好的环境。站在这个立场上思考问题，就可以发现近代住宅地规划理论的继承成为问题的焦点。作为课题，本节着重阐述住宅地规划理论的继承和环境共存型住宅地再生的问题。

2. 室外空间规划技术与环境共存住宅地空间构成

以下是从近代开始培育出来的住宅地规划技术，也是环境共存住宅地空间构成的基础。

①首先根据近邻居住理论，建设小型住宅群，而后分阶段建设，最后形成住宅小区

以步行圈为单位组成居住区，在小区中心建设购物中心、社交设施等。

②人车分离

在居住区内甚至在整个小区实行人车分离，居住区主要由人行步道形成空间构成，采取措施避免与汽车道交叉。

③步行街

在整个居住小区内，将人行步道网格化。各居住区的社交、商业等设施也随人行步道成网格化。

④与原有城市街区的连接

考虑住宅小区与周边原有多层城市街区的联系，在住宅小区外围布置低层住宅。

⑤由曲线型道路形成景观

住宅小区内的道路设计成曲线型，形成有节奏、有变化的景观。主要是考虑住宅楼呈规格化，小区内的景观避免千篇一律。

⑥充分利用地形，形成并行街区

较大规模的住宅小区，很难做到一马平川。要巧妙利用地形的变化，谋求小区空间和景观的不同变化。

⑦坐北朝南的楼座布置

把北向出入口楼座和南向出入口楼座布置在一起，在两楼座之间形成社交场所。在南向布置楼梯间时，各住户的南侧居室布置要受到影响，在规划设计上要动脑筋。

⑧多类型住宅与其集合类型

充分利用地形，设计若干类型住宅，丰富楼座布置。

⑨营造社交场所的住户集合单元

采用适当的住宅集合单元，以利于形成社交场所。把握好楼座、住户大小规模与社交单元之间的共用空间设置。

⑩绿色走廊

把绿色走廊作为小区的骨干网格，与小区中心相连接。用绿色走廊连接各个社交单元和小区内所有设施，成为居民出行的主轴。

3. 继承近代住宅地规划理论，面向环境共存型住宅小区再生

环境共存型住宅小区建立在近代住宅地规划理论，这种提法并不过分。下面举两个例子说明

日本是如何将沿袭了近代规划理论的住宅小区复原成环境共存型居住区。

“武藏野绿町住宅小区”（绿町小区）是昭和30年（1955年）在旧居住区首批建设的住宅小区。规划设计凝聚了当时的先进住宅地规划技术，空间构成非常明快。40余年过去以后，再次成为丰富环境可复原目标小区。绿町小区规划采取了以下技术：

①利用缓坡地形，规划环状小区道路；

②设置连接周边地域的东西向标志性绿色通道；

③沿着小区主要道路轴线，两侧种植并行樱花树；

④使小区道路微微弯曲，获得景观的不同变化；

⑤混合搭配点式和板式多层住宅，组成并行街区；

⑥南北围合型（将两个南北出入口住宅楼座并行排列在一起）社交空间构成。

实施改造前的1988年，作者参与绿町小区业主委员会组织的民意测验，参加测验的近8成居民认为：如同小区的名字，小区充满绿色，4月的樱花很美丽。

“世田谷区深泽环境共存住宅”（深泽住宅），作为公营环境共存住宅小区第一号，于1997年在世田谷区实施建设，它是环境共存型住宅小区复原的代表性案例。该项目谋求可持续居住环境，采取许多先进手法。如：居民参与规划设计，配置老年人服务中心，面向老年人和残疾人提供居所等。

“深泽环境共存住宅”规划，立足于建设环境共存住宅小区理念，充分考虑地球环境，致力于节约能源、节约资源、可重复利用。采用众多亲环境设施和技术。如：屋顶和墙面绿化、布置生物栖息地、太阳能和风力发电、透水性铺装材

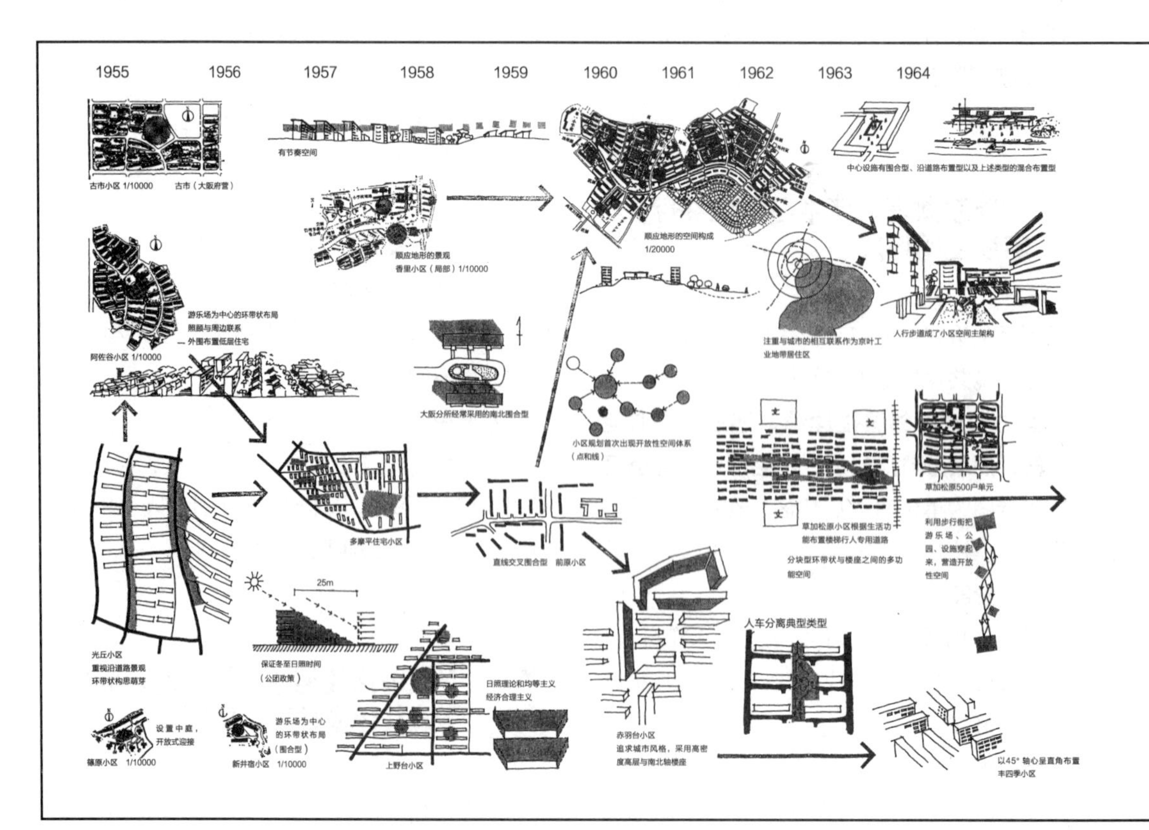

图7-4-1　公共住宅小区规划布置的变迁
（出处：<小区设计变迁与现状：论外部空间设计>《城市住宅》1968年5月刊）

料回收雨水、利用井水、废料的回收利用、垃圾为原料的混合堆肥设施等。

1）继承住宅地空间架构

居住小区的复原事业，继承绿色通道等空间骨架很重要。这样做的目的不是简单继承空间，而是要保留之前培育的绿色等环境和小区的历史。

“绿町小区”的复原事业，保留原有适合缓坡地形的环形道路、保留与周边地域的连接、横穿小区中心的东西向标志性绿色通道等原有空间架构，成功地继承富有变化的景观。

2）继承丰富的步行空间

小区的分块化，将形成楼座之间的网格化。设计丰富的步行空间，可将网格充满生机。

“绿町小区”继承原有人车分离空间格局，组成人行步道网格。人行步道贯穿每个楼座，便于行人在小区内自由移动。人们可以随处享受绿色空间，相互见面的机会也增加。

65
石神井公園小区原型
66
石神井公園小区
1/20000
花见川小区　1/20000
开放性空间的连续放大
与活用地形的领域感
连续性生活圈（武里小区）
舒适、人性化步行空间
左近山第一小区
武里小区
1/20000
汇聚中心设施和高层住宅，提高城市风格
不同等级的开放性空间
直角围合型中的社交中庭确保市川中山小区　1/10000
小区中的高层住宅分区赋予新的设计手法千里竹见台小区
围合型与沿步行道路布置的箱式楼座
明石舞子小区　1/20000

3）继承绿地环境

在昭和30年（公元1955年）建设的、可改造住宅小区，多数小区内都有长年培育的大型树木，具有良好的绿色自然环境。多数居住者也都希望保留这些绿色和树木。

“绿町小区”建设规划，沿着小区骨架道路均保留和种植树木。由于道路呈曲线状，绿色观赏度很高，在小区内散步，经常有被绿色覆盖的感觉。

建设深泽环境共存住宅时，把可移植的树木均存放在临时用地，实施室外工程时，全部移植过来。保留用地内的原有高大树木。在布置楼座时，考虑树木的位置。经长年累月培育出来的小区环境得到良好保护。若想继承从前小区的印记，树木的保护意义重大。在绿町小区中，也能看到同样的情景。

4）小区楼座布置

以分块化形式布置楼座群，小区的室外空间呈现多样化，可以营造各种公共空间。

图7-4-2　居民对绿町小区的环境评价（制作：濑户口刚等）

改造后的绿町小区，每一块楼座容纳30～40户住户，系小型地块单元。各楼座具有不同个性，小区的分块化使得整个小区环境得到良好维持。改造后的深泽住宅区，各楼座基本做到坐北朝南，同时住户可以得到三面采光，与北侧走廊之间设置通风道，保证各个房间的采光和通风。每个住户相对分散独立，各住户之间用外走廊相连接，楼座中也设置通风道。

5）社交场所的形成

用适当规模的住户单元组成楼座，积极规划设计公用空间，谋求小区内的社交场所形成很重要。

绿町小区的每一块楼座可容纳30～40户住户，很适合营造社交场所。在社交空间布置绿荫草地、集会场所和茶店，使居民和访客轻轻松松在此聚会、聊天和休闲。

6）居民的参与

由于居住者在小区改造期间和改造后，都要一直居住在此，因此要求规划改造事业要与居民一起共同推进。

绿町小区自1987年改造意向出炉当初，居民就组建改造对策委员会，讨论改造后的房屋租金、小区的环境保护等问题。该组织的设立不是为了对改造进行一次性投票表决，而是对赞成改造的居民和改造后房屋租金上存在问题的居民，指出各种应对方案和措施，对公团事业发起者提出意见和要求，共同推进小区改造再生。同时该组织自行调查小区内理应保护的树木等环境，保留小区珍贵的自然环境遗产。

深泽环境共存住宅区，房屋虽然多少老化，但是经过居民近40年的培育而形成的绿色和社交场所还是相当完好。实施改造初期，邀请居民参加规划事业，丰富的自然环境得到了有效保护，多年培育的社交场所也更加人性化，住宅改造得到有力推进。

4. 面向环境共存型住宅小区复原的其他观点

环境共存型住宅小区复原尝试，不单纯局限

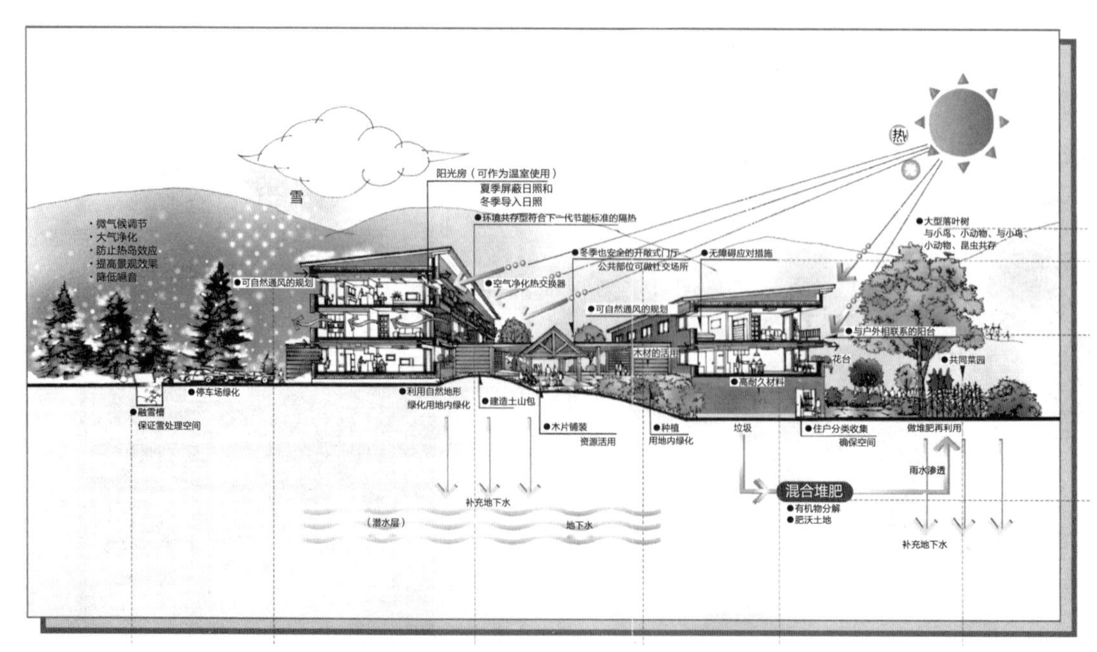

图7-4-3　北海道公共租赁住宅之环境共存示意

在环境的保护上。还期望对地域气候的正确应对、复原社区交流、提高产业活力等其他领域中的复原。在这里拿日本北海道案例，讨论环境共存型住宅小区复原所期待的目标值。

1）与地域气候共存

与地域独特气候共存很重要。尤其在风雪交加的严寒积雪地区，正确应对地域气候，规划小区外部空间非常有必要。严寒地区的环境共存型住宅小区规划，理所当然要考虑积雪和寒冷的因素。

①楼座的隔热

冬季楼座内外温差可达30℃，从温度因素考虑，楼座尽量不再分块有利。可以在各楼座之间设置通廊，不需要外出时便可以轻装在各住户之间走动，社区交流也可以得到解决。

②抵御积雪的楼座布置

北海道靠近日本海和内陆地区，冬季积雪厚度达到数米，有必要在小区内设置雪处理空间，便于对小区道路、行人空间、停车场等处的积雪进行处理。利用融雪槽等设施，可以降低人工除雪负荷。冬季的堆雪空间到了夏季可以变成共同菜园、儿童游乐场所等社区交流场所。

西北方向是该地区主要风向。楼座布置不恰当，容易造成积雪封堵出入口，对居民出入带来困难。因此楼座布置规划要做到：避开吹雪易滞留，小区外围规划设计、植树布局、降低出入口积雪滞留等方面也要认真仔细研究，采取适当措施。

2）建设环境共存住宅，振兴地域产业

建设环境共存型住宅地，对地方城市来说，可能会成为振兴地域产业的契机。很多地区都在尝试在住宅建设中采用当地建筑材料。

位于北海道丰富町的“Sarobetsu”住宅地建设，利用当地的稚内硅藻土及其瓷化制品来制作土墙等室内装饰。稚内硅藻土是来自远古藻类化石的矿物质，特点是内部细微空隙多，保湿性能和吸附性能好，还具有对氨类化学物质的除臭功能。有效防止装饰材料有害物质引起的健康问题，是健康住宅的优选建筑材料之一。

在规划布置中，认真考虑应对冬季积雪因素，避免住宅、停车场出入口的吹雪滞留。

此外，充分利用地域气候，设置土包菜窖。菜窖通常在土中挖坑而建，而土包菜窖是建在地面上，再用30～60cm厚土将菜窖四周和顶部盖

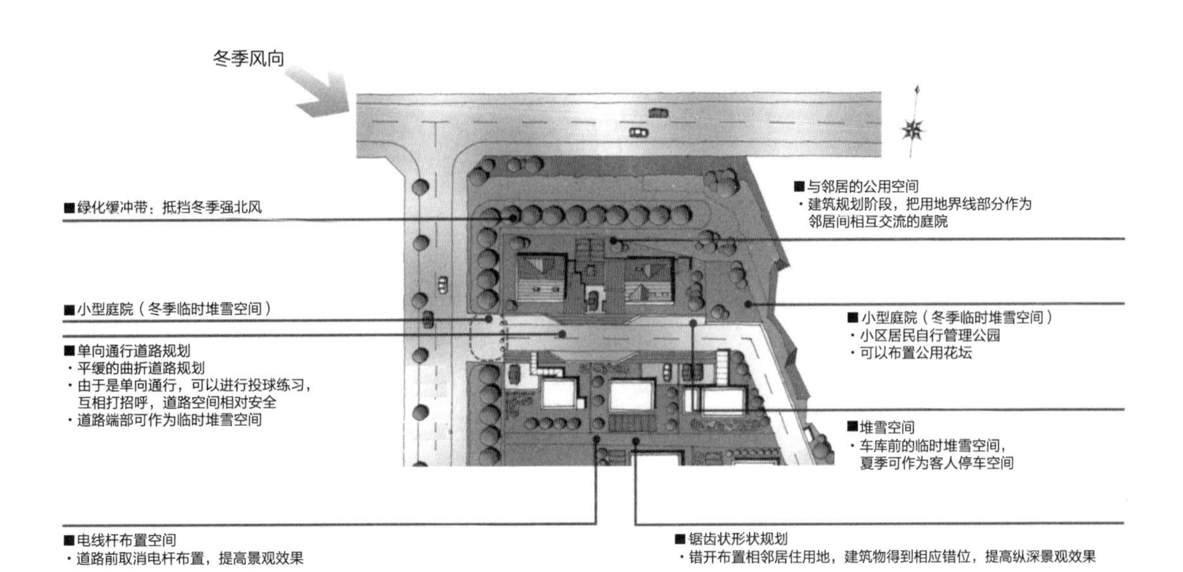

图7-4-4 “Sarobetsu”住宅地治理示意（出处：《丰富町“Sarobetsu”住宅》）

住。由于冬天被雪覆盖，窖内可以保持恒温。一年中也能保持一定的温度和湿度。很适合做食物和泡菜储存。“Sarobetsu”住宅区，每一户都拥有土包菜窖，都做了对应的防积雪措施。

3）无汽车小区

本案例是重视生态环境，放弃汽车出行为目的的小区规划，小区名称叫做霍普，位于德国弗赖堡市。规划设计面向没有汽车的家庭，在居住区内禁止行车，行车禁止区域内引进有轨电车，可直达城市中心街区。

此小区的居住区由无汽车居住区、有汽车但要停在小区周边集中停车场的居住区、有汽车可停在自家门前停车空间的居住区等三部分组成。由公共霍普协会牵头，以创建环境共存小区为目的，实行如下经营活动：

①提供替代汽车的各种服务。例如：合用汽车、包流动（加盟合用汽车系统，可以得到公共交通乘车优惠券）、流动服务所（为小区居民提供有关替代汽车的信息和建议）等；

②对住宅的节能设计和改造，提供指导和建议；

③提供地域信息、新闻和环境信息；

④招募志愿者，为入股式住宅建设提供支援。

由于在小区内禁止行车，以往小区的汽车道成为各楼座共享的中庭，使得出入楼座非常便利，小区的平面布置非常灵活。小区内的禁止行车，不仅解决了汽车的环境污染，而且对小区的空间构成和社区交流场所的形成，起了很大作用。

5. 结束语

环境共存型住宅小区的复原事业，要调查把握当时的住宅规划理论和地域环境规划，具体为：

①该住宅地规划理论是否继承了丰富的外部空间和社区社交场所规划；

②该住宅地规划理论是否与地域气候相协调；

③该住宅地规划理论是否可以尝试新的生活居住方式等。

（濑户口 刚）

第7章 注・参考文献

◆7.1 —注
1) 岡部明子『サステイナブルシティ』(学芸出版社、2003年)
2) 建設省(現国土交通省)「環境政策大綱」(1994年1月)(www.cbr.mlit.go.jp/eco/a/02.html)
3) 伊藤滋、高橋潤二郎、尾島俊雄監修『環境共生都市づくり』(ぎょうせい、1993年)
4) 国土交通省環境政策：www.mlit.go.jp/sogoseisaku/envi/index.html
5) 日本建築学会編『まちづくり教科書第1巻　まちづくりの方法』(丸善、2004年)
6) 岩村和夫『建築環境論』SD選書211 (鹿島出版会、1991年)

◆7.1 —参考文献
○国土交通省「美しい国づくり政策大綱」2003年7月(www.mlit.go.jp/keikan/taiko_text/taikou.html)
○岩村和夫「欧州・エコロジー見聞録③」『日経アーキテクチャー』1994年3月28日号(日経BP社)
○リチャード・ロジャース『都市　この小さな惑星の』(野城智也・和田淳・手塚貴晴訳、鹿島出版会、2002年)

◆7.2 —注
1) 国土交通省都市・地域整備局大都市圏整備課「大都市圏におけるコンパクトな都市構造のあり方に関する調査報告書」(2003年)、p.77
2) 社会資本整備審議会都市計画部会「良好な市街地及び便利で快適な都市交通をいかに実現・運営すべきか」(2003年)
3) 国土交通省「政策課題対応型都市計画運用指針(案)」(2003年)
4) 社会資本整備審議会都市計画部会「都市政策の基本的な課題と方向小委員会報告」(2009年7月、エコ・コンパクトシティの提唱)
5) 海道清信『コンパクトシティ』(学芸出版社、2001年)、p.29
6) ジェーン・ジェコブス『アメリカ大都市の生と死』(黒川紀章訳、鹿島出版会、1969年)
7) Peter Hall, "Urban and Regional Planning (Fourth Edition)" (Routledge, 2002)
8) 佐藤滋「コンパクトシティ」『シリーズ地球環境建築・入門編　地球環境建築のすすめ　第二版』(日本建築学会編、彰国社、2009年)、p.82
9) 地方都市:東京、埼玉、千葉、神奈川、愛知、大阪、京都、兵庫、奈良各都府県を除く人口5万人以上の市
10) Mike Jenks and Rod Burgess, "Compact Cities, Sustainable Urban Forms for Developing Countries" (SPON Press, 2000)
11) マイク・ジェンクスほか編著『コンパクトシティー持続可能な都市形態を求めて』(神戸市コンパクトシティ研究会訳、神戸まちづくりセンター、2000年)、p.84
12) Newman & Kenworthy, "Cities and Automobile Dependence" (Gower Techicol, 1989)
13) Richard Rogers and Anne Power, "Cities for a small country" (faber and faber, 2000)
14) DoETR, "Towards Urban Renaissance" (Urban Task Force, 1999)

◆7.2 —参考文献
○海道清信『コンパクトシティー持続可能な社会の都市像を求めて』(学芸出版社、2001年)
○海道清信「コンパクトシティの意味と可能性」『CEL』Vol.60 (大阪ガスエネルギー文化研究所、2002)
○海道清信「コンパクトシティは何をめざすか」『建築とまちづくり』No.312 (新建築家技術者集団、2003年7月)
○海道清信「英国生まれの『コンパクトシティ』、日本に応用すると」『水の文化』No.15 (ミツカン、2003年)
○海道清信『コンパクトシティの計画とデザイン』(学芸出版社、2007年)

◆7.3 —注
1) 国土交通省「地方公共団体へのアンケート調査」2003年9月

◆7.3 —参考文献
○糸長浩司「エコロジカルな暮らしのデザイン」『建築設計資料集成(総合編)』(日本建築学会編、丸善、2001年)
○浅野聡「日本及び台湾における歴史的環境保全制度の変遷に関する比較研究」『日本建築学会計画系論文集』第462号(1994年8月)
○葉華・浅野聡・吉田雄史・戸沼幸市「伝統的建造物群保存地区を核とした歴史的景観の保全・形成のための地区指定の現状と変化に関する研究」『日本建築学会計画系論文集』第506号(1998年4月)
○浅野聡「時代と共にひろがる町並み保全型まちづくり」『まちづくり教科書第2巻　町並み保全型まちづくり』(日本建築学会編、丸善、2004年)

◆7.4 —参考文献
○日本建築学会編『シリーズ地球環境建築・入門編　地球環境建築のすすめ』(彰国社、2002年)
○都市住宅「団地設計の歩みと現状　外部空間の設計について」『都市住宅』(鹿島出版会1968年5月号)
○黒沢隆『集合住宅原論の試み』(鹿島出版会、1998年)
○瀬戸口剛「公団賃貸住宅居住者が主体となる団地更新計画づくり—公団武蔵野緑町団地での試み—」『第26回日本都市計画学会学術研究論文集』(1991年)
○瀬戸口剛編『PUBLIC HOUSING DESIGN LIST 101』(日本建築学会北海道支部、1995年)
○北海道庁住宅課「北海道環境共生型公共賃貸住宅—次世代につなぐ北国の住まいづくりガイド—」(北海道庁、2001年)
○北海道豊富町「豊富町サロベツ住宅」(豊富町、2002年)
○J.H.CRAWFORD," CARFREE CITIES" , International Books, (2000)
○春日井道彦『人と街を大切にするドイツのまちづくり』(学芸出版社、1999年)
○岩村和夫「公営住宅団地の建て替えを考える/世田谷区深沢環境共生住宅の場合を巡って」『サスティナブル建築最前線』(ビオシティ、2000年)

案例 7-1

巴西库里奇巴市的挑战

◉总平面规划

巴西南部巴拉那州州府库里奇巴市掀起的生态设计热，受到广泛瞩目。库里奇巴市城市规划研究所于1966年，在建筑家乔治·威廉等人提出的规划方案基础上，制定出5个城市辐射轴为核心的城市基本规划。突出的特点是清晰的道路层次结构和联动的土地利用分区规划。沿着5个城市主轴，并行建设高层建筑，展现独特的城市景观。该总体规划还包括土地规划治理要求、城市街区再开发指南、历史性城市街区保护复原指南等内容，涵盖了现代城市所应具备的基本要素。

◉公共交通系统

人口超过100万的城市公共交通系统，通常都采用地铁或路面电车。而在库里奇巴市则利用5条辐射状干线道路上设置公交专用线，来缓解

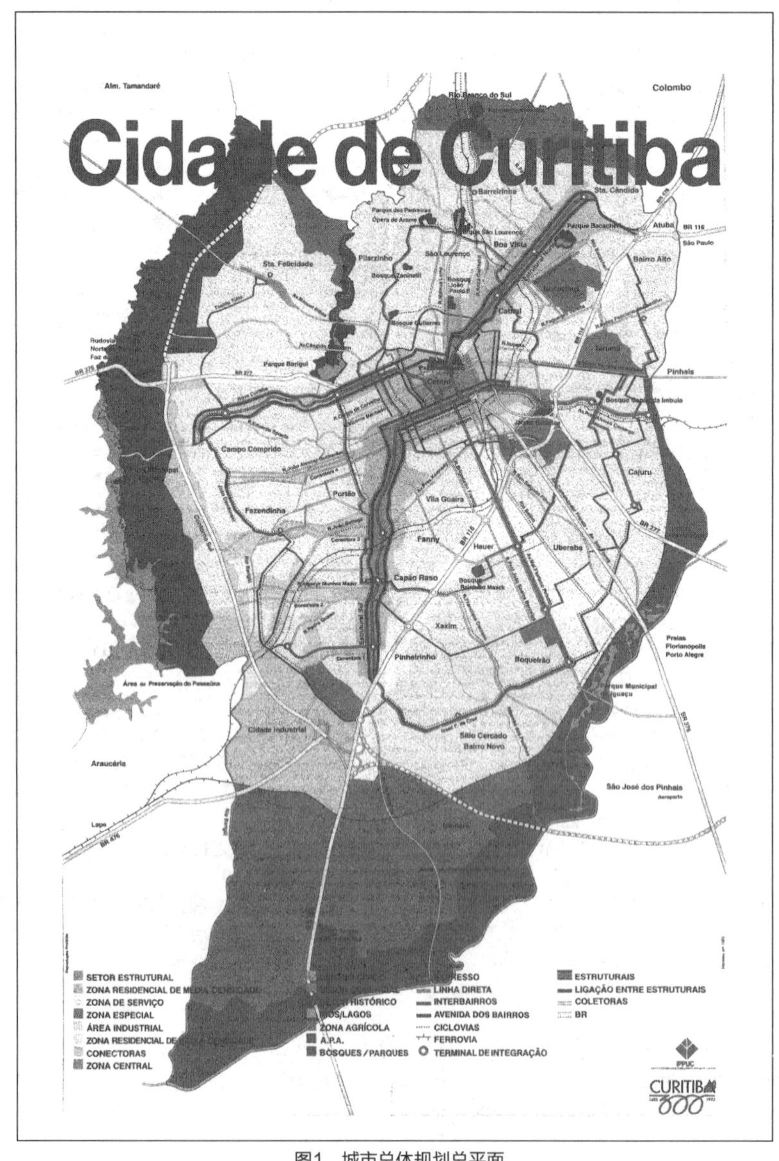

图1　城市总体规划总平面

交通拥堵、改善公交车运行、减少自驾车出行。两侧与干线道路平行的道路，被设定为单行线，加快汽车通行速度。夹在三条道路中间区域，采取高密度且高层建筑土地利用策略，土地利用规划和道路系统完美匹配。

被称为“都宝”的公交停车站，统一采用钢管和玻璃装饰。采取预售车票和同时上下车，使上下车时间缩短1/8，分快车、区间车等5种运营方式，车辆种类也有40人乘用小型车到可乘坐270人的3辆编组大型公交车。实行单一票价，可以就近快捷又方便换乘。该市实行的公交通行方法，车辆好看、等车舒适、开行时间早、票价低廉，站在乘客立场考虑问题，人性化管理，很受广大市民的欢迎。

◉共存型自然环境治理

库里奇巴市一改以往对土木工程事业的依赖，在城市内着手治理公共绿地，尽可能的恢复自然环境。沿着横穿城市的4条河流，整治公园和绿地，形成公园和绿地网络，既防止集中暴雨时的洪水泛滥，还可以有效净化自然河流，建设总费用也得到下降。市内原有的若干采石场，后来演变成垃圾丢弃场，早已被人遗忘。通过公园化治理，如今成为文化娱乐休闲场所。扎尼涅利森林中，建设有环境自由大学的学校，从儿童的学习场到项目讲座，进行广泛的环境教育实践。被称为钢丝歌剧的原采石场遗迹中兴建的歌剧院，经常举办音乐会，让市民切实感受环境的重要性。该城市人均绿地面积达到55m^2，属于很高的水平。

◉历史性城市街区的复原与再开发

19世纪后半叶，库里奇巴市中心建设有铁路，也有过曾经的辉煌。后来与汽车社会相冲突，被遗弃和荒废。在1970年，力排商店业主的反对，实行汽车禁行，把“津杰道”成功转变成

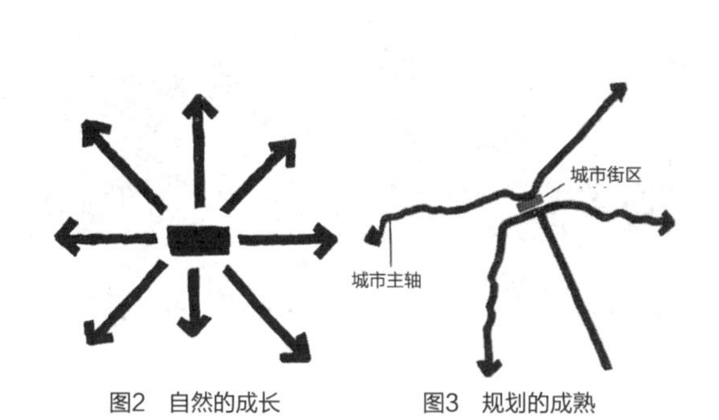

图2 自然的成长　　图3 规划的成熟

照片1 空中俯瞰城市轴

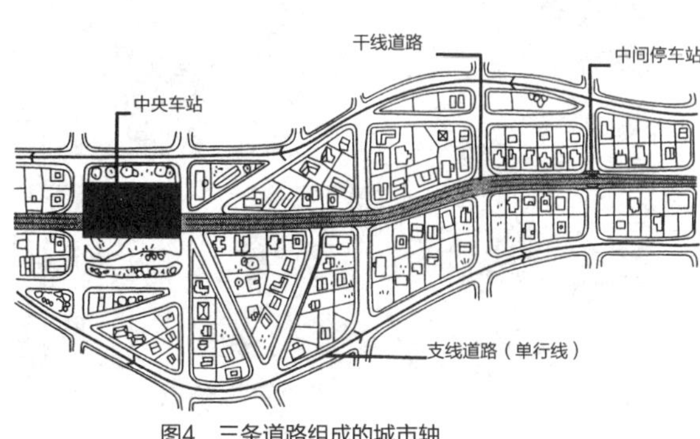

图4 三条道路组成的城市轴

照片2 被称为“都宝”的公交停车站

步行街。之后陆续推行广场等行人专用道路，中心街区逐渐恢复往日的生机。其中有一处叫做“比劳乌里尼奥”拱形商业街的鲜花市场很有名。

◉市民参与型城市建设

库里奇巴市城市建设包括教育、福祉、就业等概念，目的是让市民理解城市建设，热爱城市，使得城市建设走上比较理想的捷径。用资源性垃圾交换食物和文具用品的绿色交流制度就是以垃圾收集为目的，以食物和教育为辅佐内容的城市建设工程之一。动员儿童参与公园绿地的维护管理，也是出于同样的目的。

设置在小学里的智慧灯塔和城里的灯塔，不仅设计和蔼可亲，而且还是可以上网的城中小型图书馆，是地域活动据点。

◉城市建设行政样板

环境城市库里奇巴取得的诸多成绩，离不开城市规划研究所的辛勤工作。众多建筑家、规划师、风景景观设计师、环境问题专家亲自参加建设项目。建筑家加伊米·雷涅尔也是其中的一员，他在建设初期担任城市规划研究所所长，20世纪70年代后连续3届担任该市市长，任职时间长达12年。

库里奇巴市人口达150万，是发展中国家的城市。虽然城市治理规模很大，但没有投入巨额

照片3　环境自由大学

照片5　步行街

照片4　歌剧院

照片6　鲜花市场

投资。城市建设有效结合教育、医疗、福祉、就业等领域，以独特的城市建设方式，实现了性价比极高的城市建设。建设方式虽然也是20世纪城市规划论的具体应用，但在经济性、地域历史性和文化方面取得的成果，受到了较高评价。社区交流组织方式、容易付诸实践的组织结构、领导能力培养等方面，对日本地方城市建设会给予许多启示。（南條洋雄）

◆参考文献

○日本建築学会編『建築設計資料集成―地域・都市Ⅰプロジェクト編』（丸善、2003年）

照片7　智慧灯塔

照片8　绿色交换

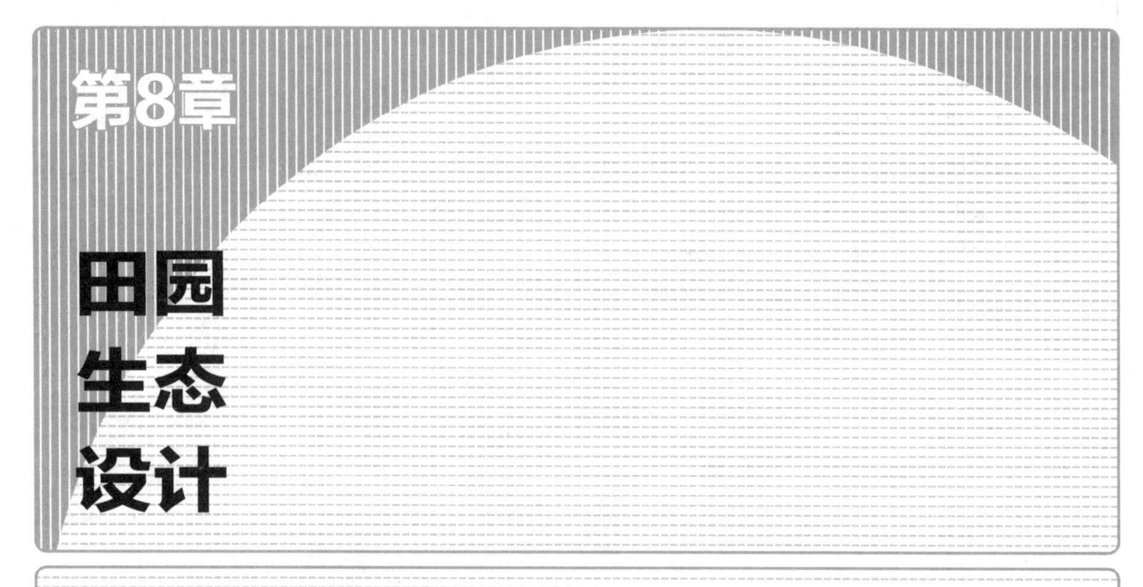

8.1 群落生态设计

日本的群落，都在多种地形、不同气候和风土条件下形成，具有各自独特的形态和个性（村落形式）。群落都是迎合环境条件亲自动手形成空间和社会的结果。

群落不是自然发生的，而是人类团体在很强的规划意识驱动下，形成的环境造型。观察群落，要以规划视点把握先人的群落建造意图。

要弄清楚先人为何在此地建造群落[1]，有什么依据认为在此定居可以安全生活，为何在此地建造房子并把房子相互连接组成共同空间，是如何开垦土地和分配土地的，如何长久地利用环境资源组成生活、空间、社会架构等问题。

先人们选择环境并建造群落，一定是具有很强的规划意识，思考过群落的生存和子孙后代的继承问题。至今仍然充满生机的群落空间，都是经过了数世代的历史和生活过滤，得到验证而形成。

这些由传统的土地利用和空间构成的农牧渔村，都隐藏着现代社会可持续发展所需要的生态设计启示。在此前提下，讨论群落的生态设计话题。

1.《图解群落的空间与规划》

作为由日本建筑学会农村规划委员会主导的共同研究成果，在1989年出版发行了《图解群落的空间与规划》一书[2]，该图书理解群落的出发点是：群落是人类集合居住的原点。群落提供人类集合居住所需基本关系。对我们建筑研究者来说，群落是学习生活空间的学校[3]。

研究小组主持人重村力先生在卷头论文《群落规划目标》中谈道："群落在丰富和发展过程中，不断吸收可变因素，构成规划目标，进一步分解为环境结构的充实、发展、变革等替代目标"。把"明确群落社会的环境架构，在此基础上吸收可变因素形成规划理论"定义为："环境形成型群落规划"（群落平面规划）[4]。

白砂刚二学者在《作为定居据点的群落生活论》中指出：群落的空间形态在人类团体生产生活过程中形成。尤其日本的传统生活方式，其多数是自立型，需要在有一定范围的土地上定居，在群落生活中不断传承其土地资源遗产，在此过程中逐渐形成群落的空间形态。近代居住空间是在不断追求现代社会单一的、没有个性的、人为过剩的服务享受型生活方式的过程中形成。而群落空间形成正好相反，具有与近代居住空间成反命题的存在意义。研究群落不能停留在其空间形态层面的认识上，用现代的再生方法研究支撑群落空间的生活方式。强调用超越保护原有固定群落形态的思维模式，继承“传统的内在功底”，指出文化的继承价值和方向[5]。

这里引用的上述两篇论文，都包含着眼于群落的规划性、生活性的理论意义。

《图解群落》一书，由群落空间规划理念、群落空间认识、群落空间规划等三部19个章节组成。作者们（参加编写的作者有25人，专栏作者有10人）的群落认识和研究观点有以下若干共同点：

第一，都将环境资本、世代传承等时空概念作为认识群落的基础，对无视这些概念的近代规划理论持批评态度。尝试从群落的内在生活、社会、空间形成诸原理的理解出发，构筑新生活空间规划理论。

第二，没有个别处理居所、地域设施、共同空间等群落组成因素，有结构性的选取群落这个环境总体与个体的相互关系。认为群落本身就是与环境共存的、与自然环境为一体的，这是一种用发展的观点对待生态问题的构思。

第三，都认为生活、社会结构与居住、群落空间结构相统一。家、村庄社会、生活方式反映群落的土地利用和景观，形成群落空间。

第四，大多制作空间观察、实测、模型图。多数采取图解的手法，解释生活、社会架构和原理以及空间的对应关系。

第五，规划理论不仅可以指导制造物体，而且还要追求环境形成、便于利用和管理的可持续性发展可行性。学习群落智慧，超越居民参与，朝着住民、地域为主体的规划理论建设迈进。

上述观点也可以说是通过野外实地考察、学习群落的结果。并没有失去现代意义。《图解群落》一书所描写的展望，与追求现代生活、环境、建筑可持续性发展的社会潮流是互动的，相互发展的。近代规划逃离理论，是以自然地域共存为基础，推进建筑、环境设计和景观规划。而作为定居据点的群落生活理论，则主张新型农村生活理论和回归大自然型田园居住理论。而且寻求城市与农村的新的交流和共存模式，追求有效利用农牧渔村丰富自然环境的活动和设施。研究领域延伸到研讨会型地域建设、综合性农村环境教育研究等[6)7)]。

2. 现代日本之群落

根据2000年世界农林业的估计[8]，日本的农家总数为312万户（占总户数的6.6%），农业人口为1346万人（占总人口的10.6%），耕地面积为388万公顷。2000年的农林渔业产值占日本国内生产总值（500兆日元）的1.6%。

1970年的统计数据是：农家总数为534万户（占总户数的17.6%），农业人口为2659万人（占总人口的25.9%），农林渔业产值占日本国内生产总值的6.1%。之后，农家的人口和户数比例以及农林渔业产值比重确实逐年在下降，反过来国土环境形成和国民居住地的比重和作用逐渐增大。

目前，日本还有13.5163万处农业群落。属于群落的耕地和山林等的总面积为3241万公顷，群落中的总户数为2882万户。这个数据表明：由群落管理和使用的土地面积占国土总面积的86%，在群落居住的居家数占总户数的61%。

群落居住者的多样性是现代群落的最大特点。1960年之前的群落和农村地域相对稳定，多数以种植水稻为主的农业生产作为经济基础。之后随着城市化和农业的快速发展，农业和农家生活也发生很大变化。一部分农家和农业地域加入高收入行列，大部分农家和农业地域转入维系生活和兼做农活的行列，两极分化非常明显。群落中开始混合型居住化。

据2000年的估计，每个群落中的平均户数是

213.2户，其中农家户数为22.8户（10.7%），非农业户数为190.4户（89.3%），非农业户数占压倒性多数。群落中从事农业的人口比例，在城市地域、平原农业地域、丘陵农业地域、山区农业地域，依次为3.5%、27.1%、28.3%、31.2%，可以看出，不管是哪一个地域，非农业人口比例要高于农业人口。

群落曾经是以农业为生计的农家居住地，都是作为农林渔业的生产空间和食物生产基地。如今已经转变成以农业环境为基础的农业和非农业人口居住空间。

日本的农业群落，不管是在哪一个地域，农业劳动力的不足和高龄化，使得耕地、山林、家庭的维持，出现问题。另一方面，农村的外人排斥力在弱化，经济上、时间上相对宽裕的老年人以及渴望农村生活的非农业人口涌进涉农行业的可能性也在增加。近年来，评价生活质量排除金钱因素，探索崭新的群落生活方式的运动正在展开也是不争的事实。

照片8-1-1　关东平原的群落村（摄影：齐木崇人）

照片8-1-2　砺波平原的宅基地与周围树林

20世纪的城市化和工业化，地球环境到了崩溃边缘。对恢复地球环境，多种主体与环境共存，建设可持续性发展社会，由于群落以农业式生活、社会、环境为基础，其作用也许会很大。

3. 学习群落生态设计启示

1）自然与宁静环境建设原则

日本的55%群落是聚集村庄，聚集居住的睿智也存在于其中。

照片8-1-1是关东平原典型的聚集村庄（也叫做槐村）空中照片。可以看到，沿着河岸地势较高处，一个个居家聚集在一起，村庄周围是菜园和农田。聚集村庄被宅基地树木包围，每一居家的主屋都是朝着同一方向，按照一定顺序陈列。主屋全部是南向布置，每一家宅基地都是由若干南北向道路和道路分支分隔并围合而成。群落很自然地聚集成一体。建筑物的布置和宅基地四周的植树足以抵挡强风袭击，聚集居住生活适宜自然条件，从照片完全可以读取人类智慧。

群落环境建设的特色之一，就是建设不与自然争吵、与自然共存的关系为基本。20世纪得到飞速发展的土木技术是克服自然的技术，它是在认为自然不可怕、自然可以征服的思想指导下，以开发为目的的技术，是20世纪进步的象征。到了21世纪，这种思想认识已经不适用时代要求。因此，很有必要重新审视不与自然争吵的群落环境建设方法，寻找合适的应用方式。

2）迎合风土，可以得到充满个性的景观

散居村落（占群落总数的14.8%）是群落形式的另一种类型。回想东北的“IGUNE”以及砺波平原的宅基地树林、簸川平原的筑地松树等景观，就浮现稻田中间被宅基地树林围起来的民

居，是一个非常独特的群落景观。

散居村落的宅基地在平原都是独立存在，都直接承受风雨雪。所以住家都是用宅基地树林围起来。地处砺波的散居村庄，由于没有山地，宅基地树林是珍贵的燃料资源，连树叶都做肥料。而且成材的树木可以用作房屋建筑材料。

散居村庄的住家，一般四处散落，住家布局有无秩序的错觉。但是宅基地与农田、宅基地与道路、河水之间，保持着一定的空间秩序，水土利用、人间关系网络都很巧妙地隐藏在其中。适合气候风土的宅基地和宅基地树林、农田、水利用等的空间组合，构成散居村庄景观。

为了防风，不同群落都形成独特的景观。在日本海沿岸的各个群落，为了抵挡冬季西北风都设置竹子篱笆。竹子篱笆称呼五花八门，在东北叫做“KATTYO”，在“奥能登”叫做“间垣”，在“出云”叫做“MADATE”等。“奥能登”的“上大泽”群落，到了夏季分段打开竹子篱笆，便于通风。到了冬季又添补上打开之处，使竹子篱笆封闭而坚固。群落内部冬暖夏凉，比起围墙好处多。包围群落的竹子篱笆原以为是群落的共有财产，其实都是个人所有。每户负责某一段，把各户负责的段落连接起来，就成了围合全体群落的竹子篱笆。

不同地域，适应风土的方式和方法也各异，表现为地域景观个性，也是不同的民居景观和地域景观在不同地域中的投影。正因为如此，传统的并行街区和群落景观始终充满美丽与个性。

3）宅基地与群落空间秩序：空间关系与集合的组合

鹿儿岛县知览町，有一座让人想起冲绳与萨摩文化交流的美丽群落。从群落骨干街道进入宅基地，映入眼帘的是阻挡魔鬼进入的石墙，从石墙边可以进入主屋。走出主屋是绿荫葱葱的庭院。

该群落引人注目的是，各个宅基地与街路景观之间的关系。露在街路两旁的绿色，其实是庭院的，是由庭院的树篱构成街路景观。靠近街路的所有宅基地均遵守这个空间构成原则，与街路共享美丽的街路景观。这里的个体与集合的关系非常有规则，庭院和树篱内外设计，完美连接宅基地和街路（参见照片8-1-4）。

沿着道路两边并行陈列民居形成街区形式的群落，也是聚集村庄一个典型案例。从照片8-1-5可以清晰地看到个体土地与群落土地利用之间的组合关系。

照片8-1-3 “奥能登”的上大泽群落之竹子篱笆

照片8-1-4 鹿儿岛县知览町的宅基地与街路景观

照片8-1-5 关东平原的街村之土地利用（摄影：齐木崇人）

群落的中心轴是古老街道，两侧并列狭长形私人土地。个人土地面向街区的部分是宅基地，背向街区的部分依次是菜园、宅基地树林、农田。个人土地利用呈现宅基地、菜园、宅基地树林、农田为一体的组合形式。每一个住家的宅基地树林相互连接成一片，整体上形成群落树林。单个宅基地树林之间的集合，组成坚固的群落树林，抵挡关东平原强风，有效保护民家。也就是，每一个住家高明的集合在一起（互相帮助），组成一个群落环境，每个住家在群落中都有其固定位置，共同守护群落以及个体。凸显个体与集合相互补充和相互依存的环境组合关系。

4）共同空间与祭典：时间与空间节目设计

①共同空间

仅有各宅基地的集合，不能形成群落。在群落的适当之处，都有神社、石佛、寺庙等祭典场所，有广场、山庄、道路、水渠等公共空间。群落空间是按照一定秩序形成。

中国云南傣族群落，在群落中央有一座称为“海宰曼”的广场。根据实地调查当地语言得到的答案是：“海”的意思为中心、“宰”的意思是心或者灵魂、“曼”的意思是“村”。据此直译便是“村庄灵魂中心”。该广场摆放有石头等祭拜物，并建有一座神庙。祭典逝者，必须经过此广场，在位于群落入口处的寺庙停放后，再送往火葬或者墓地。最近在群落开的唯一一家杂货店，也位于广场附近。“海宰曼”的确是群落的精神象征。

照片8-1-6　傣族群落中心广场（海宰曼）。左边房子是神堂，旁边的石头是祭拜对象，右侧远处是杂货店。

除了在这里介绍的“海宰曼”以外，其他群落也有许多各式各样的共同空间，所赋予的意义也不尽相同，大多选择有意义的场所，都具有象征性的形状。有的场所一看地名就可以知道该处是祖先的记忆和智慧之所。

②祭典

景观是人类营生的反映。民俗学家樱井德太郎对祭典的解释意味深长。他认为，祭典都是在最辛苦的农作结束以后举行，也就是气（日常）枯竭，身体的精气和能量处于最低潮时举行祭典活动。通过祭典活动，力图恢复元气，争取超越。的确，祭典通常在一年生活周期中的年中举行，并且有持续性。

祭典多少都有神事的含义，是一种大家在一起喝酒、唱歌、跳舞等的复合性集会。祭典和农作一样，已经渗透到日常生活当中，都很自然地等待祭典活动。这种参加者不会感觉负担的祭典形式，很值得我们学习。

留在心中的景观，大都是通过空间和时间（季节）上的重要节目活动而形成。从空间结构上看，位于群落中心、端部（出入口）、轴线（主要道路）等处是节目的活动场所。从时间秩序和关系上看，年中祭典和集会是节目生活时段。当祭典是时间意义上的节目活动的时候，群落的共同空间（空间意义上的节目）将成为舞台。祭典景观是生活与空间为一体的生活景观。如何整理和表现留在心中的景观，也是重要的关切点。

4. 群落生态设计方向

美丽的群落，都有不违反自然的环境建设原则。只有每一个宅基地秀美，群落也才能够形成完美的空间结构。共同空间也要设置在合适的场所，使其在精神和功能层面起到重要作用。美丽的群落都有若干共同之处。

美丽的群落在建筑物、宅基地、农田、山林等的建设方法和集合方式方面，顺应自然意志，具备其生活的合理性。这一点应引起注意，今后一定继承和发展。为此，新型的群落规划很有必要。在进行新型群落规划时，应遵循以下方针和要点：

①要把握群落空间的文脉和结构，抓住场所的意义和形态。群落的中心、出入口、道路是考虑景观的重点。在日本和韩国的群落出入口，也有寺庙、古树和大树。这些地方不单单是出入口，它还是精神文化意义深厚的地方。精神上的亲生态也是亲生态设计范畴。从这个意义上看，精神文化型特定场所当然是景观治理重点。群落空间节目活动场所、建筑物、共同空间的形态、意义和功能都是研讨的关键。

②从单体（家）和全体（群落）两方面，都要进行景观的形成与治理事业。在进行单体空间设计的同时，也要进行单体与单体、家与道路、共同空间与个体空间交界、空间与空间的连接、个体宅基地景观与地域景观的连续性、空间结构的组合等设计。生态设计也是空间与空间之间的相互关系的调整。

③亲生态设计应该向群落与群落等更广泛领域延伸。一个生态系的规模通常都要超过个别群落，日本的大字、旧村等规模属于现代意义上的生态系范畴。这就要求群落群范围等更加广泛领域的亲生态设计。群落是构成生态系的一个基本单元，明确水、绿色、道路的生态网络，进行设计、应用和管理。环境设计必须延伸到群落之间的水路网络，延伸到群落之间的古老街区、山林、绿色网络化和经营管理。现在的情况是，城市与村镇的合并事业正在向前推进，更广泛领域生态系统管理主体的培育事业有些滞后。以城市与村镇的合并事业为契机，很有必要重新审视连接群落与地域生态系的环境规划，培育超越群落范围、共有环境的地域主体。

传统的农牧渔村群落，原本自行形成可持续性环境资源的利用与管理的综合系统。随着农村社会结构、农业生产形态和消费生活的变化，也发生巨大变化，甚至地域内的物质循环系统陆续遭到崩溃。生态景观材料的就地取材比较困难，只能由工业产品替代。生态网络的关键因素农业用水渠，有些地段变成暗渠，有些地段则用混凝土三面围起来，呈现与自然渐行渐远的形态。在农业生产中，过度使用化肥和农药，使土地利用循环系统遭到破坏，农村的生态和可持续性显著下降。原本相对容易实施的土地利用和环境管理以及地域内循环系统规划，已经变得难以持续。随着青壮年劳动力的流失与务农高龄化，代代相传的农家、村庄、环境的持续性陷入危机。以上这些是现代农业面临的严峻现实。

因此，迫切需要崭新群落的生态设计。在现代群落中，还留有很多农田、山林、水路、道路、神社、寺庙、活动场所、民居等环境资本。现在要解决的问题是，运用生态土地利用方式和环境管理系统，以地域为主要动力，积极进行复原与重生事业，把失去的环境资源重新找回，使之步入可持续性轨道。

群落的生态设计，不能停留在景观设计。循环型土地利用系统设计、农业环境资源生态网络设计、环境经营管理的主体培育与参与设计等都是群落生态设计的重要内容。美丽丰富的景观设计自然也是群落生态设计的重要内容之一。

群落的生态设计是一个综合性设计，实施内容涵盖上述所有因素。最终形成的群落景观自然是生态生活的投影，自然是可持续土地利用和环境管理的社会共同性的反映。（山崎寿一）

8.2 水系与水流域设计

生活在地球的所有生命，都受惠于水的存在，没有水也就没有生命。水环境不仅是人类，而且是所有生物的生命之源，是生物生存的基础。21世纪是环境共存时代，水环境问题理所当然是时代主题之一。

一条河流及其流经领域，应该是一个统一的生态系，也可以看作是世世代代居住在此地的人类，用营生积累下来的社会性、文化性地域。因此，水系与水流域设计也可以认为是该地域的设计问题。

1. 以水系为本的土地利用秩序

勒·柯布西耶在《光辉城市》[1]一书中，用很简洁的素描解释水系形成的土地秩序（图8-2-1）。土地从山谷向海岸扇形展开，沿着海岸线呈水平状形成，而水系沿着山谷倾斜面顺势而下。包括担负重要作用的水系在内，一个地域就这样形成。

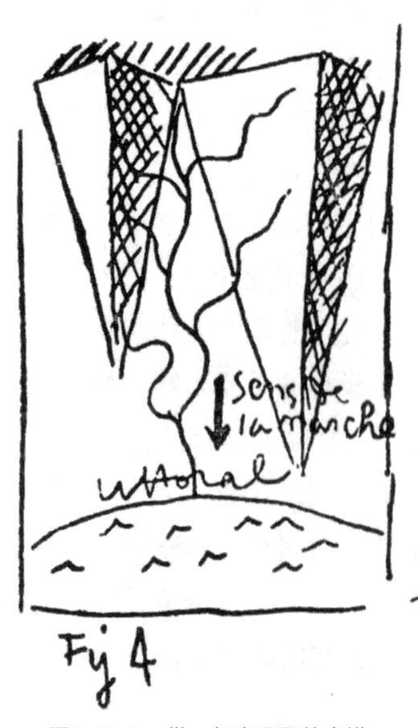

图8-2-1　勒·柯布西耶的素描
（出处：勒·柯布西耶《光辉城市》鹿岛出版会，1971年）

原来的工业都是自发地设置在山谷中，就近采矿作为原料，利用倾泻而下的自然流水作为水车动力，山上的森林作为燃料。随着森林的消耗殆尽和蒸汽机、电动机的出现，到了近代，工业体系逐渐向下流域城市渗透或者向城市周边转移，造成土地利用的混乱。

在古代日本，群落中的水稻耕作，水的利用也是不可或缺的要因。在山村利用泉水和溪流浇灌梯田，在平原农村利用水渠引水灌溉农田。缺少河水的地域利用蓄水池补水，沼泽地域利用开挖水沟进行土地排水干化。要想得到干净而丰富的水源，流域中必须保证丰富的森林存在。水利和土地利用秩序就是以这样的水系为基础形成并得到发展。

大象俱乐部在调查研究中发现，冲绳县名护市的格式布局就是沿着从山上经过平原流入大海的小型水系形成的群落土地利用秩序，并把它命名为“原山型土地利用类型”[2]。图8-2-2是剖面示意图，图8-2-3是平面示意图。图中可以看到，土地利用是沿着河流一直到海边（山地保护区→群落水源地→山地农田→山腰森林→平原农田→群落→海岸防护林→海滨）连续展开。名护市的基本构想与规划，将此“原山型土地利用类型”作为以后的土地利用规划基础。还有，据宫城真治氏的《原山村庄》[3]，冲绳的群落在选择用地时，首先考虑其背后的山腰是否有森林，其次再决定各个住家的布局。海滨的野草地是迎接海神国之神的场所，该祭祀空间位于贯穿山到群落至大海的轴线上。传说中的该海神是看护每个家庭之神。冲绳的土地利用是如此地与祭祀空间布局相连接，很有特色。

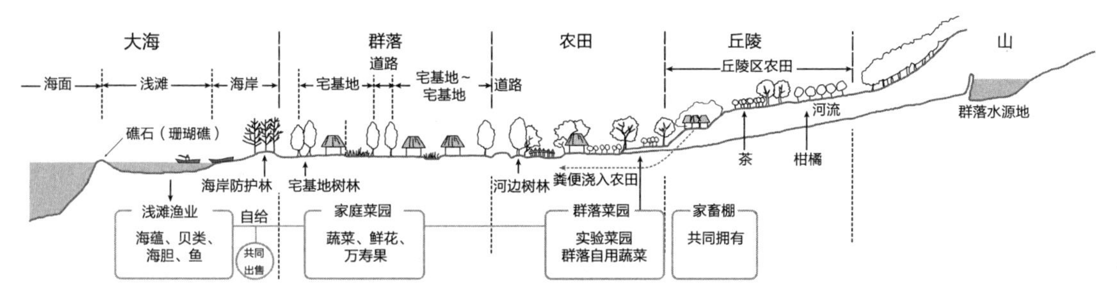

图8-2-2　冲绳原山型土地利用：名护市
（出处：日本建筑学会《图解群落》都市文化，1989年）

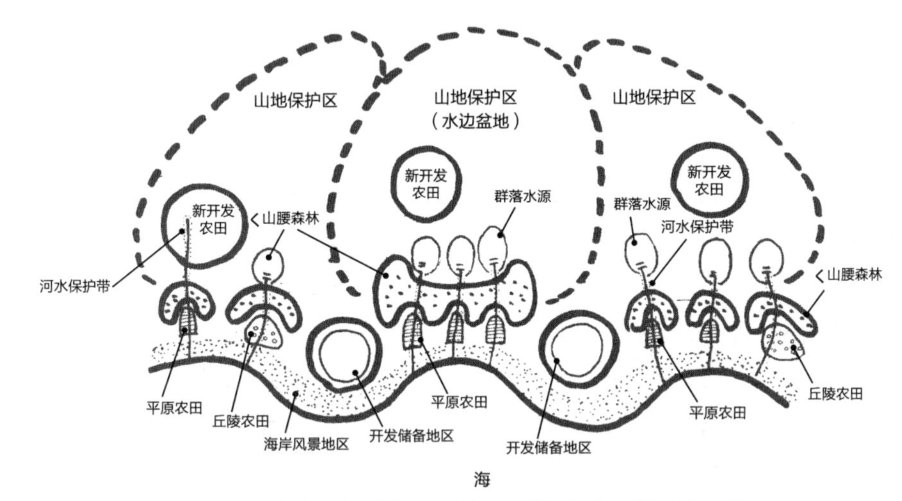

图8-2-3　冲绳原山型土地利用：利用和保护自然的土地利用组合
（出处：日本建筑学会《图解群落》都市文化社，1989年）

2. 水利用与水治理秩序

与整个水系秩序直接相关的是水利用与水治理。日本传统的水治理与利用，据说大约是在藩政时期开始完工。其生态方法和设计，有重新思考价值。用于水利用与分配的围堰、闸门，治水目的的护堤与治水设施，既有目的性也有水景观赏性。

在广大的水系领域，构思水治理与利用系统，采用优秀的土木技术，进行水治理与利用工程。水系系统的最初设计师是经历了乱世到太平转换期的战国武将。位于有明海沿岸水乡地域的柳川城城主田中吉政就是其中的设计师之一。田中吉政在“关原”战争中立下战功，被授予筑后国君，定居于柳川。在他的指挥下，建设柳川城和水渠纵横的城下町。还实施大规模“干拓”护堤（本土居）建设，推动干拓地开发，与之相对应进行必要的水利体系治理。为了满足城内、护城河以及下游农田灌溉需要，治理两条河流水系，开凿原属于“感潮河”的“花宗川”河并与矢部川河相连接，保证水源的稳定供应。从那个时期开始，确立了该地域的水利体系基础[4]。

田中家族到第二代绝后，筑后国被分割成3藩国，矢部川河成了久留米（有马）藩国和柳川（立花）藩国的国界。之后两岸的水源争夺战此起彼伏，现存于矢部川河的围堰、循环水路、严格的水利惯例充分证明那一段历史。作为水系，河流是一个统一体，同时河流又可以是国境、省界等边界，起协作与竞争的媒介作用。

在治水方面，矢部川河左岸有一处被称为千

间土居的长达2km的楠木土堤，其中“船小屋中洲”大楠木的树龄超过300年。藩政时期的治水技术值得一提。它体现不与自然相对抗，引导自然达到目的的日本人的自然观。治水技术比较柔和，具有符合自然规律的形态。

近年来，对水环境中的河流的作用达成共识，治水中兴起亲水空间设置、护堤工程中采取多种亲自然方法。需要提醒的是，水治理工程不能成为金太郎糖果，要参考传统的利用与治理水的智慧和技术，要充分反映地域性。另外，鉴于河流的连续性，可以考虑河流的生态回廊设计。

3. 水系设计

大山深处的每一滴水合在一起变成溪流，沿山谷而下。与河水合流逐渐变成大河，最终流向大海。人类在此中间，运用各种方式利用河水。每一次的利用，都会改变水的姿态和形状，相应的水系设计要素也很丰富。从基于水系的土地利用秩序上看，河水的上、中、下游和与之对应的土地利用，各有固定形态，具有地域的固有特点。下面通过实际案例，探讨其中的一部分固有特点（图8-2-4）：

①泉水

泉水的形式也是多样。有的不知从哪里冒出来最终成为河流的源泉，有的则在原地不断冒出来形成水池。有名的泉水之乡为数众多。根据渡部一二的调查，岐阜县郡上八幡町的泉水资源非常丰富，规划了分阶段利用以后，重新汇入河水的水循环系统。有意识地把泉水汇集在一起，形成水上乐园用于划船、戏水等设施。在城镇里的泉水池“宗祇水”，举办祭典水神节，天然游泳场是孩子们最喜欢的游乐场[5)]。

②梯田

梯田是山村农民为了种植水稻，经过千辛万苦在山地上改造出来的农田。它在保护水源水质、防止滑坡、保护生态系统等方面，有许多作用。位于福冈县矢部川河支流星野川河最上游的星野村，全村到处都是利用石头围起来的梯田。多数梯田利用汇入星野川的溪流和泉水作为水源，开挖人工水渠灌溉梯田。作为冷水对策一环，水渠建设非常发达。被入选百家梯田。代表星野村的广内、上原梯田一共有137段，425块，如同文字描述，看上去简直就是直上云天的水金字塔。

坡地上的梯田坡度平缓，绿色覆盖，展现与石堆截然不同的景观。据说北国的梯田在最上部设有储水池，与农田上的积雪一起作为灌溉水源。

在全日本放弃农田耕作思潮下，各种维持和保护梯田的活动正在陆续开展。业主制度的实行、志愿者的耕作支援等流域内的相互交流和相互支援也都在迫切等待。

③河流

人有人相，河也有河相。这是一句称得上名言的话。观察福冈县的三条代表性的河流筑后川、矢部川、远贺川时发现，它们的河相的确存在差异。河流是自然现象之一，河相与地质和地形条件、倾斜度、森林大小等自然环境密切相关。人为的干预自然环境，环境发生各种变化，为了治理和利用水而修建的人工构筑物、护堤，甚至进行外科手术式的河流路径替换或改变，还有河流管理等系统性因素，这些就是河相形成的原因。

在河流的自然复原中，如何使其向柔和河相转变，就是今后需要解决的课题。

④水路

河川上游的取水通过修建的水路流入灌溉地，再进行适当分支滋润农田。广泛区域的水路网与田园之间的连接，保障生态系的多样性。但是，把水路当作农业专用，为了提高用水效率水路三面采用混凝土等，生态系和景观受到影响。群落周边的生活废水也变成明排，污水处理上也存在问题。滋贺县甲良町在治理苗圃的同时，实施群落排水处理，使用挖出来的石头建设排水沟和亲水公园，并形成网络，建设溪流乐园。这是一个有前瞻性的案例。

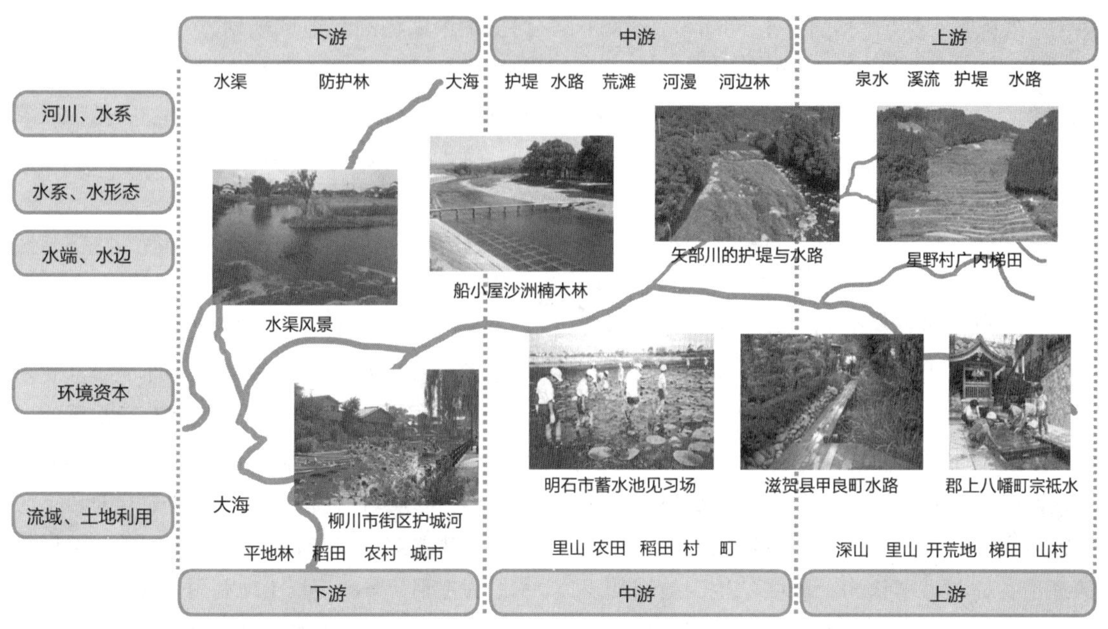

图8-2-4　水系设计

⑤蓄水池

在濑户内海岸、四国、离岛等地，河流稀少，降雨量也小。这些地方都建有大大小小各种蓄水池来补充用水。随着近年来的耕地减少，也有不少蓄水池被遗弃或者被填埋。根据工藤和美的调查，在著名的蓄水池使用地域明石市的皿池，把原蓄水池改造成生物栖息地，作为孩子们的环境教育场所。孩子们可以在干涸的储水池，享受发现生物的喜悦，学习和体验各种生物[6)]。

⑥水渠（护城河）

水渠一般都是开挖邻近大海或者湖泊的低洼地而形成。潮来、近江八幡、仓敷、佐贺、柳川等地方，在日本曾经都是值得怀念的风景水乡。广泛分布在有明海岸低洼地的纵横小河，都是为了解决农业和生活用水，人工开挖出来的水渠。兼有防洪和防旱功能，为了有效控制水量，采用非常细致的设施。为了有效保持水量，定期实施清理水渠内污泥等措施，共同完成水渠和护堤的维护管理。柳川市民阻止护堤填埋规划，成功实施河水净化规划。该案例是可持续性水环境保护的模范事业，造就了“水法”的诞生。

⑦运河

人工开凿运河，原先都是为了水运。如中国的大规模运河，至今仍然用于船运货物，其他地方的多数运河被陆上运输所代替，被世人遗弃。位于日本出海口的大城市运河，几乎都已经被填埋。恢复运河和船运，从节省运输能源和充分发挥地域资源的观点看，也具有一定的可行性。近年来，欧洲各地兴起利用运河组织旅游观光的事业。

⑧大海

河水的最终目的地是大海。

大海无条件接受河水的流入，是流域生活质量的一面镜子，保障流域的健康最重要。大海是孕育生命、净化污染、生态循环的重要场所。尤其海边滩涂地，最具有生物多样性，也是生产高产区域。

4. 流域的生态系

从生态观点看，水系是一个生态系，流域是一个整体性地域。这个观点的形成得益于拜读伊恩·伦诺克斯·麦克哈格的著作。

20世纪80年代，美国兴起“生命地域主义”（生态地域主义：参考专栏1）思潮，波及范围广泛，可以比喻为：静静地领悟到星星之火可以燎原。对此，长谷川敏彦的解释是：自然本来就是气候、地形、植物、动物、人类文化等相互依存和活跃的生态场所也就是生命的地域，与政治境界、州界、国界没有关系。生命地域是由河流、火山、动植物等代表地域的因素自然划分出来的。对抗文化的口号是：作为自然的一员居住生活。生命地域主义就是汲取对抗文化血统的环境主义[7]。有一本书紧密联系一系列地域主义动向，成了“生命地域主义”思潮的理论脊柱，该书认为：流域是生命地域的一个存在形式。该书就是伊恩·伦诺克斯·麦克哈格所写的《设计结合自然》（原书：1969年刊）一书[8]。麦克哈格直接面对当时的环境危机，进行告诫、宣布、说明和整理。他作为城市规划学家、景观建筑学家，从生态学的观点出发，提出了未来标准和地域规划方法与方向。认为地域形成是自然要素相互作用的过程，从中可以发现某种相对的价值体系。图8-2-5是根据波托马克（Potomac）河流域调查研究，综合得出的土地利用方向示意。

路易斯·曼霍德在序文中写道：“科学洞察与建设环境设计完美结合，是该书的最大贡献。”过很长时间后的1994年，该书被翻译成日文，在日本发行。方知1977年第三次全日本综合规划（通称三全总）中的流域圈构想暨基于水系的居住圈构想与本书的原理相矛盾。三全总发起者、时任国土厅规划调查局局长、本书翻译总监下河边淳先生讲道：以江户时代300诸国各个地域的水系为主轴，重新规划土地利用，要恢复以水系为核心的全流域管理型土地利用方式。

伊恩·伦诺克斯·麦克哈格的《设计结合自然》中提到的理论和方法，对流域生态系设计产生深远影响。三全总的流域思想当时并没有立即固定下来，成了后来国土宏伟规划原型。

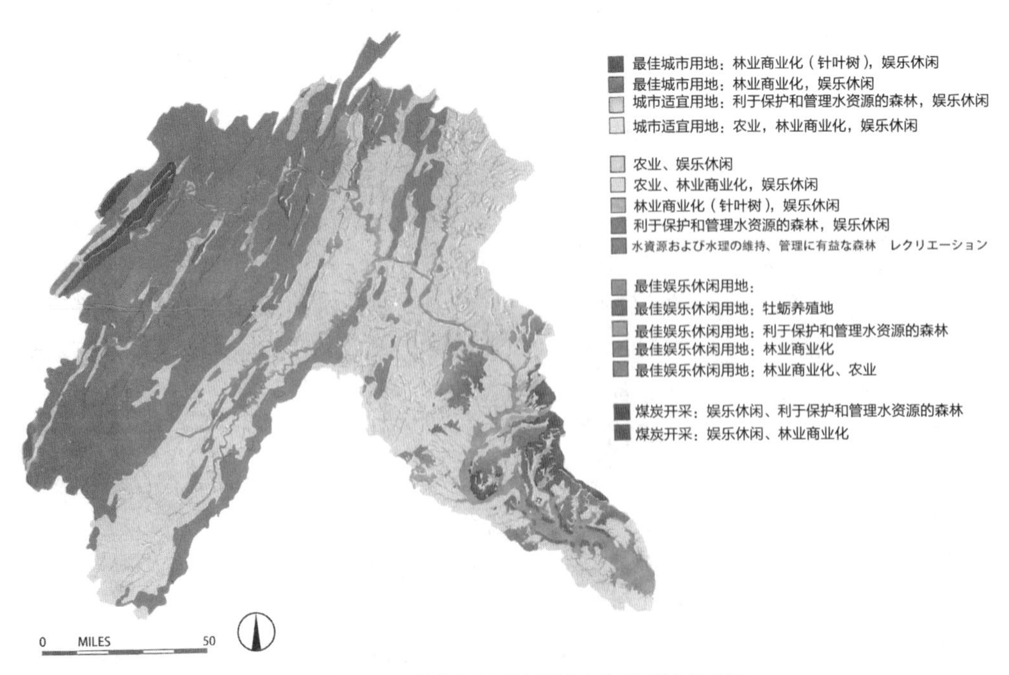

图8-2-5　波特马克河流域综合土地利用最佳选择图
（出处：伊恩·伦诺克斯·麦克哈格《设计结合自然》，《综合：合适的土地利用选择》集文社，1994年）

5. 全流域协同设计

水系，如同文字是一个系统，是与水有关系的统一体。它促成流域社会的形成。

到了近代，地域社会沿着铁路、公路等交通轴形成网络。原纵向水系流域社会，被横向交通系截断。以生态概念为基础，重新构建人类社会和文化个性，要求复原流域社会和流域协同设计。

伴随着木材价格低迷和山村急速的稀疏化高龄化的经济社会现象，森林的粗放化管理是摆放在面前的流域社会的很大问题。以往流域协同经验，都是汇聚在水质保护这个焦点，如下游的农业和渔业组合发起上游森林保护事业、电力企业也参与水资源保护森林事业等。还有就是作为经济交流，建立木材供需关系、促进流域的木材利用。通过这些交流，期待上游守住山林、下游健康居住的生活方式。

此外，引人注目的是，为了保护和改善流域的水环境和形成流域社会文化个性，正在摸索实践性流域协同方式和方法。

在福冈县的筑后川、矢部川、远贺川等三大流域，采取各自不同的方法，进行流域协同事业。

在筑后川流域，非营利法人“筑后川流域协同俱乐部”充当流域各自信息的收集和发布主体，发行月刊报纸，推进流域协同事业。正如“筑后川是博物馆”口号那样，把筑后川全流域当作生态博物馆，介绍流域的自然、历史风土、文化、产业等的发掘，构建流域活动团体的关系网络。

在矢部川流域，以非营利法人“宏伟事业福冈”为中心，一边组织流域协同最高首长会议，一边进行流域资源调查、建设住民组织的交流场所等活动。

在远贺川流域，通过国土交通省的清水复兴事业，充分利用筑丰炭田的煤炭基地搬迁，使之改造成反复高效利用的清澈水源地。为了使疲惫不堪的远贺川达到水量和水质标准，官民协作推动整治事业。

上述三个流域以地域住民的流域协同和官民合伙推进为基础，以非营利法人机构为媒介，着眼地域环境资本，挖掘和复原地域社会文化特色，河流管理没有局限在河流，积极参与流域的地域规划设计，憧憬新的展望等特别引人注目。

（加藤仁美）

8.3 城市与农村的共存设计

自经济高速发展以来，我们忽略了很多事情，其中最大的事情之一就是，忘记了城市与农村的共存问题。在城市里，大搞填海造地，建设出口主导型重化工企业。在农村，推平丘陵地，有选择性的进行食物扩大再生产等。城市与农村的地域分工，带来诸多问题。工业开发导致农村劳动力的进城务工，使山村的稀疏化和城市的过密化加剧。其结果是，家族、社交几近崩溃，环境和景观遭到很大破坏。

跌跌撞撞进入21世纪，产业升级转型等造成失业增多，自由时间也相应增加，很多国民实现自我的运动在高涨，开始重视家族和交流以及农村，关注食品安全等民生。生产与农业、渔业协作，形成产业一体化，签订遭受特大自然灾害时的城市与农村的救助一体化协定，提高救助质量，扩大救助范围。总之，城市与农村协作一体化水平正在得到提高。

与国民的热情相比，政府和地方自治体对农村与城市共存的理念和政策相对滞后。21世纪需要我们面对的、需要我们着手处理的就是城市与农村共存设计问题。

1. 多自然居住地域概念：结束城市与农村的行业分工

1998年发表21世纪国土宏伟设计：促进地域自立，建设美丽国土的总目标（以下简称21GD）。提出4个战略目标，即建设多自然居住地域、改造大城市结构体系、展开地域协同轴心、形成广泛的国际交流平台。以参加和协同为原则，由4个国土轴心和各地域协同轴心共同组成多轴协同型国土网络（图8-3-1）。

过去总共4次推行全日本综合开发规划，是以谋求国土的均衡发展和缩小地域之间的差别为目的。本次公布明确表示不是以往的延续，是具有划时代意义的战略目标。

在“四全总”中，虽然也含糊地提到过建设多极分散型国土，试图在地域之间分担城市中枢功能，结果却变成以东京为中心的金字塔式垂直型地域之间的行业分工。在工业的海外转移中，也没有很好地控制住山村丘陵地域人口的流失。

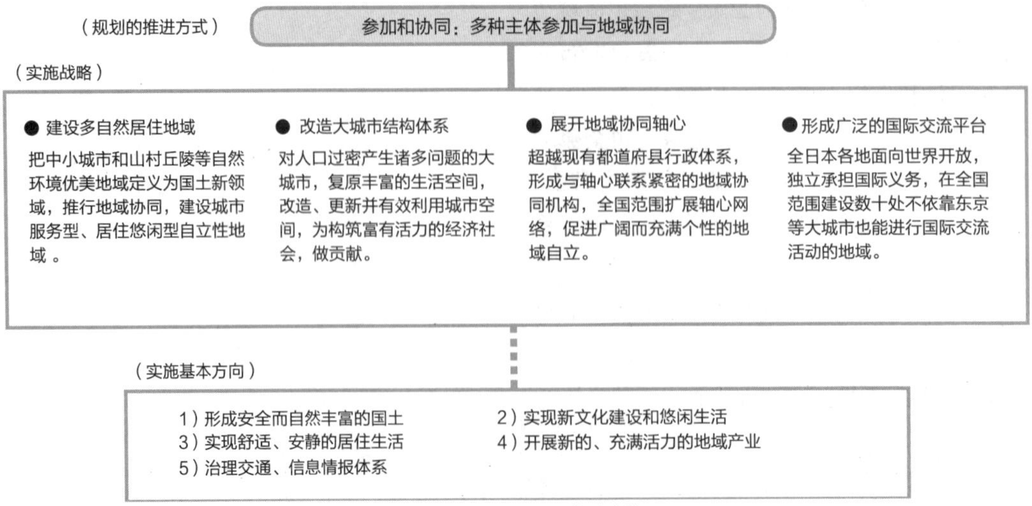

（规划的推进方式）

参加和协同：多种主体参加与地域协同

（实施战略）

●建设多自然居住地域	●改造大城市结构体系	●展开地域协同轴心	●形成广泛的国际交流平台
把中小城市和山村丘陵等自然环境优美地域定义为国土新领域，推行地域协同，建设城市服务型、居住悠闲型自立性地域 。	对人口过密产生诸多问题的大城市，复原丰富的生活空间，改造、更新并有效利用城市空间，为构筑富有活力的经济社会，做贡献。	超越现有都道府县行政体系，形成与轴心联系紧密的地域协同机构，全国范围扩展轴心网络，促进广阔而充满个性的地域自立。	全日本各地面向世界开放，独立承担国际义务，在全国范围建设数十处不依靠东京等大城市也能进行国际交流活动的地域。

（实施基本方向）

1）形成安全而自然丰富的国土
2）实现新文化建设和悠闲生活
3）实现舒适、安静的居住生活
4）开展新的、充满活力的地域产业
5）治理交通、信息情报体系

图8-3-1　21GD四个战略方针
（出处：《21世纪国土宏伟设计：促进地域自立，建设美丽国土总目标》1998年）

在21GD战略中，强调农村与城市的空间功能（不是指产业）的地域分担，重点放在功能化方面。也就是有计划地促进地域之间的空间行业分工，使之网络化。通过城市与农村共存，实现促进地域自立、建设美丽国土的目标。尤其是把占国土面积70%的，占人口数量14%的、条件相对落后的山村丘陵地域改造成享受悠闲居住和城市化服务的地域，把条件相对较好的山村丘陵地域，定义为建设21世纪美丽国土之新的多自然居住地域。

在21GD战略中，并没有具体明确建设多自然型居住地域的方法。在山村丘陵地域如何培育多自然居住地域？进一步如何实现21世纪城市与农村共存？通过日本的历史和国内外案例，分析并寻找答案。

2. 日本的城市与农村共存历史：始于柳田国男

城市与农村共存是完全崭新的概念吗，是从欧洲进口的吗？为了解开这个疑问，暂且从日本历史入手，进行大致了解。

日本民俗学创始人柳田国男在其著作《城市与农村》[1)] 中讲道："……与此（国外城市）相比，御城下（日本城市）情况是，城市建设起初是以军事战略为目的，没有考虑自然问题，未免有些强制性的集合味道，……大名统治结束以后，并没有衰退，……不知道何时开始与其说是皇家贵族和士官，不如说是周围村庄的农民渐渐聚集在御城下（日本城市）生活，……随着藩国的强大且远离中央统治，住民把自己居住的御城下（日本城市）当作像京都和镰仓那样的都城，非常珍惜，并且因居住于此而引以为自豪，……认为日本的城市是由权力的强制和住民的血汗建设而成的观点，至少缺乏对日本城市历史的了解。"

日本的城市历史，在中世纪也很盛行。在战国时代盛行抓人口当奴隶，农民和村庄的人们有时进城躲避。信浓的真田昌幸制定的《城中法度》（1570年）中规定："二之曲轮"内禁止一切老百姓进出，但在"二之曲轮"之外部，则允许农民和村庄的人们进出。丰臣秀吉攻打小田原城

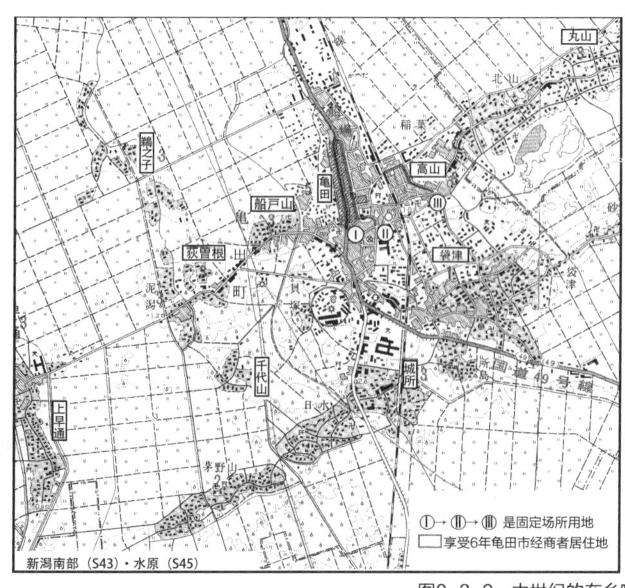

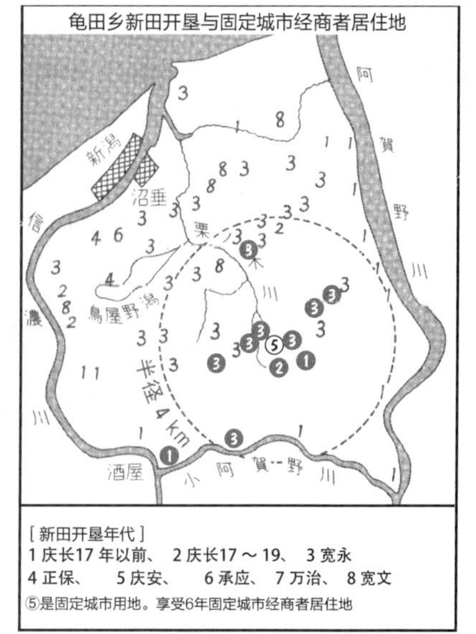

图8-3-2　中世纪的在乡町
（出处：藤冈谦二郎《用地形图解读历史》大明堂，2000年）

（北条氏政）时，据说双方共有22万军队对峙，还有2～3万驻守（小田原）城内，城内老百姓不知其数[2)]。

可以说这个时期日本的农村（农民）和城市（佣人、商人）处于共存状态。站在居住地的观点，分析从中世纪末期到近代期间，在乡町的发展颇有意思。在乡町有时也称为在町或者在方町，没有明确划分农业与商业，与农田、农家混居在一起，从经济上、社会上、空间上都是城市与农村共存的小型城市。在日本其他地方也有类似的城市，如：大阪府的平野乡、爱知县的一之宫、群马县的桐生等[3)]。

不过，丰臣秀吉为了统一天下推行太阁丈量土地和长刀拘捕，导致兵与农分离，职业被划分为兵农工商，产业和居住地域开始分化，农村和城市开始分离。这里还是援引柳田国男的论述，他是如下一语道破天机的："……地方分权必然导致中等以下城市强有力割据。之前都是为了争相成为中央的宠儿，同级别邻近城市之间互相敌视，没有任何合作，……今后实施的对等交通设施，贯穿全日本各个城市，则利益链条必然延伸至城市周围的农村，各自独立地实行适合自己的生产计划，有意识地把多余劳动力往城市输送，以章乱无节制消费作为经济景气盲目追求，增加不和谐的阶级差别，……为此，在这里再次解释农村一词的含义：农村就是可进行农业生产的土地或者是可进行农业生产的土地并以农为立足点可安静营生的区域。希望尽量重新协调日本农村的利害关系，恢复失去的平静祥和。"

只有这样，才可以破解21世纪农村与城市共存课题，充分利用农村的潜在丰富资源，掀起全日本农村地区各种经营活动，形成农村与城市可循环产业体系，重新找回城市与农村共存的生活气氛。

3. 学习意大利的城市与农村共存样板：旅游休闲鼓励政策

欧盟早在1975年就提出了条件不利地域之山村丘陵地域振兴政策，积极推动农村与城市共存政策。意大利中北部地域，具备类似条件，成功地把原农村与城市分离状态转变为农村与城市共存，打开新的历史性一页。对日本很有借鉴意义。

意大利从20世纪50年代大力发展重化工工业，经济得到高速发展，曾经创造"意大利奇迹"。进入20世纪70年代，开始走向衰退，成为欧洲病夫。自60年代开始对农业实施大规模投入，加大农药使用量，提高农业生产效率，导致土地肥力下降，环境遭到破坏，造成山村丘陵地域严重的稀疏化。

1963年，雷切尔·卡森出版发行《沉默的春天》，对环境破坏提出权威性警告。意大利中央

照片8-3-1　完整保存下来并供公众使用的古老教堂
（出处：山村社区交流《山村社区环境、传统、资源、交通设计指南》，1994）

照片8-3-2　实地学习农村建筑原型的学生们
（出处：山村社区交流《山村社区环境、传统、资源、交通设计指南》，1994）

政府和各地方政府也纷纷提出“从现行重化工工业和农业高效率政策向高科技行业转型”、“在山村丘陵地域重视家族交流的农家营生转变”等政策措施，鼓励休闲旅游业发展（农村休闲旅游：AT），推进农村与城市共存，到了20世纪80年代终于迎来了质的转变。

最引人注目的是，复原了农村与城市共存的循环型地域经济。规定在大城市中心街区，不允许开设大型超市，允许设立采用地域农林水产品的高品质饮食文化场所，俗称大众餐厅。

还有，长期停留在农村休闲旅游的市民可以得到政府补贴，对农村地域的民居、农舍、餐饮、旅店、养老、交通营运等实行大幅度税收优惠。近年来，开始普及欧盟产品质量保证制度，近2～3成农林水产品获得“安全美味”认证，受到市民的普遍称赞和认可。

4. 探寻西日本地区山地之“小型森林交流场”

下面通过“小型森林交流场”与“广域性模型展开”，讨论西日本地区山地建设的多自然居住地域。西日本地区山地人口稀疏市町村数量已经达到54.4%，远高于全日本平均数38.1%，稀疏市町村的人口比例为12.2%，是全日本平均比例的一倍，是举家迁移型过渡稀疏且高龄化严重地域（与此对比，东北地域的情况是，通过家族

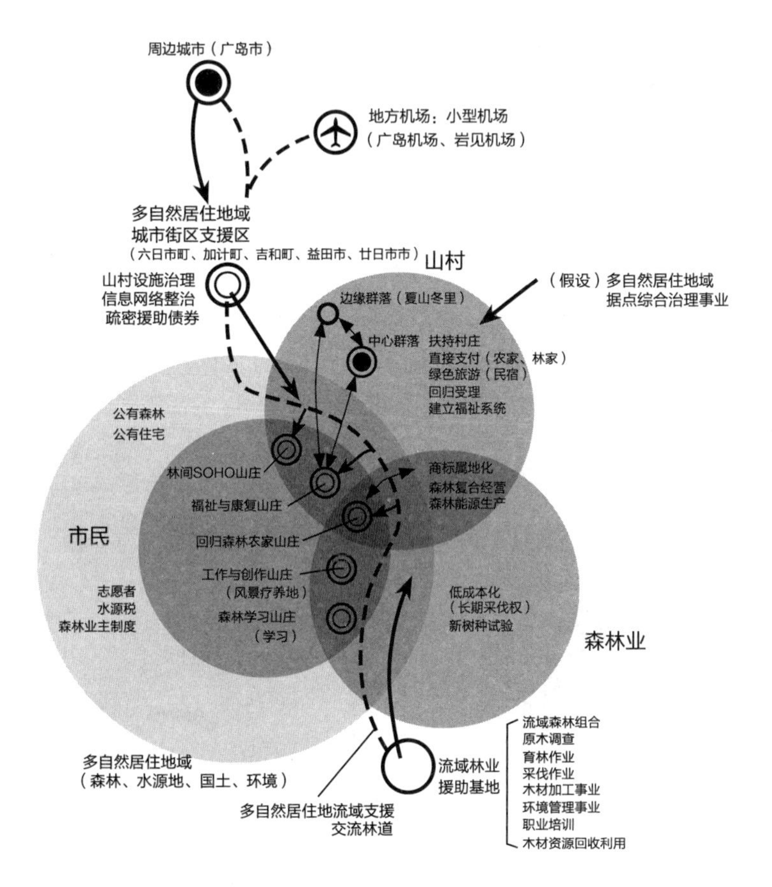

图8-3-3　西日本地区山地森林交流社区广域展开模型
（出处：《森林城市》No.32，2001年8月刊）

成员的嫁娶而离开村庄，称作家族成员减少型稀疏化）。

另一方面，该地域连同日本海、濑户内海一侧，与沿海岸的大中城市之间的距离相对较近，只要是道路等交通设施适当，就完全可以成为和文字描述那样的“享受丰富自然、悠闲居住、城市化服务”的地域。通过西日本地区山地实地调查，得出以下结论：建设西日本地区山地型森林交流社区，需要具备以下三个条件：

①不对西日本地区山地固有的山涧小群落进行干预，以旧村庄为基本单元，其人口的20%左右作为人口上限，建设“小型森林交流社区”[4)]。

②把森林规划变成五种空间类型，即森林学习山庄、福祉与康复山庄、工作与创作山庄、林间SOHO山庄、回归森林农家山庄等。

③为了持续性保持“小型森林交流社区”与原有群落社会之间的相互联系和接触，在市场营销策略上采取租赁型，不采用出售型。

5. 恢复循环型生活模式

建立可循环型生活模式，是实现农村与城市共存的重要前提之一，尤其是家族的生活方式承担临危受命的责任。

前面已经讲过的第二次世界大战后的农业与城市的分业政策，导致了大量青壮年从农村流出使得农村的稀疏化加剧，同时在城市产生大量“nLDK型核心家庭”。大阪的千里新城、东京多摩新城等曾经是第二次世界大战后打工人群向往居住的地方，到如今变成独居高龄人群超过20%的居住凄凉型，从家族、交流社区观点看，农村与城市分业政策的失败是显而易见的。

农村家族和“环境耕耘者”（如：在意大利，把农家民宿经营者和休闲旅游者通称为环境耕耘者，可以得到民宿固定资产税减免等）是多自然居住地域的居住者和义务承担者，要从单一的居住框框中摆脱出来，建立农村与城市可循环的多据点居住生活方式。图8-3-5是21世纪可循环型

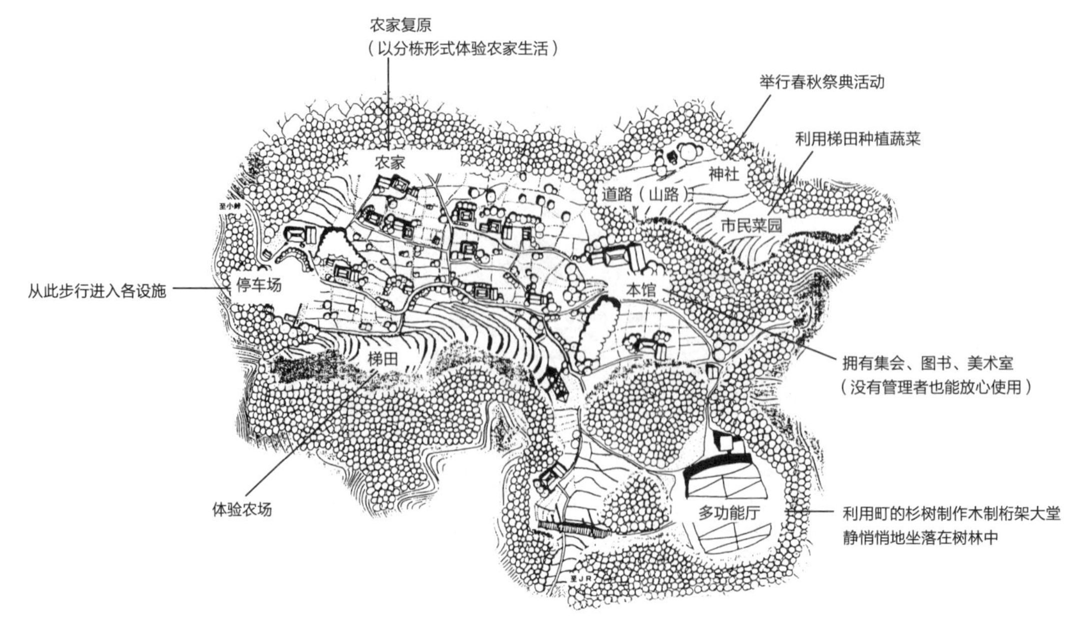

图8-3-4　利用废弃农村以及周边构思出来的“森林学习山庄”形象
（出处：同图8-3-3）

家族生活方式回归愿景[5)]。

图中的主要节点如下：

· 回归
· 年轻人居住公寓
· 入住工作
· 俱乐部房屋（夏山冬里住宅）
· 生活援助顾问
· 在家授课
· SOHO
· 太阳能发电、取暖
· 风能、水利能源
· 2据点居住
· 市民森林
· 森林管理者
· 不沾水耕作直接播种
· 农田委托经营

具体解释为：

①A君出生在家乡，在丰富的自然中，完成高中学业。

②高中毕业后，进入附近城市的大学读书，毕业以后在该城市就业、结婚并育有2子。

③A君40岁时，正好赶上家乡中心群落后继者公寓建设事业，毅然决定回归并拓展新的就业，二个孩子也一起回家乡就读。

④农忙季节，和孩子们一起帮助爷爷姥姥家干农活（入住工作）。

⑤20年后，父亲去世，和妻子一起回到老家与母亲一起生活居住。孩子们都上大学，居住在城市，互联网成了必需品。

⑥之后母亲也去世，退休后的A君喜欢滑雪，在群落中心建成的俱乐部房屋（GH）夏山冬里住宅度过冬天滑雪期。尽管只有夫妻二人（1LDK）生活，由于生活顾问8小时值班，有多媒体诊疗设施，有交流大堂，在此过冬倒也安心舒适。孩子们也时常来看望。不想亲自做饭时，附近的便民店就可以提供便利。

⑦长子婚后在城市生活，距家约有1个小时车程。夫妻二人时常去团聚，顺便在百货店购物或者听音乐会。

⑧长子的工作变为弹性，有时在家工作，城市的公寓和家乡的父母家成了长子2据点居住场所，改造库房安装太阳能发电、取暖设备。大儿媳初次到农家生活既好奇又开心。恢复母亲房围坐炉，成了大家交流场所。

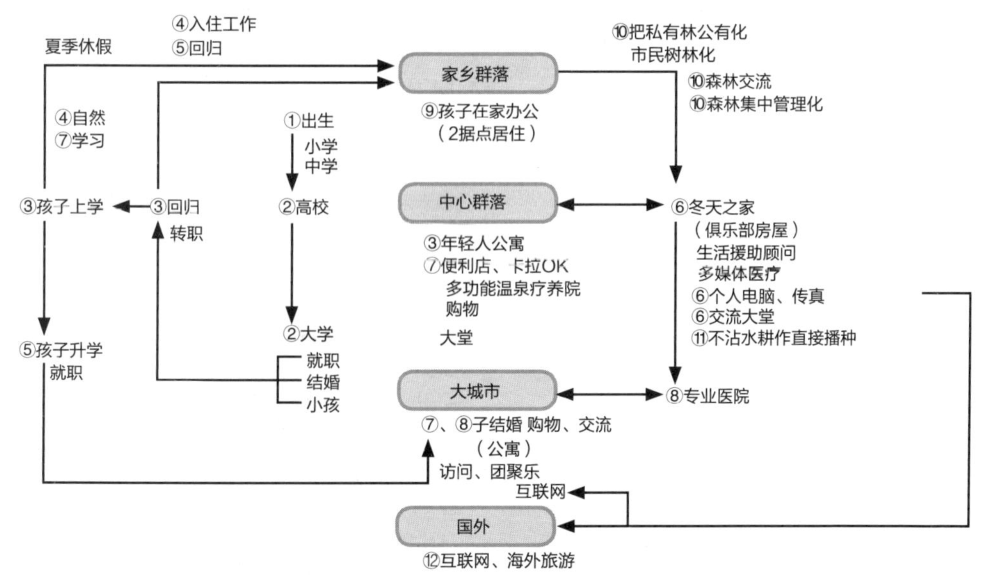

图8-3-5　面对成熟社区的家族生活形象
（出处：地井昭夫〈面向整体性成熟社会的国土与山村丘陵地未来形象〉《中国综合研究：季刊》Vol.2-1，中国地方综合研究中心，1998年）

⑨由于管理过于辛苦，将10hm²所有林无偿提供给深山广域行政森林管理机构。经该机构精心维护，成了市民的观赏林和学习林。A君也是森林管理志愿者，很乐意为从城市来学习森林的孩子们服务。在旧村庄建设一处森林交流社区，它是可接纳20户年轻回归者的新村，喜欢陶艺的次子夫妇也是作为其中一员入住新村，妻子满心欢喜。

⑩其所有的60hm²农田，全部委托第三方区域公司经营。村里的其他农户也都委托经营。附近的4人操作小组组成受雇组织，努力完成以不沾水耕地直接播种为主的农林业、建设、除雪等工作。劳动效率很高，耕作10hm²农田，以往需要50小时/年，现在只需要10小时/年。对效率低的农田，改种油菜花、荷花等来吸引城里客。此外，对要求减少播种面积的农田改种高粱等农作物，试验性生产乙醇燃料，为地球生态事业作贡献。

⑪来年春天，要尝试一向爱好的玫瑰花新品种栽培。正在接受通过互联网结识的英国老前辈指导。我们约定，我如果成功培育新品种，老前辈就从英国赶来祝贺。我们开始投入到学习英语会话当中。　（地井昭夫）

第8章 注・参考文献

◆8.1—注

1) 日本建筑学会编《图解群落的空间与规划》（城市文化社，1989年），p.89：风水学说中，选定“穴”也就是选定阳面住宅和阴面墓地，是非常重要的问题。
2) 重村力，刊行语，图书同注1），p.v
3) 1983年，日本建筑学会农村规划委员会群落规划分会开始行动，于1986年发行《群落空间规划》。《图解群落》是其补充、修订本。
4) 同注1），p.7
5) 同注1），p.25
6) 日本建築学会農村計画委員会集落計画小委員会『日本の集落景観』(1992年)
7) 日本建築学会農村計画委員会農村計画大系化小委員会「建築系農村計画」『農村建築』第107号(農村建築研究会、1999年)
8) 農林水産省統計情報部『2000年世界農林業センサス、第9巻、農業集落調査報告書』(農林統計協会、2002年3月)

◆8.2—注

1) ル・コルビュジエ『輝く都市』(鹿島出版会、1971年)、p.144
2) 日本建築学会編『図説　集落—その空間と計画』(都市文化社、1989年)、p.263
3) 宮城真治『山原の村』(名護市、1992年)
4) 加藤仁美『水の造形』(九州大学出版会、1994年)、p.85
5) 渡部一二『生きている水路』(東海大学出版会、1984年)、p.37
6) 日本建築学会研究協議会資料「子供の農的体験からみた学校・地域環境づくりの新たな展望」(2002年)、p.64
7) 「朝日新聞」1986年9月2日付
8) イアン・L.　マクハーグ『デザイン・ウィズ・ネーチャー』(集文社、1994年)

◆8.3—注

1) 柳田國男『都市と農村』(朝日新聞社、1932年)
2) 藤木久志『雑兵たちの戦場　中世の傭兵と奴隷狩り』(朝日新聞社、1995年)
3) 藤岡謙二郎『地形図に歴史を読む』(大明堂、2000年)
4) 『森林都市』No.32(森林都市づくり研究会、2001年8月)、林野庁「中国地方における多自然居住地域整備計画調査報告書」(2001年3月)
5) 地井昭夫「グローバルな成熟社会における国土と中山間地の未来像」『季刊　中国総研』Vol.2-1(中国地方総合研究センター、1998年)

◆8.3—参考文献

○ 中島熙八郎、地井昭夫「イタリア中山間地にみる地域再生計画に関する基礎的研究（その1）—ピエモンテ州コムニタモンターナ、ヴァルペッリチェにみる山村再生政策」、「同（その2）—リグーリア州リオマッジョーレにおける地域再生戦略」(日本建築学会大会学術講演梗概集、2000年9月など)
○ 地井昭夫「イタリアの世界遺産の村から国土政策を学ぶ—民主主義・運動・制度改革の成果としての地域再生」『漁村研究31号』(漁村研究会、2002年7月)
○ (社) 農村環境整備センター『イタリア農山村（中山間）地域振興対策調査報告書』(平成7年12月)

案例 8-1

住民参与型环境规划

田园生态设计分局部规划和整体规划，局部规划是指在特定场所进行环境复原或者建设生物栖息地等微观形态，整体规划是指以地域全体土地利用为对象构思环境共存型的宏观形态。微观形态与宏观形态形成互补，通过持续地耕耘逐渐将地域全体变成富有生命力的生态田园村庄。

在这里列举宏观形态案例，详解“住民参与型”地区土地利用调整规划的一部分内容。

◉长野县高森町概要

高森町是长野县下伊那郡（辖3町14村）的一个町，紧邻饭田市。位于以饭田市为城市中心的饭伊地域广域市町村圈内。人口为12850人（截止到2002年3月），处在小幅增加状态。第一产业人口比例是25.1%，高于下伊那郡平均比例21.2%，从事农业人口比较多。整个地域在县域内是属于温暖气候，盛产水果和水稻。市田柿子是当地特产，柿饼品质高，非常有名。

占地面积43.5km^2，属于微型城镇。从西边中央阿尔卑斯山脚到东边天龙川，丘陵段延绵不断。在丘陵段的平坦区和缓坡区以及沿河岸平地，分布着群落和农田。丘陵段分上中下三个区段，各区段交接斜面区域残留大量树木。这是包括高森町在内所有天竜川流域市町村所持有的共同的地形特征。

国铁JR饭田线、中央高速、153号国道沿着天竜川南北横穿高森町，整个区域的交通条件相当优越。不过，因丘陵段的存在，东西向地域内交通自古以来始终处在不便状态。

◉町域内土地利用动向

高森町的城市规划区域，仅为全部町域的60%，规划区域以外是海拔750m以上的山区，没有群落集合。城市规划区域内可开发利用土地面积只占7%，其中自然（农业）土地利用与城市建设用地比例是32：68。而在整个城市规划中，自然（农业）土地利用与城市建设用地比例是76：24，说明可开发利用土地面积以外的土地都是振兴农业储备地域。为了取得高森町土地利用数据，从1990年开始连续10年统计当地建设申请许可件数。发现近80%的土地利用位于可开发利用土地范围以外，预示农地向宅基地转变。年平均受理件数的60%是居住类申请。

◉土地利用推进委员会的活动

高森町的牛牧地区是原国土厅“地区土地利用调整规划制定事业”试点地区，紧邻母城——饭田市。经过1993年的整合，饭田市的人口超过10万人，对周边地域的影响力增加许多，在牛牧地区也陆续看到农地转变成宅基地的现象。土地利用调整规划，通过研讨会等方式，充分听取居民意见，反映了民意。

该地区的土地利用推进委员会，成立时间是试点前的1996年。在制定町土地利用整体规划时，町有关当局坚持要求各地区住民实际参与，并以各地区为基本单元制定规划。该推进委员会的人员构成是，从地区自治会下属的9个常设分会各挑选2名加上地区官员和议员总共27人。从常设分会挑选的18人的身份必须是普通住民不得兼任官职，并且男女性别比例要各自占50%。该委员会坚决抵制无规划的农地宅基地化，维护田园景观免遭破坏，以积极的态势推动各项活动。

◉土地利用调整规划制作过程

①整理行政掌握的既有信息情报

- 整理过去10年间全町范围农地变化情况，按地区分类整理建设许可情况。

②收集有关土地利用规划的新的地区信息

- 调查分析宅基地的利用形态与景观的关系；
- 调查分析地区内主要公共设施。

③有关地区建设主体架构的原有组织调查

④参加土地利用委员会召集的研讨会

- 制作地区模型（比例：1/2500）；
- 制作土地利用现状图；

· 按年代制作耕作者地图。

⑤整理反映土地利用规划的各种问题

⑥制定规划基本方针（抄写）

通过与规划部门（共有9个部门）的研讨会，明确要点（略）。以下为与环境规划有关的要点：

· 森林规划：要保护绿色，维护景观；要保护绿色，防止自然灾害；保护高价值稀有动植物；保护森林内外的观赏度。
· 农业规划：保护美丽田园景色；减少荒废农地；培育后继者。
· 水规划：维持萤火虫、乌龟等可自然繁殖的河流、水渠；水面要平和。

⑦共同打造土地利用规划

区域划分如下：

· 森林保护区域：目的是保护生物、水源水质、防灾保平安；
· 森林利用、防灾区域：目的是利于木材生产、林产物培育、环境教育、森林氧吧、防止山体滑坡、防止洪水泛滥；
· 沿道路景观保护区域：限制新建建筑物，提高城市街区和天竜川河对岸观赏度，同时种植树木等提高道路沿线的舒适度；
· 象征意义的据点区域：以牛牧神社、继承馆、生活改善中心为核心，形成地区居民身心向往的区域；
· 休闲治理区域：作为地区和高森町居民休闲和运动场所（当地盛行打高尔夫球）；
· 农业居住区域：用心保护耕地，新建建筑物必须符合田园景观要求且得到区域建设建设许可。小区建设以小规模分散型为原则，满足社区交流要求，要具备排水支管或者预留可以连接干管的位置。各宅基地规划在水平方向（沿着相同标高）尽量连续布置。
· 林业与农业相邻区域：优先保护农田，除了原有建筑物的改建和翻建以及新建农业设施以外，原则上不允许建设新建建筑物。

◉今后需要注意的问题

地区土地利用调整规划，不具有强制性，它是按照住民意愿形成的、自发地保护地域环境的一种指导书。因此，只要符合居民意愿，土地利用委员会的各项活动就可以发挥很大作用。同时应该认识到，对城市规划区域调整、振兴农业储备地域保护规划等问题，町地方政府的支援体制也是不可或缺的。地方政府作为事业审查机构，对地区的统一协调历来都是行之有效的。

（藤本信义）

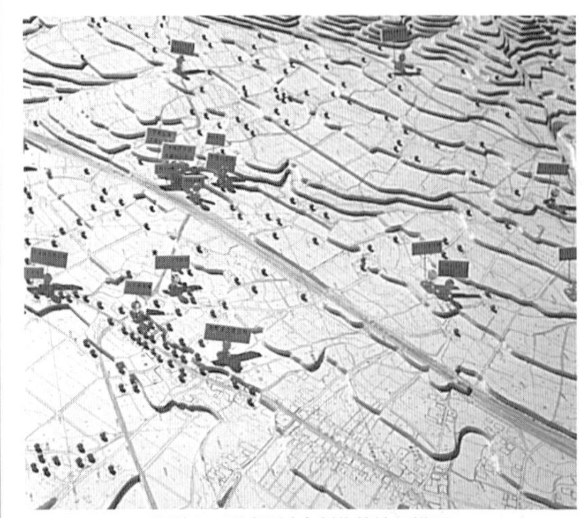

照片1　通过研讨会制作的地区模型

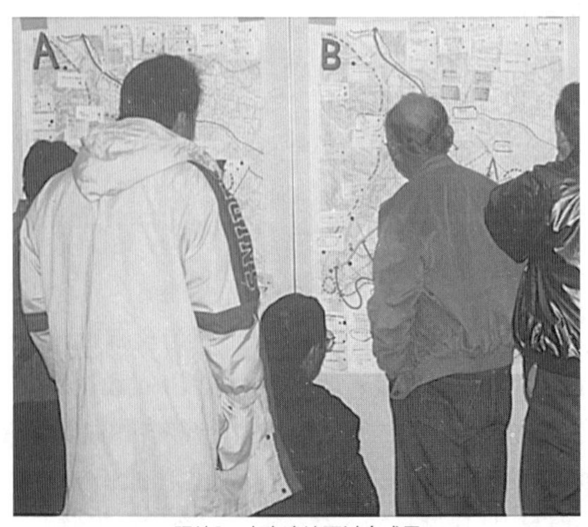

照片2　大家确认研讨会成果

案例 8-2

南岛生态村落："屋久岛"环境共存住宅设计项目

◉序言

初到屋久岛的印象的确很深刻。南岛海洋生活圈，各个岛屿都出彩，都有各自独特的自然环境和生活文化。直到近代才实行行政区划，将众多岛屿组成的岛屿地域划入鹿儿岛县管辖。这些岛屿的确很精彩，有幸到了其中被称为海洋上的阿尔卑斯的岛屿。之后一路南下到达冲绳本岛，沿途寻访就近许多岛屿，学习其历史和文化。对日本列岛的普通理解，仅是认为空间上的广阔。到实地察看另有别样，深深感受到世界之大和奥妙奇特。

◉场所性的发现

谈论环境共存住宅，首先要关注所处地域特性。如何营造切合实际的、可靠的居住环境，是人类在生活活动中面临的最大课题之一。节约能源、节约资源等与地域、生活相关的个别技术问题，虽然采用软件的方法解决，得到的结果却也有硬件的效果。当然，从宏观上说有效利用能源和资源的确是当今建筑领域重要课题。不过，优秀的居住绝不是靠隔热性、密闭性等技术要素的简单集中或者相加得来的。把寒冷地区高效率技术运用到热带地区的时候，我们必须正视场所性问题。要观察土地的姿态，要倾听土地的声音，要了解传承至今的居住和生活文化，要学习其智慧和方法。

◉"屋久岛"环境共存住宅

在占地面积300km^{2}的屋久岛的山地和海边巡回走动，竖着耳朵倾听当地人的各种讲话，求知欲从内心深处强烈地迸发出来。该环境共存住宅小区规划概况如下：小区占地是2公顷，与总长130km的环岛公路相毗邻，原来是一处汽车训练场，是依山傍海的海边丘陵地。位于上屋久町（人口7000人）交汇点，即宫之浦市近郊。上屋久町占据岛屿北部一半区域。由50户住户和相关设施组成，其中县和町公营住宅分别是24户和26户。规划初期，采纳县方开发商的意见，利用第二次世界大战后种植的屋久岛杉树，建设木结构

图1 "屋久岛"环境共存型住宅小区总平面图

平屋顶住宅小区。“屋久岛”于1993年被列入世界自然遗产保护目录。为迎接在此召开的世界遗产大会（2000年5月），加快进行工程建设，力争在大会召开之际，至少将一部分与岛屿环境资源相匹配的居住和生活样板完工展现于世人面前。

◉预设计

规划设计团队首先最大限度地收集资料，同时勘验现场及其周边，还有重点走访岛内各群落。尽可能多地与不同年纪、持不同观点的人进行交流。为了使谈话气氛轻松自由，做到畅所欲言，花费了不少心思。这是进入具体建筑环境设计之前的准备阶段，也是预设计实践阶段。实践成果之一，就是制作完成记事簿，也就是记录在日历上的整套完整记事簿。按照日历时间记录了从1月到12月一整年的具体事项。从气象数据开始，有关动植物、农作物、收获、各种祭典和季节庆典等所有事项进行逐一完整记录，并整理在一套日历本上。该资料对入住以后的当地住民提供很大便利，使他们从容计划各种活动和事项。对我们设计者来说，通过整理和记录，综合、立体地勾画土地和住民每一个月活生生的变化，对生活空间的设计会带来意想不到的效果。

◉永田群落

本次考察另一个大收获就是，发现了位于该岛西侧之永田群落中，残留下来的传统的并行住家以及住家布置、建造方法和生活方式。该岛是全日本的极端降雨量地区（岛屿沿岸的降雨量是4400mm/年，岛屿中部的降雨量是11000mm/年），湿度大、易发生白蚁等虫害、台风频繁、盐碱化严重等，在岛外人看来岛内的自然环境非常恶劣。但是就是在这个永田，创造了可以抗拒恶劣条件的房屋结构、形状、布局，展现美丽稳定的村镇景观和居住空间并传承至今。例如：南方岛屿多数房屋屋顶是歇山式结构，而屋久岛绝大部分传统民家屋顶是人字形结构。修葺屋顶用杉树木板或石板替代茅草，是一种防止多雨或密集暴雨的房屋建造方式。这种既受到材料和作法限制，又没有太多选择的条件下，也要想方设法适应气候条件并为此而努力探索，才能够创造魅力无比的景观和叹为观止的居住环境。

◉生活空间结构

呈圆形的海上阿尔卑斯岛屿，可居住地域几乎仅限于沿海岸地区。环绕岛屿一周都是相同的

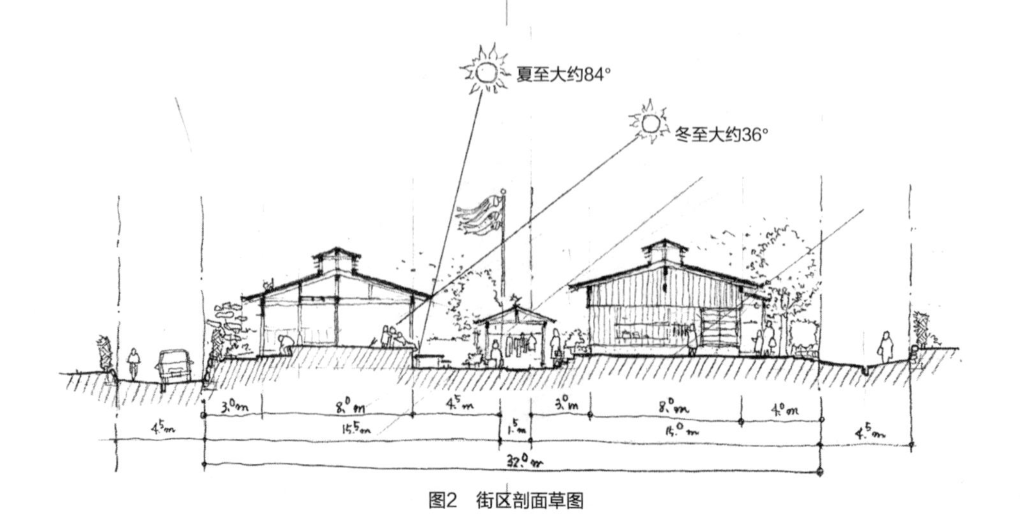

图2　街区剖面草图

依山傍海的位置关系。以九州地区最高山峰宫之浦岳（海拔1935m）为首的岛屿中部山区，经常是云雾缭绕且带有神秘的“深岳”视觉色彩。另一方面从生活空间上看，这些山麓其实就在眼前。查看不同场所以后，可以夸张地讲，除了方位不同外，没有其他不同之处。都是连接中部山区和大海的斜坡地以及与之呈直角的县级公路带构成生活空间。此生活空间连同场所方位决定所有地区的大部分居住环境。例如：住家客厅一般都是面向开放的大海，生活在岛屿北部的住家多数把起居室布置在北侧。还有就是要考虑各种风雨的因素，如白天海腥味十足的海风、夜间清爽的山风、随季节变换的盛行风、台风引起的东西向暴风、不分四季的常年雨季等。上屋久的建设用地，其特点是非常明确的。

◉土地的见证

建设用地周边的海岸丘陵一带，在其他地方常见的树林非常稀少。其原因是从前在此盛行脚踩风箱式炼铁作业。以前从国外运来的火枪和岛内大量的铁矿砂成了炼铁材料，而岛内的树木就是炼铁燃料，屋久岛成了炼铁燃料供应基地。地方志和乡土史学家山本秀雄先生居住在宫之浦，在他的努力下，岛内的草药行业走向产业化。聆听山本秀雄先生的地方历史讲解，骤然感觉到日本的历史正向我们走来。我们深深感觉到：治理公营住宅小区的同时，恢复从前的树林是自然遗产的岛屿的中心议题，哪怕是需要再长时间也要复原周边绿化带和树林景观。长年先生积累下来的大量宝贵的资料，不慎被台风卷走，有关屋久岛的近代历史记录多数流失。幸运的是，本岛出身的环境民俗学者中岛成久出版发行《环境民俗学》，之后日吉真夫持续出版发行季刊《生命之岛》。其他文化学者也纷纷移居到岛内，发行著作刊物，举办各种活动。为我们了解岛屿历史和背景，提供宝贵资料。

◉木材流通

提到岛内的住宅施工和材料选择以及造价，与内地不同的是，造价起决定性作用。这与岛内的生产结构和经济体系有关。起初的规划设想是，以当地战后种植的杉树为主，利用地域资源建设自立循环型住宅。到了具体设计阶段和施工阶段，情况发生根本变化。在木材搬运中，经常提到的“川上”与“川下”方式，在这里行不通。总之，当地采伐的杉树质量差、数量少，仅仅在一部分设计中采用。公共方面按年度预算的采购方式，与采伐、烘干等木材的保质保量所必需的时间相冲突，采购价格和运输方面存在的问题成为最大理由。这是当今社会制度造成的，只好延续以往岛内设计模式。

◉南向房屋

在实施过程中，虽然其他方面也遇到不少问题，但都以传统的木结构为原则，把预设计和设计过程中汲取的当地经验与新技术、新工艺相结合，推进屋久岛环境共存住宅建设事业。屋久岛传统的住宅形式是，主屋和炉灶在平面上合二为一且在主屋前后布置绿色植物。入口支撑梁柱敦实厚重，能抵抗强风。借鉴这些作法，采取传统田字形平面布局和通道式开敞出入口。最大限度地保证南向房屋的自然通风和开放性空间格局。

屋久岛的住民即便是夏季也通常不开空调。本设计也考虑了这种生活习惯和当地各种风向因素。屋久岛住家的建造历史可以说是与风抗争的历史结果。房屋建造自然包括整治房屋周围。石

照片1　群落之并行住家

墙、篱笆、榕树、柳杉树等的防风能力很强，可以把台风的强度降低一半。调节气温也很有效，夏天的气温可以降低3～4℃，冬天还有保温的作用。人字形屋顶平房，容易使强风通过，田字形开放平面布局也能使强风平稳通过。

“屋久岛”环境共存住宅，融入许多优秀的传统。为了加强屋顶构造和隔热性能，在日本式的瓦材下面，铺设114mm厚衬板。通过调整外围架构和配置，努力实现与风和谐共存的南向住家。直接面对台风的侧墙尽量避免开口，在墙体上半部采用彩钢板外包，提高墙体耐久性和房屋通风效率。每个住家均设置阁楼（老虎窗），提高采光和自然通气性能。不考虑空调的房屋设计，要求独特的建筑设计手法，居住者与环境之间形成主动的应对关系。初夏开始着手进行如挂帘窗、种植藤蔓类植物等过无空调日子之各项准备。毫无疑问，这个准备过程也就是居住者培育美丽群落的过程。

总平面采取密度较高的紧凑型平面布局形式，在外围布置若干错落有致的共有空间，即便与过去一样要面对严酷的自然，也要努力尝试营造具有魅力的集合居住空间。在以往很贫瘠的住家背后，设计开口即布置行人可以来回走动的公共小通道。此外，在小区内设置若干形状和功能各异的步行滞留公共空间。

◉结束语

本项目的规划设计没有能够与入住者面对面商谈。因此，入住以后的实地观察、事后研讨、与住民的意见交流是不可或缺的。这是二次设计的重要工作内容，自2001年开始在大学研究室持续进行调查研究。通过入住者的问卷调查、恳谈会、实地调查，多半入住者对设计表示满意，也有因沟通不通畅导致对规划和设计的一些问题没有得到充分理解的事项。我们需要学习和改进的地方还很多，今后需要加强与入住者、地方政府的沟通与交流。被动式设计必须充分体现和遵守场所特点，尊重入住者的设计要求并反映在整体设计计划实施上。（岩村和夫）

照片2　群落之路和地

照片3　中心广场与中央大厅

◆参考文献

○岩村和夫ほか『環境共生住宅 A-Z』（ビオシティ、1998年）
○岩村和夫監修『サステイナブル建築最前線』（ビオシティ、2000年）
○日本建築学会編『シリーズ地球環境建築・入門編　地球環境建築のすすめ』（彰国社、2002年）
○『BIO-City』No.23（ビオシティ、2002年）
○『新建築』（新建築社、2002年8月号）

专栏 4

保护城市周边地区信托基金

——保护城市周边地区信托基金

保护城市周边地区信托基金，作为英国田园地域委员会的试验性事业项目，于20世纪80年代第一次出现。该事业值得关注的地方就是，率先提出由政府、企业、住民共同组建合资公司，来改善和应对城市郊区日益恶化的环境问题。事业的核心问题就是设立信托基金。由地方政府议会、企业、住民代表组成理事会，管理和经营信托基金，有偿聘请所长、专业技术人员负责实施。信托基金接受来自国家、地方政府、企业、民间财团的投资，甚至接受欧盟的资金援助。

信托基金负责经营的范围比较广泛，从城市街区到农村，很多环境问题都是需要治理的对象。该事业项目在1992年的地球环境大会上被列入大会第21项议事日程。最终被确认为："不局限于城市周边地区的环境保护与改善，向教育、福祉、就业、产业振兴等领域扩展，在地域范围内，综合性的解决环境保护和社会经济问题。"到2003年1月，英国国内11个地方共设立47家信托基金，由中央事业团体统一管理。

——保护城市周边地区信托基金的具体活动

保护城市周边地区信托基金的宗旨是：最大限度地挖掘住民、企业、政府的潜力，组建合资机构，综合解决环境性、经济性、社会性问题，实现地域环境的可持续性再生、改善和管理。中央事业团体负责对接国家、大企业、欧美公益性事业项目等，地域各信托基金与县级政府、城市街道农村、属地企业、市民团体、学校等机构合作，进行事业推进。信托基金的活动有以下4个特点：

①充当各合作团体的调解人；

②分析把握各团体参加事业的动机；

③具备强大的咨询能力，站在更高更广泛的视野立场提出解决环境问题的对策和构想；

照片1　美化企业用地

照片2　企业用地内的生物栖息地

照片3　儿童游乐场

④具备更加细致的专业机构，解决环境问题和补助金、基金等事项。

保护城市周边地区信托基金事业，早已走出英国，在其他欧盟国家以及美国、日本等国家开花结果，基本形成国际性网络格局。

——项目的内容和具体案例

下面具体介绍英国国内信托基金有关项目实施方法和实例（具体项目名称表示在“”内）。

①复原日趋恶化的环境

复原受到破坏的环境，是保护城市周边地区信托基金事业基本内容，是体现其特性的最基本内容之一。对中小企业因资金问题而顾不上的用地内治理，正是信托基金可以直接大显身手的地方。信托基金免费提供设计草案和一定数量的补助资金（照片1“布莱克厂区道路”）。项目完工以后，企业员工自发建造生物栖息地，为周边学校提供环境教育场所，增进信息交流（照片2“布莱克厂区道路”）。

社区交流也是信托基金所关注的领域。以前的露天煤矿废弃后交予地方政府看管。经过信托基金接手开发，变成儿童游乐场（照片3“西甘普利亚”）。总开发费用约为1200万日元，其中的一般费用由当地住民通过义卖活动和无偿提供劳动力的方式承担。事业完工以后，由住民负责运营管理。

②地域经济与环境协调

作为事业推进样板，把信托基金事务所办公地点改造成为生态中心（照片4“南达因赛特”）。信托基金与地方政府、振兴产业与就业公共服务机构、社区是事业的合作伙伴。改造计划要求满足节约能源、重复使用等生态要素。总建筑面积约1350m^2，其中的办公面积是1000 m^2，总投资为3亿日元，获得欧盟资助1亿日元。

③社区、团体的积极参与和教育活动

在供电公司用地内，建设自然环境学习中心，供孩子们在此学习自然生态知识（照片5“格伦巴雷”、照片6“雷克萨姆”）。供电公司无偿提供建设用地99年并承担建设投资和营运费用。信托基金派一名专业人员常驻并接纳日常运营不可或缺的志愿者组织。考虑到使用者多为儿童和智障人士，在建筑物内外均设置无障碍设施。

照片4　生态中心

照片5　自然环境学习中心

照片6　自然环境学习中心

还有一个项目是某团体的农业园建设事业（照片7“南达因赛特”）。原是位于城市街区的重工业遗弃地，由信托基金从地方政府手里租借过来，投入500万日元改造成农业园，以经营鲜花和蔬菜为主，兼做年轻人职业培训基地。信托基金派一名专业人员常驻，雇佣失业人员若干名以维持日常经营活动。

另外还有一项值得一提的建设事业，就是可接待精神障碍患者的庭院治理事业（照片8“布莱克厂区道路”）。集中材料和劳力，较短时间内顺利地完成环境整治工作。这是一种大家乐意参与的环境整治方法，被称为一日挑战完工技术。环境治理事业包括建造菜园、花坛以及温室建设、园路整治等，使得精神病患者的园艺疗法成为可能。

④地域资源的保护（自然、历史、产业）

这是一处为了保护自然的、历史的、产业文化资源，为了增进住民对地域的爱护和自豪感，把原铁矿石采矿公司改造成博物馆的案例（照片9“西甘普利亚”）。乡土历史保护运动促成了博物馆改造事业，改造后的博物馆用作乡土历史研究俱乐部。博物馆改造事业由信托基金与期待改造的各机构团体联手完成。在地下60m深处，亲自参观和学习采矿现场是该博物馆的得意之作。

⑤日本的案例

在日本各地，也在推进保护城市周边地区信托基金事业。政府与企业、住民合作成立合资公司，进行环境保护和治理事业。与NPO（非盈利法人机构）做比较，其方式和方法显著不同（照片10、照片11“静冈县三岛市”）。（三桥伸夫）

注）
请参阅英国保护城市周边地区信托基金网站：www.groundwork.org.uk/
有关日本的保护城市周边地区信托基金事业案例请参阅以下网站：www.gwmishima.org/

◆参考文献

○ 三橋伸夫、鎌田元弘、小山善彦、松下重雄「わが国におけるグランドワーク運動の展開と課題」『日本建築学会計画系論文集』No.539（2001 年）
○ 三橋伸夫、小山善彦「英国グランドワークにみるまちづくりの手法」『日本建築学会技術報告集』No.14（2001 年）

照片7　社区交流农业园

照片8　智障者设施庭院

照片10　社区交流农业园

照片11　亲水水渠

照片9　矿山博物馆

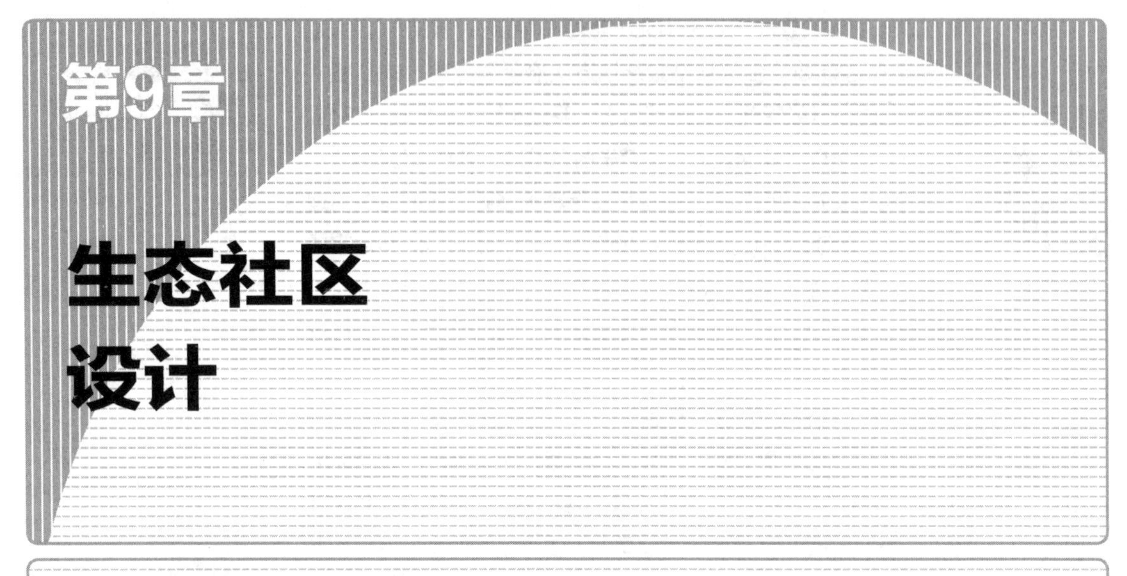

第9章 生态社区设计

9.1 居民参与型居住区设计

1. 生态社区意义

费利克斯·瓜塔里提倡生态哲学，认为："生态学不仅仅是以自然爱好者或者活跃在自然中的专业研究者等小部分人群为对象的一门科学。生态哲学（生态学与哲学的混合词语）表示环境、社会关系、人类主观性等三个生态学作用领域的伦理性、政治性结合"[1)]。

所谓的生态社区就是把环境生态学、社会生态学、精神生态学等三门科学一体化的结果。其意义表现为：现代群居体中的生态学指导思想与实践。

本章节列举居住者参与型高级公寓案例，讲解生态社区设计实践和群居体的建设问题。现代派高级公寓设计，在日本始于1974年。到2004年总计建设8000余户，建设方式分使用者主导型和规划者主导型两种，使用者主导型不到总数的5%。不过有意思的是，使用者主导型更接近生态社区内涵。

下面列举鱼簖桩横丁、M渔港、新庭院等三个使用者主导型高级公寓住宅区项目[2)]，分析研究生态社区的实质和内容。

2. 与人、周围环境可以相互对话的居住方式——鱼簖桩横丁高级公寓住宅区见闻

1）可对话式居住方式

"鱼簖桩横丁居住区"位于京都府宇治市内老区街道边，占地面积约3000m^2。由住宅与城市治理公团俱乐部于1983年以按户出售方式建设，总户数为17户，全部为双拼高级公寓（图9-1-1）。

平面规划特点是，把停车场布置在小区外，小区内禁止行车。其缘由来自人们的议论："看到孩子们无拘无束地光着脚踩着草地嬉闹，是何等的喜悦？设计就该这样。"

在L型住宅用地中心，布置水池，沿道路设置小溪流。这个设计理念也来自人们的闲谈议论中。大家说："这里距宇治川很近，挖一挖土也许能冒出水来，让孩子们经常戏水该多好！到了周末，大人们也可以在旁边，一边看着孩子们游玩，一边悠闲地喝一杯加水的威士忌。"（照片9-1-1）

在3000m²用地范围内，种植70余种花草树木，四季都有各自不同的绿色环境。树木多半是果树。每当果树开花结果的时候，孩子们和野鸟便开始竞争起来，看谁先把果实抢到手。

“鱼簖桩横丁居住区”建设，努力实现与环境共存的生活环境，不愧是与水土绿色自然共存、人与人和谐相处的居住小区。这里所提的可对话式居住，指的是在与周围人群以及自然等环境邂逅时，彼此站在对等的立场，通过对话分担责任，培育协作意识和共同的价值观。与环境共存的群居生活方式，也就是可对话式居住方式（照片9-1-2）。

2）调节邻里纠纷

公共环境总是需要时间来培育的。

小区中央的土路，按照1992年的设计是铺装木板，到了1997年改为铺装枕木。枕木的一侧是小溪，葫芦状水池中大鲤鱼强有力地在游动。居

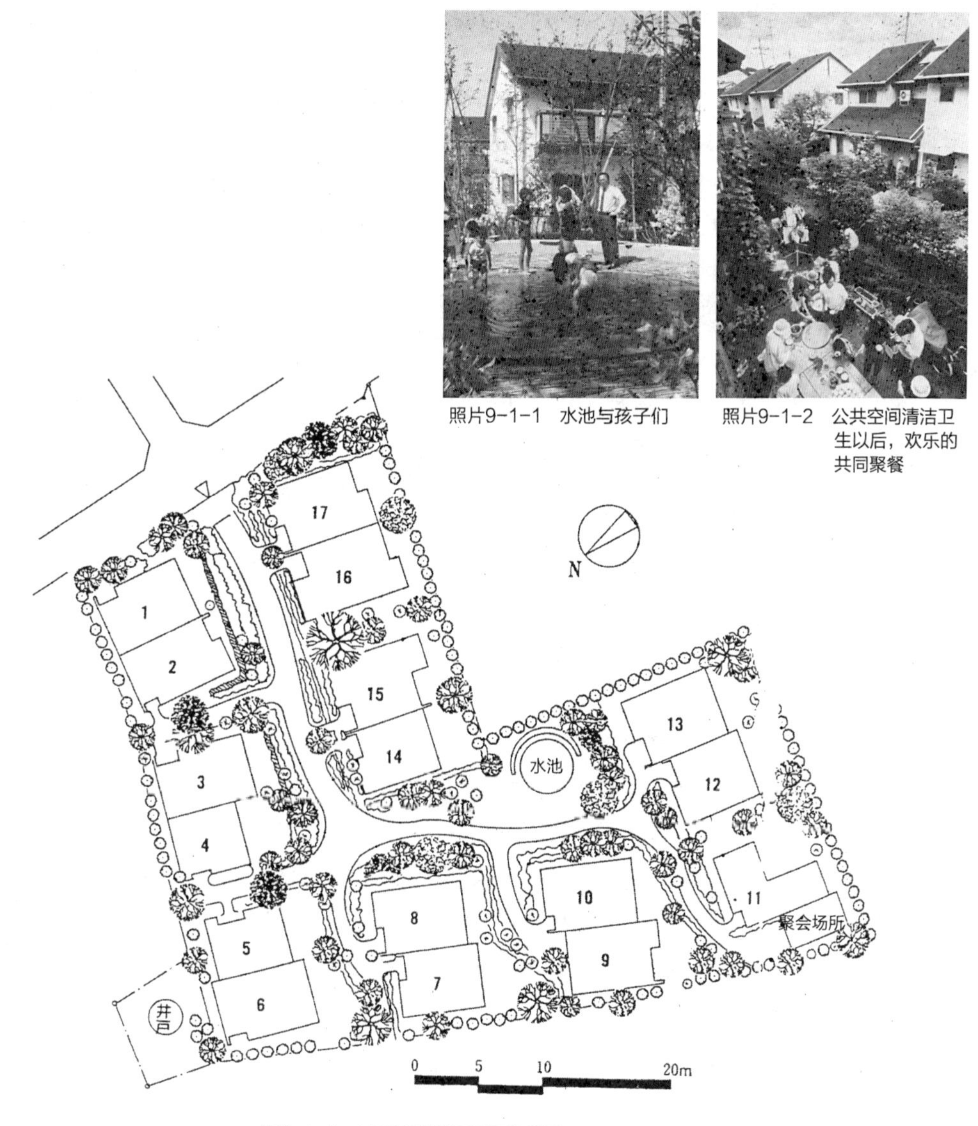

照片9-1-1 水池与孩子们

照片9-1-2 公共空间清洁卫生以后，欢乐的共同聚餐

图9-1-1 AZIROGI横丁平面布置图

民们说："鲤鱼数量好像减少了，可能是被青鱼吃了"。

枕木的另一侧，雪白的雏菊等花草尽显绿色。每到季节鲜花盛开，连同脚下的花草、身高般的花木形成丰富的绿色整体。这样的环境中，"可对话式居住"自然是顺理成章的事情。

住宅小区的17户居民，一直坚持平等相处、责任共担。在入住后的15年间，每月一次总计180次进行公共环境的培育和整治工作，不管是在硬件还是软件方面，为了营造与环境共存的、舒适地居住环境，始终在努力奋斗着。

相对于封闭、分离、缺乏人性化、交流相对困难的城市住宅区，可对话式环境共存型住宅，对少子、高龄化时代，其社会意义显得越来越重要。

这是因为，它包含了在否定中挖掘潜能，也就是在否定中努力发现可能性的立场和观点。文明要求便利性，和谐的环境共存型群居文化或许能够做到这一点，因为这种文化是在不便之中求得便利的。也就是常说的在负面中求得正面。

"鱼𫚭桩横丁居住区"，不仅在规划设计阶段完善和丰富公共空间，而且在入住以后的管理维护上，与水土绿色等自然生命体朝夕相伴，克服许多纠纷，采取创意性的方法，使停滞不前的维护管理走上蒸蒸日上的发展轨道。在管理中，把按常理不可能解决的事情摆到议事日程，化纠纷为力量，化困难为欢乐，经历了百折不挠的奋斗历程。即便是环境共存型生态社区，也不可能一切都有计划事先安排妥当，也不可能管理上设置某种框框限制来解决各种纠纷。它理应是把麻烦当作新事物，当作产生新秩序的引擎，来协调解决邻里纠纷的小世界。

3）生活与空间的连接器

在环境共存型群居生活中，对自然环境，有时候不得不进行义务性的共同作业。不过在处理自然现象和人际关系时，在共同积累经验的过程中，有时也有意想不到的发现。在邂逅相谈时感觉到新价值事物，并把它融入自己的生活中，甚至为此改变自己原先的生活方式，进入高度自由的协作模式。也就是说在可对话式环境共存住宅，可以发现并容纳新鲜事物的价值和意义，可以实现自我变革。

再看看横丁的孩子们的成长过程。孩子们在此居住和生活15年，经过人生意义的发现和接纳过程，的确实现了自我变革。昔日的清晨一边很有礼貌地与人打招呼，一边模仿鸟类叫声的孩子们，如今都长大成四肢发达的快活青年。对待一起长大的智障伙伴邻居的态度和蔼可亲，在此召开的游园会上，帮助智障伙伴很麻利地叫卖杂烩小吃。在这些年轻人的身影中可以发现，他们在处理与周围的关系时，既有细致柔和的一面，也有坚强韧性的一面。

总之，可对话式居住方式，可使人际关系相互渗透、融洽，可与周围自然和谐相处，人类和环境始终处于完美的合作状态。"鱼𫚭桩横丁居住区"的15年对话过程，是坚持不懈地培育人类与环境共存的新的平衡点的过程，并且在这个过程中，更加充满活力。

横丁的群居环境之所以能够开花结果，不是靠条条框框的约束，而是在开放的、充满活力的环境中养育孩子们，是依靠大家的集中的、持续的、柔和的、可对话的生活力量。同时也应注意到空间的力量。因为空间的力量支撑各种关系的展开，丰富各种关系的内涵，给予人工和自然的共存关系。对生态社区、对环境共存生活方式、对颇见成效的可对话式居住方式，生活的力量和空间的力量一定是不可或缺的。

3. 灵巧的个体与丰富的协作相结合——共同住宅M渔港见闻

1）丰富住家之间的缝隙

人们在日常生活中，享受快乐生活，充分发挥各自的优点，都离不开相互间的协作。这种地域社会所确立的协作性的人类活动，我们称之为开放性生活实践。所谓生态社区，就是以开放的意识和行动，自觉地建立自己与周围环境之间的亲密关系，用开放的生活实践去面对生活中的群居生态环境。下面通过“共同住宅M渔港”的所见所闻，讨论上述话题。

日语词汇中的“共同”是九州特有的温和词语，具体词义是，人们互相帮助、互相柔和地结合在一起之意。“M渔港住宅”位于离熊本城1500m的地方，于1992年12月竣工并投入使用。为一栋5层集合式住宅，可容纳16户住户在此生活。采取“住户参与型”规划设计模式（图9-1-2）。

住宅南侧设置通廊，孩子们骑着儿童车可自由穿行各住户。住户出门遛狗，也都经过通廊。这个地方布满花草，站在此地很容易联想到各个住家里的幼小生命（照片9-1-4）。

说到通廊，楼梯间同样宽敞，便于通风，可接纳日常生活中的各种举动。此处似乎又是独立的书房，经常看见孩子们聚在这里画画和

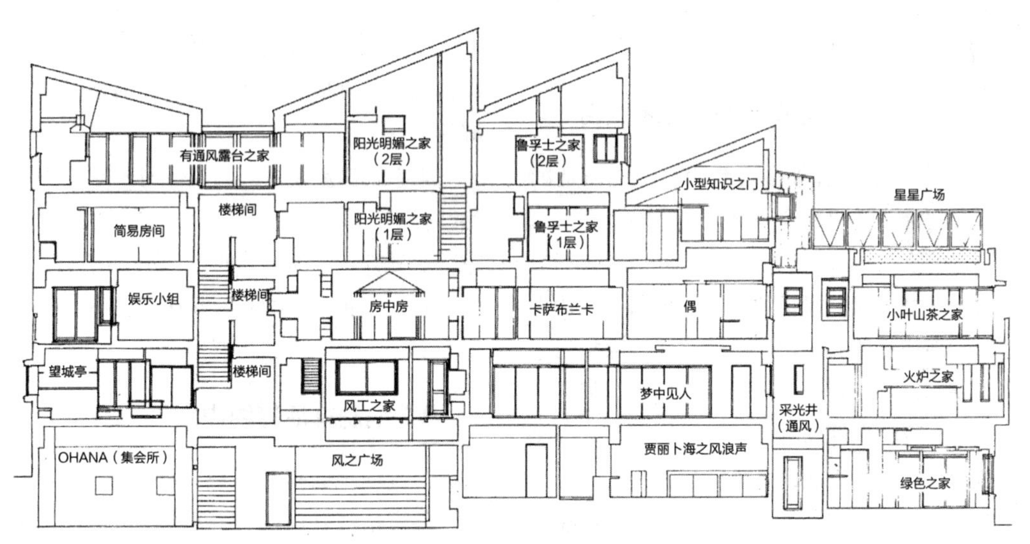

图9-1-2　M渔港住宅东西向剖面

照片9-1-3　M渔港住宅整体外景

照片9-1-4　通廊

交谈，由于和通廊连接在一起，同样也洋溢着鲜花和绿色。

在一层布置有75m²的集会场所，取名OHANA。在夏威夷方言中，OHANA是指没有血缘关系的大家族。在这里经常举办居民见面会、儿童乒乓球、特定庆祝等活动，对附近地域居民的活动也开放。

紧挨着OHANA，有一处风之广场，它是一个架空空间。每当回家经过此地，由原状土地面、后面的枕木台阶、小竹林组成的风之广场与周围形成鲜明的对比，给予亲切和安定感。此处平常是孩子们捏泥人的地方，在特殊场合作为地域孩子们的人形木偶剧场使用。

4层屋顶花园被称为星星之广场。此处白天是孩子们的骑木马等游乐场所，夜间经常作为自发性对饮会等聚会空间使用。

2）灵巧的个体与丰富的协作相结合

“M渔港住宅”有很多可利用缝隙。所谓的缝隙，其实就是住户与住户之间的间隔，是可以充分利用的空间场所。

通廊、楼梯间、屋顶的星星广场都可以认为是缝隙。现代居所并不把周围的这些缝隙封闭起来，而是都试图获得开放效果。一句话，都将此作为人际交流的良好场所。

说到群居生活方式的好处，也有持不同意见的，认为居住在一起会带来麻烦，就像居住在大杂院私密性差等。不过在“M渔港住宅”，这种观点不成立。

其原因有三：第一个理由是，在心理上、生活上还是设置了一定的距离。在共同居住的住宅生活，夫妻吵架等难免还是听得到，但是诸如工作上的、挣钱的事情等是绝对干涉不到的。群居住宅并不是强调大家要在一起，而是关注相互体谅各自的差别，保留相互有趣的事情，始终保持忽远忽近的距离感，培育群居生活的自在感和相互的信任感。

第二个理由是，自由地选择相互协作。以前，对窗井、厕所等公用领域不得不设置一些带有强制性意味的种种约定，清洁打扫难免也有一些义务性质。但是在“M渔港住宅”不存在这些问题。对公用缝隙的利用、日常的维护管理也完全委托个人意愿来进行，禁止一切带有强制色彩的共同作业。

第三个理由是，奉行柔和的、达成默契的方式和办法。不采用制定禁止事项以束缚生活，而是采取这样做不合适或者不适宜的规劝方法。例如：孩子们可以自由地通行通廊，但大人们却不可以。这不是从外部强制规定的，而是每个住家出自内心，自觉遵守的规矩。在僵硬的系统下，对自由地生活打上楔子是不可取的。时刻牢记这里是大家共同居住的地方，鼓励住家采取温和的、创造性的、主观性方式和方法[1)]，重视开放性的生活思维模式。只有开放性的实践，才是不可替代的。事情、身体、环境等都是可以迎刃而解的[1)]。

生态社区就是灵巧的个体与丰富的协作完美相结合的产物。在开放的生活实践中，叫做“缝隙”的硬件（空间）和叫做“想到的方法”的软件（意识）相互影响和相互作用，不断得到培育和充实。

3）编制鲜活的周边应答关系

说到向他人推荐“想到的办法”，下面发生的一件事情很有趣。某一处通廊边挨着居住两户人家，其中一家有上高中和初中的两个男孩，另一家有上小学的小女孩。小女孩虽然是小学生，但业已亭亭玉立。原先两个住家之间只摆放一个低矮的盆养植物，最近双方的父母开始议论，要不要设置一个高的遮挡物，彼此遮挡视线。

想让个人的隐私，完全从他人的视线里消失，只能采取封闭隔板相互分开。但是这样一来通廊肯定受到影响。此外，开放的通廊也有诸如忘带钥匙时的出入便利，平常生活中的互赠礼品等其他优点。于是双方家庭开始琢磨以开放的通廊为原则的其他办法。男孩一方想出事先拍拍手的方法，避免看到不该看的东西。这些想法是出自内心的、相互关怀对方的思考方式，是解决开放与封闭这一对矛盾体的、很有创意性的设计。我深深地被这个故事所感动。

现代社会排除他人介入的意识比较浓厚，为了阻断他人视线以保护个人隐私，要么追求独立式住宅，要么不顾群居住宅特点极力营造封闭居住状态。这样一来，人们渐渐与清风、花草、景观等周边自然相分离，与周边人群的多方面交流也逐渐被丧失。

如果丧失与周围自然和人群的交流，自己内心中的原有爱心也会枯竭，最终走向荒废。在居住群中间，设置缔结心灵的多样化“缝隙”，其价值是肯定的。对生活在这样的共存居住环境中且高度评价其意义和价值的人来说，“自己和对方的存在是不能相互分离的，这种感觉是发自内心地、自发地意识驱动”[3)]。

总之，既然是有生命的，对周围和对方的“应答能力”自然也是最基本的事情。因此，“漠不关心，意味着表示宣告死亡没有其他”[3)]。

在生态社区，包括周围和人类在内，与自然、人工环境建立鲜活地应答关系很重要。这需要在日常的生活实践中自发地培育和编织丰富的经验。值得庆幸的是，我们已经在“M渔港住宅”看到了它的身影，看到它正在渗透。

4. 培育“生态哲学”的群居体——高级公寓住宅新庭院

1）人类与环境的相互渗透关系

在“高级公寓住宅新庭院（京都市）”的公共庭院中，展现了绿色、昆虫、鸟类欢聚一堂的

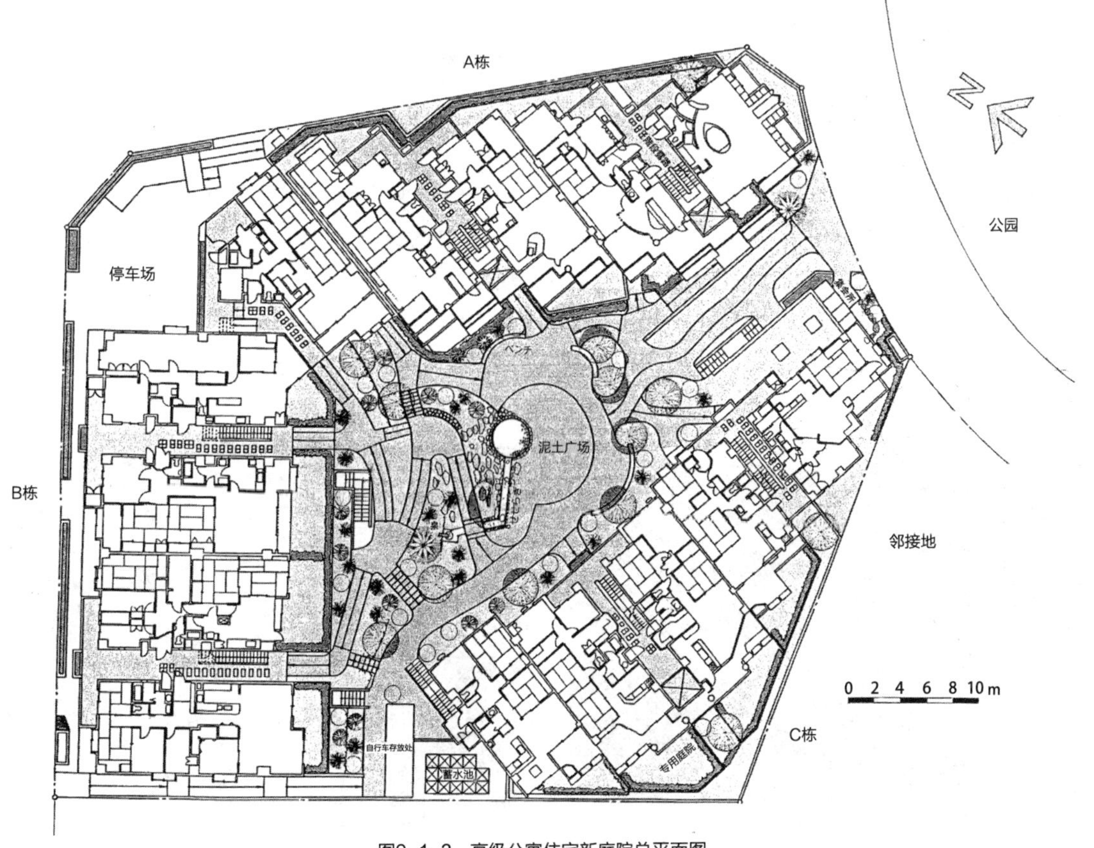

图9-1-3　高级公寓住宅新庭院总平面图

亲生态环境（图9-1-3、照片9-1-5）。该项目于1985年11月竣工，经过数年的维护管理，绿色环境日渐成熟。都说该项目的"群居环境随时间成熟"，所指的不仅是公共庭院的绿色数量多，而是在建筑物的墙壁上也培育绿色，成功实施垂直绿化。48户住家的露台挂满了藤蔓，把混凝土的生硬面孔转变为柔和的表情（照片9-1-6）。

每当居住者从外面回家，一踏步走进公共庭院，地面的绿色和墙面的绿色齐声打招呼，似乎有一种听到生灵在说话的感觉。与此同时，仿佛居住者亲人也通过绿色传递他（她）在家等待的讯号。

例如，下面的言语很有象征意义："炎热的夏天，把家空置几日且没有委托浇水，藤蔓没有多长时间就会枯死。每当看到枯死的藤蔓，就有好像自己的脸被划破一般的心情。"

说明人类与环境是相互影响、相互渗透的关系，人与人的心情也通过绿色相互结合在一起。在优美的环境中，实现与他人群居在一起生活，人与人之间不仅需要口头上的直接对话交流，而且还需要心情的相互默契即无言语的交流。

这种经验的积累，使得居住者对身边环境（人类和绿色）的好感迅速膨胀起来，给予居住者有自律的、有个性的生活方式。独特的主观性、亲切、温柔与新鲜等在心中记忆犹新，这也许就是"精神生态学"再创造。"精神生态学"就是，"针对身体与幻想、流逝的时间、生与死（神秘）等的主体关系再创造"。

随着新闻媒体和信息通讯的一体化，"精神生态学"在个体的、家庭的日常生活与附近场所之间的相互关系上，造就"人类活动的价值化"，体现人类与环境的新的纽带与共存的伦理和意义。

2）相互激励的人际关系

那么，有价值公共空间绿色的维护管理又是怎样的呢？管理问题是群居体的最大的问题之一。这里的情况是，植物、水池的维护等所有管理，不依靠外部力量，全部自行完成。原则上不使用杀虫剂，利用手工操作完成。每个月一次定期进行公共空间的维护管理作业，对因故不能参加活动的人不收取任何处罚金。平常的绿色维护，谁想起来就由谁做。没有强制性的管理规则，重视住家每一个人的自发性和自主性，注重人性化的协作管理模式。任何事情都不委托专业人士或者业内人士，都是尽量发挥居住者的潜能来解决。快乐的群居生活，势必推动居住地新型集团生存模式的建立。这就是"社会性生态学"。它必将改变并再创造"人类在城市生活和工作场所中的生存结构和方式"，对"历史文脉中的人类生产与生活"将会形成新的观点。

高级公寓住宅新庭院住宅区，在公共庭院管理上，通过居住者自发的参与协同作业，使居住

照片9-1-5　公共庭院培育成小型森林

照片9-1-6　墙面绿化、垂直绿化实景

者自觉地把公共庭院管理纳入自己的日程计划中，形成相互激励、相互开放的人际关系，共同推进“社会性生态学”实践活动。

5. 人类与周围环境相互渗透——从分离、隔阂到融合

以上介绍的三个项目，仅仅是正在蓬勃发展的群居文化的一部分。都是充分发挥个体自律性的新型生态群居社区案例。在这里所看到的居住者，冲破了自我所有，面对周围世界，争相充当开放的生态人。

前面提到的有关“历史文脉中的人类生产与生活”问题，法国哲学家费利克斯·瓜塔里的回答是：“运用环境生态学、社会生态学、精神生态学的互补关系，重新恢复和创造人类生产与生活”。

根据费利克斯·瓜塔里的观点，结合从三个案例中总结出来的经验，作者提出“群居生态学”概念。群居生态学有以下四个着眼点：第一是社会生态学。在与周围邻里交流最缺乏的时候，它将会给予邻里间温柔友爱；第二是生活生态学。家庭内的生活深受新闻媒体的影响，而在社会层面，由于公共、产业是按功能划分，导致产能过剩。生活生态学可以有效地指导苦乐两方面的生活协调。第三是生命生态学。它可以指导我们冲破威胁生命生存的不均衡生态现状，在人工环境的内外编织生命网络。第四是精神生态学。在物质、金钱、制度等价值观横行且轻视心灵的年代，精神生态学给予我们把内心深处的感想、思维和共同感觉与周围其他人分享的动力和机会。精神是人类在社会诸多行为举止中，产生的相互协作的产物。

群居生态学不是研究住宅形式、建筑密度等问题，而是把社会的、生活的、生命的、精神的生态学统一概括起来，营造群居居住生活的相互关系。

在群居生态学领域，每一个居住者都与其它人类、生物、周围环境相关联，都是相互渗透。要把互相关联中的共性，自觉体现在生活过程中。

关于群居生态学，没有人能够一开始就十分清楚地感知和认识。就拿“鱼簖桩横丁”、“M渔港”、“新庭院”等典型案例来说也是如此。其居住者原本都是极其普通的“自我”人群。他们在生活过程中，化纠纷为动力，用开放的生活实践体验群居生态学。通过四个着眼点的反复复合体验，群居在一起的“自我”居住者逐渐变成“生态”居住者。

从“自我”向“生态”转变，最重要的是人的想象力。这里所讲的想象力，指的是自觉向周围开放、融入、交流的能力。本节提到的三个典型案例，为了诱发居住者的这种能力，从设计上采取了“缝隙”、聚会空间等空间布局。

群居生态学强调与周围世界的富有活力的融合（Commitment）。融合的反义词是分离、隔阂（Detachment）。独立式住宅英语叫做Detachment，在独立式住宅中，如何重视与环境（包括人类）的融合（Commitment），可否实现如同群居生态学的居住生活环境？这个问题很值得我们深思。我们要记住米歇尔·胡克所讲的一句话：“要把重视、照顾自己和重视他人等同起来。”不管是独立式住宅还是集合式住宅，首先要把握好硬件（形态）和软件（意识）的相互关系，在“开放的生活实践”中，把握机会、积累经验和推广应用。生态社区的未来，必须建立在这些意识、方式和方法以及哲学的基础之上。（延藤安弘）

9.2 社区的食物生产与发展

1. 序言

21世纪城市建设遇到的问题是，如何提高市民的主导地位和挖掘社区潜能的问题。还有就是如何逃离单纯消费城市的怪圈。在生态系统相对混乱的城市，如何运营城市，换句话说在城市中如何确立生态系统？“生产、消费、分解”的循环是生态系统所必需的要素。而其中的一环属于农业范畴，在城市空间中，引入农业概念完全是可行的。下面列举英国的案例，讨论在城市中建设可食用景观社区以及社区的复原方法。

在城市里引入农业元素，需要以市民为主导，需要市民的积极参加。说到城市与近郊农村地域之间的关系，早在日本的江户时代，就已经存在利用城市里的粪便交换郊区农村蔬菜的“城市与乡村的粪便共同体”。发展到现在演变为合作进行城市与乡村废弃物的堆肥化和新鲜蔬菜的生产系统。这样的例子，在日本多见，如埼玉县熊谷市的“熊谷和有机农业研究”、山形县长井市的“联邦计划”等。由城市社区自主运营城市内的农业生产场地，强化作为城市细胞的社区功能，提高社区的可食用生态建设热情，努力把城市向环境更加协调、可持续性良好的方向转变。

2. 城市农场、社区庭院运动

城市农场就是，由地域住民主导，把城市中的原娱乐休闲场所改造成种植蔬菜、养猪、喂马等农业生产场所，兼做地域儿童野外教育和游乐场所。英国版市民菜园却有些不同，它是以慈善团体、志愿者中心为活动载体，社区的复原与建设多数以菜园建设为主。

在英国设立有“城市农场、社区庭院协议会”的组织。该组织系全国性联络组织，负责组织和协调各社区庭院和城市农场团体的活动。截止到1999年2月，该组织成员包括了64家城市农场、493处社区庭院、112家学校农场等团体，多数城市农场均在慈善机构登记备案。

协议会小册子的副题是：“通过社区的农场、菜园、庭院建设，促进地域重生。”小册子中还有如下描述：社区庭院运动始于20世纪60年代，而城市农场运动始于1972年。那个时期，决定把城市空置的场地和未利用的土地交给社区管理，使之成为提高生活质量和改善环境的场所。到1980年，城市农场和社区庭院数量增加许多，为了彼此的互相交流和帮助，为了拓展更加广泛的事业领域，成立了协议会。……社区庭院和城市农场是生产食物的场所，是改善环境的场所，是学习和娱乐的场所，是社区发展之场所。

协议会的会员服务包括：提供管理建议和咨询、提供志愿者、技术支持、事业资源和运营建议等。具体内容为：“饲养家畜、与其他社区的交流、资金调配和预算、园艺、土地的利用与管理、法律诉讼、规划设计、确保员工等。”（摘自协议会工作小册子）

此外，1998年首次召开有关社区庭院国内会议，会上发表了宣告书，其中围绕社区庭院的效益问题，阐述如下观点：

· 提高社区的凝聚力和相互理解；
· 提供研修、打工、志愿、学习机会；
· 促进绿化和环境改善事业，构筑崭新的社区社会；

· 通过社区运营、研修，不断积累经验，提高地域人们的社会应变能力和就业能力；
· 使人们懂得如何应对残疾人，如何处理与老年人的关系，促进多方面进步；
· 通过目的明确的各种实习，增强体质，改善健康水平；
· 减少纠纷，增加信任，保障精神健康；
· 生产食物，帮助贫困人群；
· 促进野生生物的保护和地域多样性；
· 为社区提供安静的交流与娱乐休闲场所。

迄今为止，社区在社会层面、物理层面、经济层面、环境层面的贡献，在全英国和地域范围还不十分明显。要改变这种状况，有组织的活动必不可少。

在英国，最早的城市农场是伦敦“肯迪休镇的城市农场”，该农场位于伦敦市下城。曾是铁路高架桥下的一个农场。经过改造以后，成了以骑马、养猪、农业园为一体的地域儿童环境教育场所。还有一处是位于著名的泰晤士河沿岸的杜克兰岛再开发地区的“马特修特城市农场”。高层建筑和牧场、羊群融合在一起，显示出奇特而鲜明的城市风景。与城市农场托拉斯集团合作经营，现在是地域住民的休闲场所，也是孩子们接受动物教育等的教育中心。老师放心地带着众多幼儿在牧场内散步或者在教育中心辅导孩子，杜克兰岛的生机尽显在眼前。

在登记注册的团体中，还包括保护城市周边地区信托基金托拉斯分部等托拉斯相关团体和野生动植物托拉斯分部等团体。团体结构和形式多样化。有的城市农场运用固有传统文化理论和方法进行设计和治理。显示出城市农场不单单是城市里的农场和农业园，而且还是环境复原和可持续地域建设中的、新型城市重生之场所。

英国的城市多数是多民族混居城市，对居住在大城市的少数民族来说，城市农场和社区庭院是他们的沙漠绿洲。在日本也在兴起但不限于市民农业园的，委托社区进行维护管理的城市农场和社区庭院建设。在东京的世田谷区等地，社区庭院管理组织正在运行之中，只是尚处于起步阶段。在日本的城市，尚有许多残留的城市农家以及相关团体，建设具有日本特色的社区庭院完全可行，作为先驱者，东京练马区的白石农场走在了前面。

照片9-2-1　伦敦马特修特城市农场。远处是泰晤士河沿岸再开发建筑物

照片9-2-2　孩子们在伦敦泰晤士河沿岸的城市农场照料家畜

3. 社区的混合堆肥

把厨房的垃圾和裁剪树叶等进行混合堆肥化，用作养花肥料和蔬菜水果树培植土壤。在英国，以社区为单位，自主回收并进行堆肥化十分盛行。选择城市农场、市民菜园、社区庭院等作为堆肥作业场所。在南约克郡的地方城市谢菲尔德，沿着密集城市街区外围铁路的丘陵地带，有一处城市农场。在此微型农场里，布置动物养殖、菜园、堆肥处理、餐厅、庭院等设施。农场雇佣智障残疾人做工，收集农场家畜粪便、附近家庭厨房垃圾、落叶、青草，制作各种堆肥并出售。较远处住家垃圾回收工作，由LETS会员负责。最近尝试路边树木落叶的堆肥化试点事业。马路旁边一般均设置垃圾回收装置。农场内设有水池，养殖很多牛、马、猪、鸡等动物，餐厅很潇洒，味道也不错。健康人和残疾人通常在一起工作。

全英社区堆肥化网络服务总部就设在此处。该总部是全英社区堆肥化运动网络服务中枢机构，也提供业务咨询等服务。目前，英国共设立100余家社区堆肥化团体。

4. 城市农场之环境教育场

在英国利兹市北丘陵地区住宅地角落，有一处城市农场。天然漫步小路以城市农场为中心，向周围丘陵地区延伸。本地的保护城市周边地区信托基金托拉斯负责城市农场内的道路修缮工作。农场运用固有传统文化设计方法，混合种植各种蔬菜、香草、果树，开设有固有传统文化学习课程。该城市农场建设历史悠久，从20世纪70年代后期便开始构思规划，于1982年由慈善团体负责建成。关心智障残疾人的就业，取得了堆肥协会的有机栽培认证，原地出售栽培的农作物。南面斜坡上种植的香草、蔬菜以及地膜覆盖别具特色，地形呈缓坡状，利于轮椅移动。用地内的再利用中心，负责收集地域可利用垃圾，进行加工后重复利用。

照片9-2-3　英国谢菲尔德市城市农场的堆肥制造样板一角

照片9-2-4　英国利兹市城市农场内的环境教育中心

在城市农场内，利用市政府资金和基督教千禧基金，建造木结构建筑物，取名“虾中心”（具有生态中心功能）。采用本地产木材，做屋顶绿化，雨水全部回收供家畜饮用。采用南面全玻璃型采光（暖）方式，卫生间与堆肥设施相连接，污水处理使用引导台（植物净化系统）。在建筑物下的用地内分别进行处理以后排到河中。以新建筑为中心，综合性的展现固有传统文化生活。利用旧仓库改造的餐厅和事务所也很潇洒。

该城市农场具有地域环境教育中心功能，欧盟正在积极推进生态中心建设与网络化，城市农场作为其中的一个节点，必将做出其应有的贡献。

5. 社区发展展望

面向可持续发展城市目标，组织全体市民应对影响生活的环境非常重要。这个问题在1992年里约世界首脑大会“地域议事日程”中所提倡。不管是发达国家还是发展中国家，在城市和地域建设中，地域居民的参与与否是关键所在。居民的参与意识，不是来自政府的有意安排，而是居民自觉成为参加主体，参与规划和实施。

这种自觉参与，我们称之为“社区发展动力”。城市发展水平较高的英国，针对城市再生问题，制定了《挑战城市》（1991年）、《SRB（Single Regeneration Bugdet）》（1993年）等政策。政策的焦点集中在整治大城市里的荒废土地过程中，以及如何调动社区和地域住民的积极性的问题上。SRB针对荒废地域再开发问题，设立了一整套资金资助系统，鼓励地方政府、各志愿者团体、各民间企业通力合作，共同推进再开发事业。

《地域议事日程》提出了可持续发展指南。在这个指南的引导下，英国各地方政府陆续制定行动方针，积极付诸实践。在一些较发达的地区，已经开始初见成效。政府与志愿者团体、慈善机构通力合作，调动地域居民的参与热情，挖掘地域潜力。这种做法行政干预少，地域社会的自立性强，可以形成可持续性，是比较理想的实施方案和措施。

在伯明翰，运用SRB模式实施环境恶劣的城市居住地治理事业，保护城市周边地区信托基金托拉斯也积极参与。拟要治理的伯明翰西北部地区，10年以前的情况是：公共设施和文化遗产破坏严重、高失业率突出（失业率达15%，其中一直找不到工作的人群占26%）、收入水平较低（占地区65%家庭）、长期固定居住率差、少数民族居住比例高等。由5个房屋相关机构组成《汉德沃斯》地区再开发托拉斯，工程被列入SRB模式操作项目。项目总工期为7年，共投入1800万英镑建设资金，其中的400万英镑资金由SRB提供。在其他预算方面，根据英国针对失业者的新政策，还可以获得包括职业培训在内的一部分事业资金。

事业的目的不仅仅是住宅、环境的物理性改善，而是在创造新的就业，让居民获得改善住宅、环境的技术，改善教育、确保地区安全，提高社区团结意识等方面，也要达到一定高度。通过治理，使得地区社会和经济重生。把地域社区参与纳入到事业的议事日程，充分挖掘地域社区建设潜能，在城市中重新构筑可持续性居住地。减少失业率和提高固定居住率也是治理的目的之一。一个地区的重生，仅仅依靠物理性环境改善是不能达到目的的，还要进行社会性、经济性改善，要为地域发展注入新的活力。

6. 地域社区重生所需的地域货币

面对经济高速全球化时代，如何维护地域经济和社会呢？为了适应地域经济和社会重生、维护、可持续性要求，不断涌现新的经济发展模式和行为。在英国，LETS作为一种地域货币，应用活跃，发展迅速。它是一种不使用市场经济的流通货币金钱的地域经济循环系统。LETS是地域持续训练系统的简称，也可以认为是地域就业训练系统的简称。利用地域内的服务和物物交换，不依赖地域内的市场经济，提供就业机会，据此激活社区社会和经济。

英国的LETS是把低收入阶层和失业阶层的生活纳入地域经济和社会架构，社会性政策导向比较强，重点放在就业交换。也可以理解为把地域可替换性劳动形态和义务性纳入地域经济和社会架构。其结果是，大大提高了地域社区的各项交流。在普及英国LETS事业的民间团体“LETSLINK UK”的宣传小册子有这样的一段描述：“LETS事业为社区和地域经济的重生，提供了一条新路径。”作为一个不受市场经济的影响，自己测算自己的劳动价值，在地域内进行交换的系统，受到好评。

LETS的相关团体，自1994年迅速扩张，到了1999年，在英国的LETS的相关团体数量接近400家。面对环境等问题，起初的LETS的相关团体，多少带有中流阶层的游戏性质。到后来发展迅速，应用领域也不断扩展。已经扩展到地域自立所需新地域经济手段以及确保低收入阶层的地域生活稳定等领域。

乔纳先生在分析和研究LETS的活动状况的基础上，1998年出版发行一本书。他在书中写到：“各LETS的相关团体员工构成中，失业者占25%左右。在曼彻斯特其比例是43%，在京士顿的沙利其比例是50%，在本·布鲁克西亚汉波特韦斯特其比例更是达到70%。”他在分析LETS的优点时指出：“它具有保障失业者的日常生活，为失业者提供劳动机会使其发挥技术和技能，为下一个实际工作积累经验，提供社区交流改变孤单的城市生活，获得非正式学习机会，促进地域经济重生（把LETS和英镑并用进行交换的场合比较多），通过地域内的各种交流消除相互间的阶级、年龄等差别，通过不常用物品的交换降低环境负荷等效果。”

利兹大学在1996年，进行全英国范围的电话问询调查。调查共涉及350家团体，3万名员工。经调查分析后发现：把他们一年的经济行为换算成英镑，则达到人均2.1万英镑。还有，由有机农产品认证机构、慈善团体、土壤协会共同推进的“地域食物链建设”运动中，也引进LETS的运作方法，加强农村地域有机农家与地域内消费者之间的联系。通过LETS的地域货币和英镑的有机组合，完善交换行为，更大范围开拓交换领域。

在英国，高速普及LETS的最大贡献者，莫过于民间团体“LETSLINK UK”。回顾英国的LETS发展历程，最初的LETS于1985年在努尔维克成立，1987年在托特尼斯成立第二家，到1992年全英国只有5家LETS团体，尚没有得到普及。1990年，最初发表有关LETS书籍的利兹女士与“大地之朋友”团体（该团体系世界著名的环境保护团体，对英国的环境政策持有较大影响力）的达尼埃尔合作，在韦斯特维特西亚建立英国版LETS样板。当时恰逢英国的经济危机。1991年，在英国国内第一次召开有关LETS的会议，之后诞生了LETS之普及团体“LETSLINK UK”，LETS事业从此走上快速发展之路。通过发行普及知识小册子、举办各种咨询活动，得到普通居民尤其是低收入者和失业人群的理解和支持，使得他们踊跃参加到LETS的事业当中。最近在欧洲其他国家进行更加广泛的普及活动。有趣的是，在该团体的宣传小册子中，作为LETS的地域特有的交换货币的历史性参照物，介绍了19世纪30年代的空想社会主义者罗伯特·奥翁的《劳动票据》。

此外，近年来英国各地方政府，作为社区发展的手段之一，大力推广地方政府层面的LETS事业模式。例如：推广应用英国福特系统就是其中案例之一。

7. 低碳社区运动：临界点运动

地球变暖和石油高消费是21世纪面临的全球性课题。摆脱石油社会，利用地域资源和智慧，建设草根型低碳社区的运动，在英国小城镇托特尼斯率先兴起。刚开始，还仅限于城镇范围的临界点运动，后来发展成全英国乃至世界范围的主动型临界点运动。

临界点具有“转换、转移”之意。临界点运动的宗旨是，针对石油依赖、高消费、经济全球化，强调以地域智慧和资源为依托，建设强有力的地域社会。可以说这是一种反对经济全球化运动，地方色彩比较浓厚。该运动强调：挖掘和利用地域生活历史中的传统性智慧和人才，引进农村生活方式，实行食物、能源的自产自销，使用地域货币振兴地域经济，以市民为主、政府为辅，团结其他环境运动的市民和志士，创建低碳社会。

照片9-2-5　临界点城镇托特尼斯的并行街区

该运动于2006年9月在英国的小城镇托特尼斯率先发起，之后迅速扩大至全英国。到2010年1月，得到英语圈为中心的世界各国总共265个地域（地方政府）的认可。在日本也有10个社区运动团体。托特尼斯位于英国南部德温州，虽然是一个人口只有8000人的小城市，却拥有提供可持续生活教育以及整体教育的伊斯特·舒马赫学院（基于《小就是好》作者伊斯特·舒马赫的理念设立的教育机构）。

“临界点城镇托特尼斯”（以下简称TTT）机构团体，是一家数名固定员工和住民志愿者组成的民间组织。TTT由若干工作俱乐部（以下简称WG）构成。WG分食品、建筑与居住、教育、能源、交通等工作俱乐部。2009年，以市民为基础，制定城镇“能源削减计划”，计划到2030年实现低碳城镇目标。为了实现这个目标，制定了具体的行动计划，如低能源发展之路地图等。2009年，计划实施“临界点街区”运动。为了募集运动资金，申请加入英国政府“能源与气候变动适应地区”之“地域社区挑战”试验计划。成功入选之后，获得政府625000英镑（合日元约9000万元）发展资金。资金全部用在支付该运动专属员工工资和太阳能光伏板设施建设。以街区的社区为单元，迎合临界点运动组成俱乐部，学习低碳生活知识，在政府的帮助下，进行住宅的隔热、节能改造，每一个住家屋顶均设置太阳能光伏板。一个小型社区能够进行低碳社区建设运动，其意义很是深刻。这种手工型、草根型运动，对日本的低碳社区建设，很有参考价值。

（系长浩司）

9.3 生态庄园

1. 序言

在城市和农村地域，要求建设自立的、自足的、可循环的生态地域的呼声正在高涨。其中，追求高自足性生态生活的人群聚集在一起，在城市或者农村地域获得土地，建设自己满意的生态生活社区。这种社区被称为生态庄园。这种新型的生活方式，早在20世纪80年代开始在世界各地流行，在日本也有类似的新型社区建设运动。

另一方面，对城市原有相邻社区和农村的原有村落进行改造，使之成为可持续性生态生活社区。这个问题也是迫切需要解决的问题。在日本也面临同样的问题。例如：在城市低洼地区保留和发挥传统生活的生态庄园建设，在城市近郊区与周围农村地域协同发展的生态庄园建设，在农村地域超过13.5万个群落的既有传统性又有持续性和循环性的生态庄园建设等。

2. 世界的生态庄园运动

在西方近代社会体系中，近代城市社会生活中出现的弊端，农村地域的生态环境、经济、社区的衰退等引起人们的反思。城市居民面对田园地域，开始新的居住挑战。世界性生态庄园建设国际交流与网络，在20世纪90年代后半期，以丹麦为中心陆续展开，于1995年缔结GEN（Global Ecovillage Network）联盟。联盟对理想的生态庄园做了如下定义："生态庄园必须是实现环境生态学、社会经济生态学、精神生态学为目标的，具有自立、完整、循环、可持续性。"罗伯特·吉尔曼如下定义生态庄园特征：

①人数最多不超过500人，利于相互认识；
②满足居住、工作、休息、社会活动等人的基本需求；
③人的活动应与自然协调统一；
④可以支撑人类身体、精神、情感的快乐健康；
⑤保持不能牺牲未来的可持续性。

他还提出以下5项生态庄园建设设计原则：
①自然：确定自然保护地域，确定植物等生物资源生产，确定有机废弃物的处理，确定回收利用系统；
②建筑：使用环境负荷较小的材料，使用可再生能源，废弃物的处理要适当，采用对土地和环境影响较小的建筑方法；
③经济：要追求人和环境都可以持续的经济，平衡共有财产和私有财产，开发金钱经济补充系统；
④政治：采用适当的解决方法，适当地解决纠纷；
⑤社会性：树立共同价值观，共同工作，共同致富，庄园内部团结。

照片9-3-1　体现固有传统文化的澳洲第一个生态庄园："克里斯特尔"水乡

另一方面，在农村日渐稀疏化过程中，农村住民也大胆地掀起社区化、旅游休闲等活动，力争保护和发扬农村生活和文化传统。在斯堪的纳维亚半岛，由群落委员会组织的活动很活跃。在芬兰总计有3000家以上的群落委员会在积极活动，组建了全国性指导联络组织，在农村社会和经济发展中，做出很大贡献。欧盟农村地域发展战略中，采纳芬兰的上述做法为农村地域经济开发合作政策样板。城市居民的生态庄园建设热情和原有农村住民的活动，紧密配合，合二为一，对农村环境的可持续发展，将会更加有利和有效。

世界的生态庄园运动得到良好发展，截至2010年，GEN联盟下的生态庄园总数超过15000个。斯里兰卡、菲律宾、韩国、日本等亚洲国家也积极地推动生态庄园建设事业。在日本，从2005年开始，几乎每年都举办生态庄园国际会议（东京），提高人们对社区运动的认识。社区运动均以草根型生态庄园建设为主，以创建低碳社会为目标。

3. 社会生态学实践先驱：群居住宅运动

在丹麦，生态庄园运动之前，曾经掀起群居住宅运动。在群居住宅中，除卧室相对独立以外，起居室、餐厅厨房、大型洗涤间都是公共空间，每周举办若干次共同晚餐会。对边工作边养育孩子的年轻夫妇和独居老人，这种生活方式既舒适又安全，有一定的吸引力，是一个不错的居住生活方式。

大城市里的社区萧条化、城市生活中的安全疑虑、家族圈的分崩离析等西方城市社会弊端，促使群居住宅模式的诞生。作为创建新社区的试验，从20世纪60年代后期开始陆续建设并投入使用。在丹麦、瑞典等北欧国家，群居住宅模式作为城市居住的一种形态被固定下来。

在丹麦第二大城市，奥胡斯郊区的田园地域，有一处12年前建造的群居住宅。由建筑事务所牵头，召集拟居住人群，经过近1年的讨论，共同完成规划设计。由建筑公司负责完成大部分施工，在进行装修施工时，住民也参加一部分工作。住宅中间区是公共区域，围绕公共区域布置2个居住楼群，每个居住楼中心有各自的小庭院，出门就是铺设草坪的运动场。入住以后的维护管理，由住民自行解决。每月举行一次集会，每周有4次共同聚餐，值班每5个星期轮回一次。公共空间的设置情况是：1层为厨房和餐厅，2层是会议室和沙龙，地下是儿童游乐场、乒乓球室、健身房、音乐室和公用洗涤间。

有幼儿的家庭，在这里养育孩子非常方便，

照片9-3-2　丹麦群居住宅公共起居室

照片9-3-3　丹麦群居住宅公共餐厅

很是吸引年轻夫妇的眼球。不过也有一些家庭孩子长大以后搬出去的情况。据统计，从最初的参与规划开始，一直居住在此处的家庭数占户数的25%，可见长期固定居住率并不是很高，相互交往关系多少有些复杂。北欧的夏天白昼长，晚餐以后可以一起踢足球等，在这里居住，自有其魅力所在。

照片9-3-4　丹麦首家生态庄园："道乐普"。远处的风车是邻近群落的人们参与建设的风力发电装置

4. 丹麦手工制作草根型生态庄园

丹麦环境团体"盖亚托拉斯"的领导者杰克森夫妇，原是丹麦群居住宅运动发起者之一。他们总结群居住宅的自立性、持久性、生态性，转身投入到更加生态、可持续性的生态社区建设。在丹麦的田园地域，进行生态庄园建设试验，致力于组建世界性网络联盟（于1995年缔结GEN联盟）工作。

在丹麦，以"盖亚托拉斯"为核心，集合致力于社会交流、生态生活、精神生态为一体的可替代群居空间建设的人群，于20世纪80年代组建"可持续社区"团体。先后建设"道乐普"、"间隔构造"、"赫尔瑟"等风格各异的生态庄园。其中，"道乐普"生态庄园采用风力发电、植物净化等设施，采用拱形生态住宅外形，住宅内部是著名的群居住宅布局。间隔构造生态庄园采取大规模有机农场方式，由集团负责生产和销售。"赫尔瑟"生态庄园侧重培育智障儿童的自立。

"道乐普"生态庄园位于原有群落的相邻区域，利用麦秸、贝壳等建筑材料，继续建设新的住宅，建设了与原有群落共同使用的集会场所，现已成为提供风力发电等生态信息的地域生态中心（作为国策，正在全丹麦范围设立），生态庄园与地域社会非常协调和融洽。作者在此停留期间，看到多个老年人俱乐部到访。他们或许注意到，这里的独居老人和年轻人在田园环境中，一起享受生态群居生活。

"赫尔瑟"生态庄园是根据卷心菜理论建设，是智障人群和健康人群共同生活的生态庄园。整体规划构思由丹麦环境建筑家、传统固有文化倡导者与住民共同协商完成，至今还在不断进行调整中。在原有群居外围约50英亩土地上，建设普通住宅、残疾人住宅楼、服务中心、家畜养殖场、农场等设施。包括残疾人在内组建20余个作业小组，进行面包制作与销售、纺织、生物有机农业、园艺等作业。除员工工资由国家社会福祉基金支付外，其余支出全部由"赫尔瑟"财团负责。这种尝试在欧洲还是第一次，是经过10年的论证后才开始启动。据说不久的将来，艺术界、出版界的人士也入住此地，开展更多领域的事业。相信昔日丹麦农村群落丰富多彩的生活场景，即将展现在我们面前。

西欧农村的现状是，少数规模较大的农家分散居住在广阔的地域。建设一个像样的农村社区几乎是不可能。近代农业经营规模的不断扩大，早已超越合适的比例尺度，小规模社区建设也不容易。西欧各国在这样的农村环境中，尝试建设生态庄园，可以说这是创造新型田园环境、自然环境、人类关系的尝试，是一种自娱自乐的新型社区建设。在欧洲，北欧走在生态庄园建设事业前面。在北欧果断进行各种试验，经过分析总结以后，继续向前推进。他们的事业得到社会的认可，有制度上的保护，可自由组合事业团体。而日本需要解决的问题就是向北欧学习。像北欧一样，市民在自由的意念下敢于实践，具备试验所需环境条件，获得社会的共鸣与认可，制定相应的制度等。

5. 日本型山村生态庄园

日本的农村群落社区，可持续性居住环境潜在价值很高，都能与世界遗产相媲美。与其他国家民族之间的相互交流很少，以单一民族形成的地域持续了1500年以上。尤其是江户时代，地域社会的组织架构稳定长达250年。这种情形在世界历史上罕见。可以说，过去的日本曾经是在世界上首先拥有可持续性社区和可持续性生态居住环境的时代。

在日本，如何挖掘历史遗产推进地域重生和地域生态庄园事业，促使农村能够开放地接纳愿意在农庄生活的城市新手做邻居，如何制定制度，如何建设梦幻般新农村，如何建设可持续性田园社区？首先农村地域要提供具体的、可合作的实践活动场所；其次在原有的农场群落中，注入新的血液，使之转变成生态庄园；再次需要适当的政策和大胆一些的试验，需要从绿色休闲旅游交流型村庄向生态定居型村庄转型。

对日本来说，山村的存在很重要。人类经过长期精心培育得来的二次自然一定要维护。有了它，生物多样性才能确保，人类的可持续性生活才能成为可能。在这里把日本型生态庄园暂且定义为“山村生态庄园”。

对人类来说，最幸福的生活也许是：保证新鲜且安全的食物，就近解决人际交流、工作场所，与自然和谐相处。这也是最基本的人权。在地方城市周边环境中，具备上述条件的场所自然有魅力，得到人们青睐。在进入零增长、城市时代的结束、环境时代开始的今天，向往地方城市周边的田园生活和羡慕其周边环境的人群正逐渐在增加。人们在设想：城市的便利性，在最近城市街区得到满足。除此之外诸如：食物、舒适性、康复机构、与自然为媒介的人际关系等均可以在离居住地不远处得到解决。这样的地方当然最有魅力。

1）山村生态庄园的生态设计

新鲜空气和水、健康的自然环境、人体所需安全食物、温暖的房屋和动力、交通能源等人类生活所必需的东西，能够由地域可持续地供给，才能形成可持续性社会。因此，在这个意义上可以说地域是基础。

日本的农村地域土地利用架构，早在江户时期业已完成。民俗学的研究，也把“山村”作为研究中心，在前面添加“农”、“原”或者在后面添加“山”、“深山”来表示另一层有顺序的意思。来自深山的河水流到山村便成为山村水系，为农业和生活所利用。农村群落所持有的土地利用秩序，表示土地利用的连续性，也造就农村群落美丽景观。从深山到山村沿水系构成的连续性自然以及农林生态系的培育和利用，深山和水环境的精心维护，维系着人们对田园景观的依依不舍，这也是城市居民反复到访的原因。

在生命地域主义流域中，存在山谷入口处空间的土地利用形式，它是流域的基本单元之一，也可以说是微型生命地域主义流域。它是一种连贯水系的土地利用，有的地域还把深山当作水源保护林。三内丸山遗迹挖掘中发现的栗子栽培，证明人类早在绳文时代就已经开发利用深山。日本的自然多样性，是依靠人类的营生行为形成并维持。稻田里的青蛙和蜻蜓是维持农业所必需的生物，我们称之为农业生物（参照第13章专栏6）。

二次自然环境，经过人类的照料，变成形式多样、内容更加丰富的混合体。现在面临的问题是，如何运用现代手法，使之更加具有创意性和持续性。我们需要的不是简单回到过去的深山，而是构筑更加丰富、功能齐备、有产出的共有深山。

在充分认识各地域生态系的重叠性和自然迁移性的基础上，运用混合栽培土地利用方法和批量型土地利用方式，建设食物生产场所。现代生态学鼻祖奥德姆在其著作《生态学》中写道："人类想既要生产又要稳定的环境，其唯一的办法是，要善于混合初期的迁移和成熟的迁移状态，在其过程中进行能源和物质的交换。用相对年轻的群落生产出来的多余营养，养活相对古老的群落。反过来后者也会提供再生的营养和缓解极端天气（台风、洪水等）的侵袭。处于类似状态的、我们经常见到的就是：平原的生产用农田和山区、丘陵地带的丰富多样的森林及果树园的混合所构成的陆地风景。"[1)]

要认识自然迁移，并有意识地把迁移过程各个阶段的混合体系运用到土地利用规划当中。这是各种自然和多种农作物以及家畜共存的土地利用方式。每一块土地的自然地形和微气候环境千差万别，该土地上的生态系其纹理自然也相应地细化，形成该地域特有的风格。

要避免力学性单一土地利用方式，要充分挖掘山谷悬崖、山脚下、河流边、洪水泛滥等地域特征，建设良好的生态系统。依据这种观点，中间丘陵地域的梯田也不能仅仅作为文化风景对待，采取在其周边种植豆类农作物等方法，创造多样化生态系统，促进农林业协调发展。在土地利用中，要牢记生物栖息地建设。对人类来说，"可持续性生态系统（森林）享受"和"可食用性生物栖息地网络"都是食物生产所必需的土地利用方法。

不要局限在稻田文化，要尝试地域特有的其他物种的生产并把它作为新的食物来源。复原过去传统食物的工作也很重要，如：栗子和稗子等杂粮文化复原和野菜文化的复兴等。山村生态庄园的土地利用与建设，必须是自然与农业生产共存的利用模式，必须是有地域特色的、饮食文化型地域景观。

2）山村生态庄园形象

山村生态庄园，或许有多种形态。在这里设想城市居民参加建设的山村生态庄园形象。与原有群落密切合作，提高群落生活的自立性和自给性（食物、能源等），把原有群落生态庄园化。同时，渴望生态、自给自足型的新田园人群建设新群居空间，与原有群落一起，共同形成生态庄园。生态庄园所要具备的基本要素是：要确立食物和能源的自给自足体系，生活必需品基本上要在庄园内解决，既要强调社区的共性，也要向庄园外部开放。生态庄园并不是封闭的环境，它在地域是一个开放的环境。

在生态庄园内部，要设立与外界交流的场所。交流的主题自然是生态生活。在这里，相互学习和体验21世纪生活方式和方法。庄园里长期居住生活的人、周末过来休闲的人、到访庄园的人一起相互交流和感受21世纪型生态生活方式，探索新的发现、挑战新的未来生活。

乐意参加山村生态庄园建设的人群有：①该农村地域原住民（根据住处离群落的远近决定）；②自给性高、致力于营造与环境共存生活环境的人群；③在庄园内可从事环境教育等工作或农林事业的人群和可从事个体经营和生产合作社事业的人群。其中也有立志于从事环境教育、固有传统教育等自然环境教育和传授生活技巧（生态讲习）等事业的人群；④已经退休，但致力于生态生活方式的人群；⑤周末过来休闲或不定期居住的半定居人群和来参加生态讲习活动的人群。这些人通过学习和体验生态庄园内的生态住宅、植物净化系统等，将会成为推进生态庄园建设事业的重要的潜在力量。这些人群通过住宅合作组织、生产合作社等机构团体，相互协作，共同推动山村生态庄园建设事业。

山村生态庄园社区的设计可按照以下方式进行：在私密性方面，以家族为基本单元，采取个别住宅方式（无论是独立式还是底层集合式）。针对不能自立的人群，可采取群居居住环境。在相互交流方面，在生态庄园内进行共同合作型管理、建立邻里之间亲情和睦关系、共同休闲等活动，可以设置公用厨房、餐厅、起居室等公用空间（共同集合使用场所），聚在一起用餐、相互交流。附属交流设施每7～10住家设置一个，与到访的客人一起交流环境教育、生态生活体验等话题。尤其要推进与到访者和参观学习者有关自然环境教育和固有传统文化教育方面的交流活动。交流所需的住宿条件、

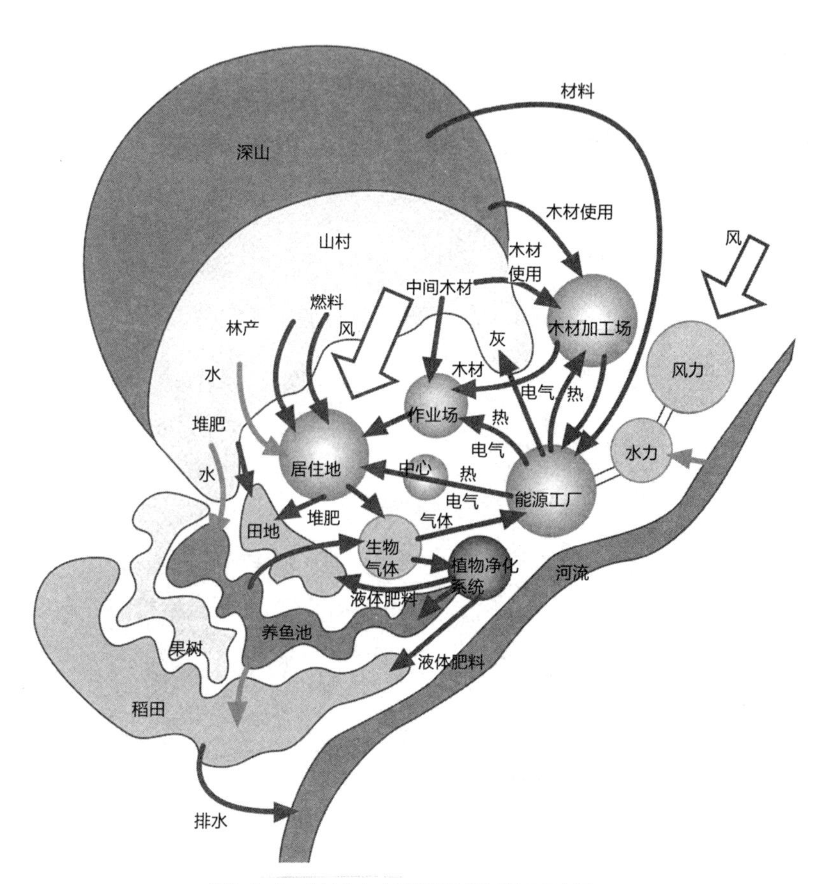

图9-3-1　山村生态庄园资源和能源循环示意图
（出处：《生态城市》21号，生态城市，p29，制图：系长浩司）

试验性农场和森林也要准备妥当。生态庄园建设不是依靠大型建设事业团体，而是基本上依靠DIY（自己动手），通过山村生态庄园参加者的共同协作来完成。生态庄园既是居住场所，也是学习和交流场所。

生态庄园的空间布局，以传统农村群落空间组成原理和固有传统文化设计为原则。住宅多采用独立式、多层带露台房屋、群居住宅等形式。交通采取汽车道路与漫步小路并存方式。社区方面设置公共空间、交流庭院、蓄水池、植物净化系统的生活设施和净化水池等。居住地周围布置农产品生产基地，它是生态庄园内主要的粮食食物生产基地。也要布置水田、旱田、果树园、家畜放养场地。需要经常照料的蔬菜和家禽养殖，一般布置在私人的可食用庭院。居住地背后是山林，山林提供生态庄园所需木材、林产品、燃料，是生态庄园重要的水源保护地。在生态庄园均应设置蓄水池。山林还具有休闲和康复空间功能。山林像楔子般插在居住地和生产场所之间，让我们就近尽情享

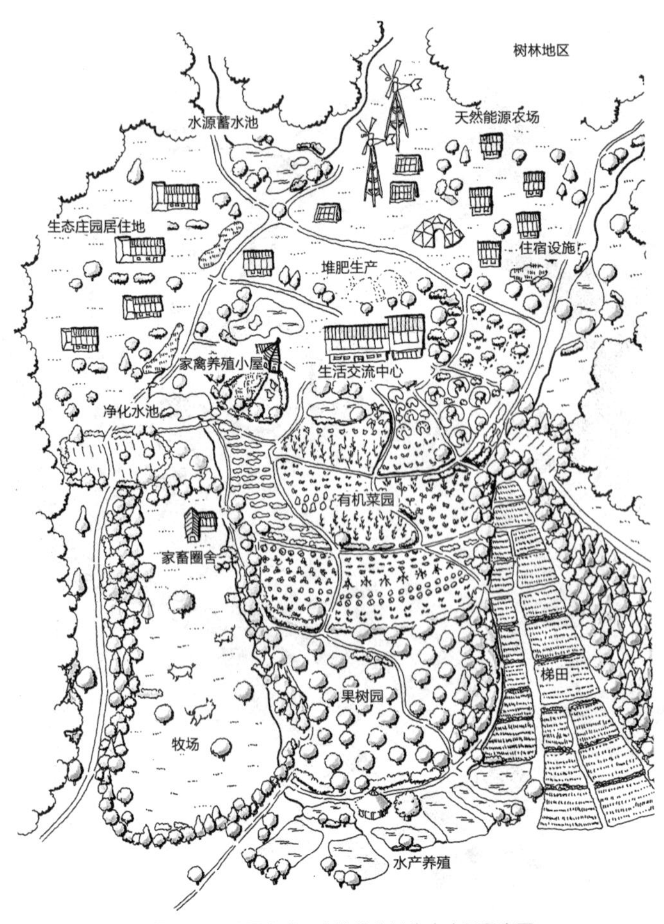

图9-3-2　具有学习功能的山村生态庄园示意图
（出处：《生态城市》No.21号，生态城市，p26，制图：系长浩司、本田智子）

受自然环境的恩惠。生态庄园还是与野生动植物、河流和谐共存的场所，我们一定保护好水源，保护好森林。

山村生态庄园的食物、能源、水的供应系统如下：食物供应来自宅基地、居住地内的交流庭院、生产领域、必要时的附近合约农家。能源供应主要依靠被动式太阳能系统。在生态庄园内也进行其他天然能源生产，必要时与附近群落合作，开发能源生产设施。此外还有风力发电、小型水力发电、利用当地林中材料的独立式取暖设施和锅炉等区域性供热系统以及兼做下水、粪便处理的新型生物气体工厂。作为生态庄园的能源补充，与外部的合作必不可少。水的供应除了宅基地内的雨水、泉水、井水外，居住地内还有合作建造的储水池，可以储存雨水、泉水、井水等。给水与排水的循环系统，保证水在山村、居住地、生产地之间不间断流动起很大作用。

最后要提到的是，生态庄园经济与外部经济之间的关系以及生态庄园内独立运行的货币系统。该货币系统作为生态庄园内的交流手段，定居者、半定居者、到访的交流者均可以使用。参照英国等国家的成功案例，该货币系统理应与现流通市场货币日元合并使用，使之运行稳定，取得良好效果（参照第9章9.2）。

目前的日本型山村生态庄园，还存在不少问题。从空间系统硬件上看，在对场所进行具体的调查与分析基础上，勾画固有传统文化设计的思路完全可行。问题是如何构筑社会和经济这个支撑山村生态庄园的软件系统，推动山村生态庄园经济合作体建设，研讨山村生态庄园的所有制模式和合作社运营方式，建立地域货币或者LETS模式等的山村生态庄园建设软件设计上。要积极研究新的“入园方式”和“园区”建设，探索正确引导每一个过程的组织架构和运行方法，积极开发山村生态庄园的过程设计。这些都是需要解决的大问题。

3）开展山村生态庄园建设

在日本，也在兴起以住民为主体的、可持续性的、草根型生态庄园建设运动。日本生态庄园网络团体（EJN）等生态庄园运动主体之间的相互合作日趋活跃。于2010年召开第四次生态庄园国际会议（东京），进行有关日本生态庄园方面的信息交流，对日本型生态庄园建设方式和方法，进行实践性研讨。还有在GEN的协助下，实施国际性的EDE（生态庄园设计教育）活动。

地球变暖、人口减少、高龄化社会等导致社区存亡危机。面对农村社区重生的紧迫问题，如何构筑日本式低碳社会，成了全体国民的问题。认识到问题的严重性，自觉构筑生态生活、低碳生活方式的国民数量在增加。换句话，对共同建设生态社区事业，表现出关心和热情的环境市民越来越多了起来。其中有的市民认为，建设生态庄园是解决问题的关键之一。另一方面，企业和政府也认为，生态庄园是创建低碳社会的建筑、住宅地建设理念和方法。

利用天然材料、太阳能发电和生物能源，建设生态小区和生态住宅区，共同享受农村式生活。为了实现这个目标，市民、民间企业、NPO等团体和个人，以单独或者合作的方式，正在积极开展建设活动。虽然没有完全满足生态庄园的各项指标，但是在现实的社会、经济状态下，努力构筑可持续性低碳社区，还是值得肯定的。引人注目的案例也不少。近江八幡市的“生态村：小木舟”是以地域民间团体为核心实施的类似生态庄园的居住地建设。对生态庄园怀有热情的城市街区土地所有者，乐意建设以共同菜园为中心区域的围合式住宅小区。类似的还有静冈市的“池田之森林”。神奈川县相模原市的“山村大杂院生活”，是热衷于坚持固有传统文化的人群，共同购入山村一个角落，建设的农村式生活合作住宅。另外一种情况是，在原有农村改造中，引入生态庄园概念来推进的生态村庄建设事业。福岛县饭馆村的“真正的生活”（这里所讲的真正

照片9-3-5　福岛县饭馆村的“真正的生活普及中心”

是东北方言，有自在、妥当、仔细之意）的农村建设，是作者也曾经参与过的事业。他们以自产自销的方式，开发利用当地木质生物能源，建设“真正之家、真正生活普及中心”，为村民和移民提供生态生活学习和体验场所，正在积极推进生态庄园式农村建设事业。（系长浩司）

第 9 章
注・参考文献

◆ 9.1 —注

1）フェリックス・ガタリ『三つのエコロジー』（杉村昌明訳、大村書店、1991 年）
2）延藤安弘等《今后的群居住宅建设》(晶文社，1995年)，书中利用三个事业案例，广泛阐述主题。本节经重新整理以下参考文献中的内容而成。
3）清眞人『空想哲学スクール』（汐文社、1993 年）、p.132

◆ 9-1 —参考文献

○ 延藤安弘「『エコゾフィ』を生成する集住体」『季刊ジャパン・ランドスケープ』No.21（1992 年 2 月）
○ 延藤安弘「人間とまわりの環境との対話的居住方式」『環境共生住宅 A・Z』（ビオシティ、1998 年）
○ 延藤安弘「暮らしの中の集住エコロジー」『Solar Cat』No.26（OM ソーラー協会、1996 年 10 月）

◆ 9.2 —参考文献

○ 川村健一ほか『サステイナブルコミュニティ』（学芸出版社、1995 年）
○ 糸長浩司「英国の農的 REGENERATION －シティファーム・コミュニティガーデン・エコパーク」『BIO-City』No.16（ビオシティ、1999 年）
○ ITONAGA Koji “Regeneration of City by Community Action of Creating Agricultural Spaces -City Farms and Community Gardens” in U.K. International Symposium on City Planning Institute of Japan,2000
○ 糸長浩司「英国でのコミュニティの再生と LETS の活動」『都市計画学会学術研究論文集』No.35（2000 年）
○ 越川秀治『コミュニティガーデン』（学芸出版社、2002 年）
○ トランジション・ネットワーク http://www.transitionnetwork.org/

◆ 9.3 —注

1）E.P. オダム『生態学』（水野寿彦訳、築地書館、1967 年）、p.126

◆ 9.3 —参考文献

○ フェリックス・ガタリ『三つのエコロジー』（杉村昌昭訳、大村書店、1993 年）
○ 里地研究会編『里地からの変革』（時事通信社、1996 年）
○ 糸長浩司「デンマークのエコビレッジ」『BIO-City』No.13（ビオシティ、1998 年）
○ 糸長浩司「パーマカルチャーとエコビレッジ」『特集：エコロジカル･テクノロジーの源流と潮流』『建築雑誌』1999 年 3 月号（日本建築学会）
○ 糸長浩司「英国・北欧でのロー・インパクト・デベロップメントとエコビレッジ」『農村計画論文集』No.2（2000 年）
○ ITONAGA Koji “The Case Study on the Permaculture” the City Farms and Eco-Villages in U.K. and Scandinavia, 3rd International Symposium on Architectural Interchanges in Asia（2000）
○ 武内和彦他『里山の環境学』（東京大学出版会、2001 年）
○ 糸長浩司「2025 年「里山エコビレッジ」構想」『BIO-City』No.20（ビオシティ、2001 年）
○ HILDUR LACKSONほか “ECOVILLEGE LIVING ” GREEN BOOCKS（2002）
○ サステナブル・デザイン研究会 (糸長浩司ほか)『2100 年未来の街への旅』(学習研究社、2002 年)
○ 糸長浩司「都市の自然回復・創造のデザイン」『シリーズ地球環境建築・入門編　地球環境建築のすすめ』（彰国社、2002 年）
○ GEN（グローバル・エコビレッジ・ネットワーク）http://gen.ecovillage.org/
○ EJN（エコビレッジ・ジャパン・ネットワーク）http://www.ecovillage-japan.net/

案例 9-1

高档社区/榉木屋

◉项目概况

位于东京世田谷区的榉木屋是环境共存型高级公寓（一共有15户），其主要特点有以下几点：

○土地所有者的建设出发点就是环境保护

榉木屋建造在分批出售的土地所有者庭院的一个角落。由于是分批出售，有的树木已经被砍伐，空间环境也划分成若干块，常识上该建设事业与土地所有者所拥有的宅基地没有太大关系。不过，在进行榉木屋建设当中，土地所有者的保留树木愿望很迫切，经研究决定实施充分利用剩余树木的规划设计。尽管土地所有性质发生变化，原来环境的连续性还是得到保留。原土地所有者争取提高生活品质的战略，成了该事业的建设出发点。这个构思对保留原有城市环境的前提下，实施环境重生事业，提供了值得借鉴的经验。

○对入住者来说是环境装备事业

树木具有提高环境潜能的作用。树木可以使强风弱化，可以降低夏日炎热高温，利用自身的吸水释放气体功能，扮演空调角色。树木可以说是天然空调。利用这些特征思考室内环境，就是被动式设计方法。被动式设计方法的优点是，利用装备外部环境，创造室内舒适环境，提高生活品质。如果没有这种外部环境装备，绿色也许反而成为增加管理负担的累赘。榉木屋建设，通过实施保留原有树木的举措，大大提高了入住者生活品质的同时，提供了值得借鉴的有效管理计划样板。

○创建恩惠型高级公寓社区

原有环境的改造重生，依靠个人是行不通的。为此榉木屋建设事业，一开始就把它当作持有相同价值观人群的共同事业来推进。这种思考

照片1　榉木屋中庭

照片2　榉木屋东北向外景

照片3　公共走廊与外观。格栅式住户入口同时保证生活的开放性和私密性

策划・协调：（株）TEAM NET、设计・管理：（有）HAN环境・建筑设计事务所，施工：环境建设（株）（摄影：坂口裕康　Atoz）

方式，我们称之为“社区恩惠”。社区建设是手段，不是目的。在建设过程中，努力实现单靠个人实现不了的“社区恩惠”。榉木屋的规划设计正是依靠这种思考方式，并且在建设高级公寓过程中，不断探索新的可能性。

◉建筑规划大纲

○公共价值观设计

在建筑布置中，也充分体现“社区恩惠”思想。位于规划用地北侧的公共庭院，其公共价值最大。在庭院一角被保留下来的树木与土地所有者庭院树木相互重叠，形成了一个很大的绿色空间。结果是，在限定的建设用地上不可能做到的自然环境设计竟然变成了现实，大大提高项目相关者的生活品质。

○个人隐私的阶梯性保护（中间区域）

户型设计，确保每一个住户都能便捷地欣赏中庭的丰富绿色环境。在建筑平面布局上，采取“中庭—通道—通风—带格栅住户入口”的设计方法，既保护住户的隐私，又能使各住户开放性地面向令人向往的中庭空间。完全展示“开放—半开放—半私密—私密”之个人隐私的阶梯性保护，恰当地解决了个体与整体的相互关系的重要设计要素。

◆参考文献

○「都市環境再生のための処方箋」自然環境復元学会、自然環境復元研究発表会論文（2003 年 12 月）

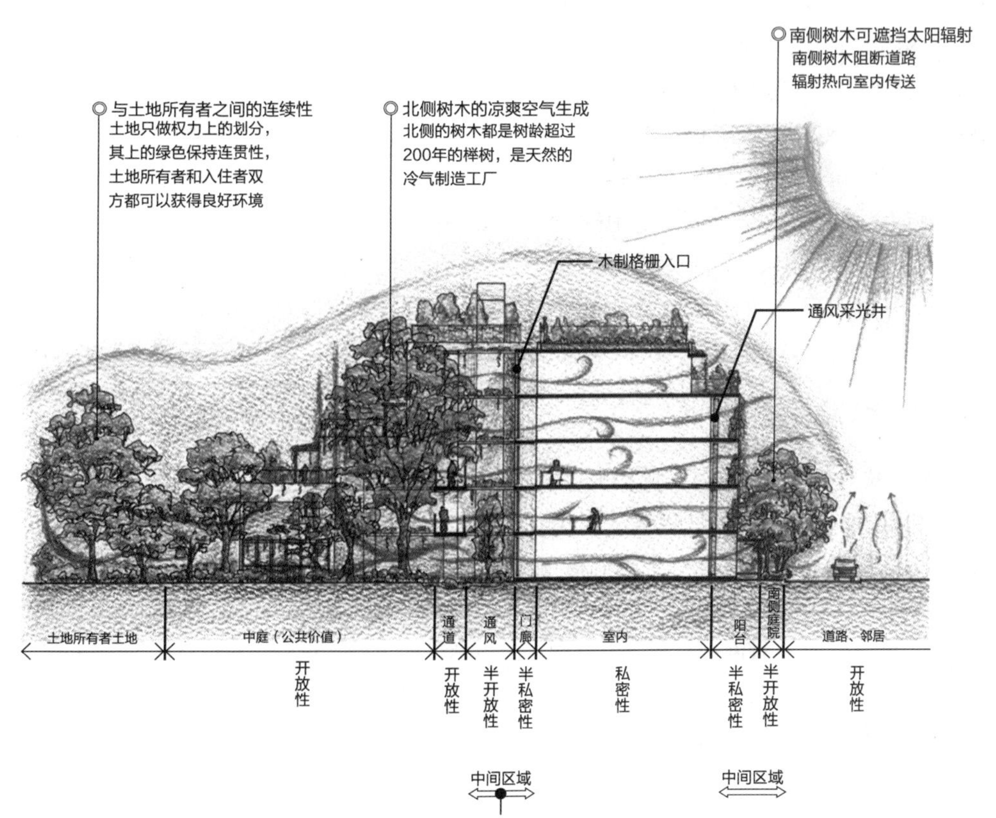

图1　榉木屋剖面图（制作：宫本隆雄）

案例 9-2

日本北海道当别村的田园住宅尝试

◉项目背景

山村与从事农业生产的人关系密切，人们在此可以捡拾干柴，生产木炭，采蘑菇和山野菜，采挖腐殖土做有机肥料等活动。环境与人类的关系仅限于人类的劳动上。“田园居住”的意义，不仅仅局限在城市居民实现了农村式生活的愿望，还要求恢复和利用山村环境，恢复生物多样性，建设丰富的生活环境。

项目所在地当别村，位于札幌北部石狩川北侧，距札幌约25km的地方。既是大城市近郊区，也是自然物产丰富的农村地域，也是从事奶牛、花卉、有机农业等农业生产的人才聚集并活跃的地域。建设用地所在地金泽地区，南面是平坦开阔的农业用地，北面是平缓的丘陵和众多褶子的山肩地带并且一直延伸到森林（北海道住民的森林）。

1998年，有机农家和地域有关组织机构组成当别町农村城市研究会，为项目建设组织各种活动。如：北海道移民支援旅游活动，举办“文化就在田园”为主题的研讨会等，大力宣传和推广田园住宅项目。到1999年末，完成2个家族住宅。之后陆续接到来自日本各地的咨询，终于在2002年10月，完成第一期5栋住宅的建设（图1）。入住人群的居住形态五花八门，各式各样。有个体业者与居家工作型，自己设计与务农型，悠闲自在与城外移居型，悠闲自在与田园达—加型（俄语中，达—加是别墅之意）等。

◉山村微气候与宅基地

当别山村环境，对居住有很多有利之处。首先风的强度和下雪的方式与其他地方有很大区别。当别的冬天，最头疼的事情是经常因猛烈的吹雪导致交通阻塞。而在此田园住宅区域，由于山肩的阻挡，风力减弱，雪静静平稳地从天而降。到了夏天，林木的蒸发有效降低气温的上升，处于凉爽气候，心情豁亮。附近的道路原本就是国道，道路条件良好。

田园的植物类食物和果树，原本就很丰富，对延续人类的生命和生活是比较理想的场所。当别田园住宅的宅基地用地范围比较大，约为500坪至900坪（1坪等于3.3平方米）。身后还有可利用的山林。住宅区内设有田地、果树园、家畜饲养场、水渠和蓄水池。到山林可以捡拾干柴和采集野菜。住宅区的目标是，建设成尽显各种生活营生的可循环社区。

建筑物完全包围在大柳树下，建筑物的长边沿着山肩平行布置，以利于夏天的风向和冬天的日照。房屋空间和平面布置细致入微。如：车库和玄关布置在靠近道路处，卧室等布置在里侧等。社区内布置可穿越式通道，汽车修理间兼做农家储物间和农活作业场所等，让人回忆起天真的昔日农家生活。以后还要实施被动式太阳能、雨水利用、下一代住宅开发、生物材料利用、地域建筑材料利用（谷壳制作的隔热材料、现场泥土制作外墙）等建设事业，力争实现生态型住宅区。

◉山区空间的长期利用构想：在山区森林，利用放牛建设自然公园

田园住宅建设同时考虑生物燃气利用实验和草场牛奶试生产（以自然放牧，获得牛奶制品）。在山村环境中不仅要居住，还要综合性利用农业、能源和周围环境，建设新地域。

从2003年开始实施的项目2期，号称是家畜走动型建设。具体为利用牛羊走动翻动土地，逐渐形成草地的自然农业方式。计划把田园住宅身后的山村森林斜坡地，改造为湿地草牧场兼做环境优美的自然公园。该计划被列为利用山林的重要支柱事业（图2）。草地在土地—草—家畜—人类的循环中，位于最底层，是牛奶产业的起步点。在草地上还可以建设公园和体育设施，草原的存在可以大幅度提高人类生活品质和舒适性。当别町的山村，在山村环境利用、聚集人气、加大景观建设力度、保护生物多样性等方面，勇于探索，大踏步推进有机地域建设试验基地事业。

（柳田良造）

◆参考文献

○斎藤晶『牛が拓く牧場』（地湧社、1989 年）

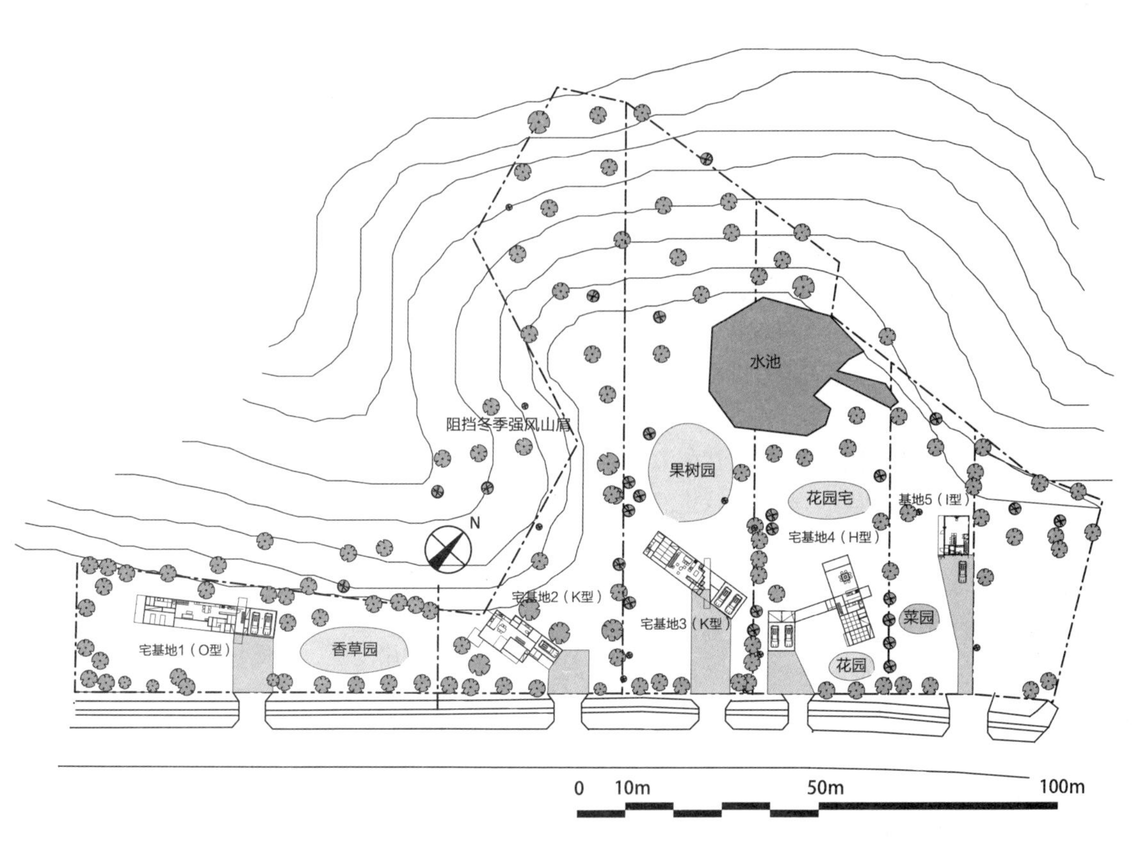

图1　当别田园住宅用地总平面（一期）

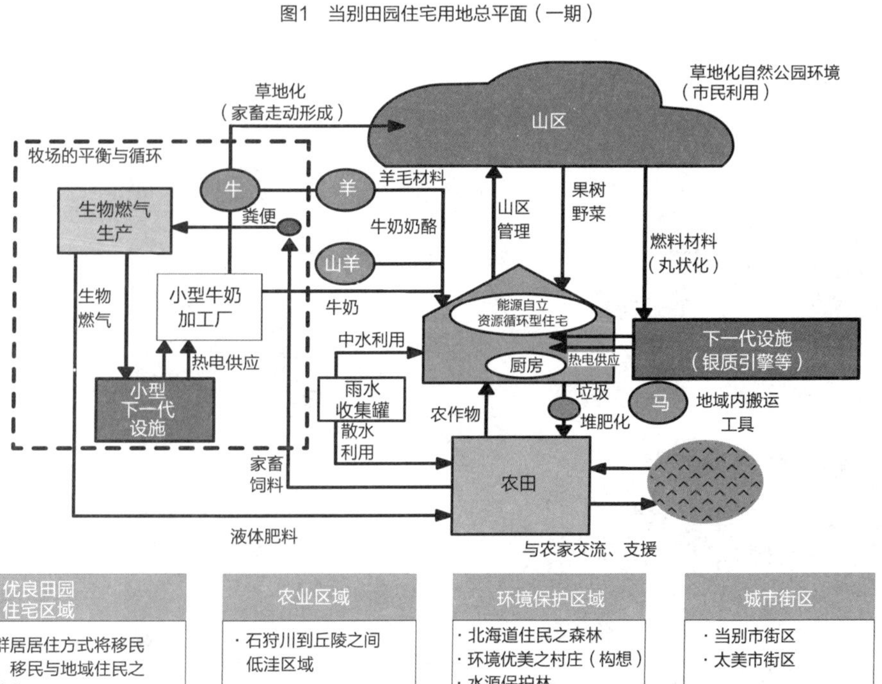

优良田园住宅区域	农业区域	环境保护区域	城市街区
・采取群居居住方式将移民之间、移民与地域住民之间网络化 ・单元内实现能源循环扩大可循环绿色网络 ・生产与生活产生地域内外交流	・石狩川到丘陵之间低洼区域	・北海道住民之森林 ・环境优美之村庄（构想） ・水源保护林	・当别市街区 ・太美市街区

图2　当别田园住宅用概念设计图（二期）

案例 9-3

新旧融合为一体的，自然能源自给自足的岛屿“萨姆索岛”

◉萨姆索岛的向往

建设能源自给的生态岛屿，是欧盟的大方针。丹麦的萨姆索岛把新旧建设主题组合在一起，推进生态岛屿建设事业。日本岛屿众多，本案例对鼓励岛民踊跃参与生态岛屿建设事业，会有不少参考价值。

萨姆索岛在丹麦政府主持的岛屿自然能源自给设计竞赛中，获得最高奖项，是政府认定的再生能源自给岛屿。岛内的风力发电、生物能源的自给率较高，并且又是丹麦传统农村景观和农业资源保护地区，是有名的生态博物馆。岛内居住人口约为4000人，夏季变成游览名胜地，届时岛内人数超过10万。

◉自然能源自给据点

位于岛屿中央的德兰贝尔克城镇，设有萨姆索能源环境事务所（SEE）和萨姆索能源公司（SE）。SEE是由岛内住民出资成立的非营利法人机构，主要工作是宣传和普及能源事业。该机构自丹麦的反对核能运动以来，变成开发和普及替代能源的地域居民的区域性据点。SE是由萨姆索地方政府、农业团体、萨姆索工商业协会共同出资成立的三方联合事业体，是直接从事能源事业的企业。目前，岛内陆地上一共有11台风车（1000kW规模），足以承担全岛电力供应。在海上建设10台大型风车（2000kW规模），发电量全部出售到丹麦本土，大力推动岛屿能源经济振兴计划。此外，利用麦秆、木质材料做生物燃料，运行地域采暖供热系统。

照片1　利用岛内农业副产物做生物能源材料的地域供热工厂

SEE的第一任所长哈曼森先生是能源运动的中心人物，一直居住在利用老式农家改造的生态房屋内。使用电源来自附近草原上的风车。该风车是由共同出资、合作方式建设，哈曼森先生也是出资人之一。风车旁边的湿地是群落生活污水处理场（植物簧片床系统，一种利用芦苇等植物进行污水净化的系统），经过处理的污水直接排入大海。使用热源来自工具间屋顶的太阳能热水器和生物锅炉。哈曼森先生的梦想是在住家旁边建设生态庄园，用作环境、能源等的学习场所。作为该行动计划的一环，组建了萨姆索能源学会，举办了可再生能源调剂政策、能源的自给自足等学习讲座和研讨会。正因为有这些人的支撑，“萨姆索岛”的自然能源事业才得以顺利向前推进。

◉接待中心的作用

岛屿中心区设有博物馆接待中心，由老旧农家仓库改造而成。岛屿的志愿者承担了主要建设任务。岛内的博物馆建设运动，得到80余名志愿者支持，除接待中心以外，在岛内还建设8处辅助设施。包括：回顾农业历史的农场、体验过去农家生活的古老传统农舍、保留外观只改造内部的邮局和图书馆等民家风格建筑物、由富商码头库房改建的商店、古老风车等。岛内各群落至少有一处辅助设施，均由志愿者承担服务工作，博物馆变成岛内生活一部分。各个群落自行组织或相互合作进行有关传统历史的保护与利用，致力于整个岛屿的生态博物馆化。

接待中心的设施布局，与SEE等致力于自然能源自给事业的人群密切相关。在接待中心的展示室，并列展示“萨姆索岛”自然能源自给构想和岛内传统遗产，岛内的过去、现在、将来的生态生活，深深刻在到访者的脑海中。“萨姆索岛”的生态博物馆运动和自然能源自给建设，靠的是一批人的强有力的支撑。这一批人懂得生态生活的重要性，非常愿意为生态事业奉献自己的智慧和力量。相信他们会把历史、文化、生活、生态居住相统一，踩着过去的脚印，面向可持续未来，建设岛屿生活家园。（系长浩司）

照片2　萨姆索岛生态博物馆辅助群落

照片3　萨姆索岛住民共同所有的风力发电事业

◆参考文献

○ 大原一興「エコロジカルに生きつづけるエコミュージアムの島」『BIO-City』No.18（ビオシティ、2000年）
○ 糸長浩司「循環都市の創造」『環境と資源の安全保障、47の提言』（共立出版、2003年）
○ ソーレン・ハーマンセン「持続可能な島に生きる」『BIO-City』No.27（ビオシティ、2004年）

案例 9-4

高档生态小区先驱者

卡塞尔生态小区巡礼

位于德国卡塞尔市，一期于1985年、二期于1991年分别完工

◉卡塞尔市住宅政策

德国的卡塞尔市，在20世纪80年代为了促进民间的住宅建设，制定旨在提高规划质量的设计标准。对符合一定条件的住宅建设规划项目，原则上低价提供城市所有的土地与购房者。试图通过这种方式，实现优秀的规划项目。反过来，促进住宅供应方也就是住宅开发商与符合标准的入住者的积极斡旋。由于卡塞尔市与当时的东德国界接壤，与同等规模其他城市相比，其土地价格相对低廉。以此作为有力武器，加上设置公共性价格策略，使得年轻一代低收入阶层和家庭人口较多的住家都有希望加入购房行列。该政策被冠以“年轻家庭计划”，在市政府城市规划与再开发科的指导下，向前推进。

根据该计划，城市各地掀起了住宅建设热潮。德国的开发行为的特点是，土地与其上部实施的规划建设内容被视为一个整体。即便是买卖，基本上两者也不能互相分开。也就是，在道路、公园等公共设施的治理、防止土地投机、保证住宅规划理念和住宅内容品质并将其常态化等方面，体现一套完整的居住环境政策。加上本案例中也能看到的，该市政府最早把“建筑生物学”[1]概念引进政策当中。建筑生物学早在20世纪70年代中期就开始试图通过人体与环境的相互关系，实现健康的建筑环境。对致力于环境立国的德国，地方政府的先导性尝试受到瞩目。

卡塞尔生态小区开发目录　　表1

1. 汽车临时停靠、停车场，以及道路表面，不铺设非透水性材料。
2. 停车场设置在原有道路附近且仅设一处，尽量减少道路所需施工面积。
3. 利用植物保水作用，设置水池、地下水槽，减少雨排水负担，降低造价。
4. 屋顶要覆土，其上种植花草，提高隔热效果，同时提高景观效果。
5. 住宅种植挡风植物，绿化用植物，设置防风围墙。
6. 种植藤类植物覆盖建筑物，提高夏天房屋隔热性能。
7. 利用绿化增加氧气，净化居住环境空气。
8. 建筑物的朝向位置要考虑太阳的方向，正南避免出现阴影。设置蓄热效果好的温室，充分利用被动式太阳能。
9. 居室换气通过温室或阳光房间接进行，减少热损失。
10. 室内温度依据自然分布布置热缓冲区域，适当布置居室。以降低热损失。
11. 墙体使用黏土，利用其物理特性，自然调整室内温度和湿度。
12. 不采用对人体有害的挥发性、放射性建筑材料。
13. 利用长波隔热系统（辐射性），防止空气污染。
14. 主要采取利用辐射热的供热系统，以节约能源。
15. 供热热负荷只计算基础负荷，高峰期采取锅炉等补救措施。
16. 提高外墙隔热性能，抬高内墙表明温度，使室内热环境更加舒适。
17. 尽量采用固定窗，换气口每个房间布置一个，避免滥用多功能建筑工具，以节约能源。
18. 开口部，根据季节设置隔热装置，利于节省能源。
19. 东、西、北侧窗户面积尽量要小，放大南、西南、东南侧开口，以节约能源。

◉生态小区建设经纬

“卡塞尔生态小区”是被“年轻家庭计划”所采纳的开发项目之一。经过建

筑学家H·赫格夫妇和G·明格教授的共同努力和协调，完成项目规划。规划过程阐述如下：

1981年　：起草卡塞尔生态小区第一次规划概念，市政府非常重视这个概念开始讨论在市所有土地上建设该小区事项。

1982年3月：H·赫格夫妇和G·明格教授召集对本群居住宅感兴趣的客户，组建“卡塞尔生态小区工作俱乐部”。

1982年6月：该工作俱乐部与城市规划局一起，在指定的宅基地内，设计地区详细规划（B平面）。

1982年7月：该工作俱乐部定期召开会议，讨论推进小区共同规划的具体作业和有关小区整体组织、体制的详细条件和规则。

1983年　：开始第一期8栋住宅设计。

1984年9月：经过意外漫长的建筑申请手续确认，终于开工建设。

1985年夏天：一期建设完工，8栋居民入住。

1991年春天：二期建设完工，7栋居民入住（包括作者自宅）

照片1　整体鸟瞰图

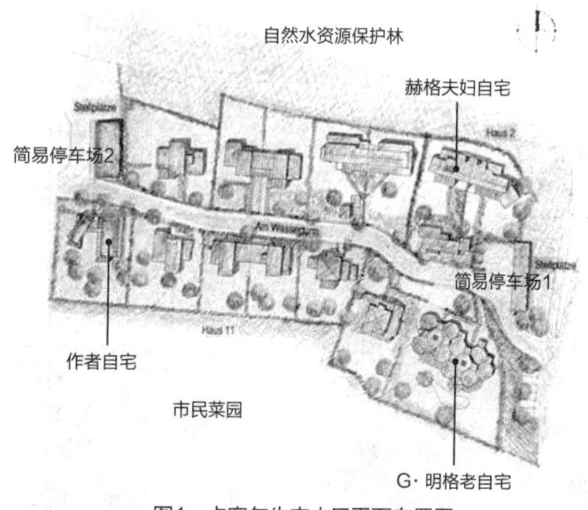

图1　卡塞尔生态小区平面布置图

20. 要求墙面和屋顶隔热性能高，达到节能（K值在0.4W/m^2·K）。
21. 把温室当作太阳电器以及蓄热体，把热源引入居室，尽量节省能源。
22. 取消建设费用高的地下室，作为替代，在首层北侧设置仓库，减少建筑造价。
23. 采取求重心的平面布局和多用途房间，尽量压缩居室面积，减少走廊面积。
24. 集中设置管道井（沟），减少成本。
25. 冲洗马桶可采用雨水利用系统，降低自来水消耗。
26. 植物浇水，使用雨水，减少自来水消耗。
27. 彻底进行垃圾分类（有机、纸张、玻璃、金属、特殊垃圾、灰尘），运往外部的家庭垃圾至少降低一半。
28. 共同或专门设置香草、蔬菜、果树等菜园。
29. 预留足够的自己动手空间，菜园构造尽量简单化。

该工作俱乐部规划理念包括：站在更高更广的环境立场上，在小区范围内实现节约能源、身心健康的低成本住宅。把规划理念以开发目录（参照表1）的形式，进行细化，作为将来住民的满意佐证。其主要内容是：

①有关水循环的项目；

②有关植树绿化的项目；

③有关利用被动式太阳能的项目；

④有关室内热环境的项目；

⑤有关低成本的项目；

⑥有关垃圾处理的项目。

上述内容从生态观点出发，技术性地再编了现代居住环境，努力创建作为生物体的人，其健康与环境和谐共存的群居生活方式。也就是生物生态学的概念在住宅小区实体化的具体体现。

◉生态学与设计

当时这种主张在实践过程中，回归传统和自然主义的因素未免过于强调，以至于自闭的情况出现较多。也就是对现代建筑技术的反省，结果很容易用这两个因素所替代。尤其是在德国，形成居住环境时，根深蒂固的保守性色彩很浓厚。而且还可以发现漠视空间的、无聊的系统建筑萌芽，暂且称之为新生态功能主义。

从生态小区建设之初，一直发挥主动作用的H·赫格夫妇和G·明格教授以及从二期建设开始参与的我们，并不赞同简单的传统与自然主义和单一的环境设想。例如：在整体景观规划理念中，除规定的屋顶绿化、屋面坡度8°～12°、干净的落叶松木板外墙饰面以外，其余的住户可任意选择各种形态。G·明格老旧自宅（参照照片4）外形，采取北美印第安纳弓箭手法，呈正八角形空间形态。这种似乎在德国完全格格不入的、极为独特的造型，在生态小区建设中被允许采用。总之，没有坚持一味地追求规划理念至上的自闭型居住环境建设，采取多样性优先的原则，实现了空间上内容丰富的居住环境。

在整个规划实施过程中，没有采用教条的建筑环境，而是采用单一色调的时装风格，做到不浪费材料。而且始终把环境问题放在重要位置，建筑设计主流派的优势多少受到否定。重要的是，我们要坚持从“无聊的和睦”向“充满活力

照片2　小区内景观（H· 赫格夫妇自宅）

照片3　H· 赫格夫妇自宅内部（二层长廊）

的鲜明对照”，从“冰冷的威严”向“明亮的开放”，从“透不过气的安全”向“自由的即兴演奏”转变。

◉ 从孤立居住到群居，再向共生

卡塞尔生态小区，具备上述背景，是成熟度比较高的居住环境社区，自第一期完工已经过了25年。通过“住民参与型”小区建设，建立了一个志向一致的大人社区。现在居住在这里的人，有建筑师、学校教师、研究学者、企业家等各行业齐备。当初在德国总有些怪异的居住环境，到如今木板饰面呈灰色，植物生长茂盛，与周围景观完全融合在一起。当然，难免发生家族构成或家庭情况等的变化，社区每完成一个面貌又面临新的问题。这是必然的、不可回避的事情。相信迄今为止的和谐交流也会持续下去的。

不要回避烦恼，要勇敢面对，“群居”的心地善良才能由此产生。这和拒绝他人“孤住一处”比起来要好很多。正因为存在差别，才有人与人之间的关系“设计”，才有“环境共生”的尝试。

（岩村和夫）

◆注

1）建筑生物学是以解决地球环境问题作为出发点，针对自然界的生态系既否定又接受的一种生物——人类，来研究、构想真正健康的建筑环境并付诸实践的规划大学说。该学说试图把与建筑相关的所有要素，站在这种立场上进行分析、纠正和归纳，试图把思想—规划—生产—生活等一系列建筑程序，重新反馈到建设者和居住者手中。请参照日本建筑学会编《地球环境建筑系列入门篇：地球环境建筑推进第二版》（彰国社，2009年）p.46

◆参考文献

○岩村和夫『建築環境論』SD 選書 211（鹿島出版会、1990 年）
○岩村和夫「カッセル・エコロジー団地その後」『日経アーキテクチュア』1991 年 9 月 30 日号（日経 BP 社）、p.209

照片4　G· 明格老自宅南侧外景

照片5　G· 明格老自宅内部（餐厅）

照片6　作者自宅北侧外景

照片7　作者自宅南侧中庭

第Ⅲ部

继承设计

Environmental Design in the Regional Contexts for Generations

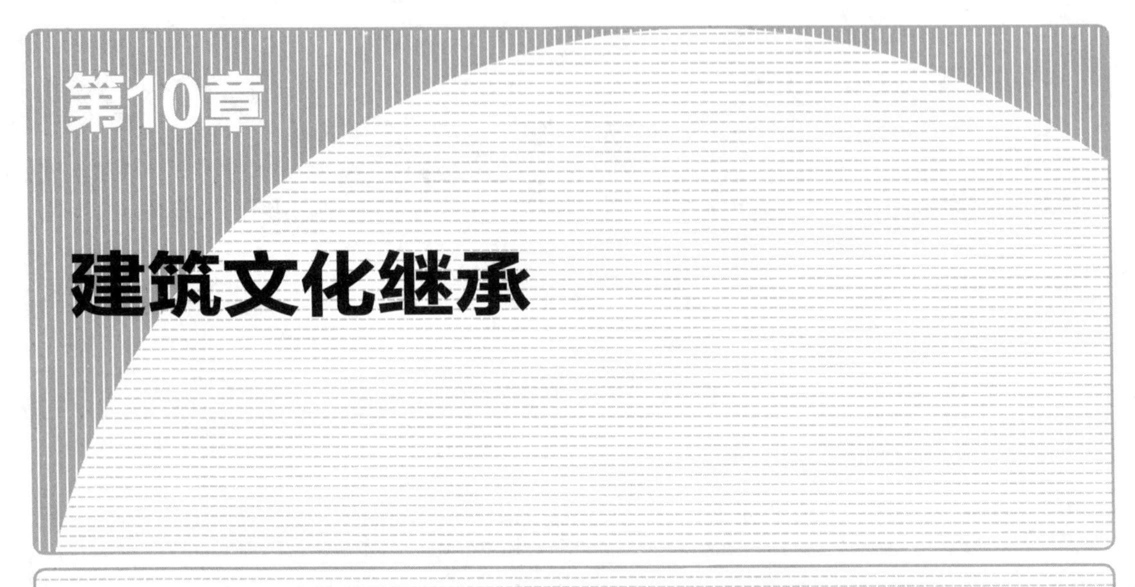

10.1 生活继承

本节以东京都台东区谷中地域作为案例，讨论生活继承问题。

谷中在关东大地震和第二次世界大战中，基本没有受到较大伤害。虽然位置处在首都东京，但是江户、明治、大正、昭和、平成等各朝代历史和地域文化继承程度比较好。从硬件上看，保留着江户时期以来寺庙街区划地残留，保留有明治、大正、昭和等各朝代的马赛克状住宅地开发模样，并行街区意味比较浓厚。从官邸到大杂院，传统木结构房屋比比皆是。绿色空间中，古树较多，寺院墓地空间较大，足以构成一个独立的景观。从软件上看，有寺庙为中心的手艺人文化，有以东京艺术大学为依托的艺术历史渊源，有新内、小唱、茶艺、插花等民间庶民文化（第二次世界大战前开始一直很盛行），街区协会组织机构的交流活动也很活跃。谷中现已成为众多调查机构的研究对象。

在这里，特别要提一提“谷中学校”，它是由城市规划、建筑等领域的专家和志同道合的住民组成的一家街区建设俱乐部。针对“生活继承”，在狂热的环境和生活过程中，他们是怎么坚持和培育的呢？以下具体展开这个话题。

1. 生活继承之居住方式

1）第二次世界大战前的城市型住家：大杂院

在“谷中”的6丁目，有一处叫做“西庵”的大杂院。位于在谷中也属于很典型的胡同里，在这里可以见到五谷神、地藏菩萨、绿色台地、花架等，经常被作为电影和电视剧的外景拍摄地。在这里可以看到一个较完整的第二次世界大战前的城市型住家建筑。

日本人谁都想把阳光、微风、绿色等自然引入日常生活中。这种愿望在宽敞的宅基地相对容易实现，但在比较狭窄的宅基地中，实现这个愿望是相对困难的，需要一些智慧。

在“西庵”，引进自然风的手法很独特。入口玄关屏风是双扇门，里边的茶室还有一对双扇门。这种方式，可以通风但视线被阻隔。旁边有一小庭院，凉爽的清风，经过庭院可以吹进房间。走道宽不足1m，在玻璃拉门下侧设有挡板、后有炕席、帘子。拉门挡板距地面高45cm，站在

照片10-1-1 “西庵的室内”内外平稳地相连接

照片10-1-2 出色的城市型住家“西庵”

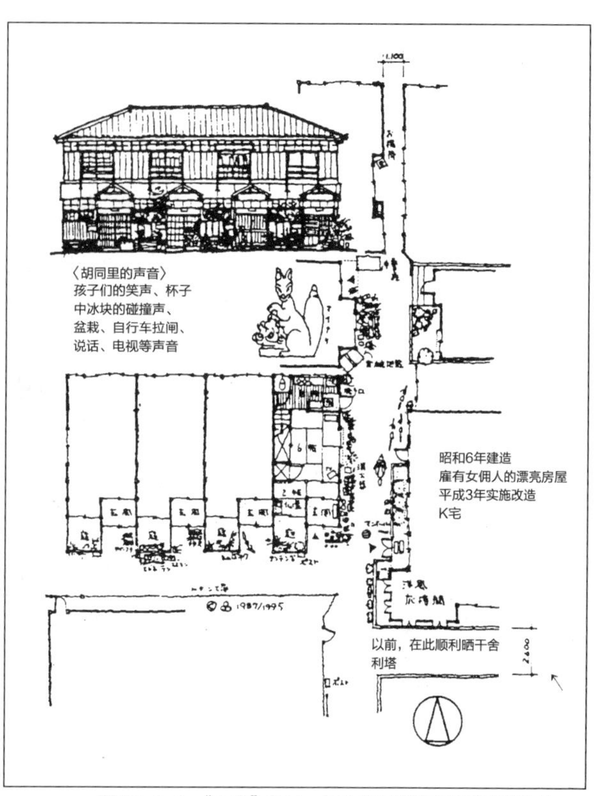

图10-1-1 “西庵”胡同：与人共存的城市环境建设先导

房间可以看到人路过的身影，坐在房间可以感觉过路人的脚步声音。

由于宅基地狭小，一层的采光和通风尤其要下功夫。采取分阶段、分层次的交流方式，既能保护隐私，也能保持与外部的交流。

换另一种思考方式，居住在这里生活，要处理好与外部空间胡同的关系，与近邻之间的人际关系必须达到熟悉的程度。也就是说，只有长时间居住生活，才能认清在这里是如何营造空间的。

“西庵”南侧是胡同，前庭的绿色、清凉的微风，带来舒适的城市型居住生活。居住在这里的住家，的确在夏天不使用空调。不使用空调不等于一定不需要空调，只能理解为对闷热夏季的一种忍耐和妥协。在寒冬，也有不得不使用燃气炉来抵御寒冷的情况。

在“西庵”，还能看见第二次世界大战前人们的营生痕迹，浓缩有人们的生活智慧。二战结束以后，人们的目光过于集中在郊区的居住生活。1970年以后，生活基本依赖各种设备和设施，与自然渐行渐远。我们在反思：二战后，为什么没能持续开发如同“西庵”与环境共存的城市型居住空间？

2）“谷中”的地域型居住建造

在全日本范围席卷并行街区住宅建设浪潮中，街区建设俱乐部“谷中学校”再一次挖掘出地域特性，积极推进适合地域的街区建设事业。

1993年至1994年，通力配合台东区“城市低洼地区住宅建设调查”，研讨适合“谷中”的街区建设模式。

①注重平日交流的居住方式

在诸多建设主题中，把“珍惜平日交流的居住方式”摆在重要位置。调查结果与“西庵”的情形非常类似。在群居生活中，保持互相尊重和互相体谅的关系非常重要。平常不经意的相互交

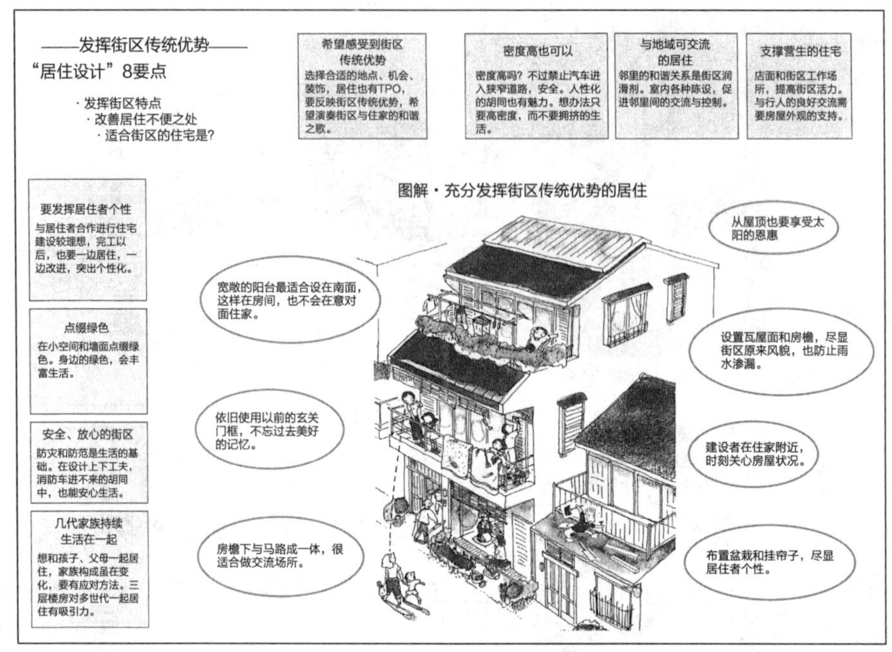

图10-1-2　谷中的居住建设提案：注重平日交流的居住方式

流和设置可交流的空间，在群居生活是不可或缺的。

举一个玄关门的例子。在谷中，基本都采用双扇推拉门。这种门通风效果较好的同时，由于开门需要经过若干台阶，还有设置帘子等，室内外的联系比较平稳且有缓冲。完全可以替代“大声打招呼”，不进室内也能知晓此刻到访合适还是不合适。独居老年人把门拉开30cm缝隙，便知道此时可以去拜访老人。人际关系和相互交流颇为融洽。

不过，近年来新建的房屋，大多用坚固的防护门替换这种推拉门。认为既然是门，平常自然要紧闭。导致只要没有目的便不能去访问。还有甚者，通过内线电话装置解决来意，根本不见面，这种情形非常多见。不过在现实生活中，希望房门起到防火、防灾作用的人也在增加。

住宅建设在无意识之中，不断发生变化。重要的是，软件方面的意识不能丢失，一旦彻底丢失，将会起连锁反应，导致原生活方式的改变，结果是优良生活方式无法完好地继承下去。

“谷中学校”的做法是，为了使居民了解居住与生活的相互关系，发行《街区与居住建设知识宝》宣传册子，组建叫做“谷中工作组”的地域工务店，推动适合谷中生活的居住建设和设计师网络建设。

②阻碍生活继承的法规

随着生活形态的变化，对房屋的要求也在改变。从占地面积的扩大，变化为目前比较盛行的建造3层木结构房屋。谷中也不例外，由于宅基地狭小，预测今后3层建筑物将会林立在各处。真到了那时，居住空间会是什么样呢？多数老年人居住的1楼，至少日照受影响。如果起居室设在2楼，则与胡同的关系就会疏远。由于法律上对房屋开口有限制，通风不容易得到保证，就会变成依赖空调的生活。法律的规定，对占地面积、防灾等自然有必要的一面，还有没有其他的解决办法？我们原来的生活方式是生活在街区里，现在的生活方式是生活在家里。是不是这种生活方式的变化引起的呢？

东京新颁布的防火区域所采用的参数是，建

照片10-1-3　谷中某一住家

照片10-1-4　与地域共存独立式公寓

照片10-1-5　与地域共存独立式公寓

筑密度：80%，容积率：240%，阴影测定高度：6.5m。把这些规定直接应用到谷中地域住宅建设，的确会加速房屋改建进程，街区的防灾水平会得到加强。但这样一来，直接利用自然环境的思考方式会遇到阻力，生活方式只能依靠机械设备来维持。人际关系和相互体贴交流难以实现，街区里的生活会变得枯燥无味。采取个别的不燃措施以达到街区防火等级，是否可以解决街区防火问题呢？近年来的住宅建设，对房屋的抗震性能、防火性能、保温性能等采取的方法过于简单化，导致房屋更加封闭化。

3）生活继承相对困难的独立式公寓

谷中也有私有宅基地，私有宅基地的绿化程度高，对提高街区的景观和环境很有益处。加上房屋产权继承等原因，独立式公寓建设速度明显在加快。开发商在三崎坂建设的一处独立式公寓居住区，遭到居民的批评。住民们认为："规划设计没有与地域环境共存和发展的概念，不能继承谷中的生活方式"，要求修改规划的呼声高涨。该独立式公寓的规划设计，考虑了与地域共存的方法，在建设中，采取注重景观、屋顶绿化、减少停车位等措施。并在出售时，对购房者详细说明地域特点，征得入住者对街区生活的理解。据独立式公寓居住者讲："向往谷中的生活，购得此房，入住还不到一年，变成自己居住的通常街道社区，大家都在讴歌谷中的生活。"

私有宅基地上建设独立式公寓，某种意义上可以认为是不得已的办法，需要指出的是，独立式公寓建设有义务减轻对环境的负荷，更不能恶化地域环境。在软件建设方面，也要下功夫，营造一个可以与地域共存、地域可以接纳、入住后生活愉快便利的环境。

4）街区记忆

在谷中的"生活继承"中，街区记忆是必不可少的。了解都有哪些人在继承街区的历史和沉淀，对丰富街区内涵很重要。没有记忆之链条，各种继承也就无从谈起。说到继承，并不是仅仅指有历史、文化价值的继承（当然，这是第一位要继承的），即便是拿不上台面的记忆，对街区也是一件很重要的遗产。

人通常都是看到物体之后，唤醒其记忆。如果街区变得面目全非，是否会觉得自己赖以生活的根基消失？如果是年轻人，可以在新环境下，重新开始记忆，而对老年人，记忆是不可替换的一种财富，是不可以被剥夺的。

当然，街区也会不断发生变化。谷中的魅力也是各个时期、各个时代产生的共鸣延续下来的结果，也因为如此才有活力。要重视过去，珍惜存在，对现存的周围环境表示敬意。怀着这种心情和态度，去建造新的环境。

要坚持重视存在，不得已才改变的态度。这种态度和做法对建设可持续性社会很重要。这是对使用后便丢弃时代的很好反省，也是对后代的良好教育方式。

谷中地域基于这种意识，正在实施“吉田屋本店”、“蒲生家”、“大泽家”、“柏汤”等住家再生事业。

还有就是，以“市田邸”私有宅基地重生为契机，成立“泰东历史城市研究会”组织，以“谷中”为中心，积极推动历史性建筑物再现事业。

照片10-1-6 街区记忆：“市田邸”的重生

2. 引导生活继承之街区

“谷中学校”收编的《集合街区提案：我们的生活方式》小册子，调查并整理了谷中之魅力，强调生活不是在家而是在街区的观点。其中印象很深的一件事情就是对小卖店的关怀和重视。在这里列举若干，共同欣赏。

第一件事情是电器店老板的一句话。一位老奶奶来店购买电热水器，店主关切地问：“如果在炕席的矮饭桌上使用，电线可能不够长，行吗？”电气老板如此清楚地了解他人的生活习性，实在钦佩不已。如果是年轻顾客，对这样的询问，也许是一种满不在乎甚至嫌唠叨，但是对老年人，这是何等的关怀！

第二件事情是刚来谷中居住不久的一位老年人，在谷中银座—商业街的一家店铺委托托管自家钥匙的事情。老人家说是自己有些痴呆，或许有一天忘记带钥匙进不去屋子，到那时请帮忙开门。对新入住街区的人，小卖店是街区门面，也是第一个搭上相互关系的地方。尤其对独居生活的人，小卖店是敞开心扉放心交流的场所。

第三件事情是街头的关心议论。其实这种事情在谷中也是日渐稀少。这里的人们比较清楚他家发生的事。有一位独居老人因感冒在家休息，没有出门。第二天就有人到独居老人邻居家打听：“旁边居住的老奶奶是不是身体不舒服？要是那样我们一起去关照一下。”

调查结果充分说明，在街区从事经商的人是街区的润滑剂，是街区不可或缺的组成部分。作为消费者的街区居住者也应该清醒地认识到：为了眼前经济上的一些利益，接纳大型商家或大型厂商，街区整体系统将会受到伤害。

街区的良好人际关系，是在住民之间的互相帮助和相互体谅中培育出来的，并且在这个过程中，街区也得到健康发展。

图10-1-3　谷中学校小册子：重新认识街区生活

图10-1-4　谷中学校小册子：祈祷土地和绿色的复原

3. 丰富生活的绿色

谷中虽然地处城市中心，可到夜里还是很凉爽。也许与墓地多和第二次世界大战中幸存下来的古树多有关系。不过，在许多家庭中，不使用空调难以入眠的情况也存在，这也是不争的事实。

“谷中学校”为了解决热环境问题和提高景观性、心理性、生物栖息环境，下决心保护和增大街区绿色，成立了“草地、庭院开拓团”。

在谷中，拥有庭院的家庭逐渐减少，不过在住家与道路之间的空间间隙，完全可以增加绿色。房屋改建势必造成道路拓宽，利用一部分道路边缘，实施没有任何铺装的绿地建设。还有就是，刨去住家与道路之间的水泥铺装，回填自然土进行花草种植。土层厚度只要达到15cm，完全可以改变成漂亮的绿化带。

此外，谷中现存的大型树木，几乎都在寺庙。但是在寺庙，烧掉初冬落下来的树叶是很麻烦的工作，大树的维护管理非常棘手。住在街区的人们不能仅仅享受寺庙内外大树的恩惠，要树立通力协作参与维护的意识。

还有，台东区在谷中获得约7000m^{2}土地，建设“森林之声”防灾示范广场和斜坡绿地。“草地、庭院开拓团”充分利用这个机会，积极开展沥青路面的自然土还原等增加绿地的活动。

照片10-1-7　两条道路之间也要铺装土和绿色

照片10-1-8　缓解地域热环境的墓地

照片10-1-9　谷中的绿洲：森林之声

4. 地球环境与地域环境

在以上“生活继承”主题讨论中也可以看到，对于街区建设，软件对硬件方面的影响还是挺大的。换句话说，每一个人的生活方式、对生活的思考和意识，与地域环境建设关系密切。

总之，在思考地球环境问题的时候，要记住现在是正确思考和对待每个人的生活的年代，各自正确思考和对待固然重要，在整体地域范围正确思考和对待更重要，因为它能带来更大的效果。

日本具有“不得已的想法”和“互敬互让的合作精神”的传统，这是丰富地域环境的一种文化，可以成为降低环境负荷的良好开端。细致有效地开展地域生活改进事业，是解决地球环境问题的有效方法之一。（手嶋尚人）

谷中学校的活动　2001

谷中学校密切关注谷中街坊的生活文化，努力培育谷中之魅力，努力推动下一代继承事业。充分发挥各会员的热情、特长和职能，跨地域、跨时代的进行推广运动。

谷中手工艺展览

谷中手工艺展览，把全部街区当作展览会场，让居住者和来访游客拿着地图巡游街区，相互交流和挖掘地域文化，是全民参与型活动计划。展览期间，通过地域画廊，除了介绍以作家为首的住民的作品、音乐、技艺、手工绝活以外，还展示花架、古老陈旧格栅木门等街区住民精心培育至今的井行街区珍贵遗物。自平成5年（1993年）起，每年的10月就是谷中手工艺展览月。

负责人：三桥 geikouten@hotmail.com
网页：http：//www.tctv.ne.jp/ geikoten/

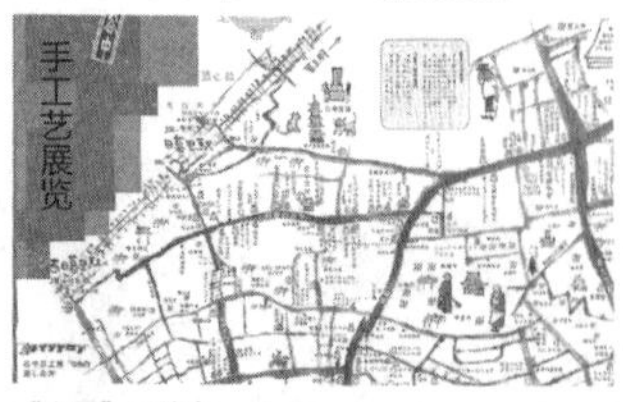

谷中介绍

现在介绍谷中街区。谷中原本是寺庙街区，以前经常举行各种佛事和拜谒墓地等活动。近年来，“徒步观光街区”的游客逐渐多起来。“胡同”等处是生活场所，与其说介绍不如一起聊着家常去“散步”。（提供导游服务）

《丰后竹田市导游服务》

负责人：西河 03-3828-0566（tel/fax）nishiyan@tctv.ne.jp

草坪与庭院开拓团

在谷中街坊的胡同等狭小的空间，有许多精致的绿色。“草坪与庭院开拓团”首先自己愉快地学习和体验整治土地，其次通过绿色活动，丰富谷中街坊的魅力绿色。但愿这些绿色能够成为街区人们的相互交流的场所和儿童游乐场。

《蒲生住家旁边胡同建设》

负责人：丰田 03-3228-5485（tel/fax）toyob@jio.net

自然土地复原项目

在谷中街坊的寺庙、神社、宅基地，保留江户时代以前的绿色和庭院，许多生物在这里栖息。这是非常珍贵的城市里的自然。我们与自然观察会、胡同环境会等不断进行合作，通过地域人生和孩子们的参观学习活动，构思与土地、绿色、水、水井等共同生活的方式和方法。

《谷中丛林探险队》

负责人：河合 JZT04502@nifty.ne.jp

“寺子屋网络谷中”

“寺子屋网络谷中”是热爱谷中的学生团体，为建设交流场所，由不同学校的学生组建。迄今为止，参加夏祭、手工艺术展等谷中的多项活动，还组织讲座、宿营、发布会等活动。今后也继续坚持下去，去学习地域的各种知识。

网页：http：//www2.to/tny/

“木屋”互助会

老旧木房子使用不便、冬天冷、整修麻烦等，居住人的烦心事不少。不过，适当地维修以后，可以变成健康、舒适的居住环境。一旦推倒重建，原先的一切再也回不来。要保持谷中街坊的放心居住，尽量把街区留给下一代。我们可以承接木屋修建、空房整租、多余房间出租等业务。

《改造成艺术大生官邸的市田邸》

泰东历史城市研究会 03-3821-6349 tai_rek@hotmail.com

马路之声、环境艺术项目

把谷中的马路从机动车中心向生活与交流步行道转变。谷中居住人和来访客人一起，进行小型艺术试验，专心推进生活马路和街区建设事业。

路边草散步

《蒙太奇作品：谷中之马路》

负责人：椎原 03-3821-9647（tel/fax）http：//walk.to.hatsune

会员网络活动

会员要积极参加其他市民团体和政府组织的活动，将活动成果奉献各地。

- ○ 谷中街区建设协议会事务局（台东区）
- ○ 谷中社区委员会
- ○ 谷中三四真人町普请
- ○ 生态推进委员会（台东区）
- ○ 泰东环境推进网络（市民团体）
- ○ 台东区绿色基本规划审议会（包括来自泰东环境推进网络的区民委员）
- ○ 亲子建筑讲座（建筑学会）
- ○ 东京城市景观审议会委员（包括公开招募都民委员）
- ○ 京都特别景观委员会（建筑学会）

图10-1-5　谷中学校的活动：地域活动中的详细倡议书

10.2 建筑文化继承

1. 建筑文化与文化遗产保护法

1）文化遗产保护法

在近代社会，对继承地域固有建筑文化，在法律上都有对历史性建筑物的保护政策。世界各国对历史性建筑物的保护，都有各自的保护措施。还有就是世界性规模的联合国教科文组织所规定的世界遗产保护条约中的文化遗产保护。

日本有关历史性建筑物的保护法律，是1950年制定的文化遗产保护法。文化遗产保护法规定很多种具体政策（图10-2-1），从各个方面都有力支持建筑文化的继承问题。

在文化遗产保护法的有关支持继承政策当中，最有代表性的政策是，国家指定历史性建筑物，并对所有者提供一定的保护所需费用（如修缮费用等）。国家和地方公共团体自己成为建筑物所有者并对其实行保护的案例也很多。

文化遗产保护法确认的历史性建筑物，都是国宝级建筑物，是重要文化财产的代表性建筑物。除此之外，对历史性人物和事件，采取历史遗产和特别历史遗产的方式指定。对庭院等构筑物则采取名胜和特别名胜等指定方式。对与生活关系非常密切的民居建筑，指定为重要有形民俗文化遗产。

以群落或者并行街区为单元的历史性建筑物（传统建筑群保护地区，以下简称“传建地区”）的保护，诸如特别指定、对所有者的赞助等，都由城市、街区、乡村负责完成。国家只是形式上表示支持城市、街区、乡村的保护事业。所以严格的意义上讲，各种文化遗产的保护，在法律的措施上和手续上是有区别的。但是都使用公共资金，资助历史性建筑物保护事业。对建筑文化继承的影响大同小异，没有什么本质上的区别。

此外，文化遗产保护法的本意是，没有与建筑直接相关，但与建筑关系密切的其他领域的文化遗产也要进行保护。这在一定程度上，有助于建筑文化的继承事业。例如：位于历史性建筑物周边的庭院虽然只是位于名胜领域，但是通常都与历史性建筑物一并治理和保护。又如：在民俗文化遗产领域，民间艺术表演、祭奠活动等属于无形的民俗文化遗产，都是一如既往地把历史性建筑物当作其表演舞台。为了使这些活动能够持续下去，适当地支援是必要的。

2）确保和培养能工巧匠

各种文化遗产的保护，不能仅仅停留在对有历史性、文化性价值的建筑物的保护和继承上，还要考虑建筑文化继承效果。要维护好文化财产，需要了解历史的能工巧匠。确保和培养能工巧匠，对建筑文化继承意义重大。

文化遗产保护法，除了对历史性建筑物的保护以外，对能工巧匠确保和培养，也有非常有效的政策和措施。

例如：在修复历史遗迹中，经常出现历史性建筑物的复原。这种复原工作，必须具备懂历史的能工巧匠，不然达不到应有的效果。广岛城二的“丸之各鲁”就是在古城遗迹上复原的建筑物。平城宫遗迹上复原的朱雀门（照片10-2-1）也类似。近年来，在遗迹上重现历史性建筑物的事业渐渐在多了起来。

“传建地区”的建筑施工，其性质与遗迹上重现历史性建筑物基本相似。就是说在“传建地区”也进行新建和改建房屋，把陌生的景观改造成熟悉的景观（照片10-2-2）。我们把它叫做修景，修景也需要有一定历史背景的技术和技能。

除了上述硬件方面以外，在软件方面也要对确保和培养能工巧匠事业进行援助。这是对文化遗产保护技术的保护，要有具体的政策措施。具

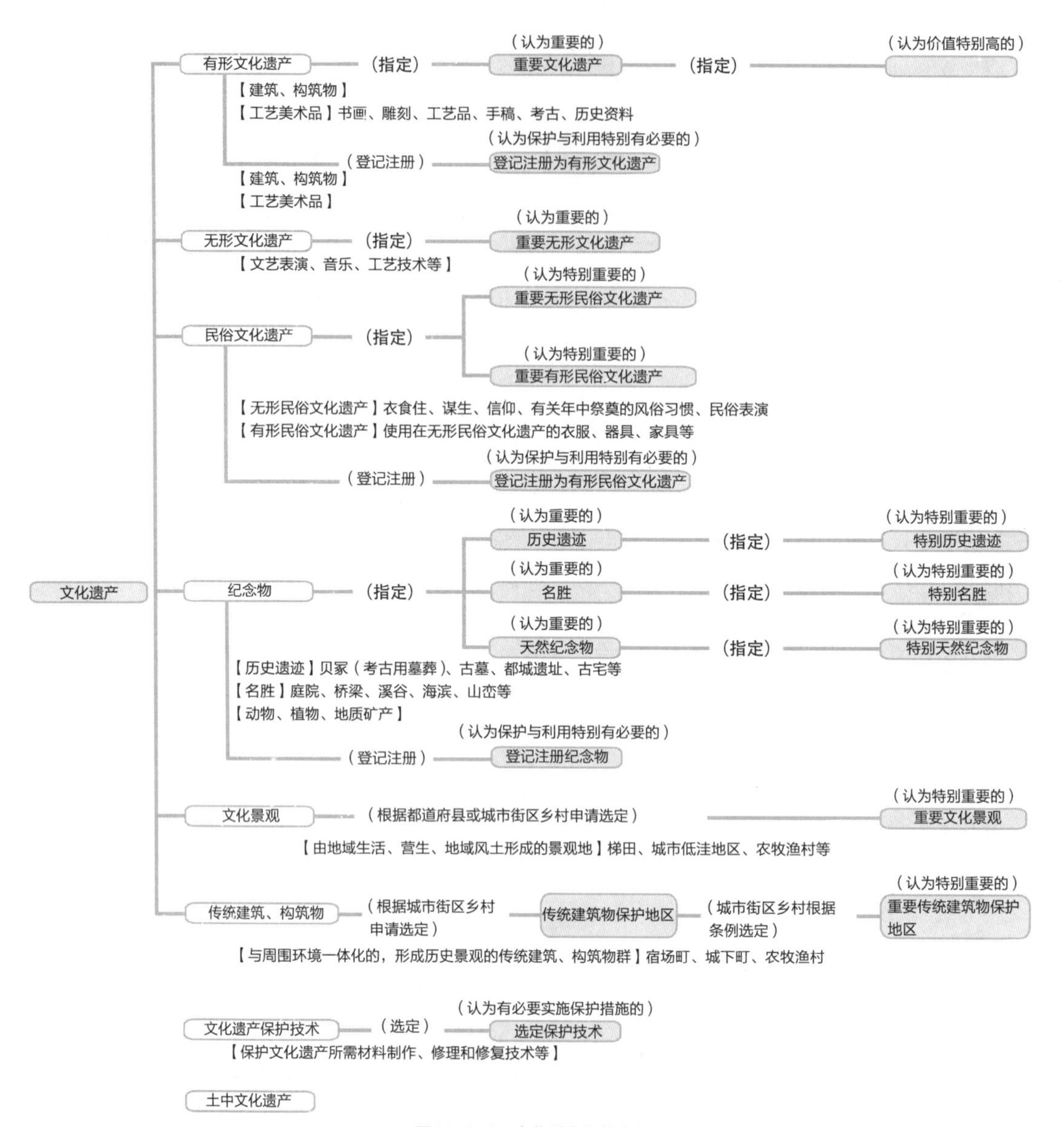

图10-2-1　文化财产保护大纲
（出处：摘自文化厅资料）

照片10-2-1　在平城宫遗迹上复原的朱雀门

照片10-2-2　“传建地区”内景观修整案例

体为，由国家层面选择有必要保护的技术（选择要保护的技术），对其技术的所有者和所有团体，实行经济资助，使其保护完整、后继有人。寺庙神社修缮所需的木工技术，瓦片葺、柏树皮葺、薄木板葺等屋顶技术，建筑彩色漆、涂刷等技术等都被选定为保护技术，并认定其所有者[1]或者所有团体。由国家资助举办讲习会、编辑出版教科书，资助继承者培养事业。

2. 与继承有关的问题

1）文化遗产保护问题

地域固有的建筑文化继承，在文化遗产保护法中，仅限于采取各种措施，认为还有缺陷。因为文化遗产保护法指定的建筑物保护数量，从地域角度看其数量占很少的一部分。例如：重要文化遗产保护建筑物只有3736栋（据2002年5月统计），如果进行平均分配，每一个城市街区乡村只能拥有一栋。

又如，针对草屋顶建筑，全日本各地的文化遗产保护事业此起彼伏，项目数量也很多，草屋顶建筑文化遗产得以保护。遗憾的是，保护方式千篇一律，丢失了地域固有的草屋顶房屋建设方式和方法。

确立地域固有建筑文化，必须把地域中常见的普通建筑物全部放在考虑范围之内。只有在普通建筑物中挖掘地域性，人们才能感受固有的建筑文化。保护普通建筑物的地域性，对建筑文化继承很有必要。

欧美等发达国家法律规定保护的历史性建筑物，其数量是日本的几十倍，甚至上百倍。在欧美，把确立历史性、文化性地域的普通建筑物，均列为保护对象，其保护级别相当于日本文化遗产指定目录里的文化遗产。为此，近年来日本也在学习欧美的先进理念和做法，对文化遗产保护法进行修订和完善。

1996年，对文化遗产保护法进行了局部修订，增加了《有形文化遗产登记注册制度》（以下简称登记制度）。该登记制度从法律角度与欧美的历史性建筑物特别指定相当，在日本迅速推广应用。这个制度在某种程度上可以理解为，把历史性建筑物从特殊文化遗产向一般文化遗产方向转变，使其更贴近地域[2]。

这个制度的推行，进一步完善了国家文化遗产保护法，在各地方公共团体的事业推进中也能较好体现。具体表现在各地制定的景观条例中，把历史性建筑物摆在特殊的位置。“川越市”城市景观条例中，把历史性建筑物指定为城市景观重要建筑物，就是其中案例之一。

为了支持各地方景观条例的顺利实施，中央政府于2004年，向例行国会递交国家景观法。今后国家景观法的推广运用将会受到各界关注。

在欧美，历史性建筑物指定保护数量很多，相比之下保护所需公共资助资金比较少。而日本的情况是，历史性建筑物指定保护数量相对少，对每一处保护事业提供的国家、地方公共团体的资助金额却比较丰厚，相比欧美各国，这可以说是日本独有。随着注册登记制度的进一步实施，日本也和欧美一样，公共资助将会受到限制。这个制度的推行，能否取得与欧美一样的效果，我们将拭目以待。同时这也是今后需要关注的课题。

2）传统技术、技能的普通化

在日本，历史性建筑物指定数量不多，确保和培养技术、技能者的问题同样也很棘手。

目前，修缮历史性建筑物所需技术、技能者比较短缺，其技术、技能有趋于特殊化的倾向。这些原因引起技术、技能者的人工费用上涨，导致工程成本居高不下。工程成本高，拟修缮的项目将会望而却步。这种状况进一步增加了后继者的培养难度，其技术、技能更加特殊化，会产生恶性循环。之前的文化遗产保护法所采取的一些措施，似乎对产生这种特殊化埋下伏笔。

保证一定数量的修缮工程量，对培养后继者更有利。要保证一定数量的修缮工程量，工程成本不能太高。总之，传统技术、技能即便是属于特殊行业，也要同历史性建筑物从特殊走向一般化那样，逐步转为普通行业。

增加建筑物保护对象的注册登记制度和地方公共团体的景观条例等，都是力争使技术、技能一般化的有效政策。此外，还有一些地方公共团体，索性把地域技术、技能者的确保与培养问题纳入在其政策措施中。在兵库县实行的“历史文化应用推进员认定与培养”[3)]措施，就是其中的案例。还有石川县金泽市，通过成立金泽市工匠大学校，实现技术、技能者的确保与培养事业。

文化遗产保护法规定的文化遗产中，除了登记注册外，还有把极普通建筑物当作保护对象的情况。该情况出现在有关“传建地区”的叙述当中。“传建地区”的历史性建筑物，还有不少的情形就是里面有人在居住生活。因此，在有些“传建地区”只进行外部景观修整事业。

可以看出，“传建地区”在文化遗产保护事业中，存在需要统一解决的地域问题。地域一致面临的问题，不是仅仅停留在解决单一的技术、技能者的确保和培养问题上，而是如何进一步培育地域固有建筑文化的继承问题。在如何继承地域个性的问题上，“传建地区”的措施比注册登记制度更为有效。

在地域如何推行传统技术、技能的一般化事业，除了文化遗产保护法以外，国家层面还有其他行之有效的办法。由国土交通省负责管理的振兴木结构住宅事业领域，推广和普及传统技术、技能的政策，就是其中案例之一。这项政策虽然针对普及新建木结构住宅，但对利用传统技术、技能而言，在确保和培养传统技术、技能方面，起到了一定的促进作用。

3. 历史性建筑物的一般化动向

1）样板房屋建设

要继承地域固有的建筑文化，很有必要对历史性建筑物和传统技术、技能实行一般化。想实现这个目标，比较可行的办法是，普通住民生活居住的房子不管是属于历史性建筑物还是新建建筑物，都必须采用传统技术、技能进行修缮或建造。

近年来，二手房市场比较活跃，对历史性建筑物的修缮和传统技术、技能的关注度也日益高涨。在相关建筑杂志，也经常刊登古老民居修缮话题。不过，想把历史性建筑物作为自己住房的普通人家不是很多，在日本还属于少数。

为了改变这种状况，掀起了若干令人瞩目的活动。这些活动都是围绕历史性建筑物和传统技术、技能的一般化展开，具体介绍如下：

第一个活动是，利用“传建地区”内历史性建筑物改造的样板房屋。这是地方公共团体负责实施的项目。

针对历史性建筑物的保护，政府的一般要求是：按照建造当初原样复原且仅限于开放性建筑物的居多。不过近年来，进行适当地内部改造，力求使用方便。房屋用途也多种多样并不仅限于开放性。这样的案例越来越多，样板房屋也是其中的一个例子。

一般家庭房屋改造完成以后，再去参观、学习、体验是困难的事情。由于样板房屋可以让住民到这里亲身体验改造效果，吸引力和轰动效果明显。其他的活动还有，奈良县橿原市今井町街区建设中心（照片10–2–3、照片10–2–4）、福井县上中町旧逸见勘兵卫家住宅。也都是相同的案例。这些样板房保留房屋外观原样，在内部进行空间分割和添加设施设备等，满足现代生活要求。

这些样板房由市民团体负责运营，该团体以地域住民为对象，致力于历史性建筑物保护事业。通过样板房建设，加深一般人群对历史性建筑物的认识和理解，受到广泛瞩目。

2）民间的联合活动

修缮地域历史性建筑物，主要依靠活跃在地域的建筑技师、工务店、工匠等技术、技能持有者。近年来，地域技术、技能持有者，自发地联合起来，组成团体组织，推动历史性建筑物和传统技术、技能的一般化事业。也是令人鼓舞的活动之一。

组织形式可以是任意团体，有很早就存在的合伙形式，也有正规法人团体。

最近，有普通人群参加的非营利法人机构（NPO）的活动令人瞩目。从自行举办的学习会到承接实际工程宣传介绍等，活动的形式各式各样。这些活动在提高技术、技能水平，降低造价，为普通人群提供咨询平台等方面，取得较好效果。

在都道府县层面，举办类似活动的团体有：长野县的非营利法人机构（NPO）“信州传统建筑物保护技术研究会”、群马县的非营利法人机构（NPO）“街道、建筑、文化重生集团”等。

在城市街区乡村和特定地域层面，也能见到一些团体组织的活动。特别值得一提的是，“传建地区”是“生产各种活动”的发源地。如岛根县大田市的“大森银山建荣会”和宫崎县日向市美美津的“日向市传统建筑物保护修缮研究会”的活动，就是其中的例子。

与地域技术、技能者的自主活动不同，学校的活动主要针对历史性建筑物和传统技术、技能的一般化。前面提到的金泽市工匠大学校，就是其中的例子。在这里，地域的技术、技能者都是学校的学生，他们利用学校的研究课题，进行城市内的历史性建筑物的修缮工作。

3）传统技术、技能的性能评价

修缮事业如果是以普通人居住为目的，无论是历史性建筑物还是采用传统技术、技能，首先要满足建筑标准法、消防法等国家各种法律规范。实际情况是，修缮事业与现行法律法规相冲突的问题时常发生。因此，对文化遗产保护法指定的一部分国宝级文化遗产建筑物，建筑标准法规定按照例外处理。但是可以按照例外处理的建筑物屈指可数，仅占历史性建筑物的极小一部分。而且例外处理，也要遵循有关例外处理规定、方式和方法。为此，站在历史性建筑物和传统技术、技能一般化的角度看，采取满足法律法规的修缮方式比较理想和现实，例外处理的修缮方式不可行，也不可取。当然，对现行法律法规也要进行适当的修订和完善，今后我们要解决的问题还很多。

另一方面，在历史性建筑物的修缮保护工程和利用传统技术、技能的新建工程中，出现了很多尝试。这些尝试都是力争实现符合法律法规的工程建设。

例如：比较难以满足建筑标准法的问题是建筑构造和防火。针对这个问题，近年来通过实验等手段，对传统技术、技能进行性能评价。阪神、淡路大地震对历史性建筑物带来很大伤害。最近建筑标准法也做了相应修订，对性能评价的规定更加严格。这些因素对历史性建筑物的修缮保护工程和利用传统技术、技能的新建工程的影响很大。

在防火方面，长谷见雄二（早稻田大学教授）与京都府建筑工业共同组合、京都府瓦工业

照片10-2-3　今井街区建设中心外景

照片10-2-4　今井街区建设中心内部

组合联合会合作，尝试建造街区住家型木结构土围护墙房屋。对其防火构造和准耐火构造进行实验论证。在结构方面，大桥好光（东京城市大学教授）、村上雅英（近畿大学教授）进行传统木夹板土墙的强度试验并陆续公布研究成果。在普通刊物中，也经常介绍有关城市街区传统民居重建话题[4)]。说明全社会也开始关注历史性建筑物和传统技术、技能一般化问题。

从另外角度看，这些研究把工匠们凭直觉和经验完成的工作，用科学方法进行验证，进一步促进一般化事业。这样的科学验证，今后要持续下去。它必将促使现行法律法规的进一步修订和完善。

4）21世纪的历史性建筑物

1897年，日本制定了《古社寺庙》保护法，它是文化遗产保护法的前身。从那时候起直到20世纪，通过历史性建筑物的保护事业，始终延续建筑文化继承活动。进入20世纪以后，建筑文化的继承事业，把历史和现代加以区分，把历史放在特殊的地位。在21世纪要做的工作是，把历史的特殊地位搬移到现代社会可以通用的位置。

近年来，在建筑设计领域，针对历史性建筑物的保护利用，出现历史与现代相互对比的设计思潮。国家国会图书馆国际儿童图书馆（设计：安藤忠雄），就是其中案例。这是一种类似于把“传建地区”景观修整中采用的传统技术、技能，运用到新建建筑物的设计方法。也有人认为是复制品，提出质疑。

采用对比设计手法，必须把保护和开发在现代利用中并存起来才有益。要注意，这只是众多手法中的其中一个手法而已。把保护和开发置于相互对立时，历史性建筑物的保护做不到完美。同样，把历史和现代仅仅作为对比评价，站在建筑文化继承角度看，似乎也不够完美。

换句话说，没有斜撑的木结构梁柱榫接、木夹板土墙、表面抹灰、麦秸炕席铺设、瓦下覆土屋面等，不能认为这些是过去的特殊做法。应当认为这些是从过去一直继承下来的普通的“现代做法”。当然，这些不一定都是过去的原样，在细部适当的改进是没有问题的。不过，要谨记，进行改进，不是为了创新，而是为了保留更大、更重要的部分。

不要一味地追求新的建造，利用原汁原味的传统技术、技能，建设古色古香的建筑物，也是建筑师的责任。作者认为，建筑师能够容纳并坚持不懈的努力，是21世纪建筑文化继承事业的关键。

此外，建筑材料对建筑文化继承，也有很大影响。因受文章篇幅和能力所限，在这里不再详细叙述。（后藤治）

10.3 生产技术继承

1. “自然材料”的疑问

进入20世纪90年代以后，“自然材料”成了一种流行词语。“自然材料”是“工业产品”反义词，主要指木、土、纸张、草、漆等天然原料和没有使用化学物质的加工品。日本产纯木板材、泥浆抹灰、土墙、手工抄纸等都是具有代表性的自然材料。这些材料绝大部分在住宅建筑中使用，也有在公共建筑和写字楼建筑中使用的情况。

近年来，室内环境污染问题的表面化，是自然材料兴起的原因之一。研究发现，新建筑材料释放的甲醛等挥发性物质是诱发身体不适（身体不适综合征）的元凶。此外，密闭性高的房屋，容易滋生螨虫和过敏。拒绝有害化学物质，提高室内环境质量的愿望，促使对“自然材料”的关心高涨起来。

要求改善地球环境的观点，也起到推波助澜的作用。自然材料在燃烧和遗弃时，不会产生有害物质，生产所需能源消耗也不多。拿木材来说，在生长过程中吸收二氧化碳，还有固化碳的作用[1]。大家都意识到，采用自然材料，可以有效降低环境负荷。

使用自然材料，对身体和地球环境有利，是不可兼得的优良材料。自然材料的日趋广泛使用，仅靠身体、地球环境等因素不足以完全说明。这里还有一种意识，就是对现代建筑生产技术的质疑。

第二次世界大战结束以后，尤其是20世纪70年代以来，日本的有关住宅生产技术，发生了很大变化。工务店、住宅建设产业，在建筑施工中，使用工业化生产的建筑材料。有建筑师参与时，也是依据新建的建筑物思路，负责完成设计。在住宅生产中，不同地域之间存在差别是不争的事实。

采用自然材料建设的房屋，正好与这种住宅流水生产成反面。这是因为，采用自然材料建设的房屋，面对各种情形，整体上发扬过去生产技术的意识相对强烈。需要弄清楚的，不仅是材料，还有业主、设计者、施工者、生产者之间的相互关系。

生产技术的继承，内容多、范围广。本节主要从材料、做法继承，森林资源的维护与利用，建筑师的新设计方案等三个方面，介绍创造与继承并举的若干尝试。

2. 材料、做法继承

1）“土佐派之家”

“土佐派之家”是高知县建筑设计监理协会命名的房屋名称[2]。该房屋的特点是充分利用本地材料和本地做法，如：杉木为主的木材、“土佐式”抹灰、“土佐式”日本纸张等。

杉木为主的木材，可以作为小屋和基床骨架，设计很有特色。高知县的森林比率位居全日本第一位，所采伐的杉树比槐树价格低廉，而且属于中间材，采伐简便，利用率高。

“土佐式”抹灰，采用高知县本地产优质石灰石作原料。在酒壶状窑炉烧制成颗粒较大的熟石灰，与发酵过的稻秸混合而成。与通常的抹灰不同，不需要添加糨糊。所以耐久性能优异且墙体观感好。“土佐式”抹灰不仅仅是“土佐派之家”象征，近年来已经成为全日本采用的抹灰方式（照片10-3-1）。

“土佐式”日本纸张，其制作历史可以追溯

照片10-3-1
“土佐派之家”的实例之一：“木骨架之家”
利用杉木板和“土佐式”抹灰制成的外墙
（设计：山本长水，摄影：松岗满男）

照片10-3-2
擦拭漆工艺实例：“梅子之家”（石川县轮岛市）约100年前，将工具仓库改装成小酒馆。利用擦拭漆工艺，重新涂刷木地面和饭桌。（摄影：喜多章）

到平安时期。历经数代的反复改进，可以生产各种类型的耐风纸张，可作为传统建筑材料。这种纸张耐高温、耐高湿、可抵御台风的频繁来袭，是扎根在风土中，经过历练而成的材料。

“土佐派之家”在建造中，挖掘地域材料和做法，是立志于继承事业的有意识的行为。“土佐派之家”不是单一的“传统”复活，虽不是名贵木材却也不乏木材的存在感，从来没有见识的抹灰和纸张工艺，不追求平滑的材料细作，乐于看见不均质的形态，把工业生产经验反映到现代嗜好之中。同时强调自己的“素材感”，充分展示自然材料的特征。

2）擦拭漆的利用

以北陆地区为中心，在住宅的室内装饰中，很早就开始使用涂刷工艺。在木地板上反复擦拭的“涂漆”工艺，最近重见天日。它是一种不使用化学物质的涂装工艺，对自然材料，提高其耐久性很有好处（照片10-3-2）。

该工艺原来在工艺品上使用，如今尝试着在现代生活上应用。将漆器制造中间阶段提高其表面质感的工艺，应用到涂装室内装饰的新开发的工艺中，也是有意识地继承生产技术，展现在世人面前的现代表现形式。

3. 森林资源的维护利用

1）绿色列岛网络

非盈利法人机构“绿色列岛网络”发起森林资源的维护和利用运动。该机构不是政府机构，不是一般的以营利为目的的企业，它是以会员的会费和募捐作为运营资金和活动经费的非营利性民间团体[3)]。

“通过木质房屋建设网络，把山、街区、人、资源紧密联系在一起，加深相互理解，重新找回健全的山林。”这是该机构的运行主题。“绿色列岛网络”的作用在于，通过信息的发送、提供、交流、储存以及以研究、教育和集会等形式，有力支援日本各地的“利用附近山林，建造住家运动”。还有，站在民间公益团体的立场，综合性、预见性地提出解决问题的方法，对现行的不尽合理的计划安排等提出正面批评，同时提出替代方案等。

2）岐阜县森林文化学院

该学院以培养开创未来森林人才为目的，于2001年成立。专修教育与学习部门是学院的核心部门，设有“深山”、“人工林”、“山村活力化”、

照片10-3-3　岐阜县森林文化学院授课实景
（照片提供：岐阜县森林文化学院）

“木结构建筑”、“手工制作”等5个分支。在“深山”分支，从生态学的观点出发，致力于深山再生事业；在“人工林”分支，综合性地讲授利用森林所需必要的知识和技术；在“山村活力化”分支，讲授地域规划、森林规划方案和实验方法等有利于山村建设的知识和经验；在“木结构建筑”分支，讲授木结构建筑设计技术，把视野扩展到山村；在“手工制作”分支，讲授木工技术为核心的家具、手工艺品制作方法。在各个分支教师的带领下，学员接受小班授课教育，去讲习林实习。在“木结构建筑”分支，结合地域环境，讲授木结构建筑（照片10-3-3）。

3）工匠协会

在“希望介绍信誉高、质量好的工务店”呼声下，得到朝日新闻社的鼎力相助，经过严格的入会标准和审查，从首都圈43个地域挑选出合格的工务店组成工匠协会。

近年来，与木材产地合作，推进生产技术继承事业。从1997年开始，与和歌山的山长商店合作，利用树龄超过60年的纪州木材，推动“树木之家”房屋建设。

4. 建筑师的新设计方案

1）板仓之家

安藤邦广设计的“板仓之家”，大量木材构件连接紧凑，大大提高房屋的耐久性（照片10-3-4）。采用宽4寸方形柱子组成支架、柱子之间嵌入2寸厚木板、加强墙体性能为设计特点。在基本构造上没有采用金属连接件，采取拼接和榫接方式。墙体内外抹灰主要采用硅藻土，加强墙板的防潮、保温性能。室内隔墙尽量避免采用固定式，以利于应对使用中的空间改变。

采用的木材以杉树为主，都是当地木匠精心制作的国产木材。

该房屋建设采用的设计施工方法，不是所谓的普通常用方法，也不是传统的建造手法，是利用木材资源，延长房屋寿命的方法，是现代“民居”之新型设计施工方法。

2）“现代版实墙工法之家”

Ms建筑设计事务所设计的“现代版实墙工法之家”，学习借鉴传统民居建造方法，结构独特、合理（照片10-3-5）。把小直径杉树或槐树拼接而成的结构主材、构件，用自行开发的金属连接件，牢牢固定并嵌入实墙，保证结构的高强度。

照片10-3-4　“板仓之家”实例（设计：安藤邦广，摄影：木田胜久）

照片10-3-5　“现代版实墙工法之家”实例
（设计：三泽文子/Ms建筑设计事务所，摄影：喜多章）

照片10-3-6　梯形合成板材之家实例
（设计：赵海光，摄影：木田胜久）

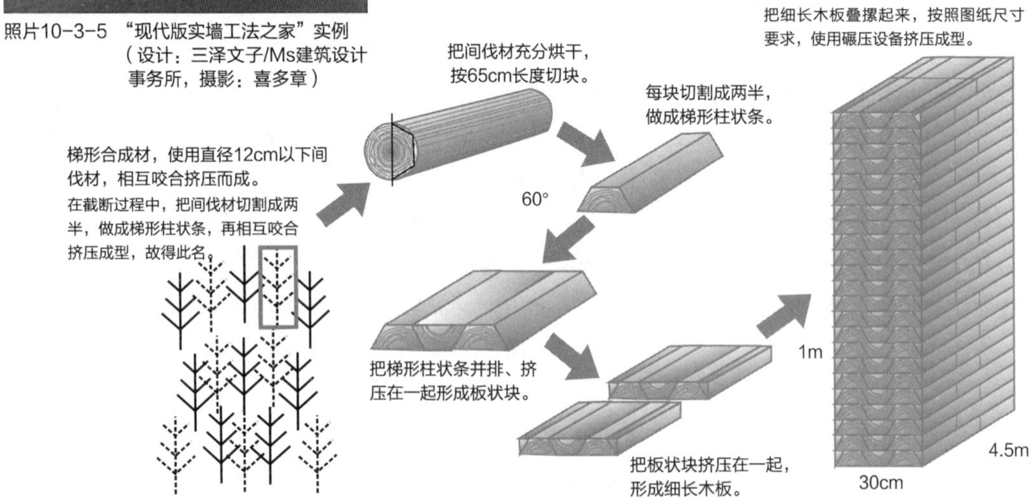

图10-3-1　从间伐材到梯形合成材的制作全过程
（出处：<木之家>工程《木之家居住学习读本》泰文馆，2001年）

木构架固定好以后，其余的板材、墙体连接等，基本采取标准化作业。设计上，尽量减少构件种类，以利于标准化生产与施工。

与山林地域之间的网络建设，也很有特点。木材性能和成本管理很到位，正在积极推进新型木结构设计施工方法。

3）梯形合成板材之家

大约在15年前，赵海光先生开始推动利用梯形合成板材建造房屋的事业（照片10-3-6）。梯形合成材利用国产间伐材进行制作。利用直径8cm～12cm的杉树或槐树，加工成梯形状，再进行咬合、挤压等工艺，最后形成合成材料。可以满足各种尺寸要求，可以在外墙、地面、天井等处采用（图10-3-7）。

“梯形合成板材之家”，持有原汁原味的素材特质，安装简单。用4寸方柱组成骨架，用螺丝与方柱连接固定即可。目前还没有得到用作结构构件的认证，仅作为维护材料使用。因具有结构特性，房屋平面刚度得到加强。

“梯形合成板材之家”是尝试采用新材料的挑战，同时拓展森林资源利用领域，也是新型生产技术的应用尝试。

（仓方俊辅）

10.4 山村文化继承

1. 原始风景与生产并存的山村

早前的日本，衣、食、住，甚至能源也都能实现国内的自给自足。尤其在农山村，除部分海产品和杂货以外，基本上在地域范围内，甚至是在每家农户内都可自己解决生活需要。所需能源全部依靠山村生产的柴胡和木炭。明治维新以后，伴随产业革命，在工业领域开始使用煤炭。但是在农村，仍然和往常一样，使用柴胡和木炭，生产城市居民日常生活所需物资，从事米面加工、澡堂等商业活动。直到第二次世界大战结束后进入经济高速增长期的1955年，仍然把柴胡和木炭作为能源。

当时的日本，约80%人口居住在农村生活，城市人口不到20%，城市规模也都较小。因此，当时的多数日本城市，都是被周围绿色田园地带所包围，身后的丘陵和山都是绿色绵绵。这些丘陵和山区林地，自古以来就是柴胡和木炭的生产来源，也是收集落叶、枯草做堆肥的农用林。明亮宽广的红松林，栎树、小橡子、山樱、栗子树等宽叶树组成的杂木林连成一片，望不到边（照片10-4-1）。林中还有杜鹃花类和阳性花草等植物（如湿冷地域的山慈菇、关西地区的矮百合）。温暖的西日本低洼山地，柯树、橡树类和樟木等常绿宽叶植物很茂盛。通过农家的定期采伐（图10-4-1），阳光可以照射到林区内部，维护落叶型宽叶树的生长和发育。预示着春天鲜花盛开、秋天红叶满山遍野、栗子和橡子等硕果累累、四季鲜明的山村自然好风光。这些地方原本是因山火或台风，导致树木燃烧殆尽或倒伏而形成的一片开敞的生活空间（动植物栖息地）。经过人类

照片10-4-1 经过维护，山村杂木林绽放出明亮的早春风景

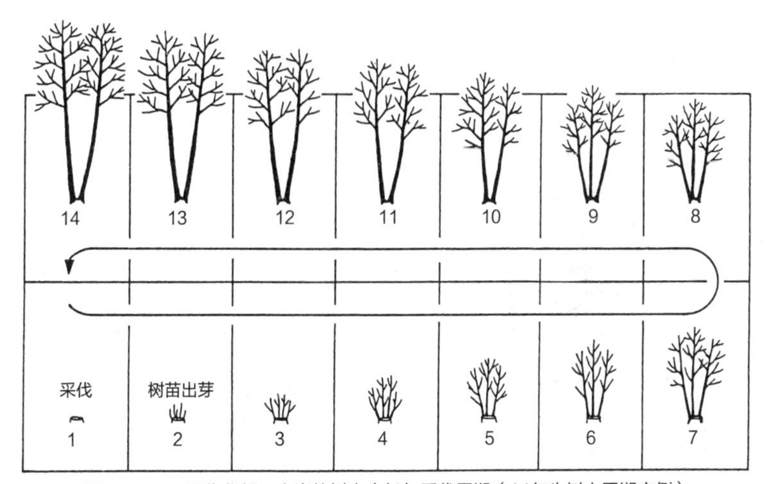

图10-4-1 用作柴胡、木炭的树木生长与采伐周期（14年生树木周期实例）

的多样性辛勤劳作，动态地保护了山村动植物栖息地，有些赖以生存的动植物得以被保护并生长。这些被人类驯化的自然和蔼可亲。城市里的大人和孩子们也托自然的福，到这里欣赏自然风光，进山游玩和体验自然，孩子们兴高采烈地忙着抓独角仙和甲壳虫，大人们悠闲地采蘑菇和野菜，享受自然给予的恩惠。

另一方面，日本国土面积的85%是山地，人们自古以来就是在山中的夹缝里，辛勤劳动，开垦田地和梯田。就是在这样的农田和群落周边地区，生活不仅可以自给，还为城市提供能源，缘于拥有广袤柴胡木炭来源地。过去的农山村和城市，就是这样没有依赖化石燃料和化学肥料，循环利用深山的有机资源。因此，就算个别地域发生因过度利用导致的秃山问题，但整体上，基本做到了环境保护，生产和生活得以持续维持。

如前所述，山村的自然特征，是自然与人类共同创造的，是多样性的生态景观。说到在山谷、山肩，展现优美曲线的梯田，必然涉及水环境。把这些景观放在一起，自然的多样性更加丰富、绚丽。山村的自然就在面前，它与生活密切相关。它展现四季应时的景观，拥抱来此与之接触的人类。它呈现的形象，不区分城市和农村，是多数人共同的原风景。

2. 山村的自然与多种管理

在山村的树林中，占多数的植物，是红松林和栎树、小橡子等杂木林（东北地区为水枹、桦树，西南地区为柯树、橡树等常绿宽叶树的混生）。通常，斜坡的顶部和尾部区域，土壤薄、水分容易蒸发，最适合红松生长，因为红松在恶劣条件下也能生长。斜坡的中部以及偏下区域，土壤和水分条件相对较好，适合种植附加值更高的杂木。这些林木的生长周期，因土壤、水分条件以及木炭生产方式的不同，有所差别。总的来说，杂木林的生长周期大致为15～25年（从树墩上重新发芽），红松林为30年（从树墩或者附近林中飞来的树种子生长发芽）左右。属于这种采伐周期的树木，其材质饱满，并且可在晚秋至冬天的农闲期，每年按小面积和一定顺序进行采伐。在山村，处于不同生长周期的一片片林地，

照片10-4-2　山村原风景

照片10-4-3　山村的山樱含苞待放

如同马赛克般分布在整个山林，展现出山村景观和生态多样性。

另一方面，山脚下、山谷等土壤和水分条件更加优越的地方，种植榉木、杉树等建筑用植物林，更有甚者分若干区域或者呈带状种植红松林等房屋梁柱结构用木材。这些树木按照60年生长周期（杉树和红松）和100年生长周期（榉木），有选择性地进行采伐，用于自家或者统一出售。杉树绿油油的圆锥状树冠，给山村景观增添了节奏。还有，榉木向四周伸展的巨大枝叶不仅添加了景观色彩，而且还为野生生物提供了筑巢场所。按照地域的传统和林地所有者的意愿，在覆盖山林腹地的杂木林中，有意形成类似的场景。这些场景是在进行短周期杂木林的采伐中，有意识地在林中被保留下来的，是可作为建筑木材和家具、工艺品的优良树木品种。优良树木品种有山樱树、栗子树、梧桐树、朴树、桂树等。从景观、生态的角度看，在一片片低矮杂木林之间，矗立着高大树冠的大树，凸显山村的多样性，提高了整体品质和效果。尤其是山樱树的报春花，确实很美丽。

除此之外，作为山村植物，逃不过视野的植物，还有白茅草场和竹林。白茅草场，有的地方也叫做秣场。主要以狗尾草为主。它是房屋屋顶铺设材料，可以做牛马的家畜饲料，也可以做田园堆肥用料。一般在土壤和水分条件较差的山村山顶和山脚区域设置草场，通过收割、放牧、冬季放火等手段，阻止草场的森林化倾向和维持草地用途。为获取质量上乘的白茅草，冬季放火是一项难免的作业。实施放火作业时，事先做好隔离带（为防止火势蔓延，割去周边干草），在合适的天气条件下，运用传承的技术和经验，群落全体通力协作，采取一致行动。这种全体群落型或地区一致型作业协作，在各住家房屋屋顶草替换、梯田边垒石护边等作业中，也能常见到。这是一种“合力做事”的互相帮助系统，对地域的可持续发展和生活文化继承，发挥重要作用。

照片10-4-4　适合土壤条件的山村土地利用

另外，竹林是生产食物——竹笋的基地，也是竹篱笆、支架、晒杆、竹笼、竹子插销以及房屋土墙支撑架等的材料来源。竹子在农业生产和生活中，是必不可少的宝物，在山村山脚下的农家周围和梯田附近，必有竹林。加工竹笋和竹制品制作，都是利用农闲期和夜里完成。竹子插销等物品，除自家使用以外，也往外出售，是农家收入的重要来源。竹子4年就可以成材，而竹笋每年都能适度采集。成材的竹子采伐以后，补种小竹子，保持竹林的适当密度，防止竹林的自行扩张，形成美丽的竹林。

3. 山村资源管理与文化

在自然所具有的恢复能力容许范围内，有机地、多样地管理和利用山村很有必要。但是，山村和人类的关系，并不是始终那么完美。例如：很早就有人居住生活的京都、大阪、奈良等城市周边，盐业非常发达的濑户内海海岸，还有信乐、濑户等制陶地区，燃料材料的过量砍伐，超过植物自身恢复能力，导致了许多山林变成地表裸露的秃山。山林变成秃山，其后果是，地域的植物物种匮乏、大地的保水性能下降、水土流失、也曾多次发生洪水灾害。有些地方即便没有达到秃山的程度，由于长时期的、反反复复的植被利用和落叶采集，林地原环境趋于恶化，林地的土壤和水分条件也趋于贫瘠。导致不仅在林地的下部，而且从林地腹地到山肩，都被生存力顽强的红松林占据。这种情景各地都曾经出现过。

另外，如前所述，山村的茂盛植被和丰富景观，除白茅草地之外，都是由私人所有的林地中实现的。说明只有私人所有，有机的、有规划的山村管理才能成为可能。目前，各地域和群落，都有一种称为“入山会”的公共山地。多数人频繁到公共山地，砍柴和采挖腐殖土等活动。这种情况日积月累，森林就会自然消失，会变成只能提供低品质的“柴胡山”或者草本类的“草山”，甚至会变成“公共山地悲剧”——“秃山”。这种事情是不可以发生的，因为它直接关系到命运共同体——地域社会的存亡。为此，“入山会”有一种流传下来的传统约定。就是把入山日期和时间、各户入山的人数和次数、原料运输方式等事项，均在地域社会中协商制定。由于各地方的气候、风土、农业日历等存在差异，以及各地域和群落的情况也不尽相同，约定的具体内容也多少有些差别。还有，在同一个群落的“入山会”，也根据不同的场合约定不同的内容。如：划定白茅草地大小，拾柴限于低矮木料和落叶，保护红松林等。

如前所述，尽管都称作“山村”，其内涵多少还是有区别的。如：邻近大城市区域、有特定关联产业区域、远离城市的农山村的土地所有和管理方式等。各地域山村经过努力把过度采伐造成的秃山、草山、稀疏红松林，改造成满山遍野到处都是桔梗、菩提树、败酱草等秋天植物和野生杜鹃花的“游山”，改造成明亮、便于眺望的山村。把山村培育成“鸟语花香”的文化场。拾柴胡、烧木炭、采集农用材料以及生产建筑、家具、手工艺材料等活动，在山村从未停止过。山村在日本传统建筑文化和手工艺文化继承方面，作出了很大贡献。

4. 山村面临的问题

如今，普遍使用化石燃料、化学肥料等原料，山村已经基本失去了生产功能。将近40年，基本处在绿荫葱葱的原状态，是一个常年相对封闭的空间。由于看不到拾柴胡、烧木炭的踪影，树木都长成参天大树。林地中的落叶层和腐殖土越发肥厚，展现从未有过的富饶林地。由于无人实施放火作业等管理和采集，过去的秃山和白茅草地杂草丛生、杂木林立，好多山地都趋于森林化。

过去的白茅草地和敞亮的杂木林中，经常能看到的山慈菇、一轮草等春季植物，初夏的小百合，秋季满山遍野的桔梗、龙胆草、败酱草、胡黄连等野生花草，统统不见了踪影。其中，好多植物物种到了灭绝的边缘。在山村的春天，各种映山红遍地盛开的场面，现在几乎见不到，未免有些遗憾。如今的山村，似乎离“游山”渐行渐远。

但是，在城市近郊的山村，还是可以看到绿油油的杂木林。这些林地在住宅建设开发中，幸免于难，保存完好。在高大树木的树冠之间，还能看到山樱树的报春之花。还能看到小橡子树、栎树等的红叶，享受秋天的凉爽扑面而来。

不过，这些季节性景观和魅力，也处在消失当中。由于长时间没有进行山村管理和维护，在关东以西的常绿宽叶树林地域，柯树、橡树等天然森林型常绿宽叶树，长势旺盛，树冠过于庞大。在九州北部地域，山樱、栗子等落叶型宽叶树种，在生存竞争中败下阵来，明显看到树枝在萎缩、树干在枯竭、衰落（照片10-4-5）。小橡子树、栎树等树种，在多数地域的生存情况还算健康。但由于阳光投射不到，林地的中、低层空间被阴性常绿宽叶树所占据，过去常见的阳性草本植物趋于消失。小橡子树、栎树等树种，如果没有后续补充，到了树龄，也将会消失。另外，多种阳性植物的消失，对相对固定在某一片地域生存的山村型昆虫和鸟类，将会带来较大影响。

由常绿宽叶树组成的绿油油的森林，当然要重视。在城市附近，如果能够复原如此庞大而神秘的自然林，那是何等的壮哉！它将会给市民和孩子们，带来兴奋和灵感，将会为鸺鹠、猫头鹰、鼯鼠等野生动物提供栖息环境。不过，如果全地域都变成这种自然林，山村的鲜明季节和多样化物种就会从身边流失，生活的乐趣和对自然的体验也会被大打折扣。不存在常绿宽叶树相关问题的北日本山村也不例外。由于低矮树木和矮竹生长旺盛，使得林区内部密不透风和阻挡光线投射，山慈菇、一轮草等阳性植物，逐渐衰退，无法顺利生长。再也见不到以往林地花草盛开的景观。山村即便处在城市周边，如果缺乏人间往来和远离市民生活，就会出现开发望而却步、垃圾泛滥等现象，安全方面的顾虑也会表面化。

另一方面，不受城市化影响的深山地域山村，可能会面临更为深刻的问题。深山地域山村不仅丢失了传统的柴胡、木炭和白茅草场功能，而且根据造林扩大化政策，这些遗弃地转变成杉树和槐树的人工培育林场（照片10-4-6）。造成的结果是：景观单一、没有季节感。这仅仅是其中的一个问题。受到价格低廉的，国外进口木材的打压，维护投入减少，停止间伐管理作业，造成树木生长空间过度密集，难以抵挡风灾和雪灾，林场成了豆芽林。还有，树冠过于茂盛导致林地表面裸露，水源保护能力和抵抗洪水能力下降，加速物种多样性的丧失和水土流失。与形成宽叶型自然林的山村存在的问题作比较，上述问题是更加迫切需要解决的环境问题。

照片10-4-5 丧失柴胡、木炭作用的山村，植物的自然迁移一直在持续。图示树为：受高大常绿宽叶树的挤压，下部枝叶基本枯竭，只有顶部若干树枝露在面喘息的山樱树

照片10-4-6 覆盖斜坡的杉树、槐树人工林

5. 保护山村的现实意义

现代社会，由于过量消耗化石燃料，导致大气污染、地球变暖、热岛效应等现象的发生。处理大量生活垃圾，也会破坏环境，产生环境污染。在多数城市，市民的生活环境，缺乏绿色、处于与自然被隔离状态。丧失了从前的以自然材料为基本的有机生活，与自然的和谐相处也成了一句空话。几代人聚集在一起，在设备化的环境中，过无机性的消费生活。人与人之间的关系越来越淡薄，互不信任感和相互疏远越来越严重，不管大人还是孩子，都面临各种社会性病态问题和事件。在处理这些是非问题的同时，面对地球环境不断恶化的年代，大家都在努力尝试建立能源循环型社会。山村田园环境是我们祖先在辛勤的营生中建立起来的，是日本自然环境的宝贵的文化遗产。为此，开始重新评价山村所拥有的多

方面社会效应。这对保护山村田园环境以及世代传承很有必要。此外，对世界性的粮食短缺和木材资源匮乏，是一个很有力的补充。对有关地球环境问题的人才培养和普及新型生活方式，也大有益处。

此外，上面也谈到山村丧失生产功能。其实未来的山村大有潜力可挖。首先，山村是降低地球变暖的燃料消耗的重要一环。山村中采集的各种收获，都可以作为生物燃气和生物发电的原料，已经有部分在实际应用。其次，现在的建筑多采用合成纤维板和塑料制品。这些材料存在溶解困难、易发火灾、燃烧时释放有毒气体、在密闭空间中对人体有害等深刻问题。而在山村生产、提供的原料不存在这些问题。把山村提供的宽叶树材料，用作家具和建筑材料时，不管遇到什么情况，首先要懂得珍惜材料。

宽叶树木材材料的应用，包括以往用作柴胡、木炭为目的的15年树龄的短周期采伐方式，也包括树龄60年以上、长周期大直径木材的采伐方式。还有，要根据当地实际条件，引进榉木、桂树、山樱树等适合用作建筑、手工艺材料的树种。这对有摈弃低龄树木倾向的山村，增添了大树景观。同时，对依赖大树生存的野生动物，提供了较好的生存环境。

6. 有关山村保护的今后课题

要实现保护山村的目的，必须让全社会充分认识保护山村的意义和它所带动的多层次的波浪效果。号称经济林的杉树、槐树林等的经营管理也都遇到困境的今天，如何实施比较理想的山村森林建设，有谁用什么样的系统来实施，这是一个值得深思的大问题。全球性木材资源的枯竭和地球变暖等环境问题，将会日趋深刻，社会和市场不得不重新面对山村的时代业已来临。现在的问题是，对林地所有者，没有任何形式的补偿机制。对推行保护政策，没有形成全社会一致的认识和共同意愿。这个时候，我们要做的就是，调动市民的积极性，充分挖掘市民的潜能，引导市民主动不计较报酬，引导市民懂得这不是单一的劳动奉献。让市民沉浸在参加山村活动的喜悦和乐趣之中，引导市民为实现山村自然景观建设目标而无私奉献。

实际上，在全国的城市周边和农山村，市民自愿参加的山村管理活动已经启动。随着活动的深入，持续性、多样性的山村保护事业，必将全面展开。将会推动生活方式的转变和树立新的价值观，加速形成全社会的共鸣。同时，也会有力推进城市环境保护和国土保护事业。

BTCV是英国市民志愿者团体。该团体的活动宗旨中，也有环境教育和培养未来社会担当人才建设目标。即在山村和田园自然环境中，让志愿者参加同样的活动和共享活动成果，以期培养共同的意识和价值观。该团体创建了男女老幼共同参与的网络。BTCV的活动策略和成果，受到海外广泛关注。1988年，在欧共体的资助下，在法国试验性地创办国际性青少年旅游工作季（Working Holiday）。随后，以欧洲为中心，在世界各地陆续推广。到现在已经达到每年21个国家的41个地点同时开展的规模。

在日本，自1994年和歌山县桥本市第一次举办此项活动以来，大阪、高知、兵库、福冈、钏路、德岛、长野等地，也陆续举办，活动次数总计达到24次。每一次活动，都由各地域的活动俱乐部为主体，与BTCV合作进行。从英国赶来参加活动的市民和日本国内城市市民以及地方原住民一起度过约10天的共同生活，活动的内容有：山村宽叶树的修整与砍伐、杉树和槐树林的间伐、修复崩塌的梯田石头护堤（边）等。福冈县八女市黑木町，每年举办一次，截止到目前，一共举办了11次。通过多次的活动，地域人们的合作和共存感，得到不断加深和扩大，与年轻农业后继者之间的拘束感也消失，与垒石经验和技术丰富的老年人的合作范围，也得到大幅度扩大。

在失败和成功中，积累经验和提高自信心。近年来，除英国以外，韩国、中国、中国台湾、菲律宾、泰国、阿根廷、荷兰、法国德国、美国等国家和地区也纷纷表示，有意来参加活动。八女市黑木町，已经成为包括本地人在内的，来自国内外多数人心目中的念想之地。

守护和培育山村、田园的动植物的活动，其实质就是，人类在守护和养育自己的活动。面对地球变暖、人口暴增和粮食危机，不分种族、信仰、年龄和职业，大家共同来保护地球环境。这也是活动的目标。

相信今后的保护活动会得到更大发展。相信对山村自然的认识也会得到大幅度提高。山村文化继承将大有希望。（重松敏则）

照片10-4-7　国际工作旅游季中的间伐作业

照片10-4-8　在本地老年人指导下，利用传统工法进行梯田石头护堤（边）修复

第10章 注・参考文献

◆ 10.1 —参考文献

○ 江戸のある町・上野・谷根千研究会『新編・谷根千路地事典』(住まいの図書館出版会、1995 年)
○ 植田実「谷中､四軒長屋」『東京人』1999 年 5 月号 (都市出版)
○ 谷中学校パンフレット

◆ 10.2 —注

1) 有关技术所有者的选定问题，可参照关美穗子《古建筑技术探究：文化厅选定保护之14名技术所有者记录》(理工学社，2000年)
2) 後藤治「文化財登録制度の導入」『建築雑誌増刊・建築年報1996』(1996 年 9 月)、pp.26-27、「登録制度導入後の歴史的建造物保存をめぐる動き」『建築雑誌増刊　建築年報1999』(1999 年 10 月)、pp.35-37
3) 村上裕道「ヘリテージマネージャー制度」『文化庁月報』394号 (2001 年 7 月)、pp.28-29
4) 長谷見雄二「町家型木造土壁で防火構造・準耐火構造をつくるには」『NPO　木の建築』2 号 (2002 年 3 月)、pp.44-47、長谷見雄二「市街地に伝統町家を新築可能にするために」、大橋好光「土壁の強度と材料」、村上雅英「土壁が水平力に抵抗する仕組みを解明する」『チルチンびと』23 号、「特集　伝統構法を科学するー市街地で民家を再建可能にするためにー」2003 年 1 月 (風土社)、pp.94-101

◆ 10.3 —注

1) 有馬孝禮『木材の住科学 — 木造建築を考える』(東京大学出版会、2003 年)
2) 高知県建築設計監理協会監修、中谷ネットワークス編『土佐派の家 ー 100 年住むために』(ダイヤモンド社、1995 年)
3) 緑の列島ネットワーク『近くの山の木で家をつくる運動宣言』(緑の列島ネットワーク、2000 年)

◆ 10.3 —参考文献

○「木の家」プロジェクト『木の家に住むことを勉強する本』(泰文館、2001 年)

◆ 10.4 —参考文献

○ 重松敏則「里山の現状と潜在力及び市民保全活動の展望」『芸術工学研究』No.5 (2002 年 8 月)
○ 重松敏則「自然資源を活用した循環型社会の構築」『ランドスケープ研究』Vol.66、No.2 (日本造園学会､2002 年 11 月)
○ 重松敏則『よみがえれ里山・里地・里海　里山・里地の変化と保全活動』(築地書館、2010 年)

案例 10-1

循环城市：江户

◉善于利用地形的城市

江户是现在东京的前身。建设江户时，巧妙地利用了自然条件，充分考虑了生态系统。江户城位于武藏野台地东部边缘，东面原是一大片洼地。浅海纵深延伸至腹地。后经过填海、开挖水渠，形成了水系纵横的“低洼街区”，成了商人和工匠们活跃的街区居住地。为了方便水运和防止洪水侵袭，开挖了日本桥川、道三水渠、神田川等人工河道，形成类似于威尼斯城的“水上都城”。开挖、疏浚河道产生的大量泥土，用于填埋浅海等低洼处，筑造城市街区的雏形。人工河道除了具有水运和排水功能以外，还是生活和产业用水的水源地。沿着河边，聚集了市场、寺庙、名胜、闹市区等，成了江户经济和文化舞台。

另一方面，江户城的北、西、南部等三面，和罗马一样，7处上冈延绵起伏，形成“高冈”地带。道路沿着地形平缓顺畅，主要道路都通到上冈。沿着山涧道路两侧，分布有庶民居所，形成平民街区居住地。山涧两侧是绿荫葱葱的缓坡地带。以大名官邸为首的众多武家官邸，占据缓坡地带，形成名副其实的“田园城市”。这些官邸，大多利用泉水，组成环流式庭院。江户的地下水很丰富，泉涌很多，滋润下游中小河流周边区域。

◉城市与农村的交流

到18世纪，江户城市人口已经达到百万。虽然是大城市，但与人工成分高的西欧城市作比较，还是有一定区别。江户城与自然要素比较融洽，与农村的关系也很密切。江户城前的鱼、近

图1　幕末的江户鸟瞰图（二代目国盛画《江户绘画》，东京都立中央图书馆藏）

郊农村的蔬菜是江户必不可少的食物。在江户城区高密度街区居住地身后，尽管大杂院一个挨着一个，生活场所非常拥挤，却供奉着五谷神并且干净整洁。粪便可以出售给农民，近郊农村的农民赶着车或划着船定期来收取。江户城内的粪便数量多的惊人，为周边农村提供了大量的肥料。江户是有效再利用资源的社会，垃圾数量比现在少很多。垃圾统一存放在路边，由承包从业者定期回收并用船运到“永代岛”丢弃。

在独特的地形条件下，充分考虑自然生态，巧妙地组合循环系统，可谓是“紧凑型城市”的典范。（阵内秀信）

◆参考文献

○陣内秀信編『PROSESS:Architecture 72　東京ーエスニック伝説』(プロセスアーキテクチュア、1987年)

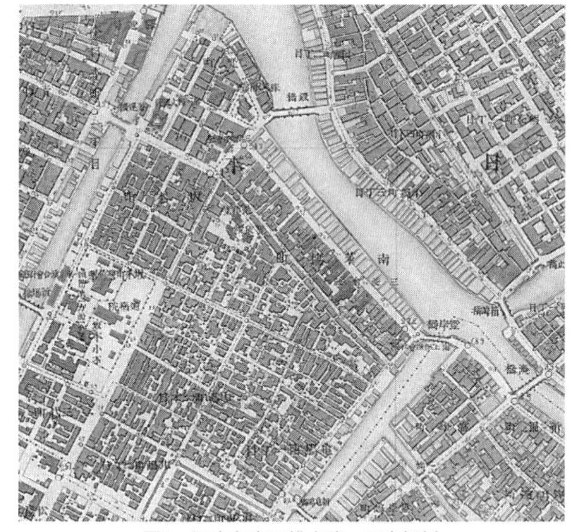

图2　江户东京干线水路：日本桥川
（参谋总部测绘局1：5000东京地图，明治17年）

照片1　绿荫葱葱的三田上冈：庆应义塾大学和意大利大使馆

照片2　“神田川”的水景：茶叶之水桥和圣桥

第11章 城镇建设的继承

11.1　自然共存型城镇建设继承

1. 传统群落的环境问题

传统的群落环境，由三个因素的相互影响而形成。其中，“自然生态是基础”，“居住在这里谋生的人群是主因”。随着时间的流逝，积累了生活智慧和经验，“产生了地域文化”，最终形成地域固有的空间和环境。群落和街区一般都具有数百年的历史，尽管受到近代化和城市化的巨大冲击，依然顽强地依靠其传统和自然环境，维护自己的“环境”和“空间”。这样的例子的确存在（图11-1-1）。

本节，着眼自然共存型城镇建设的继承问题，阐述“群落空间的形成原理”，介绍近年来的设计实践具体案例，重点强调“场所性与自然生态”、“历史与文化遗产”、“城市与农村的共存”、“住民参与”、“生态学与生态生活”等问题。通过2个案例的具体展开，详细说明他们是如何治理和改善地域社区的环境以及如何继承自然共存型城镇建设文化的（图11-1-2）。

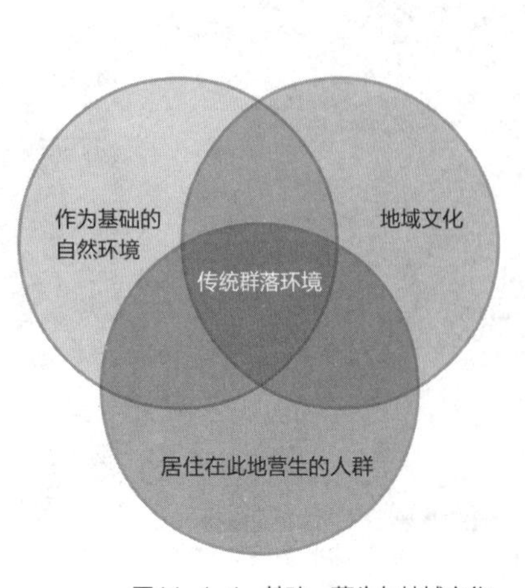

图11-1-1　基础、营生与地域文化

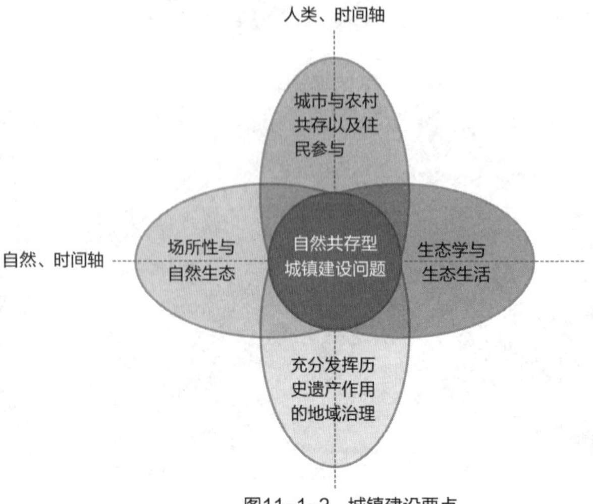

图11-1-2　城镇建设要点

1）传统群落的环境问题

进行地域重生，需要掌握各群落的“环境”和“空间”特点。与占人口总数64.7%的城市地域（指占国土面积约3.24%的人口集中地区）相比较，传统群落的地域重生问题，没有引起足够重视（据1995年度国情调查）。

第二次世界大战后的经济高速发展和经济泡沫的发生，导致群落地域的青壮年流失和森林、农田、水流域（湖泊沼泽、河流）的荒废，给群落地域带来了诸多环境与社会问题。另一方面，在近年来的“进入少子老年社会”、“保护地球环境思潮的高涨”、“迎接高度信息化社会”等背景下，“回归自然，回归故里”、“职业多样化与稳定志向”、“田园居住型新生活方式意愿”等尝试，开始生长发芽。要求保护和发挥群落、多自然地域所拥有的自然、历史、文化特点和功能的呼声，也越来越高涨。

2）沿岸水流域与群落

在日本总计11000km长的海岸沿线上，约有5000个群落在居住和生活。这些群落地域，在与海啸、大潮、海浪等长期不懈的搏斗过程中，形成了渔民特有的群居空间和文化。

不过，伴随着沿海开发，天然海岸也在不断地被蚕食和消耗。这是不争的事实。摆在沿海水流域和群落地域面前的当务之急是，不仅要提供水产品，还要积极保护海岸资源和环境。面对经济多样化社会，应着重发展教育、文化、休闲旅游等产业。

3）多自然地域和中间地域

在中间地域，人口稀疏和老龄化现象比较严重，地域社区的维持和林业、农业生产开发，面临诸多困难。

也有一些地域，利用各种方式，推进地域建设事业。如：体验水稻栽培和田园环境的“梯田志愿者”和“田园学校”，展现地域传统和自然遗产的“田园空间博物馆”，亲近森林、山村、田园地域的“生态休闲旅游”，利用交通、信息、通信网络的“大家参与型地域建设”等事业。

2. 传统群落的环境组成原理

1）群落空间的选址与空间组成

人类要居住生活，必须首先选定落脚之处，并且设定一定的空间范围。在这个空间中，存在与其大小和比例相匹配的人类团体（社区）（图11–1–3）。

群落的空间领域组成有多种形式。群落空间的最小单位是宅基地格局即“居住单元”。由“居住单元”向外扩张是“居住单元群”，继续向外扩张，就是包括周边生产领域的“居住区域”，或包括山林、水域的“群落区域”。如果若干个群落组合在一起，就是“群落群区域”。

2）了解人类的落脚点选定原则

了解群落的组成原理，首先必须懂得自然以及它的地形生态。在我们生活的周围，并不存在完全天然的、没有受到人为干预的自然。

在传统群落，人类依照所在场所的自然地形和微气候，或者进行适当的改造，维持群落和生计。明治时代以后，受到西方近代化、第二次世界大战后的经济高速增长以及经济泡沫等一系列冲击，国土发生了很大的变化。这些变化多以经济最优先为原则，表现形式是大规模进行单一的住宅建设。

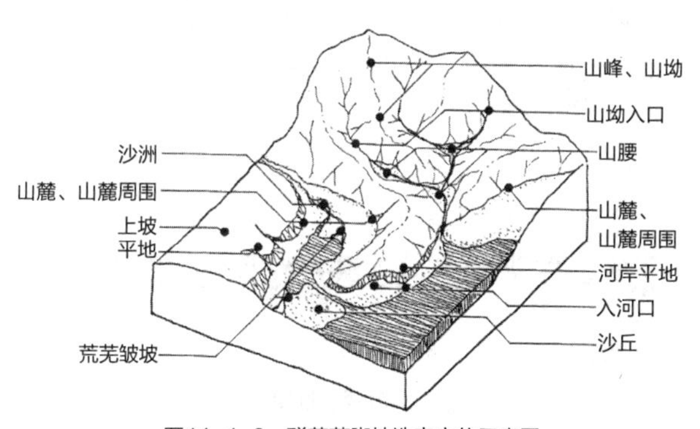

图11–1–3　群落落脚地选定立体示意图
（出处：齐木崇人《有关农村群落地形的落脚条件与空间组成研究》1986年）

造成的代价是，原本理应继续得到发展的群落空间组成原理，不见了踪影。

3）了解群落的世界观

我们可以把一个特定集团，经历漫长的历史长河，继承下来的共有区间用“空间语言”定义为“地景”。这样比较容易理解群落景观的组成及其意义。

松崎宪三（民俗学）把群落空间（村）看做一个独立的世界，研究从中投射出来的世界观和社会观。他把研究重点放在群落空间领域的组成上，从乡村整体空间组成、“世故（村组）单元”空间组成以及“方位”与“方向认识”等三个方面入手，提出了群落组成模型示意图。

观察群落的领域构成和共同空间布置，相对容易理解空间的组成原理。

在“岩原”村庄概念图（象设计集团绘制）中，我们可以看到：模仿野兽吼叫、白辛树、祈祷场所等祭祀空间（共同空间），从海边到山林纵向贯穿，以此决定群落空间秩序（图11–1–4）。

4）了解风水图

李朝时代的大东兴地图是以风水思想为基础绘制而成。图中清楚地标记出由河口和山围成的群落立脚地。在冲绳八重山风水书籍中，记载有李朝时期的人类居住场所选择和农田、广场、道路等组成方式。与现代我们所看到的群落特性，可以说是基本吻合（图11–1–5）。

我们人类就是这样共同致力于选择：可以抵御风灾和水灾，可以克服日照、气温等气象条件，可以进行生产活动的安全场所。

3. 重视自然共生遗产作用的城镇建设

1）从绘画和地形图中了解

有一种方法，可以从现代群落的形态中，再现其过去。从中了解组成原理，并将其成果运用在群落和街区规划中。这个方法是，利用绘画与地图、历史遗产的分布、古代文书与文献等资料，把生活者有可能达到的目的，进行重叠、对照、分析和整理，进而掌握空间组成要素和原理。

2）了解面积图

如果能够找到中世纪到近代的绘画、地图等资料，通过比较、分析，可以了解起初选择场所的背景以及之后的扩张情况，了解其空间组成。

例如：通过仔细研究面积图，可以清楚地把握有明海沿岸河边群落的场所选择缘由以及群落空间领域的扩张过程和特点。绘画和地图等资料，是修复和保护地域环境和改变地域规划的有力依据（图11–1–6）。

3）了解社区公共空间和规则

每一个领域，都由具有各种分布和社会特性的社区构成。这种组织为了维护领域，订立各种约法三章。这种处事规则，经过时间的流逝，有的成为当地文化，有的以某种构筑物的形式，矗立在领域之中。群落入口处的牌楼、守路神、祠堂、神社、寺庙等就是其构筑物。这些设施的周围一般都被绿色包围，设施属于领域共同所有。把这些构筑物，详细标记在地图，就可以了解领域以及领域与社区之间的多层次的相互关系。

4）历史性遗产的分布与共同空间

共同空间是一个集团生存的见证，这种空间可跨世代长期存在，深深扎根于领域之中。这种空间其实就是历史性遗产。了解历史性遗产的分布情况，群落和城市空间的组成原理就可以清晰地浮出水面，可以为空间改善或新规划事业提供强有力的依据。

5）了解群落的变迁

研究群落的变迁，可以从以下三个方面入手：

首先，要了解群落域的变迁，就是要了解从近代到现在的群落与周边地域之间的关系；其

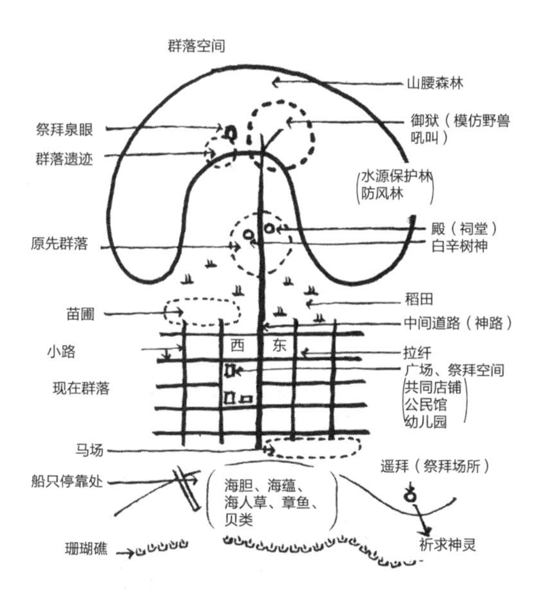

图11-1-4　冲绳某群落的组成原理
（出处：日本建筑学会编《图解群落》都市文化社，1989年）

图11-1-5　由河口与山围成的地形
（出处：齐木崇人、涉谷镇明《东亚风水探究：气与脉络的自然观》"生态城市"No.23，生态城市，2002年）

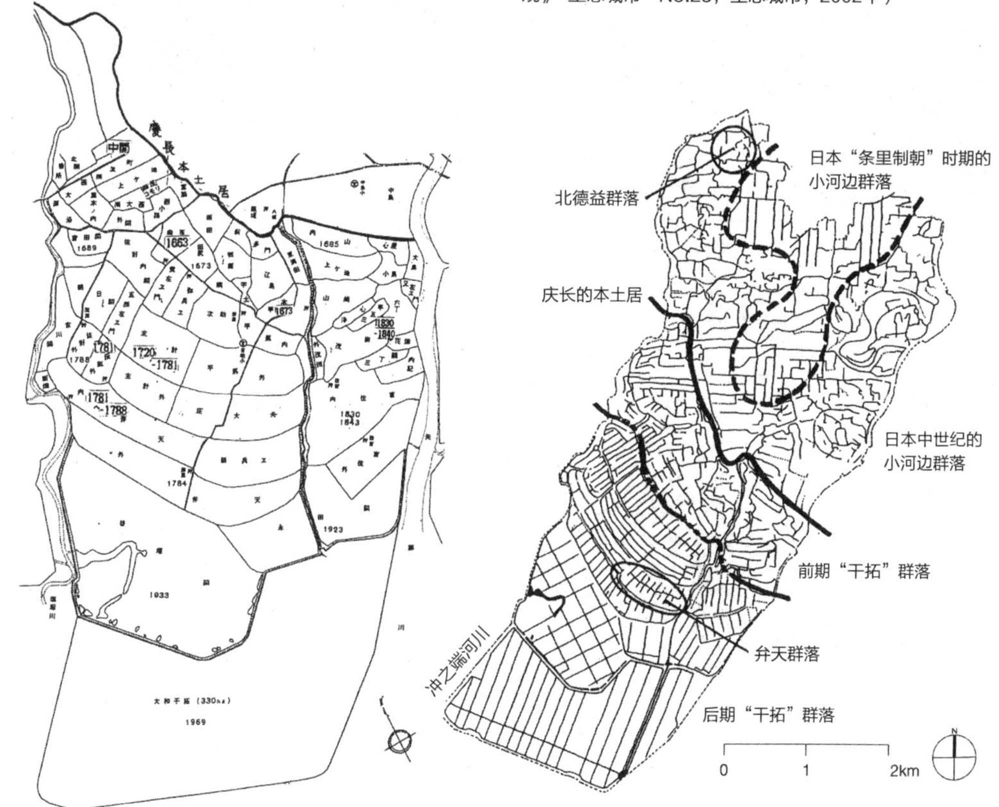

图11-1-6　有明海沿岸小河边与干拓地域的群落整治
（出处：加藤仁美等《日本建筑学会大会学术演讲梗概集》1981年）

次，要了解与周边地域没有太大关系的群落内部的道路、宅基地分布等空间变化；再次，要了解居住生活方式的变化。下面，通过禅田群落的三个方面的变迁过程，进一步了解变迁模型（照片11-1-1）。

①群落域的变迁

位于奈良盆地的禅田环濠，是中世纪形成的，至今保存完好的珍贵案例。由于地处平原地带，经常发生水灾和旱灾。各村落开挖各种沟渠，保证水系和道路的畅通（图11-1-7）。现在因铁路和干线公路建设，周围的土地利用发生很大变化，城市街区加速蔓延。农地变成宅基地，意味着土地利用规模和范围，远远超出群落域范畴。城市与农村共存的规划思想和必要性，便浮现在我们面前。

②居住区域的变化

环濠群落的空间组成方式是，从中心到周边绿色地带依次为：氏神（寺院）→广场→居家→环濠→耕地。至今保留着这种空间组成要素。居住区域内的空间组成也是，生活道路与干线公路呈分阶段T字形连接而形成（图11-1-8）。

③宅基地的保护

禅田群落的宅基地布局特点是，西北和东西向角落布置仓库，由大门、厢房、主屋把中

照片11-1-1　从空中拍摄的禅田环濠群落

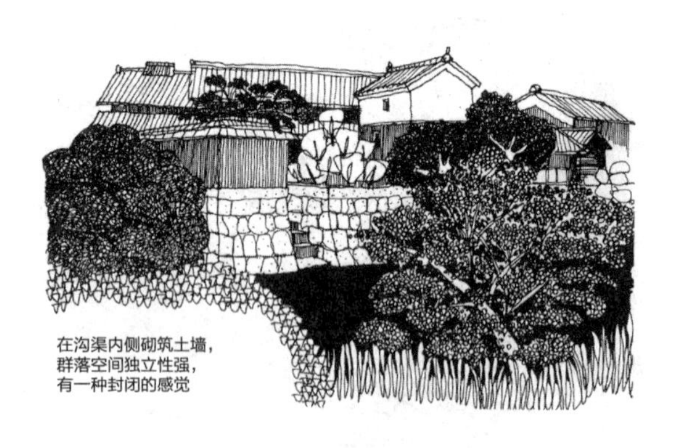

图11-1-7　站在环濠外侧看到的禅田
（出处：同图11-1-4）

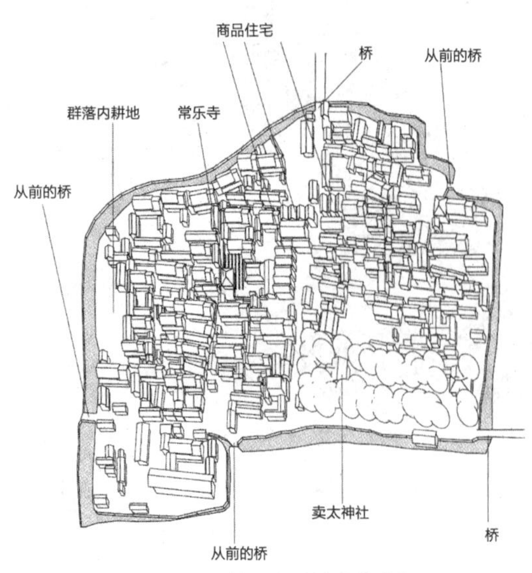

图11-1-8　禅田的现状与设施分布
（出处：川村拓雄，神户艺术工科大学博士论文，1996年）

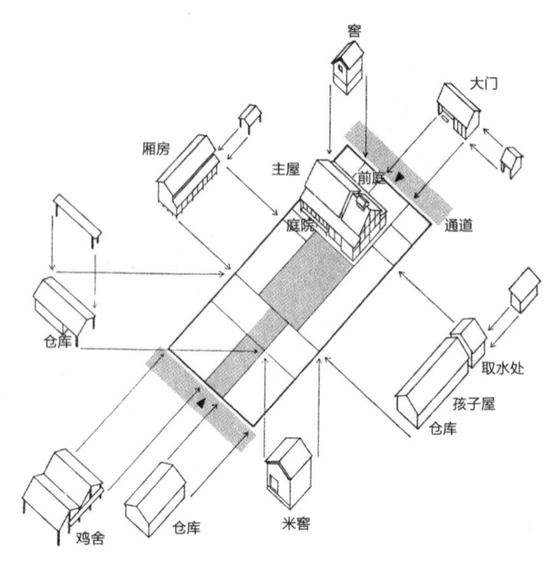

图11-1-9　宅基地布局与空间组成
（出处：地井昭夫《农村、人、生活之5》农村生活综合研究中心，1978年7月）

庭围起来。是比较典型的内围墙型住家布局（图11-1-9）。

不过，近年来，这种宅基地住家布局正在消失。取而代之的是将原宅基地分块后，建设商品住宅并分别出售的新住宅形式。

导致这种变化的原因，是农业的持续衰退、进入老龄社会、财产继承方面遇到诸多阻力等原因造成。现在，群落内仅存一家农业专业户，过去自然共存型宅基地布局有可能彻底消失。如何解决传统居住方式的继承问题，已经到了迫在眉睫的地步。

6）发挥历史遗产作用的城镇建设

下面介绍神户市的“故乡建设规划”。该规划积极整理群落地域的历史性财富积蓄，盘活地域生活基盘，与住民一起，共同推进自然共存型城镇建设事业。

神户市分北区（面积约24184hm^2，人口228795人）和西区（面积约13786hm^2，人口229518人），城内共有164处群落——“人与自然共存区域”（面积约18000hm^2，住户约10000户，其中农家户约6000户）（截至2000年12月）。各群落均设立以住民为主体的“故乡建设协议会”（图11-1-10）。

在专家和政府有关人员的协助下，住民自行协商并策划土地利用规划（图11-1-11）。

各群落的住民自行摸索各自的方法，寻找164处固有的“故乡建设”的答案，探讨地域的各种问题，并以此策划规划方案，从近处开始实施故乡建设事业。

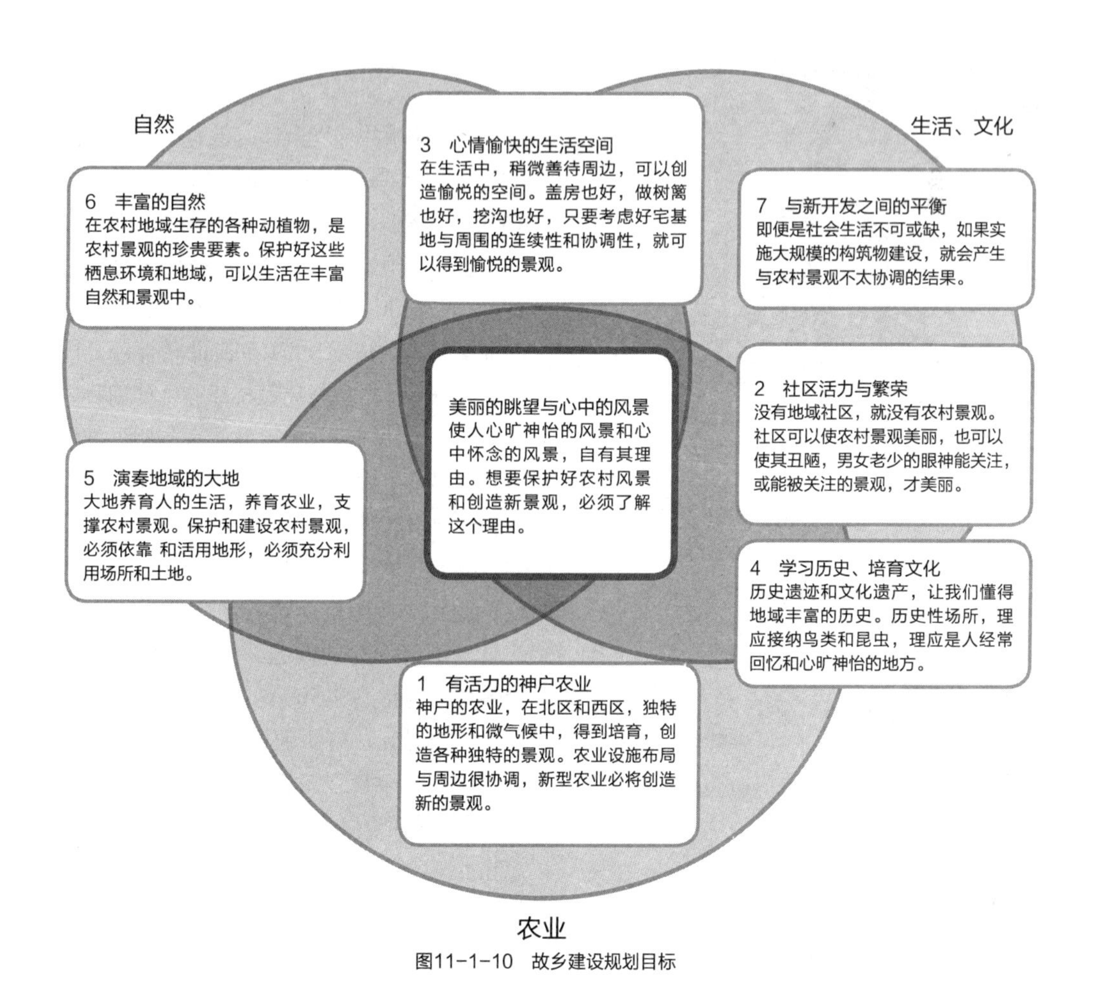

图11-1-10　故乡建设规划目标

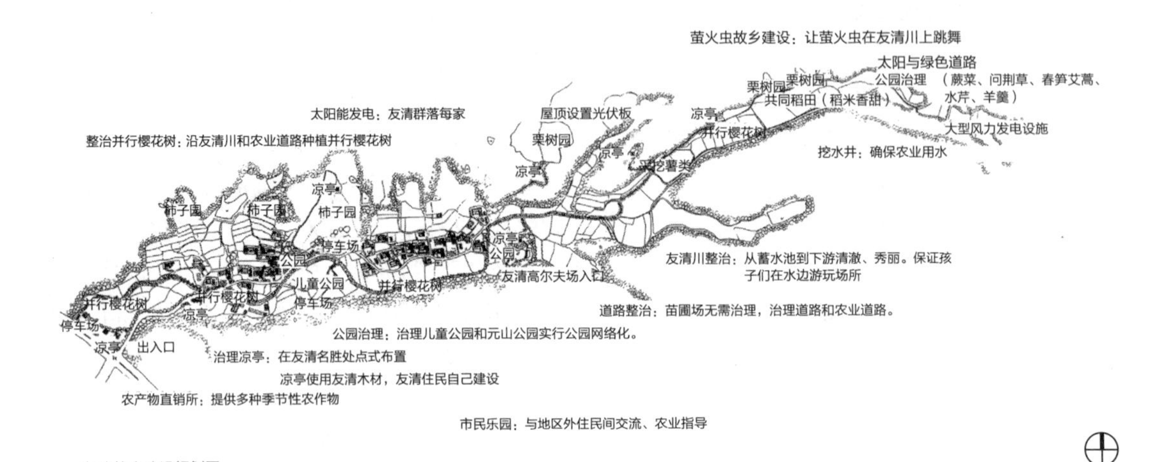

图11-1-11　西区栌谷町友清之故乡建设规划

共同耕作的群落农业经营体制：发挥遗产优势，共同劳动竞争系统
观光农业：把友清整体作为农业观光园
风力发电：把风力发电作为友清的生态象征
小型风力发电设施

人口360人，总户数77户，农户53户。治理完成后，转入群落农业共同经营模式。以神出城市庄园为中心，进行城市住民交流

图11-1-12　西区“神出町北”之城市庄园

田园地域的环境治理，也有超出群落范围的问题。如：市政干线道路和公共设施建设、横跨若干群落的河流和蓄水池、超出山村的管理范围等。

作为一个新举措，神户市西区的神出地域，成立“故乡建设联合”机构，有力支持“故乡建设协议会”的活动。“故乡建设联合”机构的成员由神户市计划调整局调整部综合计划科、产业振兴局农改计划科、西区农政事务所、城市规划局规划部城市设计室、西区市民部城镇建设推进科、驻神出联络事务所等组成。

由于“故乡建设联合”机构是以旧街区为单位，可以协调跨群落或者超出群落范围以致群落自己不能面对的问题，还可以相对客观地评价各群落的特点和面临的问题。使“故乡建设协议会”自己无法解决的资金计划、工期计划等，顺利提到议事日程，故乡建设得以实质性进展。“故乡建设联合”机构，协调范围比较广，远远超出小型群落单位，类似于微型城镇水平的机构。它的活动，必将使自然共存型城镇建设事业，得到持续发展和继承。（齐木崇人）

11.2 并行街区、并行乡村、园艺风景继承

1. 作为文化系统的“继承”

以街区和农村的风景为对象，讨论其继承问题时，首先要弄清以下一些与之相关的问题：“什么是必须继承的街区和农村的风景”，“都继承哪些风景被认为是继承成功了呢”，“可行的继承方式和方法都有哪些”，“什么样的风景是大家最终期待的风景呢”等。换言之就是，要弄清必须继承的确切内容和需要的方式方法以及要求达到的结果。

采用木结构方式建造的日本建筑物，除了神社、寺庙、大户官邸等个别建筑物以外，其他一般建筑物，需要定期的、相对频繁地进行改造和翻建。如果是街区和农村的普通木结构房屋，更是如此。日本的夏天属于高温高湿气候，在北方的雪灾和南方的虫害等各种环境因素影响下，建筑物的寿命自然要缩短。木结构房屋，进行大规模解体性翻修或者整体搬移，虽然难度不大，却也是在希望建筑物变化的动力驱使下运行。

也许并行街区和并行乡村，就是在包括增层改造、整体搬移在内的全体建筑系统的支撑下，才得以保存和延续。进行房屋改造时，不管是有意还是无意，都要求其空间，在规范允许范围内，具有一定的灵活度，以保障其空间的品质（例如：在进行并行街区和乡村改造时，要实现“某某并行”的效果）。规范的规定，不仅体现与建筑空间有关的居住者的共同想法，也是以木工为首的工匠团体能否继续存在下去的社会系统的运转方式。还有，稳定的物流和供给保障系统，也是不间断建筑变化活动能否持续的前提条件。

总之，并行街区、并行乡村风景继承的行为本身，就是文化性经营活动。这种文化性经营活动的目的，就是表现作为文化系统的“某某并行”的风景。运用欧美的概念，它应该称作文化性景观（Cultural Landscape），如果是并行街区，是否应该称作文化性街区景观（Cultural Townscape）？

需要注意的是，“历史性城市”和“历史性并行街区”之间的某些区别。“历史性城市”是建筑群的集合体，是彻底的物体存在，而“历史性并行街区”是“某某并行”范围内的物体存在，是允许进行一定变化的文化系统。当这种变化系统，在物质资源和人力资源上，得到持续性地保证，成为完全自立的系统时，我们可以称它为可持续性系统。

2. 理应继承的确切内容

“什么是必须继承的街区和农村的风景？”回答这个问题，最好的选择是，采取真实性的思考方式。因为继承必须具有真实性。

通常，可以从以下4个方面，思考真实性问题。即材料、设计、技术、环境。在保持一定程度的真实性的前提下，允许风景的平稳变迁。也就是，上述4个方面中，一部分可以变化，但是其他方面要坚守其本质。

就拿日本的群落来说，如果不属于文化遗产指定范围，要保持材料的真实性（即要保持起初的材料原样），还是有困难的，也没有实际意义。强调保持设计的一致性，也不能认为是，保持单一的物质性设计要素。有时候，设法把传统设计融合到现代文脉中的设计方式，也表现出重要的一面。技术真实性问题，可以通过工匠团体等的投标等系统，了解所采取的工法并加以解决和落实。

还有就是环境真实性问题。所谓环境真实性，就是要接受每一个建筑构筑物在所处空间中的原来设计构思。这时的“环境”是指“位置”。就是要思考标的物在周围环境中是如何占据其“位置”的。考虑所处空间中的原来设计构思，是指，要了解该土地的地形特点和历史性经纬。替换原来的材料或许是可以的，但要彻底替换建筑物所处位置是不可以的。可以看出，有关风景继承的根本性问题，就是在充分把握各种建筑构筑物所处空间内涵的基础上，不断地添加新的组成要素，使风景持续地保持下去。

所谓街区和乡村风景继承，不是复制，也不是模仿着进行组合。它是在反复评价风景的4个方面因素的基础上，抓住要害，把握意图，进行设计和布局。它是动态的、战略性的设计与营造。

3. 继承的支撑系统

“可行的继承方式和方法都有哪些？”这个问题的实质就是，如何建立继承的支撑系统以及如何有效运行支撑系统的问题。

之所以说街区和乡村风景继承是文化性经营活动，是因为支撑系统不能停留在设计规范上，也不能停留在景观建设协议的签订上。设计规范和景观建设协议，理所当然是具体的实施手段和方式。重要的是，起初的思考方式就是确定量化目标和形态特征之前的定位，即《模型语言》（克里斯托弗・亚历山大）[1)]。在模型语言中，即便没有明确的指导方针，而且只是表达意图的基本方针，最终达成的目标也不能偏离模型语言。建筑标准法最能说明这个问题。建筑标准法，在开头有这样的描述：“本标准是建筑物有关用地、结构、设备以及使用等方面的最低标准”（第1条）。结果建筑标准法成了所有建筑物最大的实现目标。

克里斯托弗・亚历山大主张的模型语言，揭示了房屋建设引入规范条例之前的思考方式。思考的焦点是，如何将规范条例用在地域中共同所有的问题上。为此，必须把规范条例当作自己的东西。也就是，规范条例必须是我们自己亲自参加编制的。在这里，暂且不讨论规范条例的最后结果。因为把规范条例形成的过程，灵活运用到设计实践，才是我们所需要的。

换一种方式解释这个话题，就是把各种科研、实践成果累积在一起，形成一种百花齐

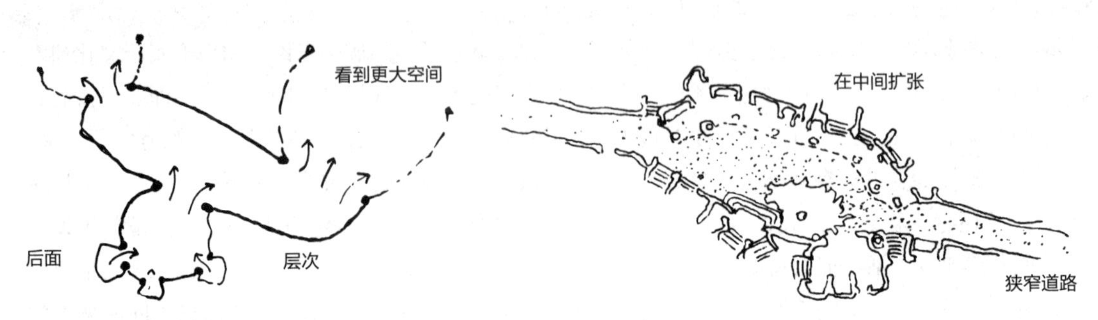

图11-2-1　开放空间的层次：空间布局应做到：在小型空间前面，有大型空间；在大型空间前面，将会是更大的空间。
（出处：克里斯托弗・亚历山大《模型语言》牛津大学通讯，纽约：1977年）

图11-2-2　道路形状：走路的途中，把道路扩张，就可以形成一个地带。
（出处：同图11-2-1）

放、充满活力的氛围，使风景继承事业顺利向前发展。

不管怎么说，最终的建设活动，还是要遵守相关法律法规，并在文书和图纸中，明确表示清楚。只要表达的方式和方法能够作到善解人意，相信能够得到传统地域社会成员、新加入者以及第三方的理解，条例的普遍性不会受到质疑。

把具有一定局限性的法律法规，向外推广时，需要一种针对性强、有约束力的机构。景观指导书、景观条例就是这种机构形式。如果出台景观法并且得到广泛应用，事业将会得到很大推动。

近年来，将法律规定更加细化的举动此起彼伏。在大中城市，在与地域共同体之间的相互理解基础上，对城市开发中可利用土地，从模型语言中迈出一大步，不断推出具有法律约束力的形态规则。通过景观实施细则确立过程，与并行街区继承相关的新的文化空间。因规范条例的共同性而被受到限制的地域社区，经过民主、透明的程序，在更大范围内，成为普通制度管理的地区。在此过程中，与风景继承有关的文化，有可能以新的形式重现。对城市今后的景观设施建设，也会带来新的希望，或许就在城市区域诞生。

4. 传承下一代的风景构想

“什么样的风景是大家最终期待的风景呢？”这是有关风景继承的最后一个疑问。这个疑问还可以进行如下分解：好风景的判断标准是什么，主观上的判断标准是否得到广泛认可，是否与政府的政策相呼应？

前面也讲过，风景继承是文化性经营活动。也许还有人提出疑问：“这是否与文化规范的公益性相矛盾。”

有关判断风景的好与不好的问题，不能把它简单归结到主观问题上。与单一的独创性建筑设计不同，风景是复合要素的集合体，看它是否成立，就要从自然地形、群落聚集地、建筑物的组成等因素，综合地进行评判。

一句话，我们所感受的风景，是每一个自然集合状要素，以整体的模式，展现在我们面前的。所有传统建筑物和群落的生存方式，对风景评价的影响很大。民居与并行街区、农家与田园风景等传统景观，无论是自然的还是人为的，都会让人感到朴素、祥和。自古以来，想方设法克服低层次技术，坚持不懈地努力创造与周围地

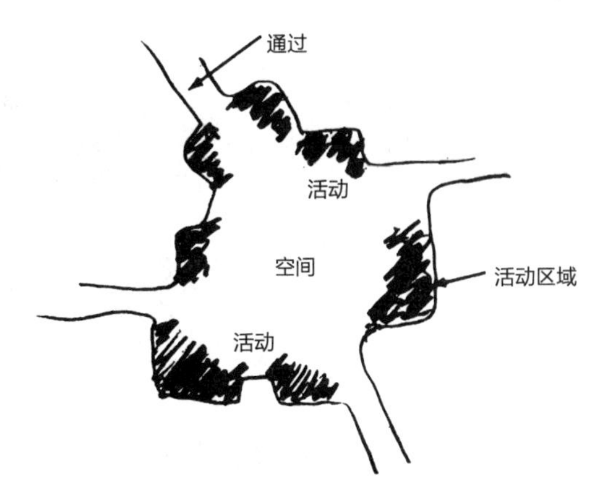

图11-2-3　口袋型活动：在公共广场周边，布置“活动口袋”，给予广场活力。
（出处：同图11-2-1）

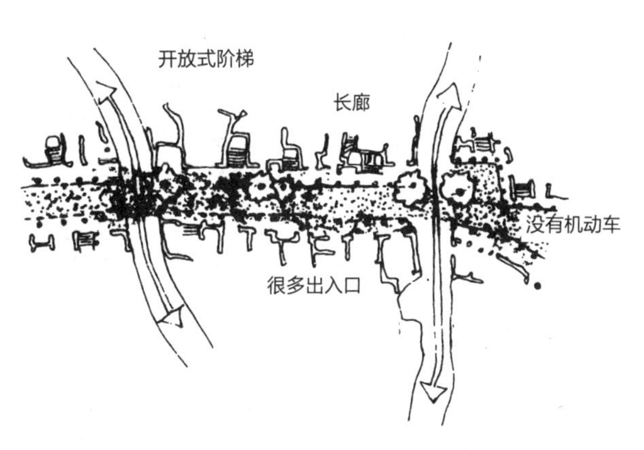

图11-2-4　行人通道：行人通道必须直接面对众多出入口。
（出处：同图11-2-1）

形、自然环境协调的生活。在此过程中所积累的生活智慧，造就了美好的风景。

人为和自然的可持续协调发展，是古往今来东西方公认的美好风景。这种公认的感觉，人们认为是“美好的”。与主观性相比，这种感觉更加深深地扎根在人类与自然环境之间的历练之中。在这里援引克里斯托弗・亚历山大的主张。克里斯托弗・亚历山大在其著作《超越时光的建设之路》[2]中，把任何人都情不自禁地认为美好的空间特性，称作“无名品质”。他试图用超越时光之路，来解释这种不太好起名的空间特性。在“超越时光的建设之路”第1章扉页，克里斯托弗・亚历山大是这样描述超越时光之路的：

“它来自我们自身，是类似于秩序的一种过程。它没有顶点，只要继续做下去，它就会自然而然地展现在我们面前。”[3]

对美好风景的感觉，是人类的共性，只是这种感觉没有名字而已。可以认为，人类一直没有意识到它的存在。这种感性的依据是什么呢？对这个问题的回答，除了主观个人主义和艺术性的理解以外，没有其他的答案。风景是司空见惯的空间状态，又是和我们的身心连在一起的。只要我们客观地审视风景，以地域住民为中心，努力寻找普遍认同的空间品质，“无名品质”的实体，一定会一件一件地明确起来。

只有“努力寻找普遍认同的空间品质并得到成果”，才能够称得上是设计法典。这里所说的设计法典，不是单纯的建筑设计技术构造集，也不是细部推荐指导书。而是使一个地域能够持续保持与环境和谐地居住生活的思考方式的集合，是传给下一代的居住方式总体构想的各个组成要素。只有这种集合与组成要素，才能创造美好风景。

“汤布院”（一家建筑、环境设计协会）发行了一本建筑与环境设计指导书，书名叫做《“乡村”的风景建设：风景可以改变故乡贫穷面貌，是农村文化的支柱》[4]。作为“乡村”风景建设的模型语言，列出三个原则和九个注意事项，每一个原则对应三个注意事项。具体如下：

①原则1：建造小而舒适的房屋

・心得1：要珍惜盆地的良好大环境，实施小型建设活动；

・心得2：以人的比例、尺寸为中心，精心布置；

・心得3：重视与周围的协调，有节制地进行建设。

②原则2：要重视内外关系的融合

・心得4：面向道路，不采取封闭、严肃的建造方式；

・心得5：想尽办法，把丰富自然引入生活之中；

・心得6：尽量多设置路上行人接待空间。

③原则3：要重视自然感觉

・心得7：要保持汤布院固有的素材感和柔和感；

・心得8：引入丰盛的绿色树丛，包围宅基地；

・心得9：要重视采用安全、放心的形状和材料。

图11–2–5是，原则1的心得2注意事项的详细说明。通过图解空间感觉的形式，分析悠闲自在的居住生活，尽显人性化的韵味。

只有明确作为传承下一代之构想的风景，才能使继承并行街区或者乡村街区等风景的本质成为可能。这种理念取决于如何与地域环境相协调，理所当然地首先要面对地域环境问题。思考地域环境问题与思考地球环境问题息息相关。

（西村幸夫）

心得2

以人的比例、尺寸为中心，精心布置

- 汤布院街区，对行人和骑自行车的人再熟悉不过。因为那里的房子设计，非常注重人的尺度和视线。
- 千篇一律的空间设计，没有韵味。如果全是大家伙，就会显得粗糙；如果都是小家伙，就会显得没有力量。有趣的空间，应该是从脚下的细嫩花草，向大小各异、相互交替的空间转化，一直到强大无比的"由布山"，尽显空间的多样性。

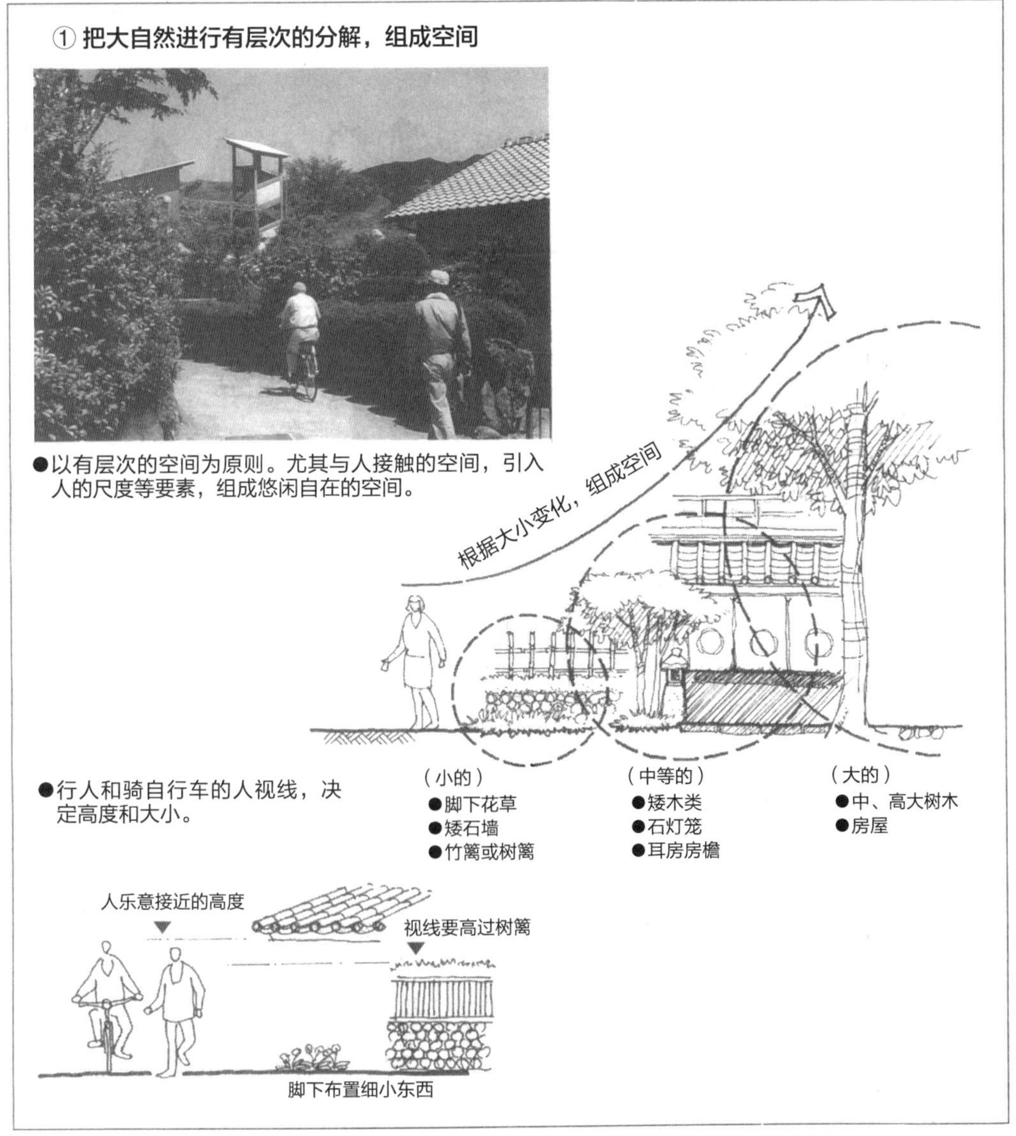

图11-2-5　汤布院设计手册案例。原则1心得2：以人的比例、尺寸为中心，精心布置
（出处：YUFUIN建筑、环境设计协议会《建设"乡村"风景》，2000年）

11.3 城市低洼地区的群落社区继承

1. 城市低洼地区的群落概念与社区

1）城市低洼地区的群落概念

按照地理学，群落是居住聚集区，大体上划分为村落和城市，通常认为群落与村落是同一个意思。作为村落的群落，诸如农村和渔村等，具有比较清晰的标记。不过，熟知这种现实的人不一定很多。

那么，城市低洼地区又是怎么回事呢？在江户时期，江户城的东面是一大片低洼街区（日语叫做町人町）。把这个“町人町”统称为低洼街区。“城下町”就是指城外或者城下的大片街区。古时候的城市，大多位于高地，“下町”自然可以认为是城下街区。但是，在“城下町”，很少有人使用“下町”这个词。在大阪和京都，武家官邸不多，多为商人和工匠居住在“下町”生活，那里的人，几乎不使用“下町”这个词。有趣的是，这个古老的街区，几乎全部都是“下町”。

让我们放弃使用“下町”这个词吧，“下町式”的地区虽然存在，从古至今，商人和工匠们生活居住的地方是“町”（街区）。

2）低洼街区的群落社区

上田笃在《流民的城市与生活》[1]一书中，

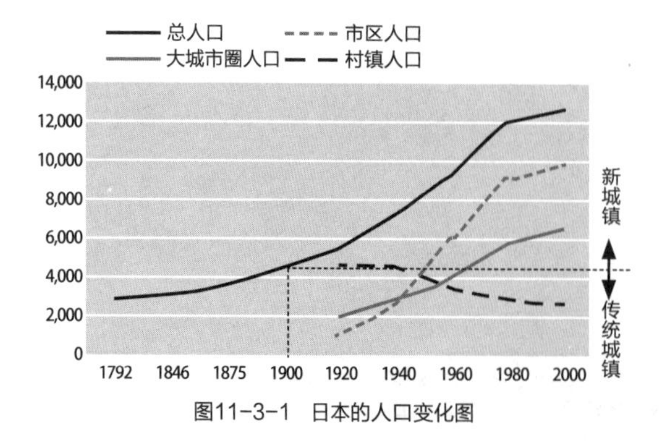

图11-3-1　日本的人口变化图

把日本人划分为“原住民”、“新住民”、“新新住民”等三个类型。简单地理解是：“原住民”指居住在低洼街区或群落中生活的人群；“新住民”指居住在住宅小区或丘陵地区生活的人群；“新新住民”指居住在新城市中心生活的人群。按照上田的说法，低洼街区的群落社区就是“原住民”社区。“原住民”社区是经过漫长时间形成的共同体。

这种划分，表面上看似乎很清晰，实际上却很复杂。这是因为农村、低洼街区、丘陵地区、城市中心等，首先在空间领域上大多不是很明确。还有人们因生活需要，交替居住在这些地域。

大约在40年前，有一部叫做《低洼街区的太阳》[2]的电影公演。电影中描述的是东京工业地带的故事。这个低洼街区或者电影里展现的“车轮下的孩子智慧”世界，都说明这里就是一个地道的“下町”。所以，应该把内城区也纳入“下町”的概念。

3）日本的城市化与低洼街区的群落

日本的人口，在江户时代的中期，大约是3000多万人。这个数字一直到德川幕府末期，基本没有太大变化。到19世纪最末期的1900年，总人口大致增加到4000万左右。可以容纳这4000万人口生活的地方，无非就是街区和村庄、农村和山村以及渔村等处。完全可以肯定地讲，这些地方都是江户时期遗留下来的“前近代”居住地。这些街区和村庄，居住和劳动场所很接近，基本上形成混居的生活空间。这种状况一直持续到现在。

在这之后，日本的人口持续地增加，相继出现许多新城市。在这个进程中，古老的街区变成近代城市的业务办公、商业中心，变成新型的近

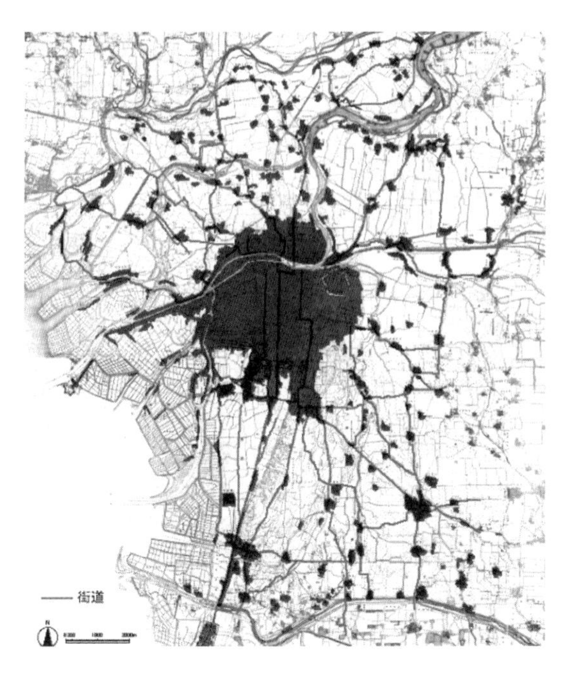

图11-3-2　大阪市的城市街区与残留群落
（出处：1885～1890年陆军陆地测绘部地图）

照片11-3-1　大阪市田边商业街（第二次世界大战前区域规划治理区）

代城市街区和工业用地以及劳动者居住与生活的密集住宅街区。随着交通设施的进步，出现郊区。为解决居住而形成的郊区城市，可谓是打工族的城市。说打工族的城市是20世纪城市类型的典型代表，这句话一点都不过分。

19世纪以前形成的群落和城市街区，属于前近代格式布局，是古老街区分割和群落结构，不具备汽车时代所要求的空间结构。与之对应，打工族的城市具有完全不同的近代空间结构。夹在中间的内城区，是居住与商业、工业混合的城市街区，多少也具有群落性空间结构。

4）继承低洼街区群落社区的意义

回顾第二次世界大战后的日本社区的变化，便可以得知城市化和稀疏化一直是同时进行。传统的共同体发生很大变化，其中不乏街区各种团体协会和小学校的设立所带来的影响。在国家的社区样板工程政策影响下，经历过社区建设活动活跃期。同时，以反对公害运动为契机，对保护自然、保护历史性并行街区、文化艺术，持有热情的人们聚集在一起，掀起了新社区建设运动。

如今，各种形式的社区活动，如雨后春笋般在各地兴起，其网络化事业也在推进之中。值得引起注意的是，各个地域都有各自不同的变化。自古以来保存相对完好的街区和乡村，至今还继承传统的社区特性。而郊区住宅区域等地域，社区的约束力相对薄弱或者出现新类型社区形态。

在欧美，对社区的关注度也很高。由于郊区住宅城市的社区化改造，可以改变现代城市市民不断增加的孤独感和对社会的漠不关心等问题，因此受到广泛重视。简·杰格布斯倡导的“街路社区”概念，至今受到重视。在美国的新一代城市规划师和欧洲的城市规划师中，认为社区对现代城市很有必要的人数还很多。

城镇建设的目的就是“让城镇充满活力地持续下去”。社区是城镇建设基础，也是地域社会的人际关系的基础。每一个地域必须根据自身的现实条件出发，建设社区。

从“让城镇充满活力地持续下去”的观点上看，低洼街区和群落社区所拥有的优点还是很

图11-3-3　在京都市中心城区，与城镇建设相关联的六个街区。由一个街区协会运营两个街区

照片11-3-2　大阪市六反、赤坂神社秋季祭奠

多。我们应该继承这些优点，同时不断摸索新社区建设方式和方法。

2. 低洼街区群落社区建设案例

1）京都低洼街区社区

京都市的中心城区，很早就是职场与居住混合的街区。这里的低洼街区以“原某某学区”的街区组合为地域基本运营单元，我们在这里称之为“原学区”，现在还能看到“山”、“桙”等街区民众的传统祇园祭奠仪式。

1869年，京都市的有关自治组织，以街区组合为单位，开办64所小学。从街区的志愿者手中募集资金，作为支付教员的薪水和运营经费。当时的小学校除了作为住民的会议场所以外，还为官员出差、户籍办公、保健、警察等提供工作场所。起到承担街区组合内一切事务的地域综合行政官邸作用，成为名副其实的社区中心。“原学区”是社区引以为自豪的爱称。现在的京都市中心城区规划，是以原学区为单位进行组织和实施。

近年来，在京都市中心城区，出现了把街区住家改建为中高层公寓的现象逐年增多的趋势。为此，引起了多地反对建设公寓的运动。反对者认为：公寓建设存在有可能分段并破坏社区原貌、改变原来的并行街区面貌、增加住民数量、破坏原生活环境等诸多问题。

鉴于这种情况，当地住民组织与建设者经过反复协商，于2002年完成了新公寓建设规划。新公寓建设规划主导思想是：“根据居住人、谋生人的总体意见，建设城镇。”当地住民团体“姉小路一带思考协会”的城镇建设构想，激起周边13个街区协会的热情。该城镇建设构想位于京都市中心城区，占地面积约2公顷，由约100人共同所有，经过多方协商，签订了房屋建设协议。还成立了非营利法人机构“中心城区街区建设网络”（2003年1月），有力推动京都市“京都市中心城区新建筑事业”的顺利实施（2003年4月）。

有关公寓建设，开工前由拟定居住者和地域住民，召开公开的工作会议。竣工以后，入住者与“姉小路一带思考协会”住民团体，举行若干次交流会。雄井先生说：“在许多低洼街区社区，都在努力构筑原社区与新住民之间良好关系的今

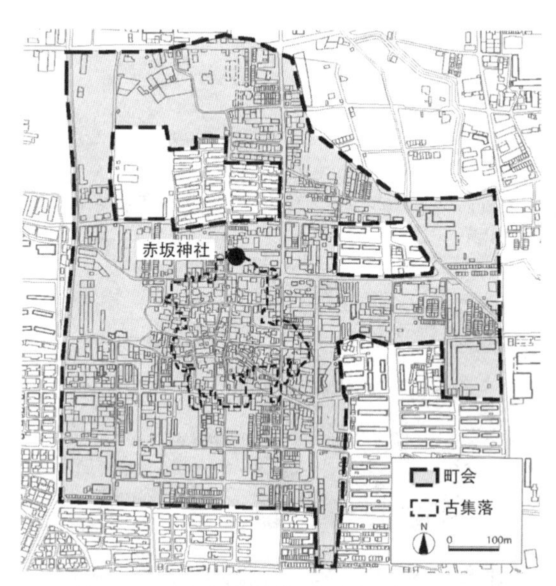

图11-3-4　大阪市的城市街区与遗留下来的古老群落
（出处：1885～1890年陆军陆地测绘部地图）

照片11-3-3　三田天满神社的秋季祭奠

天，本案例指明了把新住民真正当作地域住民的，低洼街区继承方向”。

2）埋没在大城市中的群落社区

每当到了传统祭奠日子，低洼街区和群落社区的影子，就会显现在众人面前。在大城市中，也有过去的农村群落盘踞在城市街区，变成城市街区的一部分的同时还保留着过去群落社区的状态。杉本先生在大阪市内现存的群落社区中，挑选了78个群落，并把它命名为“古老群落。”[3)]

根据杉本先生的调查，在这些古老群落中，规模小一些的，其地域社区活动不显眼，除了共有财产的保护以外，传统的社区架构正在趋于消失。规模大一些的，其传统祭奠等继承情况相对较好。在中等规模的群落，也可以发现祭祀、集会等多种社区活动的踪迹，其中有些群落做得相当不错。

在调查古老群落传统祭祀活动的经验情况时发现，大多数传统祭祀活动，都由老村的社区负责运营。因此，小规模古老群落的祭祀活动，因人手不足或人手的高龄化，常常伤透脑筋。还有就是，多数地域住民的学习热情不高，参与经营管理的意识也低。

另一方面，有一些街区，把传统的祭祀活动引进到新社区。大阪市平野区的六反地区，以其他地域赠予的半新彩车为契机，在街区内成立花车运营委员会，模仿其他传统祭祀活动，举行祭奠活动。该委员会由儿童会、青年会、街区联合会妇女部成员组成，多次尝试引入其他地域传统祭祀活动的要素。积极引进传统祭祀要素，活跃社区，让周边的新住民参加进来，共同为群落社区的继承事业做出贡献。

3）与新城镇毗邻的低洼街区社区

在兵库县三田市，“三田九鬼藩”城市低洼街区与大型新城镇毗邻。老城的“三田满”神社秋季祭奠，由22个宗室地区组成的“宗室总代会”负责举办。自新城镇开发建设以来，城内也根据区域规划治理新规，进行土地出让和租赁住宅建设，导致新住民的大量涌入。在祭祀活动中，担任运营主角的“念番人”团体，让新住民轮流参加，为“下町”社区传统祭奠活动，注入新的血液，开创了新思路。

传统的祭祀活动，一般都是男女老少齐上阵，分担各自任务，集街区和群落的全部力量来进行。在活动中，重温街区历史文化和地域属

图11-3-5　兵库县加美町岩座神地区的景观条例
（出处：《“岩座神”梯田之故乡建设协定》2002年）

性。祭祀活动不仅对社区继承做出贡献，而且是形成社区之间网络的珍贵遗产。总之，由于有社区志士的鼎力相助，“三田满”神社的祭祀活动，意气风发、盛久不衰。

此外，新城镇附近，还有若干小型群落。据观察，这些群落也都持续着传统的祭祀活动，但与新城镇没有太大关系。正如前面所说的那样，或许群落规模小，就是其原因。保持传统性的同时，应该多探讨开放性的祭祀活动的可行性。

4）农村社区的城镇建设

下面是，兵库县加美町的“岩座神”案例，群落不大，却很有朝气。该群落所处地域，是有名的日本纸生产地。据说还保存有700年前修造的梯田。群落共有21户、78人。

1975年，一批年轻人成立的“仁王会”，成了群落的乡村建设端倪。之后，经过住民的一系列会议，开始了“乡村名胜与骄傲建设运动”。

照片11-3-4　兵库县宍粟郡安富町（现姬路市）末广地区共同墓地改造治理
（出处：《末广地区微通讯》2002年11月）

陆续展开农副土特产的试验栽培与开发、成立全群落性“梯田保护会”、从城市引进“梯田交流人士”等活动。到1999年，根据县条例，被指定为“景观形成地区”。2002年，由全体住民缔结“岩座神梯田之故乡建设协定”。

起初，群落住民对梯田的环境和景观的优越性认识不足，通过与城市住民的交流，重新理解这些地域资源。保护梯田的责任感和义务感以及对梯田的荣誉感与日俱增，群落社区日益活跃起来。

还有一个案例，是兵库县中央西部安富町（现为姬路市）“末广”地区发生的故事。该地区是一个有85户、318人的山村。由于木材产业的萎靡不振和人口稀疏化以及老龄化严重，到了濒临没落的境地。作为解救对策一环，自1983年起，开始实施群落经营改革，陆续设立三个独立组织。即：由全体住户组成的“末广区”，解散财产区后，重新组建的“末广森林生产联合”，由农民组成的“末广区农会”。通过组建这些机构，在经营上，做到每一个人都能找到自己合适的位置，都以主人翁的态度，投入到群落的各项事业中。

在进行改革的过程中，群落住民开始筹划“乡村建设构想”，于1993年，出台“末广地区振兴规划”。规划中描绘的“与萤火虫、小杂鱼共存的故乡河流建设”、“可骑着车子去扫墓的共同墓地治理改造”等事项，终于成为现实。

在“岩座神”，年轻人的各种活动，给群落带来乡村建设机遇。与城市居民之间的交流，使群落住民了解到梯田的价值。这与末广群落的乡村建设座右铭“外来人、年轻人、糊涂人”恰好吻合。群落规模越小，越要选择社区的继承与变革之路，除此之外没有其他路可走。问题的关键是，是否愉快地、全身心地投入到乡村建设活动。我们应该学习末广群落的警句格言：“吃、喝、集合很重要”，“要培育出头的椽子”。

（鸣海邦硕、泽木昌典）

第11章 注・参考文献

◆ 11.1 —参考文献

○ 日本建築学会編『図説　集落』(都市文化社、1989 年)
○ 仲松弥秀『古層の村－沖縄民族文化論』(沖縄タイムス社、1978 年)
○ 齊木崇人、渋谷鎮明「李朝期『大東輿地図』にあらわれる自然観・環境観の研究」
○ 加藤仁美「マージナルエリアにおける都市化の構造と環境計画」(1998 年)
○『建築文化』1973 年 2 月号 (彰国社)
○ 矢嶋仁吉『集落地理学』(古今書院、1956 年)
○ 地井昭夫「むらと人とくらし」5 (農村生活総合研究センター、1978 年)
○『造景』No.29（2000 年）

◆ 11.2 —注

1) C. アレグザンダー『パタン・ランゲージ』(平田翰那訳、鹿島出版会、1984 年)
2) C. アレグザンダー『時を超えた建設の道』(平田翰那訳、鹿島出版会、1993 年)
3) 注 1) 同書、p.3
4) ゆふいん建築・環境デザイン協議会「『ムラ』の風景をつくる一農村文化に支えられる、いやしの里の豊かな暮らしの風景一」(ゆふいん建築・環境デザイン協議会、2000 年)

◆ 11.3 —注

1) 上田篤『流民の都市とすまい』(駸々堂、1985 年)
2) 監督：山田洋次、1963 年
3) 杉本容子・鳴海邦碩「大都市市街地内における「古集落」の変容に関する研究」『日本都市計画学会都市計画論文集』No.36（2001 年)、p.505

专栏 5

生态博物馆——地域社会可持续发展学习场所

——生态博物馆的含义

生态博物馆的含义是，散落在地域中的有形和无形的文化遗产、历史遗迹、自然环境、产业遗产等，按照原样或者更好的状态予以保护，由地域住民自发的进行调查研究、保存并学习的博物馆活动。援引了1971年在法国诞生的词汇（法语叫做：Ecomusee）。在日本，也称作“地域原样博物馆”或“生活、环境博物馆”。也可以说是：“依据地域住民的想法和力量，把地域原样当作博物馆进行的地域性经营活动”。

生态博物馆的词义，来自博物馆学。与以往普通的博物馆作比较，说明生态博物馆的涵义相对容易，本文也照此进行相关话题阐述。可以活动的场所、容器、骨架，活动的对象、内容，活动的主体与客体是构成博物馆活动的三个要素。可以列成下式进行对比：（日内瓦，1984年等）

		（场所）	+	（内容、对象）	+	（人）
普通类型博物馆	=	（建筑物）	+	（收藏品）	+	（专家+公众）
生态博物馆	=	（领域）	+	（遗产+记忆）	+	（住民）

可见，与以往普通类型博物馆不同，生态博物馆是在一定的地域领域内，以分布在地域内的遗产和无形记忆为对象，由地域住民担任博物馆的研究学者和公众角色。图1是为了容易理解概念所做的图形化表示。

生态博物馆，把全体地域环境看作博物馆，与地域“环境”的总体解释一样，一句话很难做出适当的定义。若干个要素相互平衡、形成统一的整体，或许可以称它为生态博物馆。

还有，生态博物馆不同于生态学博物馆（Museums of Econology：以生态学系统等为对象的博物馆、科技馆、自然博物馆中可以看到的内容），也不同于生态学性博物馆（Econological Museums：生态公园等可以自行表现生态系的保护对象。属于自然或文化保护地域，针对外来访问者设立）（参见日内瓦，1984年）。生态学博物馆和生态学性博物馆可以认为是生态博物馆的一部分，但是反过来，其关系是不成立的。美术馆、自然博物馆、历史博物馆等众多博物馆所表现的范围是一定的，而生态博物馆的特点，一是以整体地域环境为对象，表现为综合性、跨学科性；二是以地域居民作为生态系统的一员，投入到博物馆活动中。

——理念及其图解

让人容易理解的生态博物馆的定义和解释，始终是比较困难的事情。先前提到的，与日内瓦以往普通型博物馆的比较（图1）以外，还有其他图解方式。都在试图清晰地解释概念。

图2是利用运动论，解释生态博物馆，认为生态博物馆是在不断地反复运动中发展。根据制作者P· 麦兰德的解释，法国现存的多数博物馆，其发展历程进入第二阶段，或者最多进入第三阶段。生态博物馆不能只停留在熟知状态下的思考，而是在运动中，地域自己完成自身的作用很重要。

图3是生态博物馆是否成立的三个要素的相互关系示意图。认为生态博物馆是以地域全体为对象的博物馆培育活动，是生态学性的活动。当三个要素建立良好的平衡关系，并且形成一体化的紧密网络时，便会呈现出理想状态。其三个要素分别为：H（Heritage：地域中现存的自然、文化遗产、产业遗产等），

以往博物馆=建筑物+收藏品+专家+游客
生态博物馆=领域+遗产+地域特性+高龄者+地域住民+共同的记忆

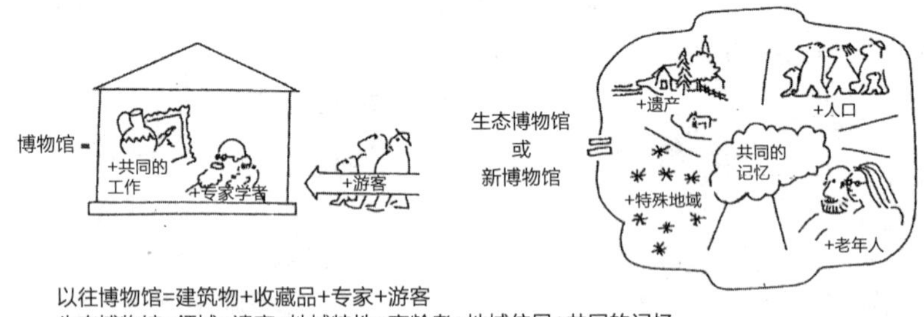

图1　以往博物馆与生态博物馆
（出处：日内瓦，1984）

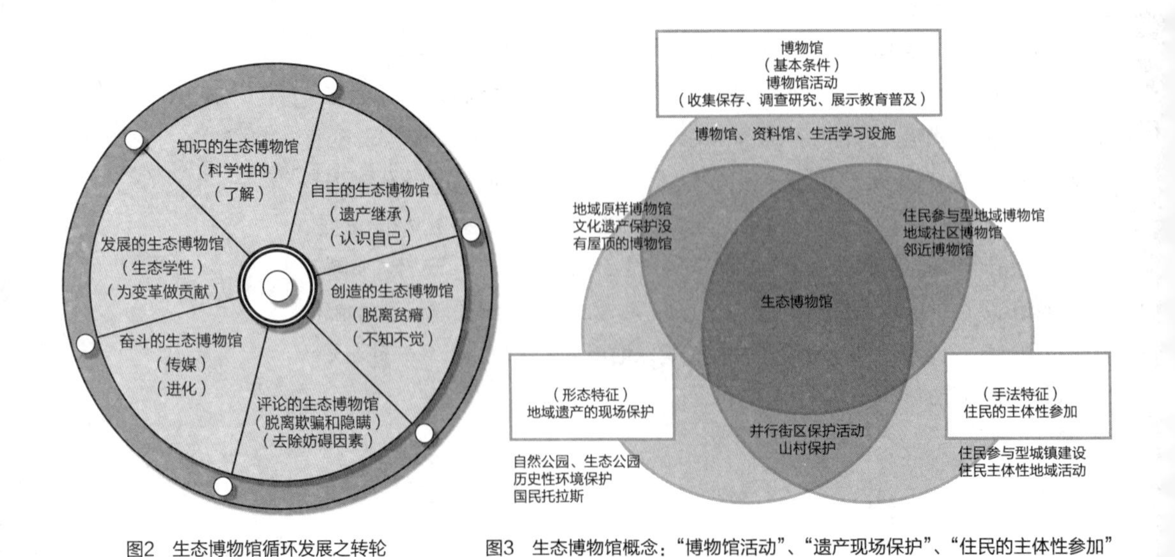

图2　生态博物馆循环发展之转轮
（P· 麦兰德，1994）

图3　生态博物馆概念："博物馆活动"、"遗产现场保护"、"住民的主体性参加"等三要素的重叠（大原，1997）

P（Participation：为地域社会的未来，住民自身参加管理和经营活动），M（Museum：指博物馆活动，包括收集保存、调查研究、展示并教育普及等三项活动）。这样的解释，使得生态博物馆与类似的周边其他活动，相对容易区分。在日本，利用两个要素的实践活动还是比较多见，但是完整地利用三个要素的实践活动却很少。尤其是，单一的寻宝、地域发现保护型城镇建设等活动较多，而且在地域发现保护型城镇建设中，对M部分的理解和实践稀少。

——生态博物馆是继承设计的方式和方法

生态博物馆和其他博物馆一样，也是文化性社会教育活动之一。它的着重点不在于为物理性的地域遗产保护而进行制度和设施建设，而在于通过研究和学习，为地域继承培育人才。保护文化遗产和环境固然重要，大力培养致力于生态保护事业的地域人士和支援地域建设才是根本。

生态博物馆建设是没有终点的活动，得不到明确的目标和结果。地域的未来形态和环境，掌握在地域住民手里。设计师等专家或许有能力找出点什么，但是生态博物馆不会强制要求其价值。住民自己相互学习，建立自信心。作为学习对象，把地域资源价值化。挖掘自身的设计潜力，把它转变成改造和继承地域的动力。这才是生态博物馆所要求的。生态博物馆有一种传媒的功能，它不断地强化住民的潜在力，使之不时地投入到地域社会与环境建设事业。用学习设计和超设计的方式、方法形成设计主体，就是生态博物馆。（大原一兴）

◆参考文献

○大原一興『エコミュージアムへの旅』(鹿島出版会、1999 年)

○ Peter Davis, "Ecomuseums - a sense of place-" (Leicester University Press, 1999)

○ Hugues de Varine, "L' Initiative communautaire: Recherche et expérimentation"（W. Ed.; Savigny-le-Temple, MNES, 1991）

○ René Rivard, "Opening up the museum or Toward a new museology : ecomuseums and 'open' museums", 1984

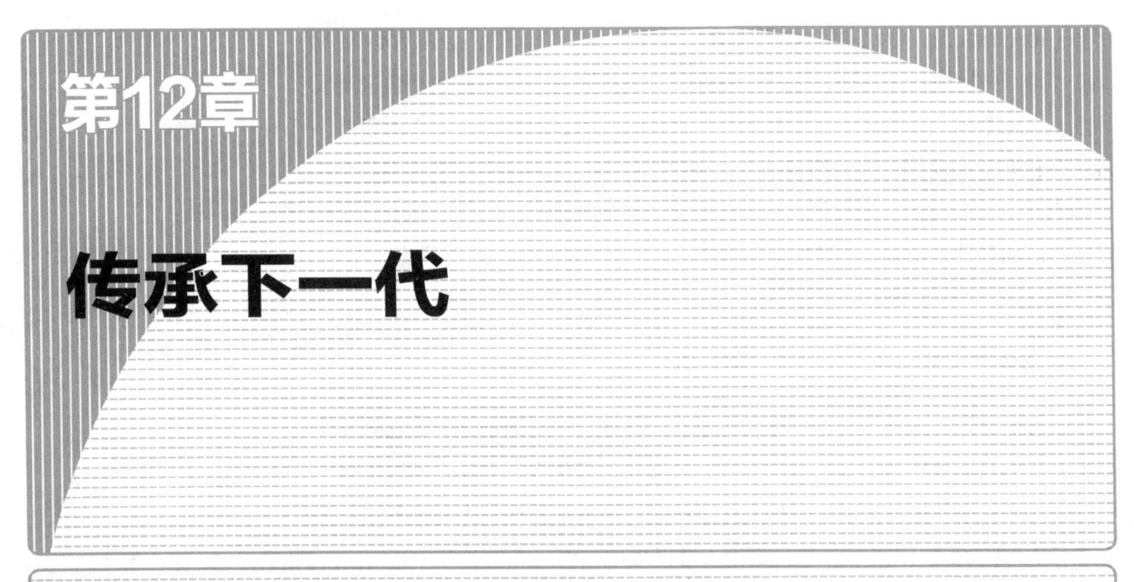

12.1 培育孩子们感性认知的教育环境

1. 可持续性社会是培育孩子健康的社会

2000年6月，由日本建筑学会牵头，联合5家建筑相关团体，起草了地球环境建筑宪章，并向社会公布。宪章重点强调了继承问题。起草宪章的目的就是针对地球环境的日益恶化，重新思考和构筑城市的建筑与环境。建设可持续性社会，生活在其中的人类必须做到可持续性。我们建设城市建筑与环境的目的，也是为了培育我们的下一代。建筑物的本身含义，就是给人类在此能够居住和生活，抵御严酷的自然和外敌的侵犯，提供生存和隐蔽的场所。某种意义上说，是生产和养育后代的重要场所。如今，建筑物原来的功能已经退化，建筑与城市成了主要目的。如何延续建筑与城市的寿命、如何与自然共存、如何节约能源、如何使资源可循环利用，这些毫无疑问都很重要。因为这关系到地球环境，同时我们也应当认识到，这些也都是为了下一代。所以，继承的问题也是最重要的问题。建设可持续性社会，就是在建设下一代的社会。建设可持续性建筑与城市，就是在建设下一代的建筑与城市。

20世纪50年代，那是我们还是孩子的年代。那个年代的日本，可以说是资源最为匮乏的年代。那个时期，国家虽然很贫穷，可对孩子们来说，也许是幸运又辉煌的年代。现在的社会，各个方面的确很便利、舒适，乍一看生活很富裕。但是，在内心世界，丢失的东西也不少。我们还是孩子的时候，在我们身边就有很多玩耍的自然和空间，每天回家前，都跟伙伴们约定："明天到去哪里怎么玩。"幸运地度过儿童时光的孩子，身体健壮、发育良好、社会性和创造性强。相比之下，如今的孩子们，已经失去了在自然中自行培养能力的机会（图12-1-1）。

2. 孩子们的生存能力在下降

孩子们的各种能力，如：体力、运动能力、学习能力、社会力、创造力等，可以认为是"生存能力"。让人担心的是，孩子们的能力，呈现逐年下降趋势。据16年的统计，在孩子们的体质状况

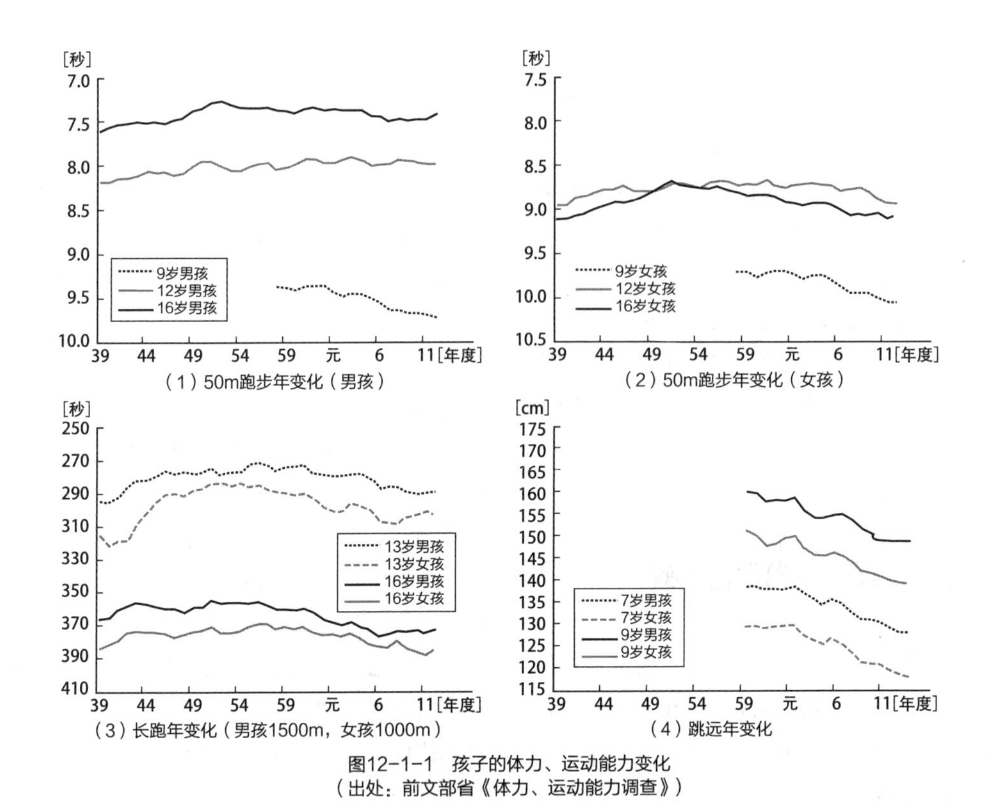

图12-1-1　孩子的体力、运动能力变化
（出处：前文部省《体力、运动能力调查》）

中，体力和运动能力下降了10%。还有，学习能力的下降也差不多是同样的比例。还有一组数据显示，肥胖症等成人病症和逃学现象发生率是10年前的2倍。孩子们的自杀现象，基本没有太多变化，不过最近时常报道年轻人的集体自杀新闻，多少让人有些忧虑。日本的孩子们的生存能力的下降，的确值得深思。这种状况是如何产生的？社会环境和家庭环境的变化，当然首当其冲，难辞其咎。不过在这里，只从物理性的环境变化角度，探讨孩子们的成长环境问题。孩子们的玩耍环境不断被蚕食，尤其是最近50年发生了巨大变化（图12-1-2）。

3. 玩耍环境所要具备的4个要素

日本孩子们的玩耍环境，由玩耍时间、玩耍空间、玩耍伙伴、玩耍方法等4个要素组成。4个要素相互之间的关系紧密。对孩子们来说，玩耍环境就是其生活环境（图12-1-7）。

4. 电视和电子游戏引起的玩耍方法的变化

在过去的40年间，2个东西的出现，对孩子们的玩耍方法带来了巨大影响。其中的一个就是20世纪60年代出现的电视，另一个就是20世纪80年代开始出现的电视机游戏和个人电脑游戏。这两种游戏的出现，大大改变了孩子们的玩耍形态。原来的玩耍，都是与伙伴们一起玩耍着延续下来的。但是，20世纪60年代出现的电视机，阻断了玩耍伙伴之间的联系。在日本，最后一个开通电视频道的八丈岛，也有报道称，孩子们的玩耍伙伴宣告解体。说起来，与伙伴一起玩耍，对孩子们可以形成某种相对紧张的关系。罗伯特·Fulghum写了一本叫做《人生所需的智慧，全部来自幼儿园的沙堆》[1)]的书（池央耿译，河出书房新社，1990年），成了轰动一时的图书销量冠军。其实在某种意义上，人类的确是通过游戏学到知识。争吵打架、重新和好等，都是从玩耍中学来的。不过也有一些孩子，不太善于处理这种人际关系。这些孩子们的玩耍伙伴不多，于是整天待在家里与电视做伴消磨时间。

电视游戏是1987年出现在日本，比起看电视节目，玩电视游戏更加受到孩子们青睐。因为电视游戏比看电视更具有参与性、趣味性、玩耍性。电视只能在家里看，兴趣也不大。但是电视游戏可以随时随地、自己想玩的时间和地点玩耍，孩子们在电视游戏上消磨的时间，自然也多了起来。

5. 从室外玩耍转向室内游戏

从1965年前后开始，孩子们在室内玩游戏的时间，比室外玩耍的时间逐渐多了起来。这主要归咎于电视机的存在，城市中可玩耍空间的持续减少也难辞其咎。如今，孩子们在外玩耍的时间，已经不到室内时间的1/6。还有就是，时代的变化，对孩子们在学校的活动没有造成太大影响，上课时间以外的校外活动基本没有太多变化。不过孩子们在各种练习场和私塾里的时间逐渐增多，这些场所变成了孩子们结交伙伴的地方，来回的途中成了玩耍的场所。这些都是现实（图12–1–8）。

6. 玩伴从不同年龄转向同年龄，而且不断减少

一起玩耍的好伙伴数量，不断在减少。伙伴群的年龄构成也从不同年龄转变为同一个学校的同年龄。孩子们通过伙伴之间的玩耍，学习很多东西。亲兄弟姐妹数量不多的少子时代，促使孩子们的伙伴群越来越小。在此过程中，原来的玩耍方法没能持续地传承。取而代之的是，受某一段时期的电视影响，玩耍表现为流行一阵后便消失的状态。完全处于被流行所支配。

7. 玩耍空间的变化

在过去的50年里，日本孩子们的玩耍空间发生极大变化。根据1955年前后、1975年、1995年的，对儿童游玩空间数量变化的连续性调查发现：假设1955年的儿童游玩空间数量为100时，1975年的情况是，大城市为10，地方城市为20左右；到了1995年，大城市为3，地方城市为8左右。这些数据表示孩子们所拥有的游玩空间的平均数量，并不一定完全代表某一地区可作为游玩场所的空间数量。例如：山形县的农山村地区，1975年的可游玩空间数量很多，到了1995年，可游玩空间数量与地方城市几乎没有什么不同。也就是说，在1975年，不同地域的儿童可游玩空间数量还是有些不相同。可到了1995年，农村地域的孩子们也已经很少在外玩耍（图12–1–4～图12–1–6）。

特别要说的是，自然游戏是传统游戏。生物采集游戏是自然游戏的根本。这种什么时候去哪里能采集到什么的，自然生成的诀窍理应传承下去。因为自然具有各种危险性。这种自然游戏，原本是依靠不同年龄伙伴群的玩耍保持下来的。这个玩耍群被电视、电视游戏所替代。自从被少子化现象所解体之后，农村地域的孩子们也开始与自然游玩渐行渐远（图12–1–3）。

现在城市的立体化建设，也促使孩子们的游玩空间趋于消亡。位于城市中心的高层住宅，在其周边大多没有开放性空间。居住在这里的孩子们，由于受到电梯、楼梯的阻碍，到室外游玩的机会和次数也逐渐减少。城市住宅的高层化构想，原本是希望扩大日趋变小的开放性空间为目的之一的。不知何故，包括城市中心在内，多数地域的孩子们的游玩场所，都已经被限制在小学的校园和公园。既然如此，我们必须加大整治力度，把校园和公园建设成为孩子们的称心如意的游玩空间。

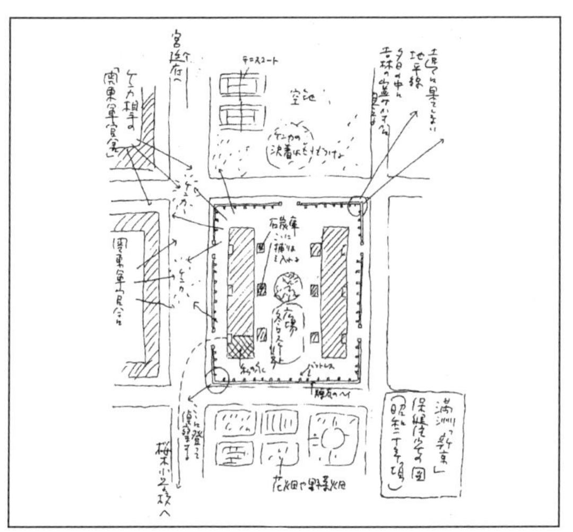

（1）香山寿夫先生的儿时玩耍素描（旧满洲，长春的住家与周围）

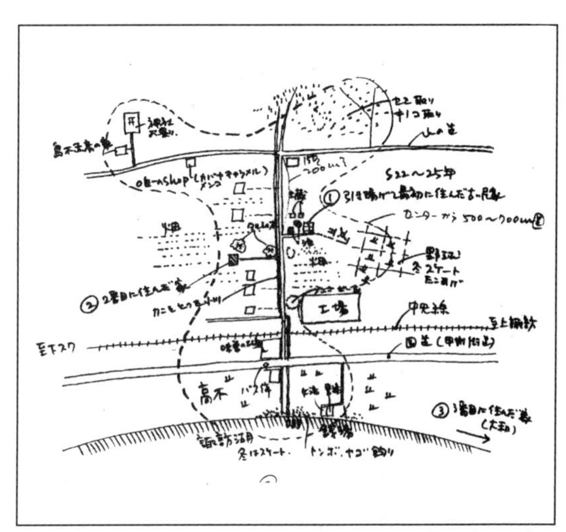

（2）伊东丰雄先生的儿时玩耍素描（长野，诹访的住家与周围）

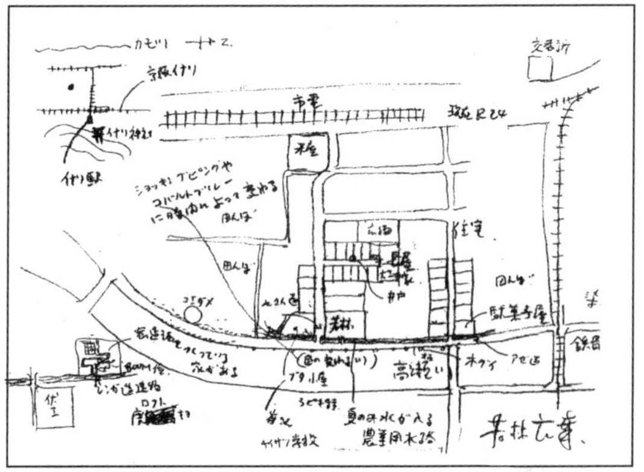

（3）若林广幸先生的儿时玩耍素描（京都的住家与周围）

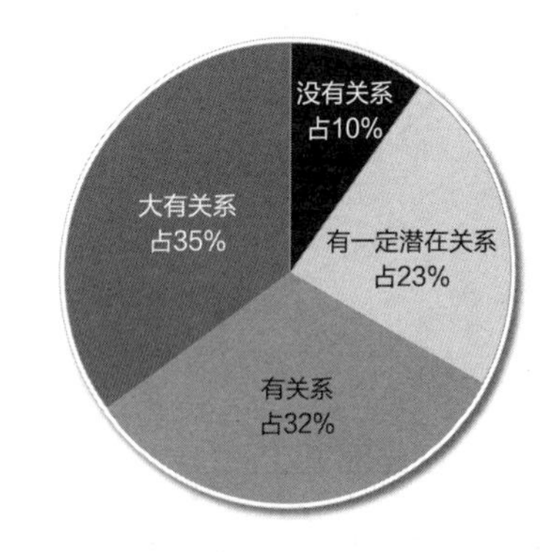

（4）儿时的居住、游玩环境、空间体验与现工作之间的关系

图12-1-2　建筑师的地图游戏与游戏场所：邀请50位日本顶尖建筑师，听取他们儿童时期的游玩体验和空间体验，请他们描绘各自的儿童时期游玩地图。90%的建筑师认为，儿时的居住和游玩环境和空间体验，直接影响了现在的工作。儿时的游玩体验，开发了他们的灵感和创造性。

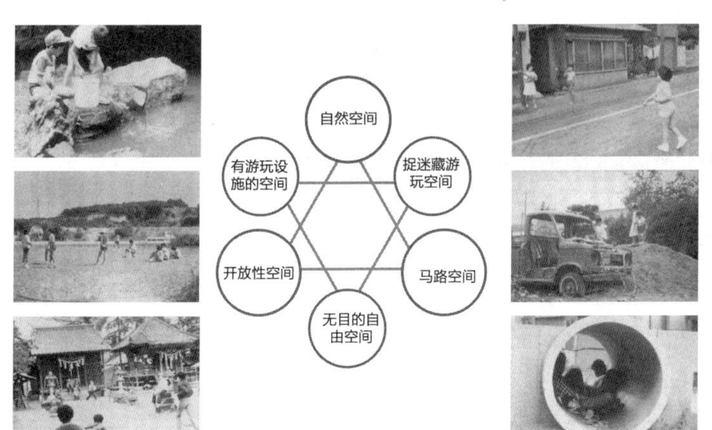

6种游玩空间

游玩空间	游玩场所状态	游玩场所
自然空间	树木、水、土地等环境下，有生物的状态	山、河流、田野、水渠、森林、杂木林等
开放性空间	视野广阔的状态	运动场、广场、空地、棒球场、住宅之间的空场等
马路空间	有人经过的道路	道路、路边等
无目的的自由空间	没有整理，相对混乱的状态	被烧过的遗址、旧城遗址、工地现场、材料堆放场等
捉迷藏游玩空间	有秘密隐藏住家的状态	山间小屋、溶洞、家畜舍等
有游玩设施的空间	有游玩设施的状态	儿童游乐园、游乐场等

图12-1-3　孩子的游玩空间：从古到今，孩子们的游玩空间有6种情形。不过近年来，孩子们的室外游玩空间，不仅在数量上急剧减少，其种类也变少。

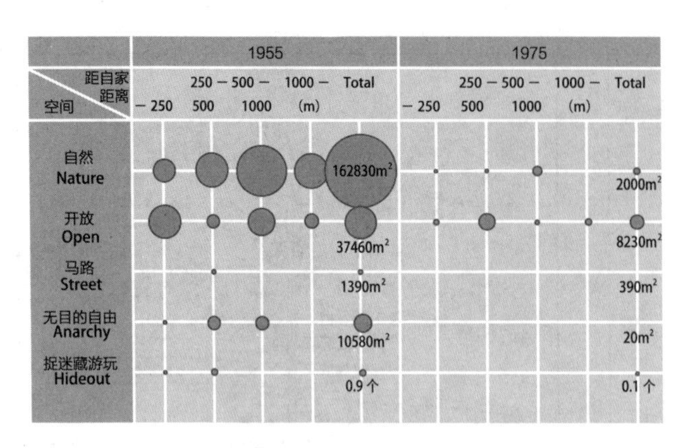

图12-1-4　游玩空间的变化①（横滨，1955～1975年前后）：从1955～1975年前后，大城市的游玩空间数量只剩下1/20。

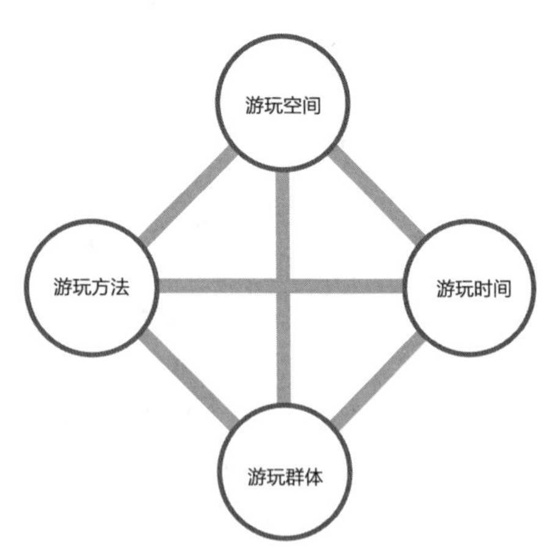

图12-1-7　游玩环境的4个要素

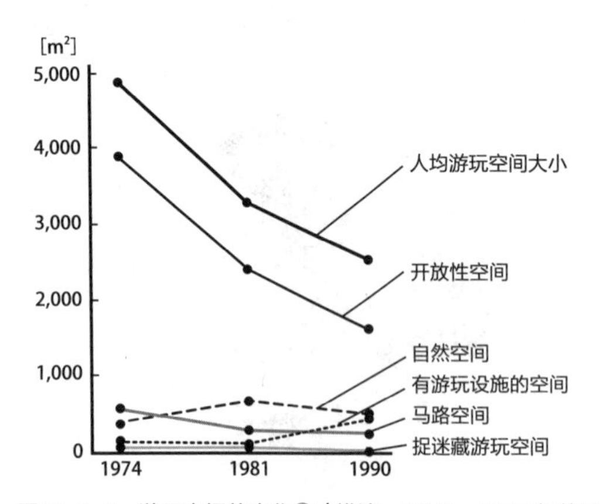

图12-1-5　游玩空间的变化②（横滨，1975～1990年前后）：游玩空间数量减少1/3～1/2。

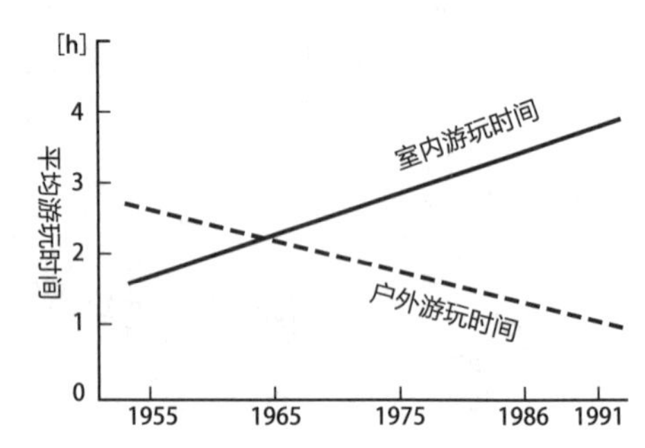

图12-1-8　从户外到室内的游玩方式变化：以1965年为界，在室内游玩时间要比户外逐步变长。

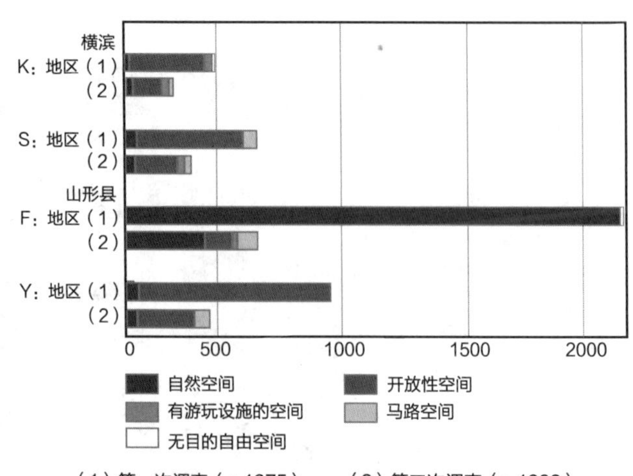

图12-1-6　横滨和山形县游玩空间变化：到20世纪90年代，农村的孩子们也不能自然游玩。原因是游玩方法的传承群体消失。游玩空间虽然还有，但大多场所，变成游玩困难。

8. 游玩空间与孩子身心健康之间的关系

游玩空间与孩子们的健康之间，到底有什么样的关系呢？作者带着这个问题，在全日本40多所学校区做了调查。结果发现，游玩空间与孩子们的健康程度之间，关系相当密切。健康的孩子们大多拥有充分的游玩空间。而且，可以明确的是，游玩空间的平均拥有量越大的小学校，其小学生的身心更加活泼、健康。尤其是，自然空间的有无与否，影响更大。对孩子们来说，附近有充足的开放性空间或自然空间，使得孩子们能够经常性的进行锻炼身体等活动和自然体验，非常重要。还有，在孩子们的游玩环境中，好伙伴和好兄长的存在与否也很重要。今后的日本，一方面要确保游玩空间，另一方面要大力培养游艺带头人、游艺专家等专门人才，使他们全身心投入到孩子们的游玩之中。

9. 为了孩子，建筑与城市理应具备的12个条件

为了给孩子们营造健康的环境，我们整理了建筑与城市理应具备的12个条件。这是作者担任日本建筑学会关心老年人、关心下一代特别研究委员会委员长期间，制作完成的。

1）第1条：各种真实性经验

孩子们在成长过程中，要接触吃惊、发现、悲伤、喜悦、不安、成功感等许多现实问题。通过亲身体验这些问题，不断丰富自己的个性。但是，当代信息化社会，剥夺了孩子们的真实性体验。现代建筑与城市也在丧失地域和场所的多样性，走向相对单一化。建筑与城市，是孩子们成长的地方，必须保障包括自然性环境、城市性环境在内的建筑与城市建设，使孩子们能够进行各种真实性体验。

①要建设真实性体验场所

场所建设要有规模、品质、多样化，要满足孩子们的田园活动需要。让孩子们可以一边游玩，一边体验真实的植物、动物、材料、场所性等，使得孩子们懂得，这些就是人类要面对的环境。

②针对不同年龄段，建设相应的空间体验场所

按照儿童年龄段，分别建设适合各年龄段的多种空间。幼儿的活动场所必须是坚持安全第一的空间环境，稍微大一些的儿童活动场所，可以做成适合伙伴群活动的场所。

③大人和地域支援，可以使孩子们的多种体验成为可能

亲人和成人的支援是孩子们能够体验各种环境的必要前提。城镇建设必须考虑以亲人为首的成人和地域支援的可行性。

2）第2条：与自然的交往

与自然和谐相处，可以培养孩子们的丰富灵感。可是，在城市中心，孩子们乐意相处的自然，正在急剧消失。建筑与城市建设，从身边的自然到偶尔也去欣赏的大自然，充分考虑孩子们与自然的交往。

①要保护和建设在身边可以利用的自然空间

要保护和建设在身边可以利用的自然空间，使孩子及其家族享受更多的自然并且经常愉快地与自然交往。在自家周边、幼儿设施、学校教育设施、公园、路边等地方，想尽办法营造清水草地。形成昆虫、小鱼、鸟类等小生物可以栖息的自然环境。

②自然空间网络建设

在自然空间的建设中，生物的可自由移动很重要。因此，自然空间布置不能零散，要做到连成一片。孩子们和市民也可以连续地利用自然空间。

③自然宿营体验场所建设

在自然环境中，体验野外生活，使孩子们了

解大自然的仁慈和严酷。为此，有必要建设可以进行短期和长期野外生活体验的多种自然宿营场所。

④要做计划，便于与自然交往

原来的自然游玩是，以自然采集为主的游玩方式。不掌握这种游玩方式，就难以开展下去。现在的情况是，连生活在农村的孩子们，恐怕也不知道这种游玩方式。因此，有必要制定可以持续地进行自然游玩和自然体验的各种活动计划。

3）第3条：丰富的游玩空间

孩子们是通过游玩，懂得社会性、感性、创造性和自身的。城市化进程，持续地剥夺了孩子们的游玩空间。过去的40年间，全日本孩子们的游玩空间，约缩减到1/20。相当于欧洲、北美孩子们游玩空间的1/5～1/4。为了孩子们，我们的建筑与城市，必须重新构筑起丰富的游玩空间。

①多样化游玩空间

为了我们的后代，我们必须就近建设自然空间、可以运动和跑步的开放空间、安全的路边空间、粗犷的自由空间、神秘的捉迷藏空间、娱乐空间等多样化游玩空间。

②丰富的游玩空间与时间

要把地域空间的10%作为孩子们的游玩空间，要在孩子们的生活圈内，各种场所都可以成为游玩空间。要多建设公园（公园面积指标希望达到市民人均20m^2），在公共用地和休闲场所建设，要充分考虑兼做孩子们的游玩空间的可能性。还要给孩子们充裕的游玩时间。

③学校校园的改善

学校是小伙伴们一起游玩的最大的游玩据点。要改善幼儿园和学校的校园，使其变成孩子们的开放性游玩场。

④路边游玩空间的重生

过去的道路，也是孩子们的游玩空间。设置防撞墩或拉警戒绳，限制汽车驶入或降低车速，为孩子们提供路边游玩空间。

⑤游玩带头人引导的探险游玩场

孩子们可以独立活动的游乐场，应当设置游玩带头人在场的探险游玩场。市民和地域可以参与的游玩场，不仅在公园建设，学校校园等各种公共场所也要建设。

4）第4条：各种交流

孩子们是通过与不同年龄、各种人群的交往，培育友情和社会性的。但在核心家庭化、少子时代、信息化等社会变革中，孩子们被孤立，以我为主的倾向比较强烈。如何使孩子们自如地与伙伴、与其他年龄的人群交流，通过快乐地游玩，结交好伙伴和积累社会经验，这是建筑与城市需要面对的大课题。

①建筑与城市空间要营造可自由交流环境

建筑与城市建设，要从空间布局上，考虑如何营造可自由交流环境问题。宽敞的人行道、城市广场自然必须要考虑。此外，对胡同里的富有层次变化的并行街区、小型内部庭院、露台、绿化带、房檐、走廊、台阶、长椅、草坪、树阴等细微处，也要进行巧妙的空间布置，使人愉快地通行、游玩和停下脚步欣赏和交流。

②居住布局也要考虑可交流环境

邻里之间相互陌生的居住生活和没有家族聚会的居住生活，对孩子们的健康发育没有好处。居住生活必须保障小孩之间、小孩与大人之间的，经常性的各种交流。

③建设新的交流设施

建设婴儿哺乳中心、年轻夫妇服务俱乐部等新设施，提供更多交流机会。

④利用志愿者促进交流

孩子们要组成不同年龄段游玩伙伴群，需要游玩带头人或游玩专家等志愿者的参与。这就要求建设孩子、志愿者、规划者可以一同参加游玩的设施。

5）第5条：孩子与家族的空间

孩子们依靠家族和地域成长。现在的情况

是，孩子们和家族一起，度过欢乐时光的空间，不管是在住宅里，还是在城市中，都相当缺乏。多数家族现在都是分家居住。很多城市设施正在疏远孩子及其家族。幼儿园、公园、孩子们的游玩场所等儿童设施，多数设施陈旧、老化，成了摆设。在住宅区和城市，有必要设置固定的孩子及其家族的交流空间。

①孩子与家族可以交流的居住空间

居住空间原本就是，孩子与家族一起，共同度过欢乐童年的空间。非常期待可以防止家族完全分开居住的住宅空间设计。

②为了孩子和家族，工作与居住地尽量接近

为了挤出更多的时间陪伴孩子，工作地点和居住地之间，不要太远。

③孩子们的专用设施，要考虑家族的空间

布置孩子们的专用设施时，要考虑亲人们可以参与或支援的空间场所。有时候，这种空间布局，可以促进亲情交流。

④公共设施要考虑孩子与家族共同活动空间

所有的公共空间，必须考虑孩子与家族共同活动空间。而且要保证空间的安全性，不能展示不健康的东西。在儿童的成长中，必须排除有害因素。

6）第6条：安全

孩子们健康成长的环境，安全性必须有保证。机动车常常对孩子们的安全构成威胁。成年人的诱骗和性犯罪，也是儿童游玩活动受限制的原因。建筑与城市建设，要思考如何避免和防止对儿童的伤害和犯罪。

①避免交通事故的环境

孩子们的上学路和有可能成为游玩场所的道路以及广场，要有切实可行的交通道路规划设计和设施建设。

②防止犯罪的环境

要时刻防止对儿童的犯罪行为。大多数儿童游玩场所，要设置看护设施，不能留死角。

③避免日常伤害的环境

在现代建筑与城市，孩子们经常受到骑车摔倒等各种日常伤害。建筑与城市规划建设，必须充分考虑各种安全保障，使孩子们能够自如地活动。

④让儿童学习安全的环境

过分关注儿童安全，容易把孩子关在家里。孩子需要在磕磕碰碰中，学习躲避大伤害的本领。所以，过分地强调安全没有必要。要设置平稳、温和的环境，使管理者和使用者都能得到满意。

7）第7条：全面健康的发育

孩子全面健康发育，是所有大人的心愿。大气污染、密闭房屋、环境激素等因素已经表面化，并且还有扩大化的倾向。这些因素都是阻碍孩子健康成长的原因。建筑与城市规划建设，必须充分保障儿童健康，使孩子们能够健康发育并成长。

①健康的城市环境

城市建设必须降低机动车带来的大气污染。儿童居住地区，必须保障绿色清洁空气。营造心旷神怡的环境。

②健康的居住环境

建筑材料的使用不当，对儿童健康危害很大。密闭房屋空间、环境激素等问题，正在威胁儿童的生活环境。选择建筑材料和施工工艺，要经过反复检讨和斟酌，避免危及儿童的健康生活。

③儿童发育所需心理治疗环境

对儿童的心理治疗，必须根据不同发育阶段，结合游玩、教育和治疗，给予儿童精神关怀。治疗要采取尊重知情权、家族的积极配合等综合的、亲切的计划与措施。建筑与城市，必须提供必要的空间环境。

8）第8条：要接触土地

孩子们都是在大地的哺育下、在外与各种人

群的接触下，学习知识和成长发育。现代城市的高层化，使得孩子的生活与大地相分离。要尽最大可能，使儿童的生活经常接触大地，促进儿童健康成长。

①可接触大地的生活环境

儿童在室外，与好伙伴相互交流和在一起游玩中成长。必须营造平常可以在室外游玩的生活环境。幼小孩子生活的住宅，最好是底层房屋。

②可接触大地的幼儿教育环境

无论是学校教育设施，还是哺育所、幼儿园等育儿教育设施，使孩子们接触大地很重要。休息时间，顷刻到运动场，可以激发孩子们的游玩兴致。处在层数较高的教室里的孩子，有可能存在待在教室、懒得外出的现象。低年级教室，尽量安排在一、二层，高年级教室的层数，最好不要超过三层。

③产生交流的大地

不仅是孩子之间，在有孩子的家族，成员之间的相互交流也很重要。在视野宽广的大地上，或者在类似于大地环境的空间中生活，不管是孩子还是大人，都能接触到自然，相互之间的交流自然也会增加。

9）第9条：开放性

孩子是在体验各种游戏和学习的过程中，逐渐形成丰富的人格特性。当今的城市与建筑，似乎将孩子们引向狭窄、封闭的空间。这也是导致孩子们产生自闭症和逆反举动的原因之一。孩子们的生活环境不可以是封闭的环境。建筑与城市，要保障开放性的空间格局，尽可能地让孩子们在开放的空间中，自由地活动。

①不妨碍儿童自由活动的环境

孩子是弱小者。现在的建筑与城市，有太多的障碍物。尽量清理这些障碍物，扩大视野。营造一个孩子们安全活动的环境。

②没有紧闭的环境

都说暴躁的脾气，是在紧闭的环境中，比较容易产生。因此，营造开放性的娱乐环境，对孩子们的生活环境很有必要。孩子们可以在此，时而隐藏、时而逃跑、时而在拱形构筑物里疾步转圈，从小养成良好的人格。

③营造步行与自行车环境

孩子们是不能驾驶机动车的。必须营造一个依靠步行或骑着自行车，安全移动的快乐街区。

10）第10条：孩子与文化

孩子们也有属于自己的固有文化。只有孩子们玩的游戏、童真的形象、童真的表情、童真的爱好等都是孩子的文化。这种文化也是传承下来的，有时候也会发生变化。现代建筑与城市，以大人的价值观压缩了孩子的文化。建筑与城市文化要承认孩子们的文化和形象。

①儿童文化的独特性

儿童文化始终处于被忽视的状态。而且儿童的文化性表现和发展，也没有引起足够重视。儿童的形象文化和喜好文化，具有不同于大人的特性，必须得到充分的尊重。

②儿童文化的继承

儿童固有文化，在不同时代的继承中，表现出多层次化现象。儿童的文化属于地域性，与地域的各种祭祀仪式成一体。建筑与城市空间也是从先人那里传承的。从这个意义上，也应该把儿童文化当作人类生活文化环境的一部分，加以保存和保护。

③促进儿童的伙伴群形成

不同年龄段组成的儿童伙伴群，是传承儿童文化的媒体，也是形成人类社会的学习媒体。当今的少子社会，促进儿童组成伙伴群，显得更为重要。应当积极恢复。要积极思考适合形成伙伴群的儿童密度的生活环境规划，积极提供交流、继承和发展儿童游戏文化的信息及技术，积极采取促进儿童伙伴群形成的方针和策略。

④设立据点，促进儿童文化的继承和发展

重新挖掘和继承传统的儿童文化，创造新的儿童文化，需要建设可以进行相关活动和信息交流的场所。也可以利用原有设施，进行适当的改造和复原。这些场所的网络化也很重要。

11）第11条：参与权与环境学习

当孩子已经具备发表自己见解的能力时，对与孩子有关系的事项，必须赋予孩子发表看法的权利。这是联合国儿童权利保护公约所确定的。现代的建筑与城市，都是以大人为中心，由大人决定一切事务。建筑与城市，在规划和建设中，针对有关儿童环境建设问题，必须给予孩子们独立地、民主地表达意见的权利和机会。

①鼓励孩子参与城镇建设

鼓励孩子参与儿童馆、公园绿化、学校等自己活动的地域性建筑和身边的街区建设。包括亲人在内，所有利用者和相关者的参加，将更加积极推动各项建设事业的蓬勃发展。

②孩子的环境学习

必须给予孩子们足够的时间和机会，让他们学习和体验环境。让孩子们懂得自然环境的重要性、懂得节约资源和能源的重要性。让孩子们从小关心地球环境问题和并行街区景观等城市环境问题，让孩子们懂得建设和保护自己的环境。建立孩子们的这种意识很重要。

③儿童容易驾驭的温柔环境

自己能够驾驭身边的环境，是建筑与城市建设，提高其适应性的基本条件，同时也是人的基本愿望之一。建筑与城市，应当营造一个孩子们也容易驾驭的温柔环境。

12）第12条：养育孩子与环境

养育孩子，原本是一件值得高兴的事情。而现代的少子化社会本身就可以证明，现在的社会是厌倦生育孩子的社会。治理和改善社会生育援助系统固然必要，建筑与城市也应该重新检讨，应该努力营造一个养育孩子比较容易的环境。

①养育孩子所需的环境

作为育儿援助设施的婴儿保健所，其设备设施必须要完备。生育和工作相冲突的地域和职场，必须充实有效地支援系统。对孩子的抚养，也要建立持续性社会保障系统。同时，要及早建设婴儿健康发育的育婴环境。

②育儿支援场所

要完备育儿支援机构，进行收集养育信息，传授养育知识，举办育儿座谈会等活动。对养育孩子实施有效援助。

③容易抚养孩子的居住环境

要开发集合住宅等，以养育孩子为主题的住宅。住宅最主要的功能，原本就是为了养育后代。

④为了孩子，要重新检讨所有的建筑与城市要素

养育孩子容易的环境，也是孩子健康成长的环境。很有必要从养育孩子的角度，重新检讨所有建筑与城市建设中的环境因素。

10. 育儿环境的形成战略

要形成抚养孩子的环境，必须从建筑、城市、园林等硬件环境和保健、教育、医疗等软件环境，综合战略性思考。但是，目前的日本行政体系，在这方面存在许多缺陷，还没有形成统一的、有效率的政策。孩子们的环境，也需要把硬件和软件环境融合起来。例如：公园环境中，必须配备游戏带头人或游戏专家等成人，配合孩子们完成游戏活动。这在欧洲的公园中是很普通的一件事情。其实在日本的大正年代到昭和10年（公元1935年），在东京市的公园管理科，曾经设立有儿童游戏担当的专门职业。现在的世田谷游乐公园，由市民独立经营，这个问题也就迎刃而解。类似这样的活动，应该向全日本推广。我们认为，孩子的抚养环境问题，是日本最大的环境问题之一。为了承接下一个日本的孩子们的全面健康成长，作为大人的我们，必须加快建立综合性战略方针。为早日形成或重新构筑孩子们的抚养环境，做出贡献。

（仙田 满）

12.2 自然体验型游乐场建设

1. 自然与游玩

让孩子们体验自然环境的重要性是显而易见的。对这个问题，没有人会持有不同意见。说到自然和孩子，首先想起来的是卢索的一句话："回归自然吧！"在他的著作《两情人：新爱洛绮丝》里，把孩子的内心世界与自然环境或者与自然状态的外部世界之间的重要性，结合孩子主体和自我成长，予以论述。按照老卢索的教育理论，教育孩子最理想的方式，是在田园环境中，顺从自然的安排进行。卢索绘制了自然与社会的对立图表，指出："人类天生原是善良，就是社会把人类推向堕落"，矛头直指城市。他接着指出："城市是人类堕落的根源，过不了几个世代，生活在城市的种族就会灭亡或者颓废。有必要重新复活他们。重新复活的希望永远在农村。"[1]他的这番论调与18世纪法国革命之前的当时社会背景是分不开的。听起来虽然有些极端，却对强调城市与农村交流的当今社会很有意义。

当今社会，环境问题日益深刻，都在讨论环境教育的重要性。从中也可以看出，体验自然环境的重要性。在这里，列举很有代表性的例子：发表有关农业污染问题的著作《沉默的春天》而被世人所知的作家雷切尔·卡森，撰写了另一本著作《惊奇的直觉》[2]。书中的女主人公带着侄子劳佳去体验大自然，被孩子发现的美丽世界所感动。孩子很具体地讲述对大千世界的惊奇的感觉和认识。看过这本书的读者的共同感觉，都是久久地沉浸在故事之中。就像手里的这本翻译书绝版了，也会在草根市民的援助下，实现再版那样，意味深长。

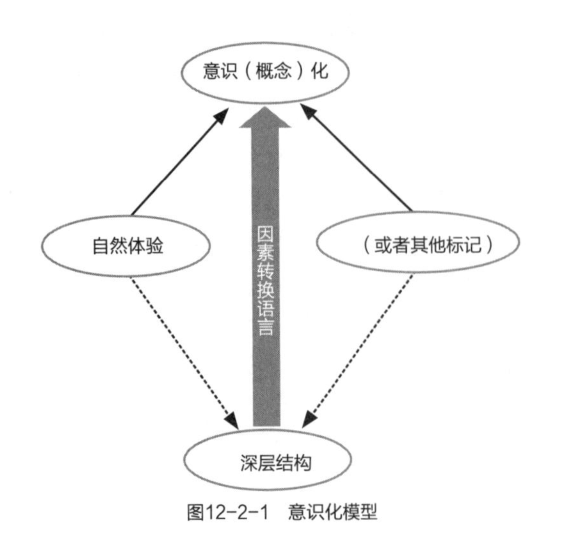

图12-2-1　意识化模型

孩子是无理由地感受自然。与其说在自然中学习知识，不如说从自然中积累经验显得更为恰当。我们为什么能够活在世上？按照格雷戈里·贝特森学说的见解是："人类也是属于生态学的生态（生命与环境合二为一的永恒的真理）。"[3]幼小的孩子可以回答这个问题，也许这个感受就是与该书产生共同感觉的缘由。

下面是听力练习中的一段话：

"一大早，去农田取水处干活，看见蜻蜓站在蛹壳上静静地待着，尚不会飞。这家伙是好厉害的大蜻蜓啊！你要用艾蒿草抓住这家伙，可不能用手喔！"（山形县鲑川村54岁男性）[4]

这种通过游戏获得的经验，会长久留在孩子的脑海中。用语言回答以后，孩子的意识，将会更加深刻。国分一太郎把它表述为："温柔的故事"[5]，并接着进一步解释："孩子的身体本身也是自然，光滑的皮肤、筋肉、肠肚、血液，还有骨头都是。灵魂之源——神经和大脑也是。都是物质形式的自然。既然如此，想使孩子的神经和筋肉更加具有柔韧性，就必须让他多和自然相接触。"自然中体验的身体感受和言语的应答，是一种细致的拼法活动。最近，孩子们因简单的小事，互相常说："不和你玩。"这是不是自然体验和自然身体之间的不离不弃关系被切断的一种表现呢？

国分一太郎的表述和语言学家乔姆斯基的深层结构理论组合在一起，游戏中的自然体验和言语中的意识心得，也可以用图表形式表示（图12-2-1）。

2. 身边的城市公园成为自然体验型游玩场所的可能性

作为自然从城市中消失的代价，城市中，一般都配备有公园。因公园里有很多树木，认为公园是自然空间，作者未免有些抵触心理。如果认为公园可以替代自然空间，无论如何不能接受。自然可以分三个层次，即：一次自然（天然、原始自然），二次自然（山村的共存型等），三次自然（庭院、公园等人工自然）。可见公园是人为空间。公园主要是为城市生活提供休息、情趣和快乐（舒适）的空间。公园迎合城市生活的便利性要求，时常整治落叶、虫害，设置防范等设施。地表面为了收集雨水和治理杂草，做了防尘等铺装。与自然作比较，差距还是很大，从功能上完全脱离了自然的概念，只是在视觉上，给予自然的感觉而已。

尽管如此，孩子们在公园，通过树木和花坛里的花草中聚集的昆虫等，也许还可以感受自然。不过，如同有树木却很少有爬树的孩子，孩子内心的自然世界多少还是有些单薄。有些孩子们希望在公园玩一玩球类游戏。遗憾的是，在孩子们身边的街区公园，通常都竖立着“禁止球类游戏”的告示板。可以进行球类游戏的运动公园，并没有随处设立。连邻近公园的设置，都不那么完备的“公园不发达国家”就是日本。这是不争的事实。为了达到人均公园面积与欧美持平，在绿色规划中也确定了目标值。由于没有土地保护方面的明确方针，只好把民间绿地、河边绿地等统统计算在内，勉强达到绿色标准。也就是说，绿色基本规划的着眼点放在视觉性绿色上，提高公园品质等问题都放在次要位置。

再谈谈城市的公园体系。以儿童游戏为对象的儿童公园，改名为街区公园以来，对儿童游戏的关注度，更加淡薄，倒退了一大步。这也是少子高龄化社会的一个缩影。说起来，大正年代到昭和初期，引进美国式的儿童游乐场等，“末田”的民众纷纷充当公园儿童指导。那是一个何等的气势？如今的城市公园里，早已销声匿迹。

况且，在公园中，还发生孩子卷入犯罪的案件。不留死角的公园布置计划和管理问题，摆上议事日程[6)]。既然公园难免人员密集和使用，而且大白天也要全方位监控，索性在公园建设阶段，让住民参与进来，与住民共同协商建设计划和内容，也许效果会更好。公园虽然姓公，但只要大家把它当作自己的东西一样，表现出热情和爱心，使用和管理之间，便会产生密切的关系。公园的建设事业，由于住民的参加，也会得到加速发展。

在横滨市，从世田谷区的公园建设试点开始，如今几乎所有的公园建设，邀请住民参加成了惯例。其中有不少是具有地域特性的自然公园建设项目。横滨市的住宅区，还保留着丘陵地形自然特性。这些自然斜坡中，有一部分是自然生态区域。这种地方的公园建设，充分融入居民儿时的记忆等场所的温柔特性。“鹤见区”的螃蟹山公园建设，就是其中的初期案例。世田谷区的狗尾草公园，原本是人工场地，改造时，基本不做太多改变，只是引入了水系。利用水系和粗犷草地，唤起居民童年的回忆。“三鹰市”的“新川丸池”公园改造，始于住民的圆形水池的复原诉求。根据住民的回忆，本打算建设兼做儿童游泳的水池。考虑到安全等责任问题，最终没有采纳游泳事项。建成之后，经过协商，允许孩子们在此进行钓鱼等活动。

在世田谷区的太子堂2·3丁目等密集城市街区，虽然很难找到一块完整的公园用地，但还是建设了许多袋型公园，成了袋型公园样板城市。最初完成的袋型公园——蜻蜓广场，参照了居民的过去记忆。此外，采纳游乐场运动俱乐部建议，没有进行防尘铺装，保留了原土状地面。总之，在公园建设中，体现一部分自然因素还是可能的。虽然在某种程度上，会带来一些不便，但这种麻烦是可以克服的，也是值得的。一起协商并制定各方满意的建设计划，尽量恢复儿时的原样风景，还给现在的儿童，一个自然因素非常有意义。不然的话，只顾眼前便利，小型自然就会永远消失。

3. 空地式自然体验

“探险游乐场适合在一块空地上建设，它会根据孩子们的游玩，依次改变形状。”这是大村虔一氏讲过的话。这句话是作者在1978年，做羽根木游玩公园建设志愿者时听说的，至今记忆犹新。他把探险游乐场介绍到日本并且成功实现。

1945年，诞生于丹麦的探险游乐场，却在英国非常盛行。在英国的探险游乐场中，有的专门为残疾儿童建造。访问位于切尔西的游乐场的时候，惊奇地发现，游乐场的室外区域非常杂乱，到处都是沙地和水坑。一打听才明白，残疾儿童在这里穿着简易潜水服，玩沙堆游戏或者跳进水坑里游玩。让残疾儿童在水火土木的自然因素中，发育成长。对温度敏感的残疾儿童，给穿上简易潜水服，安心地让孩子们接触自然。

访问瑞士的探险游乐场的时候，同样打听到与5个自然要素相关的话题。在瑞士的探险游乐场，有一句警句：“什么都自己做。”把着眼点放在开发孩子们的自发性和自主性上。援引《鲁滨逊漂流记》中的无人岛生活故事，探险游乐场取名为“鲁滨逊游乐场”。去访问位于巴塞尔的游乐场的时候，刚好遇见孩子们在废材游戏场，用铁锤在木板上打钉子，在造小房子。有的孩子们在挖土沟，造水渠，最后演变成用水管互相泼水的戏水游戏。衣服被淋湿以后，利用废木料做成篝火堆，围在一起取暖。亲眼看到孩子们在游玩中，很自如地与自然的5要素相接触。

原风景词语的广泛流行，得益于奥野健男的著作《文学中的原风景》[7]。他在书中，分析总结自己成长过程中的心中的风景，取名为“原风景”。他的一生跨越近代和现代两个时代。在他的“原风景”中，也包括从农村到城市的近代化过程中，经常看到的“空地”。与巴什拉的《空间的诗学》一样，认为水、火、土、空气等4个物质元素是诗歌想象力的源泉，并且在“空地”中，发现了这个源泉。

在就近可以体验自然的地方，就是这种“空地”。看一看“空地”中的杂草模样，便可以感受季节的变化。注视“空地”，便会想起：儿时在“空地”踢足球，球滚进草丛，惊动蝗虫乱飞的情景。现在的空地，通常是把四周都围起来。根据地方政府的暂定措施，对来不及改造成公园的空地，作为税收优惠措施的交换条件，允许在一定的时间内，开发儿童游乐场。

最初的探险游乐场，的确在空地上，存在了一定时间。到1979年，终于在“羽根木”地区公园内，成功建设游乐园。带孩子经常来这里的三轩茶屋——太子堂的妈妈们，也想在自己的街区的空地上建造游乐园。于是，组织起来投入到游乐场建设活动中。终于在20世纪80年代建成并投入使用，取名为：“太子堂游乐场”。妈妈们也把自己儿时的“原风景”表现在游乐场里。如：地上挖坑、盖了用于玩捉迷藏游戏的城楼、架锅生火做饭烧菜。该游乐场，充分吸收周边居民和街

照片12-2-1　“空地”游戏：太子堂游乐园的活动

区协会的意见和建议，在空地上建起了设施完备的儿童专用游乐场。

但是在后来的实际活动中，也遇到了一些问题。由于做了防尘铺装，不能随意挖坑；因安全原因，不能随意使用明火等，有些活动处于停滞状态。作者也曾经在类似的游乐场做过游戏带头人，亲眼见过：在寒冷的天气，让孩子们围在铁桶边取暖，没有其他有趣的活动，来游玩的孩子数量很有限。也感到，孩子们使用一些表面材料都要受到限制，孩子们的主动性和积极性肯定大打折扣，未免有些过于严格。

在同一个时期，其他地域中，也有类似的空地活动。有的地域还发生了住民反对把大空地改造为运动公园的活动。仅依靠妈妈群体对空地的依恋和心情，与公园制度和体育组织体制相对抗，企图通过自己的意愿，还是有局限性。

可喜的是，"空地"类型的公园，也开始在各地尝试。如何达成一致的意见，成了问题的焦点。例如：大田区草丛公园的做法是，有意向的住民经过与政府协商以后，实施保留草丛形态的公园改造。改造完成以后，由住民自主运营。改造的设想中，有意识地把自然要素和艺术的情感相结合，突出活动的表现性。各种活动的内容和评论，由草丛通讯刊物定期报道。

在世田谷，第三个改造完成的游乐园是"驹泽空地"。在建设中，依据市民的活动建议，保留"空地原风景"。在这里，曾经举办过爵士音乐会。大人们也可以在这里进行表现活动。

4. 自然体验的学习与游乐场

综上所述，城市里的自然体验型游乐场，可以在城市公园体系内筹建，也可以利用"空地原风景"，建设探险游乐场等形式的游乐场。需要解决的问题是，制定各方满意的实施计划和运营管理体系。

在羽根木游乐场，也发生过自然体验型游乐场与自然保护相矛盾的场景。以环境学习为目的的生物栖息地等场所，是否可以作为游乐场？看见水池子，立马卷起或提着裤头，把脚放进水中，这是孩子的天性。孩子的学习和游玩没有明确的界限。当然，一味地强调游乐场，对生态系肯定会有影响，生物栖息地也只能是形式。

走进公园，到处都能看到生物栖息地、蜻蜓水池。让孩子们跳进水中，互相打水嬉闹；让孩子们沉溺于自然中，是不是更好一些……让孩子们承担水池的管理义务，适当地允许他们戏水游玩，这种方式值得试一试。生物栖息地、蜻蜓水池等设施，包括孩子们的游玩在内，从生态学角度考虑，保障适当的深度。

也许是农业的衰退，没有农家治理的缘故，在城市的远郊区，有很多山村和谷津田，处于荒废的状态。有一些城市的市民，发起了保护这些地区的活动。这些地区，对孩子们，是学习自然生态的宝贵场所。与市民团体的保护活动相呼应，一些家庭带着孩子去参加除草等的作业。家族的这种活动，虽然带有某种休闲的意味，可孩子们在水渠中抓河蟹、在草丛中捕捉蜻蜓等，玩得不亦乐乎。最后，亲人们耐心教育孩子，让孩子自己把捕捉的生物放回原处。看到这些，由衷地感叹：不愧是热衷于环境保护事业的家庭！

横滨市，开创了把广大的荒废地区当作城市公园来开发的成功先例，它就是横滨市舞冈公园。公园建设中，市民团体"舞冈清水绿色协会"的贡献，众所皆知。从开发建设到运营管理，该团体的身影无处不在。在这之后，在市民保护活动的推动下，其他地域也陆续实施自然型公园开发事业。

市民绿地制度，是通过税收优惠等措施，推动私有绿地向市民开放的制度。这个制度的实质就是，如何处理市民与运营管理之间的关系。使用者的习惯和所有者的处置方式等，都会影响绿地的使用频率和正常使用。这种情况经常发生。这种情况下，关心绿地人士的参与很有必要。通过协商和举办观察会等形式，确定使用者的节制范围，学习和保护自然生态。使绿地运营处于比较理想的状态。过去，孩子们在这种绿地上的游玩形式很多。有的孩子爬上树，在树上放置小屋当作秘密隐藏所，与伙伴们一起玩寻宝游戏。作为自然体验场所，只要孩子能够感觉到，来这里好像有大欢喜把他们围在中间，孩子自然会学习和体验更多的东西，大自然也会给孩子更多的启发和灵感。

千叶市正在推进居民参加型游乐场建设计划。该计划就是，在城市绿地保护地区内，建设一处周围与绿地保护区相连接的儿童探险游乐场。探险游乐场的主题是："孩子们的森林"。因孩子最喜欢的地方是城市公园，因此，把城市绿地保护法指定的绿地保护地区，结合市内绿地的有效布置，与住民一起，尝试建设使孩子们可以体验自然的游乐场。有关游乐场建设宗旨，有以下说明：

"从今往后的30年～40年里，在附近森林中，可以抓独角仙等昆虫，可以爬爬树或者生篝火吃烤芋头，可以在小河里或者小池子里戏水或抓小鱼等，尽最大努力为自然环境注入活力。让孩子们自由地念想，尽情地游玩。游玩的内容，是不是太多呢？近年来，身边的自然环境逐渐在减少，孩子们的游乐场所大都集中在公园或广场。由于安全方面的考虑，这些地方设定许多'不可以做的事项'。公园确实也达到了休闲场所的安全、舒适的目的，受到各位的青睐。从另外一个方面，由于设置过多的行为规则，无法满足孩子们自主性的、自由的游玩需求。

为此，我们也在构思：如何满足孩子们自主性的、自由的游玩需求，如何让孩子们通过自主的游玩，懂得何种游戏有多大危险性，如何培养孩子们的自主性和社会性，这样的场所在哪里？我们的回答是——'孩子们的森林'可以做到这一切。"[8)]

在21世纪，我们要克服重重困难和障碍，努力建设自然体验游乐场，让我们的下一代继承"原风景"，意义深远。（木下　勇）

图12-2-2 "来自孩子们森林的信"（千叶市城市局公园绿地部绿政科）

12.3 适合孩子的环境设计

1. 便于孩子游玩的空间结构

有一些空间结构，对孩子们游玩比较方便。作者把它取名为“游玩环境结构”。这个“游玩环境结构”，是根据孩子们游玩所使用的游戏工具的调查研究中，推导和总结出来的。

孩子们在游玩时，根据公园、幼儿园、小学校等不同的游戏工具，调整游戏方式。我们可以把它称作“针对游戏工具的游玩方法”。下面让我们看一看，针对“滑行台”，孩子们是怎样展开游玩行动的。2岁的儿童，在滑行时，不容易掌握自己的身体重心。由于头相对较重，滑到下面时，总是头先着地。经过反复滑行，孩子总算可以调整滑行时的重心。3岁的孩子就不同，可以很熟练地调整好重心，很麻利地滑下来。更有甚者，滑行时，把脚放在手上、头朝下、跪着等，表现不同的滑行方式。试图采取更为惊险的、快速的、甚至模仿大人的滑行方法。可以说，这个阶段是儿童在开发滑行技术时段。孩子到了4岁，通常把“滑行台”当作与捉迷藏游戏一样的伙伴群游戏（图12-3-1）。

虽然是同一个“滑行台”，不同年龄段的儿童，其游玩方法却大不相同。我们在这里，把2岁前后儿童学习滑行技能的阶段称为技能性阶段；把3岁孩子熟练地滑行或者试图表现各种滑行方式的阶段称为技术性阶段；把4岁孩子将“滑行台”当作伙伴群游戏的阶段称为社会性阶段。

作为幼儿园的游戏工具，从1975年开始，每年开发4到5种类型。带到幼儿园，观察孩子们使用情况时发现，容易成为社会性阶段的游戏工具，最吸引孩子们的眼光。包括公园的、国外进口的，把所有游戏工具放在游乐场，来分析孩子们的利用情况。得出的结论是：社会性游戏即伙伴群游戏成立，有7个必要条件。我们称之为“游玩环境结构”，7个必要条件如下：

①具有循环功能；

②循环通道安全且有变化；

③具有明显标记的空间和场地；

④循环中，有局部“刺激性”可以体验；

⑤具有可以利用的近道；

⑥循环场所范围内，具有小型或一定规模的广场；

⑦游戏工具具有多孔结构形式。

“游玩环境结构”的7个必要条件，不仅适用于游戏工具，也适用于游乐广场、适宜游玩的街区等结构。作者把儿童时期的游玩风景取名为

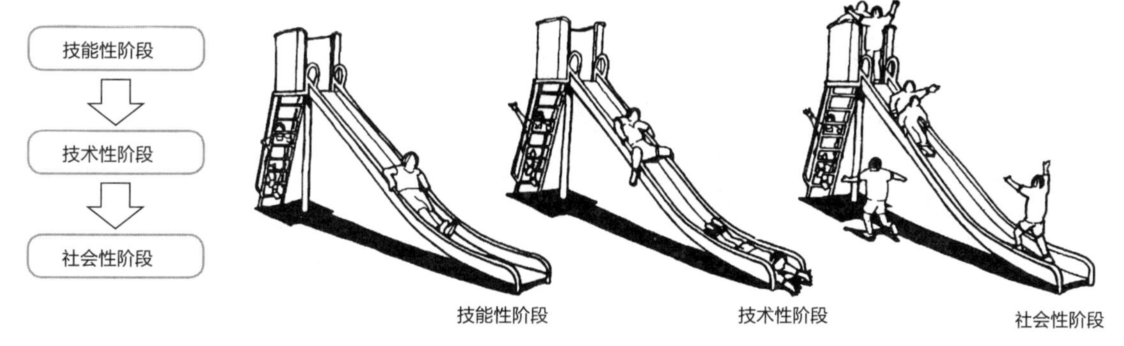

图12-3-1　针对游戏工具的游玩发展阶段

"游玩原风景"，针对大人做了问卷调查，得出了印象最深刻的游戏空间。除了游戏空间的摆设的重要性以外，同时还有节日庆典、传统祭奠活动、发生新鲜事等因素的，占绝大多数。"游玩环境结构"的7个必要条件，同样适用于调查分析结果（图12-3-2）。

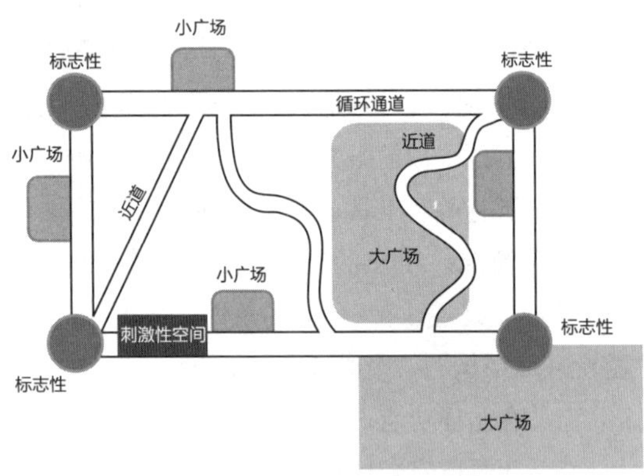

①具有循环功能
②循环通道安全且有变化
③具有标记显眼的空间和场地
④循环中有局部"刺激性"可以体验
⑤具有可以走的近道
⑥循环场所具有小型或一定规模的广场
⑦游戏工具具有多孔结构形式

图12-3-2 "游玩环境结构"模型图

2. 儿童的行为与空间

仔细观察幼小儿童的走路样子，就可以发现，孩子行走的路线不是直线。被称为人类的生物，其走步甚至跑步，原本就不是径直。观察人行走轨迹，成人的情况是平缓弯曲，而幼小儿童的情况是不平稳，摇摆幅度很大。我们一般在设计房屋时，把空间做成直角。而人类当然不能直角拐弯。幼小儿童更是弯弯曲曲地走路。3至4岁的儿童和小学生相比较，其步行速度要快。而且步行和跑步的界限不明显。根据以上分析，对儿童使用的空间，尤其对走廊空间，必须保证足够的宽度，而且要做阳角护角或切角。万万不要以为孩子小，走廊便可以狭窄。比较理想的走廊宽度是3m左右，拐角处的宽度也要2.6m以上（图12-3-3）。

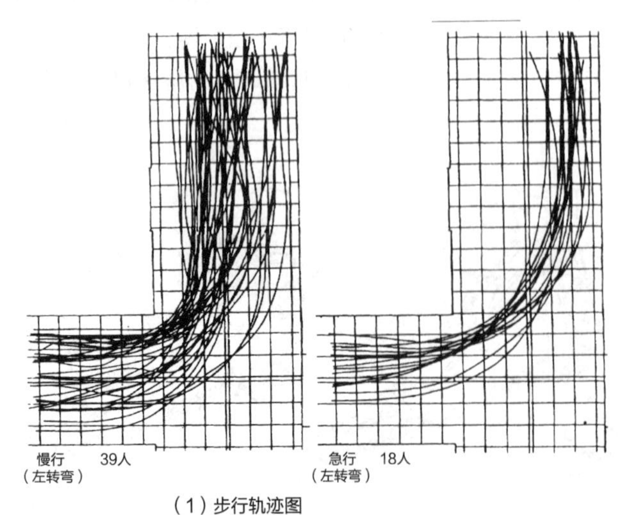

（1）步行轨迹图

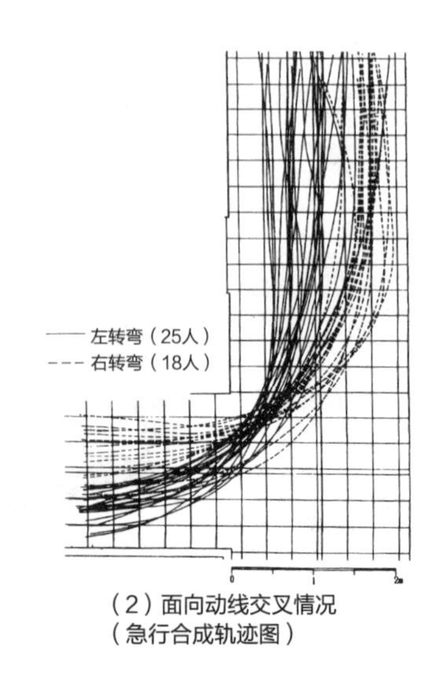

（2）面向动线交叉情况
（急行合成轨迹图）

图12-3-3　人在走廊的步行轨迹

1）安全性

幼小的儿童经常受磕磕碰碰的小伤。也许正因为受一些小伤，儿童自己掌握不受大的伤害的方法。仔细查看儿童受伤的过程，总的来看有三种情况。第一种情况是由于孩子的自身行为或者穿在身上的衣服等原因造成。孩子经常是调皮、闹着玩、背着小包游玩。偶尔也发生顽皮地推倒其他孩子的情况。有时用很无理的姿势从滑行台上滑下来。第二种情况是由于游戏工具本身的原因造成。因游戏护栏高度不够，引起孩子摔倒时，有可能发生孩子越过护栏摔下来的情况。也有背包被挂在扶手，缠住滑行的孩子等，游戏工具的结构不合理引起孩子受伤。第三种情况可以说是环境问题。如：孩子被摔下来的地面采用了坚硬的铺装或者有石块等，有可能使孩子受到严重的伤害。当孩子在高处被背包缠住，由于环境问题的原因，不能及时被发现和没有及时被解救出来，也有可能造成惨重的后果。

以上，孩子受伤的原因，可以简单概括为：一是孩子自身，二是游戏工具，三是环境。当三种情况，以各种形式被突破时，就会发生事故。如果这三种情况都处在安全状态，一般不会发生事故。儿童游玩的环境，必须具备安全保障。对三种情况的各种可能性，要加以细致地研究分析，确保其安全性。

2）室内外过渡区

过去的日本住家，都有外走廊，有的地方也叫做绿色内侧。这个空间，对孩子是非常重要的地方。据说过去的25年间，日本住宅的75%是重新盖起来，其中的大部分新建住宅，都没有绿色内侧、遮得严严实实、密不透风、只留下一扇小窗户。具有外走廊的旧式日本住宅，剩下不足1/3。在过去，走廊是孩子非常重要的游玩空间。从被确认为日本式古代民居的“寝殿造”时期开始，走廊一直兼做孩子的游玩空间。现在日本的许多幼儿园设置的露台，就是这个传统留下的痕迹。这种连接内外空间的走廊，小学校应当积极采用。根据作者的研究，适宜的走廊宽度是3m左右，2m以下只能作为通行空间。在走廊，休息片刻或者游玩或者作为其他用途，3m左右的宽度是需要的。

3）儿童保护者使用空间

不仅在幼儿园、保健所、小学校，在儿童游乐设施中也应该设置儿童保护者使用空间。以前的儿童游乐设施，似乎不怎么需要。可是现在不同，由于游玩工具种类繁多，儿童保护者本身游玩经验不多，有时还需要与儿童一起游玩，设置儿童保护者使用空间，显得越来越重要。有些幼儿园还成立“生父会”的组织，鼓励父亲们积极支持幼儿园的各项活动。尽量给儿童保护者的接待业务提供方便。同时考虑到，同行之间针对育儿、教育、保健等，相互学习交流的机会和次数逐渐增多，应当提供大一些的使用空间。

4）庭院和校园

庭院和校园不应该认为是仅仅用作运动会的场所。现在孩子们可以游玩的场所，只有校园和公园。因此，很有必要把校园和公园改造成适合孩子们游玩的场所。遗憾的是，多数庭院和校园都是学校举办运动会的地方，只设置一圈跑道。应该设置一些林地、水池、生物栖息地等，为孩子们的游玩创造条件。作为体育运动的空旷场地，理所当然也必要。要想办法，把学校空间建设成丰富多样的游玩空间（照片12-3-1～照片12-3-3，图12-3-4）。

3. 儿童使用的住宅

住家原来的功能，就是生育孩子的场所。住家的存在可以理解为：为了家族和孩子。现代住家布置，对孩子的关注，往往欠缺。孩子使用的住宅，希望能够遵循以下细则：

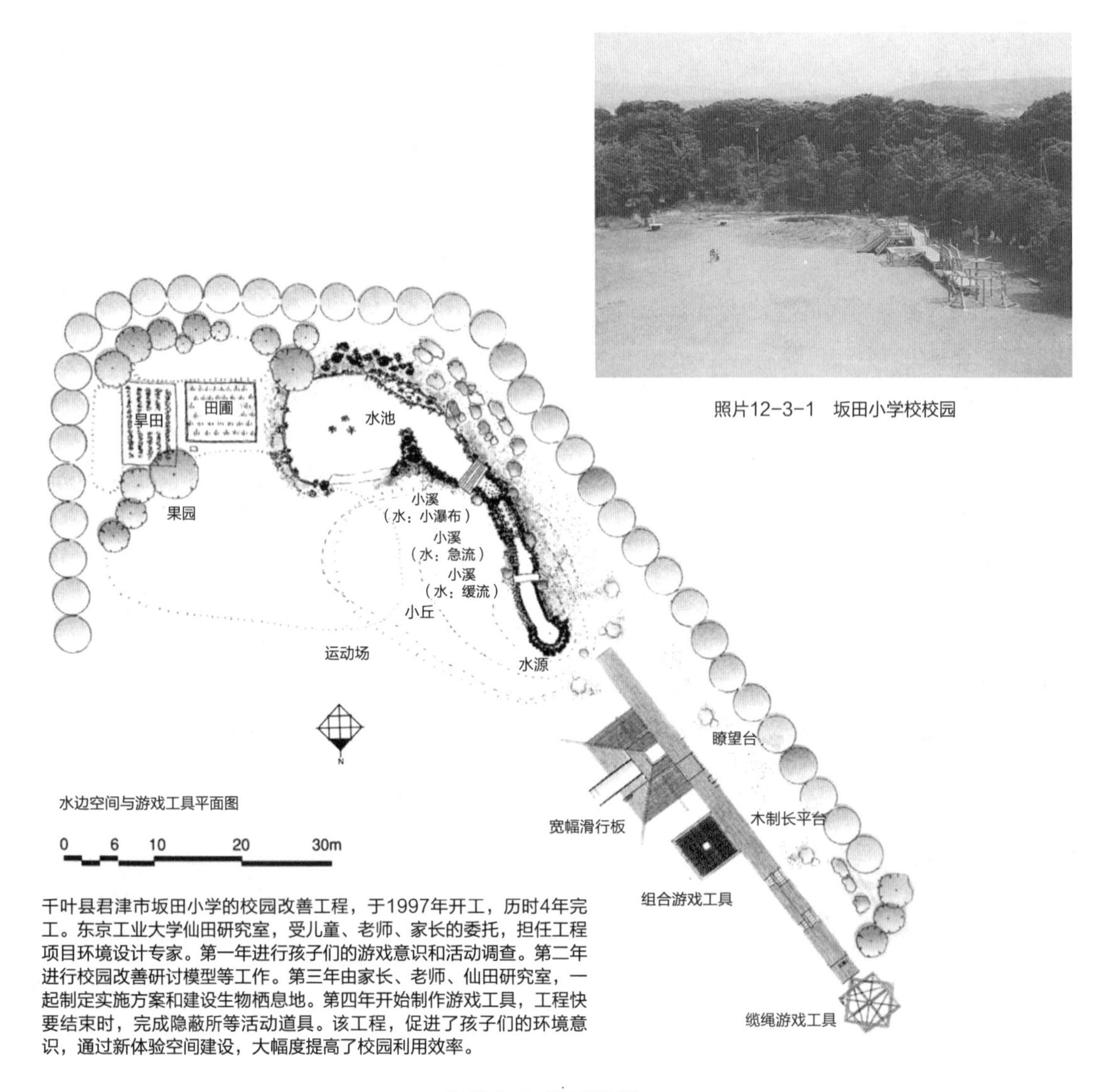

照片12-3-1　坂田小学校校园

千叶县君津市坂田小学的校园改善工程，于1997年开工，历时4年完工。东京工业大学仙田研究室，受儿童、老师、家长的委托，担任工程项目环境设计专家。第一年进行孩子们的游戏意识和活动调查。第二年进行校园改善研讨模型等工作。第三年由家长、老师、仙田研究室，一起制定实施方案和建设生物栖息地。第四年开始制作游戏工具，工程快要结束时，完成隐蔽所等活动道具。该工程，促进了孩子们的环境意识，通过新体验空间建设，大幅度提高了校园利用效率。

图12-3-4　平面布置图

照片12-3-2　校园内的游戏工具：通过孩子、家长、老师的讨论，建成生物栖息地和游戏工具。

照片12-3-3　隐蔽场所制造：利用竞选宣传后废弃的木合板，举行各种娱乐活动。

①确保孩子自由活动的开放空间。住家条件狭窄时，尽量不使用椅子、高桌子，使用低矮桌子。

②地面采用弹性好、安全性高的材料。应采用带龙骨木地板，在混凝土地面，直接采用镶嵌长条形复合地板时，上面应铺设地毯。

③孩子在地面上，会经常摔倒或翻转。不要放置坚硬物品。

④家具等的边缘，避免出现棱角，要做半径5mm以上的倒角。

⑤孩子有可能爬上家具，一定要注意家具的稳定性。

⑥房间色彩要丰富。

⑦孩子的房间，在小学、初中前，可以设在角落部位，但要注意不要过于封闭，房间位置选择起居室或餐厅附近。

⑧保持内外空间的连续性，用心保持走廊空间。

⑨阁楼等不经常使用的房间，可以作为孩子的活动室，对培养孩子的创造力，很有益处。

⑩房屋格局原则上，以2层以内为主，楼梯动线应连续，最好有2个楼梯。

⑪孩子房间的外观，要做到一眼能够认出。窗户采用格栅式。

⑫要充分考虑扶手的安全性。

⑬庭院尽量做到宽敞、绿叶茂盛。鸟类等生物能够光临的环境更佳。

⑭孩子主要生活的空间，要明亮。最好是南向空间。

⑮庭院采取原土或草地，便于孩子在此自由地刨坑或游玩。

⑯庭院最好是南向，最好是可以围绕住家一圈。

⑰住家布局，方便孩子自由外出游玩。

⑱利用屋顶做孩子游玩空间，也是不错的选择。

⑲住宅内外，多布置与孩子们的房间类似的布局方式。

⑳厨房和餐厅位于房屋中心，要宽敞、明亮、舒心，空间应满足家族聚餐。

㉑卫生间、浴室要敞亮。平常尽量处于开启状态。

㉒孩子的房间，尽量不要划分功能。但“学习区”、“换衣服区”、“睡觉区”等空间，可以划分。

4. 把绿色空间引到孩子们身边

绿色空间即自然空间，对孩子的生长发育，极其重要。公共绿色空间，在居住区域的比例，达到25%～30%的程度比较适宜。在城市开发中，要求的绿化率指标义务只有3%，仅为合适比例的1/10。城市的高层居住区域，有众多停车场，地面几乎被立体停车场所占据。停车场应该向地下发展，把地面腾出来做绿色空间。让孩子们就近接触自然性空间。这是目前迫切需要解决的问题。

1）要建设孩子们可以在路边游玩的环境

园林学者大屋灵城，在大正年间，最先开始进行日本儿童的游玩环境调查。当时的孩子们，几乎都是在路边玩要。都说日本的城市文化是道路文化，孩子们的城市游玩文化也是依赖道路。第二次世界大战结束以后，汽车交通的发展，导致路边游玩趋于消失。在居住区域，有必要采取设置限速突起带、疏导拦板等限制车速的措施，营造汽车与儿童玩要共存的环境或者在一部分区域禁止汽车通行，保护儿童玩要空间。

2）游玩体验必须多层次化

最近常常听到：“孩子们没有在公园玩。”孩子们在公园玩要，住在附近的居民就诉苦：“太吵了，能安静地玩吗？”就连幼儿园、保健所等都觉得是麻烦的设施。孩子的培育环境问题，可以说是大人自己的问题。孩子天生就是通过体验游戏，再要求更高层次的游戏体验。满足于现状的孩子，可能是因为他没有体验过游戏。不让孩子体验各种游戏，孩子就不可能健康地生长和发育。

5. 培育空间的力量和创造力

空间和物质是具有力量的。不管是孩子还是大人，都有各自喜欢的形状、颜色、食物。这种“嗜好”与儿时的体验是分不开的。孩子的培育环境需要空间的力量。良好的空间，有神奇的力量，让孩子健康地成长。良好的空间，给予孩子朋友和好伙伴，培养孩子具有社会性。保育者、保护者、孩子周围的其他大人们，为了孩子，必须完善良好空间和环境。虽然大人决定孩子的活动，切记：物质性环境对孩子的影响也很大。孩子们不像大人那样，行动前要思考。也不会按照已经掌握的知识去活动。孩子们都是直接在环境中学习。对直接行动的孩子来说，不同的环境影响差别很大，这是因为环境具有开发孩子的能力和行动的力量。

动物学家德兹蒙特·莫里斯曾经这样讲：“游戏是奖品，它会带来创造性开发。”他是通过年轻的黑猩猩给他椅子坐的行为，得出上述结论。对孩子，环境就像这把椅子，孩子们在环境中开发游戏和创造性。

（仙田　满）

第12章 注・参考文献

◆ 12.1 —注

1) ロバート・フルガム『人生にとって必要な知恵はすべて幼稚園の砂場にあった』(池央耿訳、河出書房新社、1990 年)

◆ 12.1、12.3 —参考文献

○ 仙田満『こどものあそび環境』(筑摩書房、1984 年)
○ 仙田満『あそび環境のデザイン』(鹿島出版会、1987 年)
○ 仙田満『こどもと住まい　—50 人の建築家の原風景』上下、住まい学体系 32、33 (住まいの図書館出版局、1990 年)
○『Design of Children's Play Environments』(1992 年、McGraw-Hill 社)
○ 仙田満『子どもとあそび　—環境建築家の眼』(岩波書店、1992 年)
○ 仙田満『環境デザインの方法』(1998 年、彰国社)
○ 仙田満『対訳こどものあそび空間 Play Space for Children』(市ヶ谷出版社、1998 年)
○ 仙田満『Play Structure　こどものあそび環境デザイン』(柏書房、1998 年)
○ 建築思潮研究所編、仙田満ほか共著『建築設計資料 76　児童館・児童文化活動施設』(建築資料研究社、2000 年)
○ 仙田満『幼児のための環境デザイン　園舎・園庭を考える』(世界文化社、2001 年)
○ 仙田満『環境デザインの展開』(鹿島出版会、2002 年)

◆ 12.2 —注

1) J.J.ルソー『エミール(上)』(今野一雄訳、岩波書店、1962 年)、p.66
2) レイチェル・カーソン『センス・オブ・ワンダー』(上遠恵子訳、祐学社、1991 年、新潮社、1996 年)
3) G.ベイトソン『精神と自然』(佐藤良明訳、思索社、1982 年)、p.161
4) 木下勇「三世代への聞き取りによる農村的自然の教育的機能とその変容〜児童の遊びを通してみた農村的自然の教育的機能の諸相に関する研究　その 2」『日本建築学会計画系論文報告集』第 450 号 (1993 年)、pp.83-92
5) 国分一太郎『しなやかさというたからもの』(晶文社、1973 年)、pp.195-196
6) 中村攻『子どもはどこで犯罪にあっているか』(晶文社、1999 年)
7) 奥野健男『文学における原風景』(集英社、1972 年)
8) 千葉市都市局公園緑地部緑政課計画係『子どもたちの森づくり便り No.1』(2002 年)

案例　12-1

三代游乐场地图制作

◉三代同堂游乐场地图

这是1981年的故事。在空地上建设的游乐场遭到周围住民的不满，在公园建设中，又与街区内部协会产生冲突，世田谷区太子堂的母亲俱乐部陷入了困境。城市规划和建筑方面的年轻学者和学生成立“孩子的游戏与街区研究会”团体，制作完成三代同堂游乐场地图。他们积极参与商谈，试图化解各方的矛盾。他们从对手街区内部协会的长者那里，听到老人家童年时代的有趣故事。于是，以土生土长的老年人、父辈、孩子等三代为对象，进行了本地住民的口述故事调查。他们拟定的问答题目是：“以前的游玩活动是在什么地方怎样进行的？都和谁一起游玩？当时游玩场所的情况又是怎样的？都使用什么样的工具在游玩？”每个世代调查20人，每人讲述2个小时左右，并且做了详细的记录。在认真整理这些记录的基础上，绘制出三张不同世代的游玩场所地图。这三张地图，在某种程度上反映了街区的变化。

在制作地图的过程中，当地住民对孩子的游玩环境，给予充分的理解。此外，地图中标记的口袋型公园和早已变成暗渠的河流等，对居民参与的街区建设，提供了依据，对地域性记忆的复原和河流的重生，作出了贡献。

◉三代同堂游乐场图鉴

上述童年时代的游戏故事调查，尽管包含有一定的个性成分，但整理后发现了若干共同事项。于是，童年时代的游戏故事调查继续进行。总计调查150人，将所有共同事项，汇集成55张图形表示出来。就是《三代同堂游乐场图鉴》[1]。图鉴共分“游玩”、“形象”、“场所”、“设施”、“自然素材”、“游玩伙伴”、“欢乐街区”等7大事项。通过三代童话故事，完整地勾画出孩子的世界。以孩子的视角，描绘出一个街区变迁的曼陀罗世界。　（木下　勇）

◆注

1）子どもの遊びと街研究会編『三世代遊び場図鑑』（風土社、1998年）

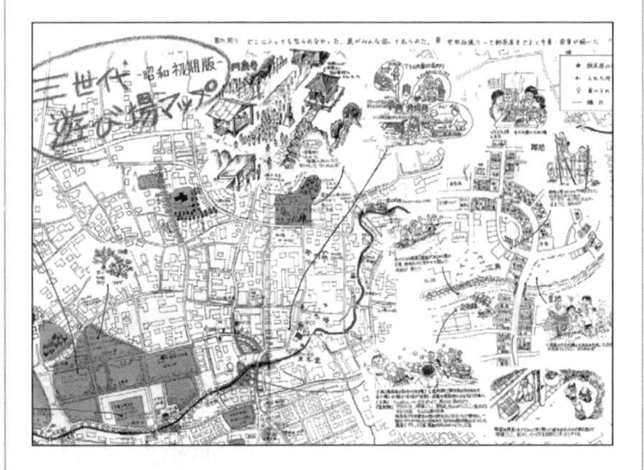

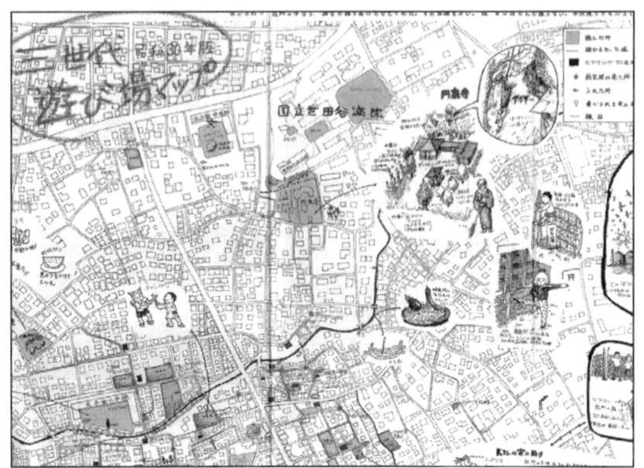

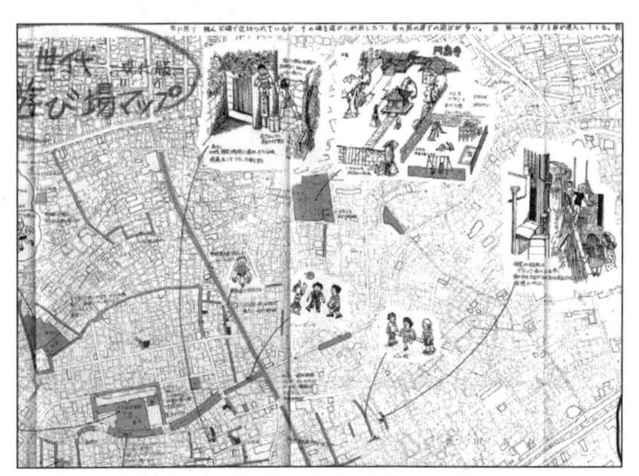

图1　从上依次往下：祖父母年代的游乐场地图，1925年前后；父母年代的游乐场地图，1955年前后；孩子的游乐场地图，1982年

案例 12-2

探险型游乐场建设

◉探险型游乐场

1945年，丹麦的园林学家苏连森教授，在哥本哈根的居住地“因德拉普”的废材堆集场，看到孩子们拿着废材玩得兴高采烈，考虑到安全问题，给孩子们配备了游戏带头人。受到这件事情的启发，在原地建设儿童探险游乐场。孩子们在游乐场，利用废材，进行建造捉迷藏小屋、建造游戏工具等活动，不同的游戏活动，就会使地面发生有趣的变化。探险型游乐场，由此问世。

英国的阿廉伯爵夫人视察“因德拉普”的探险游乐场以后，极力在英国推广。她撰写的《城市的游乐场》[1)]一书，传遍到世界各地。还有，瑞士的雷德曼博士，参观“因德拉普”的探险游乐场以后，在瑞士，建设很有个性的探险游乐场——罗宾逊游乐场。瑞典的阿伯特・本森致力于公共游乐场的规划与设计。欧洲的荷兰、德国等国家以及美国和加拿大等北美国家，也都热衷于建设探险游乐场。建立国际性网络组织——国际游乐场协会（简称IPA，现改名为保护儿童游乐权利国际协会）。之后，因美国的法律诉讼受阻，活动停滞不前。加上英国撒切尔政府的财政紧缩政策，导致建设补助资金的大幅度削减。另外，北欧的游乐场大多属于公共性质，像瑞典的游乐园，虽然数量有所增加，但起初的探险热度正在消退。探险游乐场建设，在欧美呈衰退趋势。现在，日本的探险游乐场建设活动，声势浩大，在全世界最抢眼。

◉日本的探险游乐场建设

世田谷区的羽根木游乐园，在1979年的国际儿童节正式开业。该游乐园是由热衷于引进探险游乐场事业的城市规划家大村虞一氏，联合首任IPA日本分部负责人璋子夫人以及地域有志之士，在“经堂的绿道”上面的空地上建设的。在政府的协助下，拿出自己的积蓄，在有期限的土地上，建设永久性设施的游乐场。由于该游乐场位于羽根木地区公园的中心位置，周围有良好的缓冲带，与其他空地上的游乐场不同，不影响周围居民的生活。由政府的公园科、儿童科与民间组织“游玩会”合作，组成管理机构，负责日常运营和管理。游戏带头人的责任，不是指挥孩子怎么玩，而是从安全角度守护孩子，保障孩子们自由地、自行组织游戏活动。还负责处理与周边居民的关系。如：对周边居民的质疑，与居民耐

照片1　瑞典的游乐园

心讲解、消除误解、取得居民的理解等。继羽根木游乐园之后，在世田谷区继续掀起游乐园建设热潮。按照开业顺序依次排列如下：位于世田谷公园内的世田谷游乐园、驹泽空地游乐园、乌山游乐园、铁塔广场游乐园。从世田谷信息通讯，就可以了解全日本的游乐园建设信息。根据探险游乐园情报室的统计，全日本一共有150家团体，从事探险游乐园事业（包括不定期的活动）。从活动场所情况看，利用城市公园或儿童游乐园的占53%以上，利用其他公共用地的占26%，利用私有土地和企业用地的占16%[2]左右。今后需要解决的问题是：设立机构来保障游戏带头人的固定薪资问题。

（木下　勇）

◆注

1）アレン・オブ・ハートウッド 卿夫人『都市の遊び場』（大村虔一・木村璋子訳、鹿島出版会、1973 年）

2）根据NPO日本探险游乐园建设协会（前探险游乐园情报室）2003年的调查。取反馈数据115件的比例，还有每周开园3天以上有14件，每周开园1～2天的有10件。

照片2　羽根木游乐园

第13章 环境教育和传承方法

13.1 建筑·地域环境设计的信息继承

1. 建筑、地域环境的“继承”

到底什么是建筑与地域环境的设计继承，是谁、用什么方式、都继承什么，迄今为止的建筑与地域环境设计，可否有意识地继承呢？

福田晴虔先生，站在建筑技术者的立场，阐述建筑继承问题。他认为现在的建筑不是向成熟的方向前进，而是显现倒退的迹象。这种倒退，并不是个别技术没有被继承的结果，而是由于建筑是系统性娴熟的东西，当系统的局部遇到阻碍时，也就是支撑建筑的社会因素不足或者缺失时，就会出现这种倒退现象。

福田的观点是，某个时代建筑设计的遗失，是政治、经济等社会系统发生变化引起的。按照福田的观点，通过模仿单纯的传统建筑设计和制作其复制品，试图继续继承，都是荒谬的和可笑的。福田的观点并不是表示，现代建筑技术对过去的建筑漠不关心。他的观点是：“对过去的建筑怀有敬意但不妥协，运用所处时代的建筑技术，完整地体现与时俱进的建筑形态，才能使建筑真正有生机和魄力。”福田的真实意图是，具有历史遗产的建筑，必须是完整体现历代建筑技术者留下的足迹，拿出其中的片段当作“场所的记忆”，只能是一种模糊的错觉，只不过是徒有虚名的行为。

本节依据福田的思路和观点，探讨现代的继承架构。这个问题，不仅建设技术者需要面对，与传统建筑和地域环境设计相关的所有人士，都需要认真对待的问题。

2. 现代“继承”

回顾20世纪的居住环境，可以看到，近代史一直延续了对过去的否定。现在的情形，也是把以前的成果和负担甩在一边，持续地发生动态性变化。当今时代，日夜陪伴着恶劣的环境和战争，并不亚于人类所经历的任何时代。同时，人口与资本的爆发性增长，以及在个别地域里的极端聚集，使得当今社会进入到人口与资本在地域之间激烈移动的时代。导致传统的生活，在世界各地，以惊人的速度发生变化。

在20世纪提出的多数城市规划，虽然早已成为法律，并且在税收和财政上得到支援进入具体实施阶段，却被现实的发展和变化远远抛在了后面，不得已不断进行修改和调整。全球性的居住环境，哪里还顾得上如何有计划地继承传统建筑遗产，面对追求近代化利益的庞大的人口压力，面对大市场开发、大资本的投资诱惑，只好继续延续着否定过去的社会变化。

建筑与地域环境设计继承问题，已经成为深刻的社会问题。利用地域资源，开发旅游产业不是其原因。其主要原因是：人口的持续流动，人口数量的不断减少，巨大的社会资本掌握在有限地域的有限人类手中。大部分地域奉行的经济开发优先始终没有改变。

建筑与地域环境设计，是先人们经过长年累月的努力，构筑起来的。其价值不管是在地球的任何地方，也都不能代替。一旦丢失，从其他地方找不到任何线索，想从其他地方补救是不可能的。在建筑与地域环境重建过程中，理应表现的场所的个性和主体性，很难再次出现在我们的眼前。

现阶段，我们在讨论建筑与地域环境设计继承问题，矛盾的焦点就在此。对引进资金和大力开发寄予厚望的地域，正是环境继承价值最多的地域。这些保存下来的地域，对于建筑与地域环境设计继承是幸运的。反过来，由于没有被开发，使得地域没有活力，对当地住民是不幸的。

3. 设计的断层与继承

当今日本，在传统建筑与环境设计继承问题上，犯了许多致命性错误。由此也拥有了许多宝贵的经验者，这些人或许都可以写教科书。这是值得骄傲的事情呢，还是可悲的结果？

在日本列岛改造时期，城市近郊的许多原有建筑物，连同街道、田园、丘陵、河流一起，被规划成建设用地，整片整片地用作土地开发，对载体赋予过高的经济性。忽视了地域环境的历史性、空间性价值，原有地域环境受到破坏。还没有开发的许多地方城市，期待人口的增加，把原有环境一扫而光，纷纷用作开发用地。那个时期，政府出让土地，会得到可观的效益，还能增加就业。倒卖土地现象也很普遍。每一次转让，政府就会收取转让税。至于在该土地上，建什么已经不重要。而且，每一次的转让，都会使地价成倍上涨。政府方面睁一只眼闭一只眼，暗地里持欢迎态度。

泡沫经济破裂以后，土地价格一落千丈。受到伤害的，不仅是提供担保和融资的银行，高价买入土地和建筑物的地产商和所有者，更是损失惨重。地产估价只有购买时的几分之一。私有权利，在政府指导下的有节制性开发以及住民运动、城市再开发时的强制性行政措施中，是可以得到保障的。但是，市场经济中的投机行为和人口的绝对减少导致荒废的情况，一概得不到任何保障。

把土地和建筑物的价值，与地域环境和地域历史性、文化性脉络相分离，只注重短期效益的举动是愚蠢的行为。私有权利，在一定范围内需要节制。保护和改善传统建筑物和地域环境，朝着更高的目标稳步渐进，地价也会稳中有升。从纯粹资本的角度，私有权利也会有长期的保障。我们要深刻反省的同时也要坦然面对这一点。

的确，传统的建筑和地域环境，多半已经丧失。为此，也有人担心：现在的日本，有继承价值的东西，是不是已经没有了？幸运的是，我们有充分的理由可以回答：不是！场所的主体性，并不是非常脆弱。因为它不是离开人类，在那里客观地存在，它与人类的意识和素养关系密切。

伊势神宫的“式年迁宫”，在中世战乱期间，空置123年，甚至连“中殿”都快朽烂，曾经一度从地上消失。不过，伊势大地是日本精神文化和治理国家的重要之地。这种共识，在战乱期间，深深扎根在人们的脑海。武将在16世纪建立统一政权之后，随即下令支援重建。还有，19世纪的明治政权，为了与自己的意识形态相匹配，着手整治象征国家宗祀神庙的神域，把国家的起源和长久形象具体化。其表现形式和手法跨越了中世时代，多少带有更古老一些的影子。但是，从功能上看，虽然被遗忘一个多世纪，基本上还是继承了"原伊势神宫"的设计初衷。这是不能否认的事实。

总之，建筑与地域环境，在漫长的历史长河中，虽有可能在表面上消失或者断层，但只要信息准确，就完全可以复原符合时代特征的建筑与地域环境设计。

4. 主体的继承与动机

如何识别、制作、储存、管理、利用建筑与地域环境设计信息，这个问题显得更为重要。

第二次世界大战结束以后，日本文化遗产保护委员会，从1966年到1978年，在全国范围实施了民居状况紧急调查。还有，从1977年开始，实施近代建筑和近世神社寺庙建筑调查。为传统建筑与地域环境设计信息的积累，做出了贡献。不过，从结果上看，未免有些过于高尚。坦率地讲，偏重于收集审美度高或者可作为社会教育教材的珍品，并做了目录列表。对极普通的建筑、极普通的地域环境，表述甚少，很难讲有多大的贡献。

如果认识到，组织调查的主体是国家，或许表示同感和理解。

被列入目录的珍品自然成了《文化遗产保护法》（1950年5月30日公布的第214号法律）的保护对象。该法律是《古社寺保护法》（1897年6月5日公布的第49号法律）和《国宝保护法》（1929年3月28日公布的第17号法律）的延续和完善。针对持有文化遗产所有权、占有权、其他权利的人群和普通人群，防止诸如：不理解、不注意、怠慢、经济性困惑、恶意损坏等现象的发生，旨在从国家层面保护文化遗产。

哪些建筑物需要保护，由文化遗产保护审议会决定。一旦入选保护对象，政府必须确保日后的维护和管理费用。为此，评选标准极为严格。不客气地说，该标准甚至起了一些负面作用。例如：对社会教育教材利用率相对低的建筑，从保护对象中剔除等。

1975年，文化遗产保护法做了修订，新设立"重要传统建筑物保护地区"选定制度。旨在从国家层面支援国内各地区住民的并行街区保护事业，只是财政补贴有些少得可怜。而且，仅支援文化遗产保护审议会确认的地区。这样一来，只要是与教材没有太大关系，就被排除在政府的引导架构体系之外。

国家的教材主义，对设计方面带来很大影响。包括文献和遗迹调查在内，对设计进行严格的审查，促进了研究方面的成果层出不穷，研究指标年年超额完成。专业技术者方面，从平面、剖面、立面到细部构造，不断积累复原所需经验，增加了自信心。但是，代价也不菲。一处民居拆除重建，需要100万日元～200万日元/坪（1坪=3.3m^2），而且使用当地材料和技术者，很难达到要求等，存在不少问题。此外，完成的建筑物也存在问题。例如：把博物馆建设成江户时代末期的风格，其舒适性很低，甚至和现代普通住宅都无法作比较。这是文化遗产维护的很重要的问题。

另一方面，自1974年成立"全国并行街区保护联盟"以来，有志住民和地方自治体，自行保护并行街区的活动，日益高涨。我们不怀疑这里面存在的珍惜形成地域历史的建筑和地域环境的感情因素。但也清楚，这不是如此多的住民起来行动的全部原因。

这些街区和群落的共同点，都是感到强烈地危机感。年轻人的减少和日趋严重的稀疏化、产业衰退、被周边城市吞并等，各地域所面临的问题，虽不尽相同，但都迫切要求出台政策措施。

使他们能够与周边地域之间保持差别化，恢复共同体的向心力。世代交替导致空巢住家增加等，看得见的危机，迫在眉睫，已经追到脚下。不可否认的事实是：这些年的方针政策，把传统并行街区的保护和利用，置于振兴农村、振兴街区的范畴。

其结果，有些街区谋划旅游规划，被要求并行街区外观的一致性。把传统建筑物所需要的多种设计，改为编号和菜单化，建成崭新的建筑外观。这样的案例，各地随处可见。比起福田晴虔先生所希望的“对过去的建筑怀有敬意但不妥协，运用所处时代的建筑技术，完整地体现与时俱进的建筑形态”的建筑技术者，可以提供工期短、成本低、复制品的从业者更受欢迎。

各省、各地方自治体所提供的，竞争优胜的并行街区的改造补助金，都附带有若干年内必须营业的条件。由于时间关系，把握社会结构的变化、较长时间的观察、谋划继承计划等，都难以做到。还有，来自民间的投资，大多与主题公园的投资方式类似，都寻求短期效益回报。不过，旅游观光客特意从远方赶来，目的就是想看地域特有的真实的东西。像电影剪辑般的、其他地方也能建设的并行街区，很少可以做到能够保持长久魅力。

5. 资产管理与设计继承

回顾过去，国家、自治体、住民有志之士，在当今日本社会中，作为建筑与地域环境设计主体，还有不足的地方。为了历史教材而进行保护或者为了旅游开发而着手治理，从继承的动机上看，还是存在一定的局限性。

那么，下一个主体范围扩大的对象在哪里呢？他们基于什么样的理由，将会在建筑与地域环境设计问题上，努力尝试继承与维护呢？

不用多说，下一个对象自然是日夜生活在地域的住民群体。保护资源价值是重要的动机之一。

作为经济泡沫的一个教训，他们明白了：土地和建筑物是社会活动的基石，其价值终究不会遗失，它不是金砖，不可以出口。既然由地域供求关系的价值决定的不动产做担保而进行经济活动，如何长期地稳定其价值，理所当然地成了重要的政策问题。当作投机对象显然是不行。尽管话是可以这样讲，由买卖和转让引起所有权和承租权的转移等活动，在今后一定还会经常出现。

我们所要做的就是，在地域环境设计中，不要图一时的流行，要始终坚持与地域环境相协调的建筑与环境设计。只要地域显现较高经济潜在力，地域权利所有者，自然会认真思考如何保护地域环境。凡是对地域环境有贡献的建筑，岂能不值钱？其价值只会比当初高，不会降。而且升值潜力会更大。拥有或者承租不动产，毕竟是一种投资，自然需要回报。反过来，建筑设计规划与地域环境不协调，将会导致周围不动产的资产价值下降，反对规划的动机，会越发强烈。

例如：我们片面追求经济优先，不顾及地域环境，建设高层公寓等自认为是支持可持续性发展的长寿命建筑，对地域景观和资产价值的不利影响，将会是长期性的。这个问题，必须引起我们的注意。

6. 设计信息的收集、保护、管理、应用

保护资源价值是，目前社会继承建筑与地域环境设计的动机之一。英国的案例，很清楚地说明这个问题。

1895年的维克多利亚时代末期的英国，到处都是迅猛的产业资本的无秩序开发。奥克多维阿·比尔、罗伯特·翰达伯爵、加农·哈德维克·伦兹等三人，深深感觉到事态的严重性，组织成立国家性托拉斯，开始进行历史性建筑、风景海岸

《房屋管理》的构成与要点　表13-1-1

第1节：房产内容
所在地，建造年代，居住类型，规模与层数，宅基地，房间组成，主要设备，楼梯，检修口，车库与停车场，附属房间，庭院与娱乐设施，居住时间，总平面图，各层现状平面图
第2节：环境与地域的舒适性
地域环境，垃圾处理，道路安全性，公共交通设施，最近的救护医院、警署、公共电话，最近的生活设施：商店、银行、邮局、公园、体育中心、保健所、牙科、诊疗所、学校、教会、小酒馆、餐厅、剧场、电影院，其他
第3节：日常生活与服务
燃气、电气、上下水阀门、读表位置与配管、配线，各市政公司，维修工，主要器具、部件型号与原制造企业，采暖与燃料，电话，电视，卫星接收
第4节：所有权、租赁权、法律、保险等事项
所有权与租赁权，大房东（地主）与房地产中介机构，地方税，城市规划（方案），强制回收，限制条款，公共用地，债权与债务，日照权，排烟许可，树木环境保护条例，共有庭院，保险：建筑物和家庭财产、保险公司、保单号码、保费与支付年月日、保额、计算因素、比例因素
第5节：建筑许可
申请履历，新建、改建、增层、用途变更、分割使用，受保护地区：详细规定，登记建筑物：等级、树木保护条例，许可年月日，竣工年月日，申请参照号，维护与执行单，NHBC保证书
第6节：结构
屋顶形式，屋顶出口，屋顶维修，外墙，出入口，门廊，外部大门，窗户，隔断墙，室内门，床，施工者，制造者
第7节：装修、设备、备用品
装修与特殊装修：顶棚，墙壁，绿色粉饰，壁炉烟囱，门窗，床，设备与备用品，照明，换气扇，厨房与回水，卫生备品与附属品，其他
第8节：防范装置再检查
防范装置与锁种类，玄关与紧急出口，外围门窗，庭院与界限，植物栽培，出入系统，照明，预警装置，警署，防范装置维护公司，邻里间的相互监视
第9节：防灾与安全性
防火门，消火器具，消火栓，耐火性能，烟感，火灾报警器，避难，裂缝，倾斜，高压电阻断器，噪音，外部照明，隐私权侵害，洪水，有毒气体
第10节：管理记录
年月日，事项，经费，下次预定
附录（各种服务机构）一览
所在地，电话，传真号

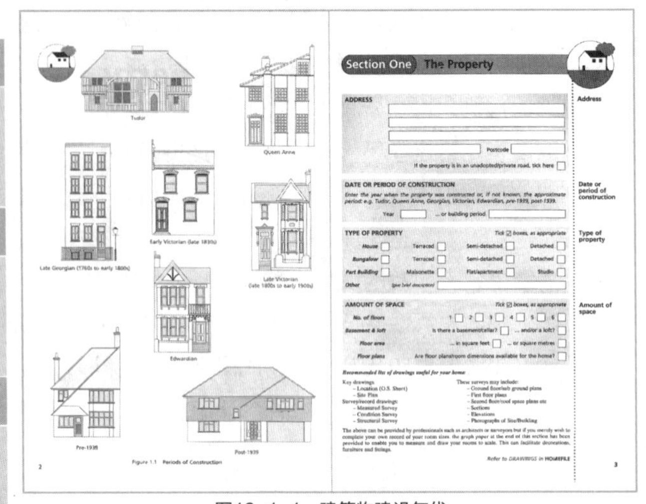

Tudor
Queen Anne
Late Georgian (1760s to early 1800s)
Early Victorian (late 1830s)
Late Victorian (late 1800s to early 1900s)
Edwardian
Pre-1939
Post-1939
Figure 1.1　Periods of Construction
2

Section One　The Property

ADDRESS
Postcode
If the property is in an unadopted/private road, tick here

DATE OR PERIOD OF CONSTRUCTION
Enter the year when the property was constructed or, if not known, the approximate period: e.g. Tudor, Queen Anne, Georgian, Victorian, Edwardian, pre-1939, post-1939.
Year　... or building period

TYPE OF PROPERTY　*Tick ☑ boxes, as appropriate*
House　Terraced　Semi-detached　Detached
Bungalow　Terraced　Semi-detached　Detached
Part Building　Maisonette　Flat/apartment　Studio
Other　*(give brief description)*

AMOUNT OF SPACE　*Tick ☑ boxes, as appropriate*
No. of floors　1　2　3　4　5　6
Basement & loft　Is there a basement/cellar?　... and/or a loft?
Floor area　... in square feet　... or square metres
Floor plans　Are floor plans/room dimensions available for the home?

Recommended list of drawings useful for your home
Key drawings:
- Location (O.S. Sheet)
- Site Plan

Survey/record drawings:
- Measured Survey
- Condition Survey
- Structural Survey

These surveys may include:
- Ground floor/sub ground plans
- First floor plans
- Second floor/roof space plans etc
- Sections
- Elevations
- Photographs of Site/Building

The above can be provided by professionals such as architects or surveyors but if you merely wish to complete your own record of your room sizes, the graph paper at the end of this section has been provided to enable you to measure and draw your rooms to scale. This can facilitate decorations, furniture and fittings.

Refer to DRAWINGS in HOMEFILE

Address
Date or period of construction
Type of property
Amount of space
3

图13-1-1　建筑物建设年代
（出处：Colin Brock，“Home Manager”，Quiller Press ltd.，1999）

线等地域环境的保护与抢购运动。这是众人皆知的事情。

1897年，诞生了专门介绍带庭院高级住宅的刊物《乡间生活》。恰好与三人运动遥相呼应，很是值得一提。该刊物自创刊以来，有奖征集以往的田园住宅和庭院的新闻、目录和索引并定期发布，成了家喻户晓的重量级刊物。后来，该周刊的一大半，被不动产广告所占据。刊物的内容自然离不开庭院话题。诸如：重温历史性建筑和庭院生活、不动产随时间推移一定会升值、会得到高回报等。

仅英格兰就有43万栋以上建筑物受到保护。调查其缘由，爱护历史的人群多是一个方面，英国的房地产市场和资产管理组织机构，重视传统建筑和地域环境，也有很大的关系。

英国自1999年开始，出版发行《房屋管理》书刊，尚不清楚有多少人何种程度使用，但书中所列项目非常详细具体，如表13-1-1所示。居住者只需在列表中打钩和简单应答，就可以掌握房屋资产的全部内容，可以一次性地处理必要的信息。把类似于汽车定期保养记录单的文件，应用到房屋管理，比较好理解。书中除了专业内容的文字表述以外，穿插许多图片，以图解方式进行说明。作为实用书刊，完整度非常高（图13-1-1）。

该书的应答页开头，有这样一句提问："我在出售房屋时，这本书起了什么作用？"该书收集有关房屋维护方面的信息，并以菜单形式清楚表示。还详细记录有关房屋买卖手续方面的内容。从这个事情中，我们可以明白：房屋也是买卖的基本对象，居住者非常关注出售房屋的市场行情。

毫无疑问，正确把握建筑与地域环境历史和现状，是继承设计事业的第一步。但是，如果只有专家来完成，就算大量增加数量，极普通的街区和普通的建筑，大部分将会被过滤掉。如果每一户住民，怀着明确的动机，完成各自房屋的设计信息，至少为继承事业提供准确、丰富的资料。这些信息，对继承和出售等管理方面，作用很大。在进行房屋维护和变更用途时，可以作为基础资料使用。

7. 专家的责任与义务

针对建筑与地域环境设计继承，如果每一个使用者都能成为继承者，那是再好不过的事情。不过，在现实生活中，使用者虽然举行各种活动，但让使用者有能力成为继承者之前，还有很多事情要做。有关建筑专家，应当树立正确的觉悟和坚定的立场。

专家的作用，首先是为使用者提供正确的基础知识，培养他们自行管理资源性建筑的能力。使用者能够正确分析和判断建筑与地域环境的资产优良与否，建筑技术者的努力是不可或缺的条件。既然仅限于房屋大小、房间分割、设备、租借材料等内容进行房屋建设，各专业专家必须加倍努力，拿出更高水平的设计。积极整理类似于《房屋管理》的资产性房屋管理手册，进行不同层次的使用者教育活动。

其次，要事先做好详细计划，让使用者能够把自己积累的设计信息，正确地提供给建筑关联者。由于对政府、建筑界、房地产市场的信任泄露顾忌，使用者不大可能完整地提供自己的资产信息。使用者制作的建筑物数据，属于知识性财产，是理应受法律保护的著作物。在合同中，必须明确保密事项。合同中，还要明确万一发生信息泄露时的，各方责任与保证。专家应当向使用者解释清楚：如何保证信息的安全性，以及提供准确信息与否，对建筑物各方面的利与弊。

最后是，优良的建筑与地域环境设计，必须做到维护成本的合理性。例如：在茅草屋顶铺设彩钢板、半新住宅的整体挪动等，是中小工务店创造出来的技术，专家不必担心，不必对此皱眉头。只有坚持利用当地材料、当地技术、当地工匠，继承事业才能顺利付诸实践，并且在此过程中，还要谦虚地学习和掌握以前不太了解的做法。换句话，这也是技能康复的过程。

在这里想再次重复的话题是，继承是经过众多条件和治理活动反复累积，产生综合性结果的事态之一，绝不会像做一个工程项目那样单一。因此，必须在事先设定好目标，要有充分的心理准备。

从2006年中期开始，"信任危机"开始表面化。对有望成为建筑与地域环境设计继承者的使用者，产生消极影响。"使用者"对房地产市场的不信任和对资产管理的艰巨性，反应异常强烈。这次爆发的经济泡沫，使这些"使用者"的不满情绪，除房地产市场以外，矛头直接指向投机人和金融机构以及财税当局。他们对利用贷款疯狂炒作的投机商人和奖励高风险借贷的金融财税模式，提出强烈批评。我们应该认真总结这次危机，重新研讨社会资本的继承与管理体系，要重视建立社会长期信用的重要性。

（山野善郎）

13.2 可持续发展地域建设与环境教育

1. 环境教育的意义和作用

在强调环境教育和环境学习重要性，以及要求向更高层次推进的呼声日益高涨的背景下，中央环境审议会，于1999年12月，召开了“从今往后的环境教育、环境学习：面向可持续发展社会”（环境省：作者以下属分委员会委员长身份参与）答疑会。其答疑内容，编入随后出台的新《环境基本规划：走向环境世纪之路指南》（2000年12月）。

通过答疑会，达成如下共识：“每一个国民，都要了解环境赋予人类的不可以衡量的智慧，创建关怀环境的氛围。在此基础上，正确把握我们的各种日常活动对环境都有哪些影响，对我们以及下一代的生活带来哪些影响。要正确认识人类与环境的相互作用，要积极行动起来。”

在新《环境基本规划》中（2000年），把环境教育和环境学习作为“战略工程的政策性手段”之一，明确了其作用和地位，把环境教育活动推向国际化。

20世纪70年代，通过一系列国际会议，奠定了环境教育基础，都说自然保护教育是环境教育的鼻祖。1948年成立的国际自然保护联合会上，把生态系统教育统称为环境教育，开始有组织地实施自然保护教育活动。不过，真正意义上的环境教育，始于第二次世界大战后，面对经济的高速发展所带来的环境破坏，人们危机意识的高涨。

尤其是1972年，在斯德哥尔摩举行的联合国人类环境会议，把环境教育推向国际化。会上宣布的“人类环境宣言”，把环境教育的目的表述为“培养在自己所能及的范围，能够管理环绕自己的环境以及确实能够约束每一步行动的人类”的理念。还有，美利坚合众国的环境教育法（暂定），把环境教育定义为：“使人类能够正确理解环绕人类的自然以及人为环境与人类的相互关系，也就是：人口、污染、资源的分配与枯竭、自然保护、运输、技术、城市与农村的开发计划等问题与人类之间的关系的程序和方法。”可见，环境教育不是单一的自然保护教育。

日本的情况是，几乎没有参与一系列国际会议达成的动向。从20世纪70年代到20世纪80年代后半期，可以说是日本环境教育空白期。

1975年在贝尔格莱德举行的环境教育国际研讨会上提出的“贝尔格莱德宪章”，以及1977年在第比利斯环境教育政府间会议上采纳的“宣言”，明确了环境教育目标，并且明确在其理念架构下，付诸行动。通过这些会议，把环境教育目标进行必要的分解和具体化，即：关心、知识、态度、技能（包括能力评价）、参与等5个（或6个）分目标，使得个人和社会团体可以更加具体地把握实际行动。国际上，都采纳此5个（或6个）分目标作为环境教育和环境学习目标。

可见，环境教育目标，不仅要具有知识和关心，而且还要具有使生活者改变过去的意识和行动，确立主体性的生活自律架构。

总之，推动环境教育和环境学习，不能仅仅停留在意识的启发，要与行动、实践相结合，推动社会系统的变革。

日本的教育界，也引入这种思考方法。文部省制定的教师用《环境教育辅导资料（中、高等学校篇）》（1991年）和随后出版的小学教师用辅导资料中，分别引入这种思考方法。5个分目标中的技能具体描述为：解决问题的能力，分析归纳的能力，信息处理能力，交流能力，环境调查与评价能力等；态度具体描述为：对自然和社会万象的关心、欲望、态度，自主思考，对社会的态度以及对他人的信念和意见的宽容等。

2. 从环境教育到可持续社会与未来教育

20世纪90年代召开的有关环境问题的国际会议，其主要题目都是“可持续性”以及“教育”，延续了20世纪70年代以来的一系列国际会议的文脉。

对“可持续性发展”的基本概念，由“世界环境保护战略”（由国际自然保护联盟、联合国环境计划署、世界自然保护基金于1980年联合发表），强调其思考方法的重要性。被“国际环境与开发委员会”（WCED），在1987年发表的“我们的共同未来”中所引用，之后在国际上广泛被采纳。在联合国环境开发会议上（1992年的全球领袖会议），成为会议的中心议题。

可持续性发展就是，“满足现在和未来需求的发展”，包含两个概念：“优先保障世界贫穷人口的最低生活所需，以及技术、社会组织所确定的满足现在和未来需求的环境承载能力界限。”

1992年在里约热内卢召开的联合国环境开发会议，采纳“第21个议事日程：可持续性发展行动计划”。其中的第36章“教育、意识启发以及训练推进”，阐述可持续性发展的教育问题。其中有如下表述：“教育，对提高市民推动可持续发展和处理环境与开发问题的能力，非常重要……对培养与可持续发展相协调的‘环境与道德意识’、‘价值观和态度’、‘技术和行动’，以及市民有意识地参加而更为有效等方面，很重要。为使教育更加具有有效性，必须处理好物理性、生物学性、社会经济性的环境与人类（包括精神方面）发展之间的相互变化过程，使之在所有领域相互统一。作为媒介，应当采取正式的、非正式的，以及任何有效的手段。”

1997年，在希腊塞萨洛尼基举行的“环境与社会：可持续性发展所需教育以及意识启发”国际会议上，通过了“塞萨洛尼基宣言”。在宣言的第十项，有如下一段叙述：“可持续性概念，并不是指单纯的环境，还包括：贫困、人口、健康、食物、民主、人权与和平。可持续性，就是重视文化多样性和传统知识的道德性、伦理性义务。”再一次强调，在环境与可持续性问题上教育的重要性。宣言延续了第比利斯环境政府间会议呼吁的在框架内发展、进化的建议，以及第21个议事日程和其他联合国会议上的全球化问题的主张，把环境教育作为可持续性发展所需教育来对待。因此，环境教育就是“环境与可持续发展所需教育”。

之前所提到的，在日本中央环境审议会环境教育分委员会的“今后的环境教育和环境学习：面向可持续性发展社会”答疑会中，建议：在研究“可持续性”问题时，要区别对待“人类与自然的关系”和“人类与人类之间的关系”。

前者是通过学习人类与人类之外的生物以及非生物的相互关系，了解人类与环境之间的相互关系。也就是，要了解和掌握生态系统与物质循环之间的平衡，环境自行恢复能力的有限性，以及超过环境承受能力的资源获取和废弃物是产生资源匮乏、环境污染等问题的根源等。

后者是指，与下一代的生活（世代之间的公平）相关的问题以及公平资源分配等国内外其他地域人类之间的关系（世代内的公平）。也就是，要了解造成环境负荷的当今社会系统的结构性根源，洞察可持续性社会系统的方式和方法，了解和掌握社会建设所必需的交流问题、各种社会文化、不同价值观等。

关于“可持续性发展”，目前有以下国际性的新动向。在2002年8月到9月，在约翰内斯堡召开的国际会议上，由日本政府提出“落实可持续发展世界首脑会议之可持续发展教育10年建议”，受到广泛认可，被秋季联合国大会所采纳。10年建议的实施期限是2005年到2014年。各国纷纷行动起来，积极实施可持续性社会教育活动，将进一步推动国际合作。

3. 创建“综合性学习时间”的缘由

在“外面世界”遭受破坏的环境背景下，日本的大人们对21世纪主人——孩子未来的威胁和不安，采取不闻不问的态度。恰好折射出日本的大人社会的痛心的、值得深思的一面。不能给孩子的未来制造麻烦和丰富孩子的“内心世界”，是大人的义不容辞的责任。

信息化进程的不断加快，使得孩子丢失接触和体验自然的机会，生活方面的体验也在减少，在地域社会中，与人的交流体验更是缺乏。这将使孩子的想象力衰退，使孩子的生活丧失真实性，逃避现实的孩子群体呈增加趋势。

应该让孩子们从大人和世间架构中的顺序排列和条条框框中逃脱出来，通过其他媒介，陶冶情操和自我醒悟。只有这样，孩子才能懂得生命的重要性和价值，才有可能培育其自立性生活信心。

孩子天生就具备，通过自己的好奇心了解世界和自我学习、成长的能力。传统的日本式教育，是通过教师传授知识和技能，实行只注重“学到了什么”的重视结果的教育体系。忽视了“如何学习”的教育方式和方法。

不要采取仅凭考试成绩，序列化评价孩子的学习能力的方法。要培育孩子与他人和谐相处的人性和自主性，培育孩子自己发现问题、思考问题、解决问题的能力。在这种思维背景下，从2002年4月开始，设立并实施“综合性学习时间”。

21世纪是不同文化背景的人群，在一起共同生活的时代。与此同时，培育孩子的生活资历和能力，成了重要的课题。在学习方式和方法上，不采取一味的灌输方式，采取以每一个孩子的兴趣、动脑筋、关心为前提，让孩子们自行思考和提出解决方法等方式，激发孩子们的学习热情和态度，培育孩子们的自主学习能力和耐力。也就是，从“知识灌输型”学习观念向重视学习过程的“追求创意表现型”学习观念转变[1)]。这也是第15次中央教育审议会答疑（1996年7月）中，提出的“综合性学习时间”的实质。

“综合性学习时间”，没有教科书，只有学习辅导要点。要点的总则也仅表述为：“各学校可以利用这个时间，以横向性、综合性为原则，根据儿童和学徒的兴趣、关心，进行富有创意性的学习教育活动。”其目的之一：就是“让孩子们自己发现问题，自行学习和思考，自主判断和行动，更好地培育孩子们解决问题的资历和能力”；其目的之二：就是“让孩子们掌握学习方法和事物的思考方式，培育孩子们的自主性、创造性地解决问题和参与活动的态度，让孩子们思考各自的生活方式和方法”。这是一个包括国际上相互理解、信息、环境、健康与福祉等具有横向性和综合性的课题，是一个基于儿童的兴趣与关心的，具有地域与学校特色的课题。

在学习活动里，积极揉进“自然体验和社会体验等学习”和“解决实际问题的学习”。要形成“集体学习和跨年龄团体学习形态”，“争取地域人士的协助，形成统一的指挥体系”，“积极活学活用地域教材和环境”的氛围。

教育课程审议会，在1998年7月的答疑会上，针对“综合性学习时间”，强调：“知识要与生活相结合，重视综合性知识，能够把课本中学到的知识和技能，运用到生活实践，把指导重点放在培育孩子们的综合性能力上。”要求：“教育内容更加贴近孩子的实际，让孩子们懂得科学知识才是揭开未知世界的知识体系”，“教师应该与孩子们打成一片，引导孩子们懂得学习的意义，鼓励他们勇于探索周围世界的价值和意义”[2)]，“学校和教师也要转变观念，适应新型学习方式和方法”。

4. 把探索作为学习实践的“综合性学习时间”内涵

在“综合性学习时间”中，学到的能力和资历可以称为“活力”。“活力”来自：孩子们不断积累的自然、生活、社会等体验（体验性知识），获得的学习方法（方法性知识），自主性的学习和提高学习兴趣的过程。

在各种体验中，可以得到许多感受。首先，会产生“有些特别”的直觉（感觉），而后，利用之前的体验以及课本中学到的知识，从不同角度进行思考，激发想象力进行判断，继而获得新的技能和知识。依靠自行判断和行动，孩子们的总体能力得到提高。

“综合性学习时间”的开展，要求采取“通过学习者与学习目标之间的对话式学习过程，形成学习者的自主意识架构”[3]的学习方法。

这种方法是J·朱迪所主张的，可以培养自我反省式思维模式处理问题的学习方法。通常经过以下过程：

①意识到问题（有感觉、表现出关注）；

②明确问题的架构、要素以及相互关系（利用知识）；

③收集分析或预测所需信息（欲望）；

④分析信息（欲望和思考能力）；

⑤寻找解决问题的可替代方案（思考能力）。对得到的结果进行评价和预测（思考能力），最后选择解决方案（判断能力）。进而达到培育技能的目标。

这个过程，以孩子天生具有的“为什么”、“怎么了”等疑问和好奇心出发，探索“引起关注（有感觉）→理解的深化（进行调查）→发挥思考能力和洞察力（思考）→付诸实践和参与（改变和被改变）”的学习过程。这个学习过程呈螺旋式发展。也就是罗佳·哈德所说的调查活动[4]。通过调查、提问、深入思考、沟通、勾画创意、制作、解释、付诸行动等体验型学习活动，培养孩子们的解决问题的能力（照片13-2-1～照片13-2-3）。

这种学习方法与可持续性教育理念和基础相一致。通过这种学习方法，让孩子们发现“人类与自然的关系”、“人与人之间的关系”、“家庭—学校—地域之间的联系”、“自然—人类—文化之间的联系”等身边世界的价值、意义以及矛盾，使得孩子们能够扎根于地域，积极学习和行动，拓展视野，把握合作建设地域的重要性。

总之，教师和地域大人们要支持孩子的自主性学习。孩子的变化，促使大人的改变，孩子自己也会被改变。同时促进“学校的学习”与“群体活力”之间的相互联系。

照片13-2-1　调研街区的孩子们

照片13-2-2　孩子们在整理收集到的“街区宝物”

照片13-2-3　孩子们在发表从“街区”中发现的“宝物”

5. 学校与地域之间的合作

街区有取不完的素材，是孩子的仙境[5)6)]。自从开办“综合性学习时间”以来，日本的学校和地域，掀起了“街区工作”（Street Work）热潮。这是一种唤醒感觉的活动，最早是在20世纪70年代，由英国发起的。把“街区”作为教育资源，引进新的环境教育方法，让孩子们在开放的地域学习。“街区工作”（Street Work），在日本是以体验型街区学习的方式引用。在实际应用中，采取调查与学习相结合的方式比较多。

街区是孩子学习城市环境的场所，是孩子在思考怎样才能使地域变成热闹、优美、滋润、安逸，自己又是在期待什么的过程中，了解他人的感受，生活中互相包容其价值的场所。还有，街区可以认为是人类营生所沉淀的场所，也是提高生存空间的“惊奇的直觉”的场所。孩子是在场所中通过与周围人群的交往，发现各种存在，提高自己的归属意识。通过“相互关系”和“相互联系”，丰富孩子的内心世界，培育孩子投身于可持续性地域建设的“市民良知”（形成市民意识）。可见，城市型环境教育也是不可忽视的重要一环。

照片13-2-4　科学博物馆里的建筑观察

照片13-2-5　孩子们的生态建筑方案

照片13-2-6　不同文化居住建筑模型制作

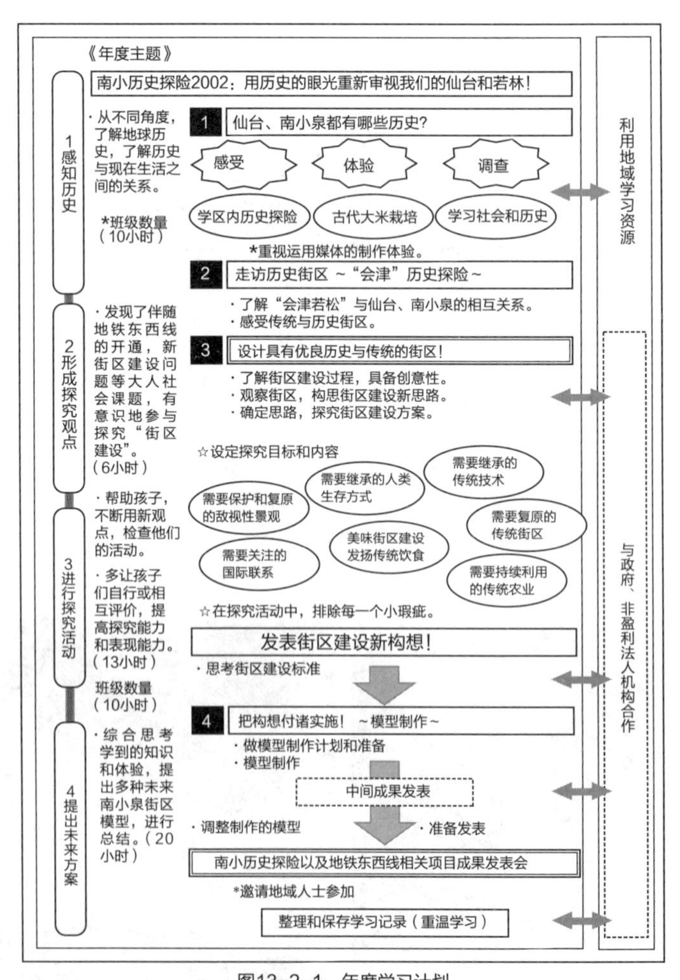

图13-2-1　年度学习计划
（出处：住宅综合研究财团住宅教育委员会《“居住与街区学习”实践报告：论文集4》住宅综合研究财团，2003年）

仙台市的非营利法人机构“建筑与孩子的仙台网络”，积极充当“授课合伙人”角色，在选派设计课程教师等事情上，提出专业建议。积极与政府的城市规划部门和科学博物馆专家牵线搭桥以期得到支援。组织学生在博物馆开展居住、街区建设学习等活动，有力地支援学校的“综合性学习时间”活动计划（照片13-2-4～照片13-2-6）。在非盈利法人机构“建筑与孩子的仙台网络”的协助下，小学6年级学生们正在开展以地域历史为题材的“南小历史探险：用历史的眼光重新审视我们的仙台和若林”活动[7)]。

学校与地域合作，需要有一个机构，负责有关人力支援和费用等事项。自从开办“综合性学习时间”活动以来，各类专家在学校的讲课活动不断增加。专家不仅仅在课堂授课，还要实施3个月到1年不等的指导计划。因此，专家和学校教师必须共同制定教学计划，必须对校内外的学习活动、支援范围等，进行紧密协作。要使用儿童用语，制作的教材要生动，能够吸引儿童目光。

与作者有关的事项是，负责组织召开教师、政府、地域人士（包括专家）组成的制定教学计划研讨会。例如：接到“江户川区”拟要实施的住宅总平面的居住环境教育项目（1999年8月）之后，与教育委员会指导室合作，从2000年8月开始，举办多次由教师、政府官员、地域建筑专家、非盈利法人机构方组成的研讨会，制定利用地域素材的授课方案，研究专业应用方针政策[8)]。

也有地域社会与学校合作，进行的“防灾与街区建设”学习活动案例。1997年和1998年，在建设省（现在的国土交通省）和文部省（现在的文部科学省）的联合推动下，“街区建设防灾方针政策推动研讨委员会”（设在再开发协调协会机构内，作者担任委员长），利用2年的时间进

小学低、中年级学生：
小学高年级学生：
初级中学学生：
高级中学学生：
混合年龄团体：
1. 了解地域历史
2. “生命之源：水源探险”
3. “培育空地”
4. “街区防灾模拟训练”
5. “组建小型城市防灾协会”
6. 建设安全、舒适的高级住宅
7. 思考从前的商业街复原
8. 愉快的防灾口号
9. 集体防灾训练
10. “以密集做纽带，结成街区好伙伴”

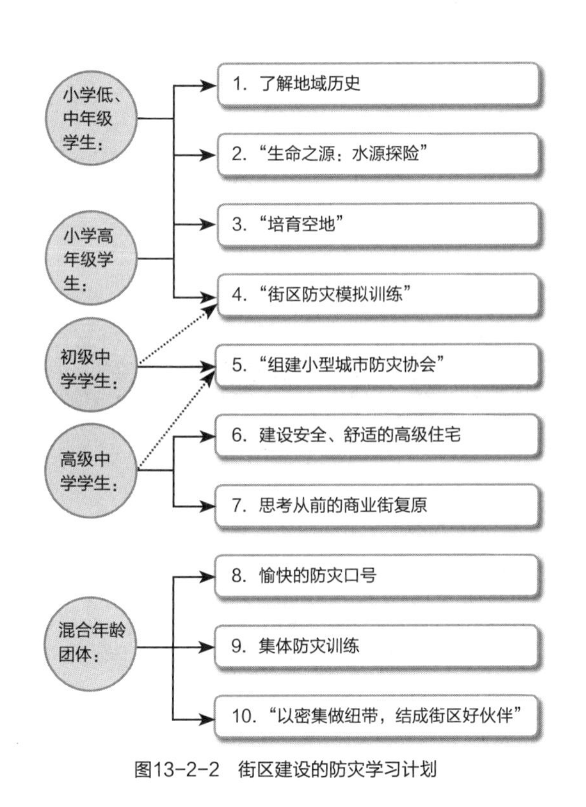

图13-2-2　街区建设的防灾学习计划

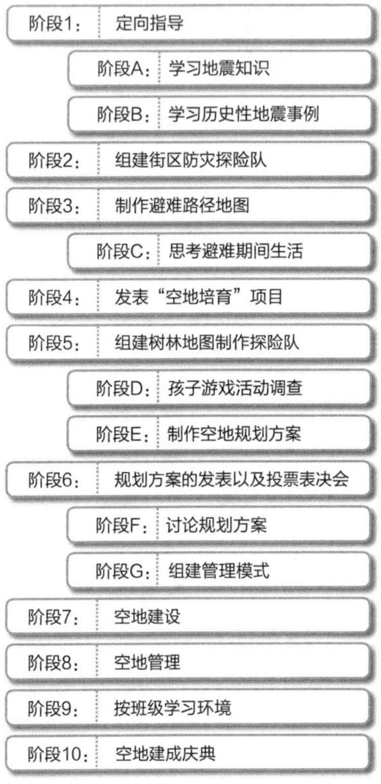

阶段1：定向指导
阶段A：学习地震知识
阶段B：学习历史性地震事例
阶段2：组建街区防灾探险队
阶段3：制作避难路径地图
阶段C：思考避难期间生活
阶段4：发表“空地培育”项目
阶段5：组建树林地图制作探险队
阶段D：孩子游戏活动调查
阶段E：制作空地规划方案
阶段6：规划方案的发表以及投票表决会
阶段F：讨论规划方案
阶段G：组建管理模式
阶段7：空地建设
阶段8：空地管理
阶段9：按班级学习环境
阶段10：空地建成庆典

图13-2-3　“培育空地”学习流程

行有关调查研究，组织召开由小学、初级中学、高级中学教师，城市规划相关政府官员，建设省，地域人士等组成的研讨会，制定授课指导方案（学习项目）（图13-2-2、图13-2-3），制作学习辅导者用辅导小册子（图13-2-4）。为了扩大应用范围，发起组建“街区建设防灾学习支援协会”，与建筑师协会和城市规划协会合作，进行向学校选派专家，筹措费用等活动。

这种学习活动是，通过孩子与地域大人联动以及与学校、家庭、地域、其他机构的合作进行的，旨在推动以建设可持续性地域为目标的环境教育的内容多样化，使孩子们把学到的知识和技能运用到生活中的综合性活动——“知识的综合化”中。

（小泽纪美子）

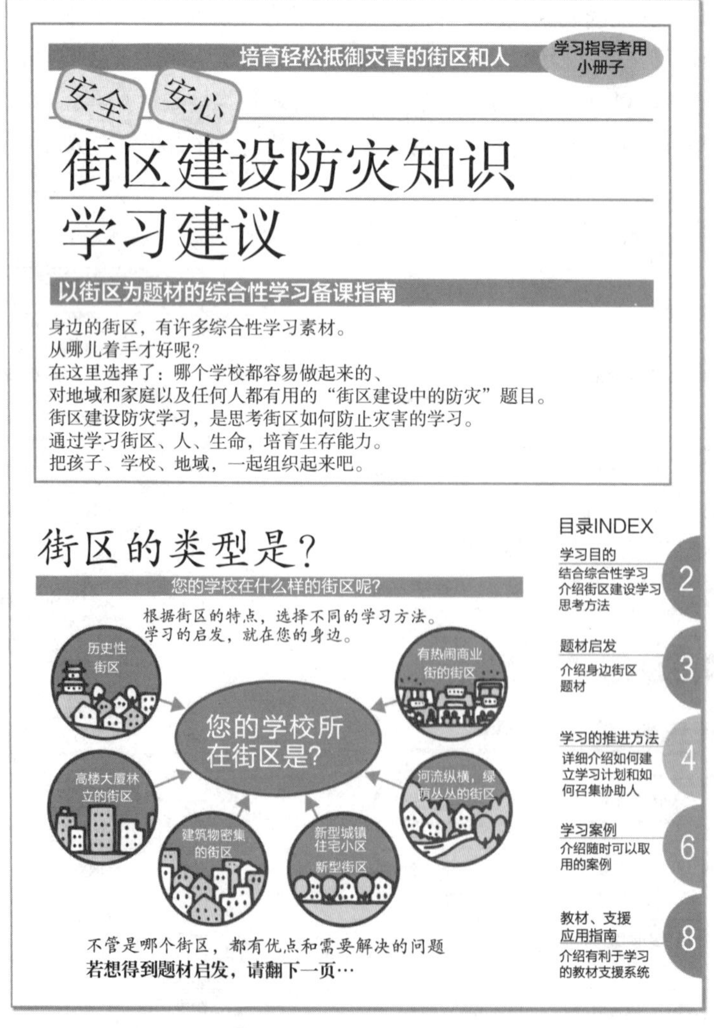

图13-2-4　学习指导者用小册子
（出处：《街区建设中的防灾：学习建议》小册子，再开发协调协会内设机构：街区建设防灾学习支援协会）

13.3 人的培养

1. 引言：金崎之“传建地区”巡礼

地域建设也可以说是人的建设。重要的是，目标确定。因为朝着共同目标迈进，培养人的目的也就能同时达到。

岩手县“胆泽郡金崎町”的诹访小路地区，是日本第58个被选定的重要传统建筑物保护地区（图13-3-1）。

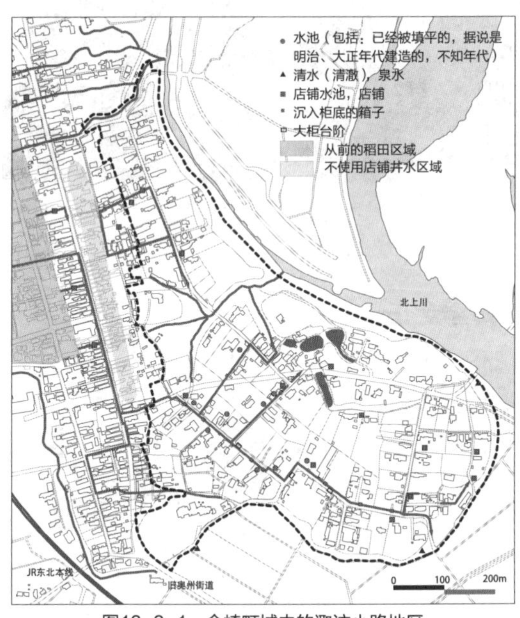

图13-3-1　金崎町城内的诹访小路地区

（出处：伊藤邦明、舛冈和夫编《旧仙台藩要害金崎—城内诹访小路地区—传统建筑物保护对策调查报告书》金崎町教育委员会，1997年）

照片13-3-1　城内诹访小路地区风景

本节一边概括金崎之“传建地区”巡礼，一边把焦点放在地域居民和关联者的目标与活动，探讨人的建设问题。

现在的金崎町区域，在近世属于“仙台藩属国”，北边与“盛冈藩属国”相邻。地处北上川沿岸舌头型高地，是一个战略要地。由100家侍卫住宅组成的武家地，其规模大致上与现在的地区相当。可以轻而易举地控制身后的坐落在沿“奥州”

迄今为止的活动情况汇总　　表13-3-1

划分	年度	研究机构/VARI研究/学生活动	原住民活动
第1期记录时期	1980前后		千叶周秋编《金崎古民居》
	1984		自治会编《诹访小路的过去与现在》
	1985		自治会编《城内史》
	1991	佐藤巧（东北工大）《城下町金崎：并行街区调查报告书》	（←协助调查）
	1994	泽藤雅也（岩手大）《城内地区等庭院、林木调查报告书》	（←协助调查）
第2期评价与设计应用时期	1996	伊藤邦明（东北大）、舛冈和夫（东北工大）《城内·诹访小路地区·传统建筑物保护对策调查报告书》 ◎学生研究主题： ·历史景观的形成与变迁 ·孩子的空间认知与原风景 ◎五味公主志《根》(0~13号)	·持续协助地域内调查 （←协助调查）
	1999	共同研究、VARI研（大沼等）发起 ◎金崎町历史公园规划方案 ◎“传建地区”保护规划策划协作 ◎学生研究主题： ·侍卫住宅复原应用设计 ·资源评价讨论会等 ◎五味公主志《根》(14~19号)	·持续协助地域内调查 （←探索协作关系） ↓
		并行街区继承会“城下町金崎研讨会”召开	
	2000 町级传统建筑物保护地区	◎坂本家等实地调查报告书 ◎“白系并行街区交流馆”设计主审 ◎“传建地区”住宅设计指南 ◎援助地区历史资源初步调查 ◎学生研究主题： ·“三屋”空间布局研究与设计 ·地区居住/店铺设计提案 ·空屋、空地复原计划等 ◎五味公主志《根》(20~32号)	·达成一致，着手制定条例、计划 （←协作体系充实化） ↓ ↓
		举行修剪丝柏讨论会、茶话会、手工艺品市场等，学生发布会	
	2001 国家级重要传统建筑物保护地区	◎周边寺庙神社/古民居实地调查 ◎室外居住环境调查 ◎学生研究主题： ·室外居住环境与维护管理 ·饮食文化与生活空间提案等 ◎五味公主志《根》(33~38号)	·“白系并行街区交流馆”开业 ·制度确认并公布、联络座谈 ·发起金崎街区建设研究会
		举行修剪丝柏讨论会、学生+街区建设研究会共同发布会等	
	2002 2003 2004	◎旧大沼家复原调查等 ◎学生研究主题： ·地区并行居家与水系 ·民居复原应用方法提案等 ◎五味公主志《根》(39~41号)	↓ ·住民组织的有效利用 ·本地运营研讨会等
第3期努力提高品质	2005 2006 2007 2008 2009	◎旧大沼家复原事业正式定格 ◎治理景观（住宅、附属屋等）事业 ◎“六轩丁一”家等复原事业 ◎旧坂本家复原事业 ◎旧山田家复原事业（实施中）	“现在” ·金崎街区建设研究会 ·城内诹访小路街区建设实行委员会 ·“白系”（交流馆指南） ·佐和良会（访问者指南）等

街道两边的町人地。江户末期，“仙台藩属国”曾经一度拥有21处要塞，只有该地区比较完整地保留下来。虽然经历近代变化，历史性景观（照片13-3-1）依然很优秀，一直延续着当地武家后代引以为自豪的传统生活风情。昭和末期，当地原住民还撰写了乡土历史。之后，由专家持续地进行古建筑调查。到1996年，由作者担任传统建筑物保护对策调查。经过调查研究和街区建设实践，于2000年9月被指定为地方保护地区。于2001年6月15日，该地区得到“传统建筑物以及地区划分保持良好的原状”的评价，被指定为重要传统建筑物保护地区（照片13-3-2）。这份荣誉，既是最高评价，又是下一个航程的起点。在这里，与用人体制一起，重温一下它的历程（以下各尊称均省略）。

2. 培育地域遗产的同时，体验实践性研究

1）评价调查记录，面向街区建设

原住民察觉到地域遗产价值，当然，没有遗产价值，专家也不会介入。曾经担任过当地地方官员的考古和民俗研究者千叶周秋（金秋），在昭和末期率先介入地域遗产的调查研究。之后，佐藤巧（东北大、东北工业大，1991年）的建筑物、并行街区研究，泽腾雅也（岩手大，1993年）的庭院、树林研究等也相继进行。到1994年前后，基本摸清了侍卫宅基地的所有情况。如果把这10年的研究，定格为第1期，主要的研究成果可以说是“记录”。

之后，由伊藤邦明（东北大）、舛冈和夫（东北工业大）牵头，包括作者在内的研究团队，投入到“传建地区”选定至具体保护应用事业。到2004年的10年间，基本完成“评价与应用设计”，这一阶段定格为第2期。

在这以后的数年间，复原事业蓬勃展开，由原住民主导的“街区建设”，迎来了世代交替的新局面。这一阶段定格为第3期。

在几十年的各个活动中，重点介绍大学研究团队最为活跃的第2期。

2）从探究知识到实践性研究

该地区作为“传建地区”，古建筑数量并不多。但是，正如大家所讲的“藩属国境绿荫葱葱的要塞”那样，地区面积大、有个性、景色优美。怀着探究其背景的心情，1996年，一个学生团队开始了常驻调查。清水芳昭、大沼正宽、石川慎治（当时的东北大研究生/学生）等人，制作了五

照片13-3-2　调查报告会情景（1997年）
（出处：同图13-3-1）

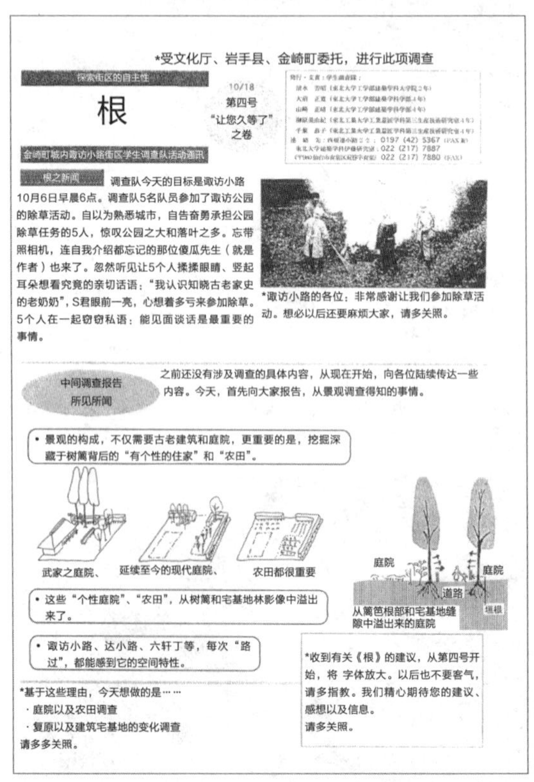

*受文化厅、岩手县、金崎町委托，进行此项调查

探索街区的自主性

根

10/18
第四号
“让您久等了”
之卷

金崎町城内谫访小路街区学生调查队活动通讯

根之新闻　调查队今天的目标是谫访小路

10月6日早晨6点。调查队5名队员参加了谫访公园的除草活动。自以为熟悉城市，自告奋勇承担公园除草任务的5人，惊叹公园之大和落叶之多。忘带照相机，连自我介绍都忘记的那位傻瓜先生（就是作者）也来了。忽然听见让5个人揉揉眼睛、竖起耳朵想看究竟的亲切话语：“我认识知晓古老家史的老奶奶”，S君眼前一亮，心想着多亏来参加除草。5个人在一起窃窃私语：能见面谈话是最重要的事情。

*谫访小路的各位：非常感谢让我们参加除草活动。想必以后还要麻烦大家，请多关照。

中间调查报告
所见所闻

之前还没有涉及调查的具体内容，从现在开始，向各位陆续传达一些内容。今天，首先向大家报告，从景观调查得知的事情。

• 景观的构成，不仅需要古老建筑和庭院，更重要的是，挖掘深藏于树篱背后的“有个性的住家”和“农田”。

武家之庭院、　延续至今的现代庭院、　农田都很重要

• 这些“个性庭院”、“农田”，从树篱和宅基地林影像中溢出来了。

庭院
庭院
道路
垣根
从篱笆根部和宅基地缝隙中溢出来的庭院

• 谫访小路、达小路、六轩丁等，每次“路过”，都能感到它的空间特性。

*基于这些理由，今天想做的是……
·庭院以及农田调查
·复原以及建筑宅基地的变化调查
请多多关照。

*收到有关《根》的建议，从第四号开始，将 字体放大。以后也不要客气，请多指教。我们精心期待您的建议、感想以及信息。
请多关照。

图13-3-2　五味公主志《根》
（出处：同图13-3-1）

味公主志《根》，每天早晨亲自送到每一家住户，采取了热情、贴心的调查手法（图13-3-2）。他们收集到建筑物、道路景观，水系、2000棵以上的树木分布、原住民的原风景等第一手资料（照片13-3-3、图13-3-3）。还发现了藩属国施政时期到近代期间培育起来的、秩序和生产合二为一的“半兵半农”的、独特的历史景观（照片13-3-4）。

以他们的“令人感动的学习”作为开端，东北大学伊藤研究室、东北工业大学舛冈、菊地、二瓶研究室、东北文化学园大学大沼研究俱乐部，于1999年联合设立了自由的共同研究体——“国际地域建筑研究会”（Vernacular Architecture Research International，简称VARI研）（图13-3-4）。该研究会是以伊藤、二瓶、舛冈、菊地、大沼为核心的共同体。其中，伊藤和二瓶，致力于建筑设计与风土关系研究，曾经获得日本高铁磐城塙车站（1996年菲利普·伯尔尼奖）、山寺邮局（2005年IASS坪井奖）等建筑设计奖项。舛冈和

照片13-3-3　金崎町立第一小学生徒们在素描（1996年）

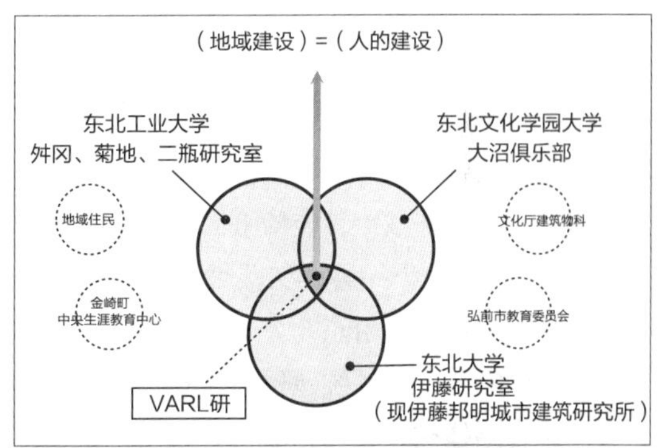

图13-3-4　共同研究体VARI构造体系

图13-3-3　小学生的地域空间形象素描
（出处：大沼正宽，石川慎治，野村希晶，樱井一弥. 基于孩子空间认知的地域特性调查以及在环境教育中的应用[M]. 日本建筑学会东北支部研究报告会，2002年）

照片13-3-5　松柏修剪现场研讨会（2001年）
（出处：大沼正宽，石川慎治，藤仓贤一. 居住性环境资产应用管理实践：以传统建筑物保护地区松柏修剪现场研讨会为中心[M]. 日本建筑学会农村规划研究协会资料，2003年）

照片13-3-4　树篱、庭院、田地、宅基地林并用的武士住宅

照片13-3-6　民间与大学共同举办的街区建设调查报告会（2002年）

菊地一直致力于大野村复耕工艺等地域生产、生活研究和实践指导。大沼接受建设金崎町重托。积极进行参与型实践研究，如：为了调查环境保护方面的问题，举办修剪树篱现场研讨会（照片13-3-5），举行研究成果发布会（照片13-3-6）等。随着与当地协作的不断进展，三所大学的学生获得绝佳的学习机会。同时加深了对地域的关心和热情，对地域复原事业做出了贡献。

此外，由民间与大学合作进行的实践性研究，受到同行的青睐。在伊藤和泽田诚二（明治大学）的努力下，金崎町与德国的莱涅赫尔德市缔结友好姊妹城市，大大促进国际交流（照片13-3-7）。之后与中国的长春、美国的阿姆斯特相继缔结友好姊妹城市，金崎町的国际友好姊妹城市达到3个。这个一整套实践性研究手法，在金崎成功实施以后，由东北大学伊藤研究室应用到“弘前仲町”重要传统建筑物保护地区的重建调查（调查团体核心成员：前揭・石川、大沼以及藤仓贤一）（照片13-3-8、图13-3-5）中。

3. 民间与大学合作，共同实施人的建设

1）建筑设计、建筑史与“学”之人建设

在参加多彩街区建设的同时，团队核心成员的关注点始终没有离开建筑物。曾经参与制定地区保护规划的大沼，与伊藤合作，审定地区管理事务所・“白系”并行街区交流馆设计（照片13-3-9）。还有，随着复原事业的定格化，“片平丁旧大沼”家（照片13-3-10、照片13-3-11）、“表小路1”家以及伊藤在半常驻期间，进行过设计、技术指导的诹访小路旧坂本家（照片13-3-12、照片13-3-13）等，相继开工治理。期间，得到舛冈、实施第一期调查的佐藤巧、奔波于全国各地致力于文化遗产保

照片13-3-7　演讲中的莱涅赫尔德市市长（2001年）

照片13-3-9　地区管理事务所・“白系”并行街区交流馆

照片13-3-8　仲町地区室外空间调查（2001年）
（出处：东北大学伊藤研究室编《城下町・弘前仲町重要传统建筑物保护地区治理调查报告书》弘前市教育委员会，2002年）

图13-3-5　弘前市仲町重要传统建筑物保护地区
（出处：东北大学伊藤研究室编《城下町・弘前仲町重要传统建筑物保护地区治理调查报告书》弘前市教育委员会，2002年）

护修建事业的西和夫（神奈川大学）、窪寺茂（文化建筑协会）等人的大力协助，地区的建筑史和建筑设计事业进展顺利。

具有秩序和舒适性的建筑、庭院、菜园，正在老化却能保值的木结构民居，衬托在绿色之中的大屋顶和传统的土地划分，默默无闻地为之发挥作用的住民的智慧和技艺，这些都是活生生的历史史料，也是我们的生活环境遗产。面对这些理应继承的复合万象，进行设计研究和实践，理所当然地要依靠建筑学的特有研究手法。只有这样，人们的视野才能更宽广。

近年来，备受关注的“学生农场近江乐座”，实际上也是以学生为主体，为地域应用做贡献的教育活动项目。它的活动，能够引起石川（前揭，现滋贺县立大学）的关注，当然也不是一件偶然的事情。

2）以文化遗产为核心的“民”之人建设

最重要的课题，自然是培养当地人才。从第二期的后半期开始，当地组建了包括地区自治会在内的许多团体。如：由当地青年组成的“金崎街区建设研究会”和“城内诹访小路街区建设实施委员会”，由当地妇女组成的“白系”和“佐和良会”等团体。利用“遗构与侍卫住宅1家”的复原事业改造成的餐厅，很受当地欢迎。同时各公共建设事业，为当地建筑业者和工匠，提供了传承技术的机会。美丽并行街区的建设事业，激活了该地区优良资源的有效运营和组合。

当然，并不是所有事情都是一帆风顺的。随着地区内的世代交替，制度上的启发经常遇到力不从心，部分原住民不希望在悠闲的居住地上，搞观光旅游。还有，保护地区位于街区东部，当地存在公共投资是否过于偏向的忧虑。此外在建筑技术方面，对传统技法的研究和保护修复技术等方面也存在不足。在设计和施工过程中，遇到因行业低迷导致的专业人员的严重不足等很多问题。

总之，由民间与大学合作进行的实践性研究很有必要。学术性的探索和新的发现以及美好的并行街区建设，需要我们持之以恒的努力。

（大沼正宽、石川慎治、伊藤邦明）

照片13-3-10　“片平丁旧大沼家”的拆解调查（2002年）

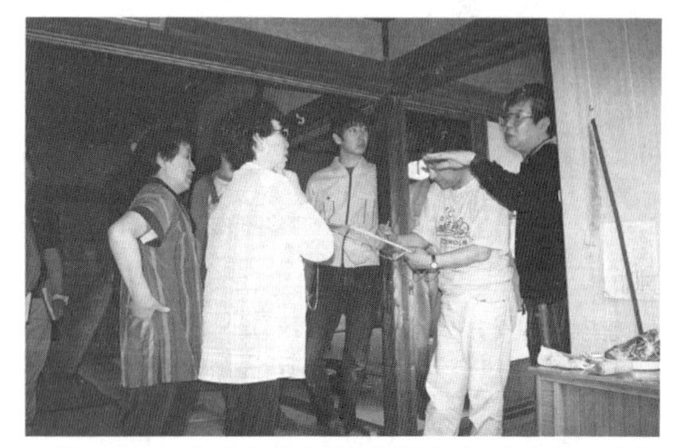

照片13-3-12　“诹访小路旧坂本家”的房间布局情景（2000年）

照片13-3-11　“片平丁旧大沼家”复原工程落成仪式（2006年）

照片13-3-13　“诹访小路旧坂本家”复原工程落成仪式（2010年）

第 13 章
注・参考文献

◆ 13.1 —参考文献

○ 佐藤泰徳『住宅の条件』（日本プレハブ建築研究所出版局、1975 年）
○ 西山康雄『アンウィンの住宅地計画を読む—成熟社会の住環境を求めて』（彰国社、1992 年）
○ 日本建築学会近畿支部環境保全部会編『近代建築の保存と再生』（都市文化社、1993 年）
○ 大河直躬編『歴史的遺産の保存・活用とまちづくり』（学芸出版社、1997 年）
○ 福田晴虔「建築—伝え得るものと伝え得ないもの」（1998 年日本建築学会九州支部総会記念講演会草稿）『ウロボロス建築抄』（CD-ROM［私家版］所収、2002 年）
○ 高見沢実『イギリスに学ぶ成熟社会のまちづくり』（学芸出版社、1998 年）
○ 鈴木成文『住まいを読む—現代日本住居論』（建築資料研究社、1999 年）
○ 松村秀一『「住宅」という考え方　20 世紀的住宅の系譜』（東京大学出版会、1999 年）
○ モーセン・ムスタファヴィ、デイヴィッド・レザボロー『時間のなかの建築』（黒石いずみ訳、鹿島出版会、1999 年）
○ 日本不動産学会編『不動産学事典』（住宅新報社、2002 年）
○ Colin Brock, “Home Manager” (Quiller Press Ltd., 1999)
○ Edited by Charles J. Kibert, “Reshaping the Built Environment — Ecology, Ethics, and Economics” (Island Press, 1999)
○ Edited by Warwick Fox, “Ethics and The Built Environment” (Routledge, 2000)

◆ 13.2 —注

1) 山極隆・武藤隆編『新しい教育課程と 21 世紀の学校』（ぎょうせい、1998 年）
2) 工藤文三「知の総合化の視点をどう具体化するか」『教職研修』（1998 年 9 月）
3) J.P. ミラー『ホリスティック教育論』（吉田敦彦ほか訳、春秋社、1999 年）
4) ロジャー・ハート『子どもの参画－コミュニティづくりと身近な環境ケアへの参画のための理論と実際』（木下勇・田中治彦監修、IPA 日本支部訳、崩文社、2000 年）
5) 住宅総合研究財団住教育委員会『これからの環境学習－まちはこどものワンダーらんど』（風土社、1998 年）
6) アイリーン・アダムスほか『まちワーク－地域と進める「校庭＆まちづくり」総合学習』（風土社、2000 年）
7) 住宅総合研究財団『「住まい・まち学習」実践報告・論文集 4』（住宅総合研究財団、2003 年）
8) 住宅総合研究財団『「住まい・まち学習」実践報告・論文集 2』（住宅総合研究財団、2001 年）

◆ 13.3 —参考文献

○ 伊藤邦明・舛岡和夫編『旧仙台藩要害金ケ崎—城内・諏訪小路地区—伝統的建造物群保存対策調査報告書』（金ケ崎町教育委員会、1997 年）
○ 大沼正寛、高橋文浩、千葉周秋、石川慎治、伊藤邦明、舛岡和夫、野村希晶、菊地良覺、櫻井一弥、横山禎徳「金ケ崎町城内諏訪小路伝統的建造物群保存地区における空間形態の存続を目的とした保存計画」（日本建築学会技術報告集、第 16 号、pp.243-248、2002 年）
○ 大沼正寛、伊藤邦明、小田島正仁、石川慎治、野村希晶、櫻井一弥「伝統的建造物群保存地区における民家の移築・再利用に関する設計指針—金ケ崎町白糸まちなみ交流館の設計・建設プロセスその 1 —」（日本建築学会技術報告集、第 16 号、pp.235-238、2002 年）
○ 大沼正寛、石川慎治、野村希晶、櫻井一弥「こどもの空間認知を基にした地域特性の抽出と環境教育への応用」（日本建築学会東北支部研究報告会、第 65 号、pp.297-300、2002 年）
○ 大沼正寛、藤倉賢一、石川慎治、野村希晶・櫻井一弥「東北地方における屋外住環境の構成及び持続方策に関する研究—その 1 武家地における屋外空間の基本的構成—」（日本建築学会大会学術講演梗概集（北陸）6073、pp.703-704、2002 年）
○ 伊藤邦明・石川慎治編『城下町・弘前仲町（なかちょう）重要伝統的建造物群保存地区見直し調査報告書』（弘前市教育委員会、2002 年）
○ 舛岡和夫・菊地良覺ほか「大野村『一人一芸の村計画』20 年の年表といくつかの補足」（東北工業大学紀要、理工学編、第 22 号、2002 年）
○ 大沼正寛、石川慎治、藤倉賢一「住的環境資産の活用管理実践—伝建地区におけるヒバ刈りワークショップを中心に—」（日本建築学会大会農村計画部門研究協議会資料 pp.85-88、2003 年）
○ 石川慎治「STUDENT FARM『近江楽座』」（『人間文化』19 号、2006 年）
○ 大沼正寛、野村希晶、舛岡和夫、伊藤邦明「住環境資産の経年と美的・心的価値に関する基礎的考察」（日本建築学会住宅系研究報告会論文集、第 1 号、pp.231-240、2006 年）
○ 近江楽座学生委員会編『近江楽座のススメ』（ラトルズ、2008 年）
○ Masahiro ONUMA, Kuniaki ITO『The Worth of Maturity in Living Properties』(ICOMOS ISC Theory & Philosophy, The Image of Heritage: Changing Perception, Permanent Responsibilities, Florence, 2009 年)

案例 13-1

小学环境教育搭配 校舍屋顶耕种水稻田

近年来，不管是在城市还是农村，人们的生活方式都发生了很大变化。带来了孩子们与自然的直接接触趋于淡薄化，在自然中培育孩子对环境的综合性感性越来越困难。在学习环境或者环境教育很有必要的当今社会，在哪里、如何教育和学习，是极为重要的事情。

广岛市立矢野南小学，利用校内空间，开展趣味浓厚的环境教育，使得孩子们可以不出校门学习“农业体验”。通过本案例的在教育以及地域活动中的综合性调查，探讨在环境学习活动中，如何有效利用设施空间的问题。

◉矢野南小学特点

矢野南小学的空间组成，呈教室—半室外—前院的布局，规划设计注重孩子的各个成长阶段，是力求学习与游玩一体化的场地布局。

利用学校空间，积极开展“综合性学习时间”活动，各个年级的活动内容如图1所示。

特别是，在屋顶设置的田园风景中，5年级的孩子们可以亲自体验水稻栽培。孩子们亲切地称之为“梦中田园”。以下是作者利用一年时间调查的结果。

◉5年级学生的“梦中田园”

5年级的孩子们，在这里进行水稻栽培活动以外，用“环境”的观点，把其他教育课程串起来，进行各种体验学习。经过整理土地、筛选种子、培育秧苗、翻耕水田、平整水田、插秧苗、灌溉管理、田间除草、收割稻谷、架晒稻穗、舂米、制作米饼、收获庆祝会等一整套完整的农业活动，让孩子们亲身感受劳动的艰辛和自然的严酷以及自然的美丽。在收获庆祝会上，用自己栽培的稻米制作米饼，让全校师生分享自然的恩惠。并将一年耕作水稻的记录，传给下一个年级接班。以“梦中田园”活动为中心，穿插进行其他关联科目的活动，形成有一定深度的复合型体验学习氛围。

◉面向地域的活动

5年级学生的“梦中田园”，得到以保护者为首的地域各类人士的帮助。在秧苗阶段，农家人士教孩子们如何筛选种子；在翻耕水田、平整水田、插秧苗、田间除草、舂米、磨面粉等阶段，聘请地域农家民间讲师做现场指导和讲解。通过一系列活动，增添对农业和自然的兴趣。专门到地域的农业继承资料馆，学习和体验有关农作物工具的使用。在收获庆祝会上进行的米饼制作和技艺创意表演，得到地域公民馆有关团体的大力协助。收获庆祝会场面盛大，如：乡间民歌、击鼓演奏、狮子舞表演等充满了收获的喜悦。狮子舞表演模仿地域古老的记忆，加深地域传统文化的理解。此外，保护者也在进行耐心地讲解，帮助孩子们理解活动内容成了活动惯例。因为收获庆祝会是全地域性参与的活动，为保护者与地域住民的深层次交流，提供难得的机会。尽管是校

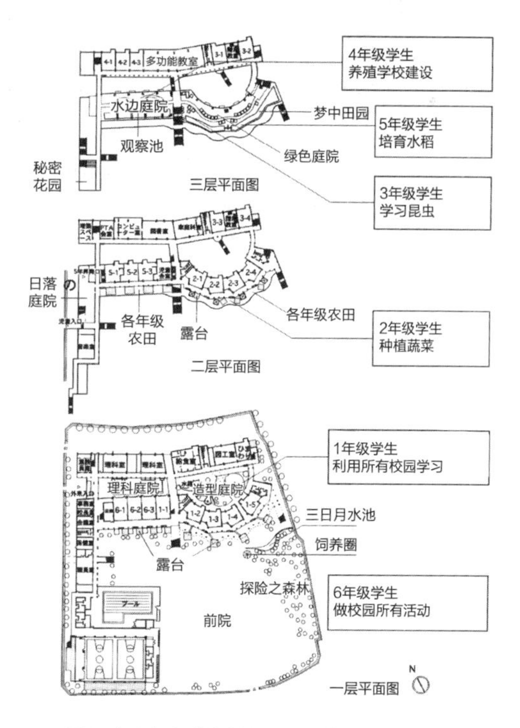

图1 各年级在“综合性学习时间”中的活动内容

内的活动，由于重视各个阶段的外部联系和协作，从一开始便成为面向地域的活动（图2）。

通过立矢野南小学利用校内空间开展环境学习的调查，针对环境学习活动与设施空间利用关系，总结了以下若干心得：

○亲自体验的重要性

· 实践活动场所，必须是能够启发所有感觉的学习场所；

· 必须是对发现、理解具有刺激性的活动空间。

○校内活动的重要性

· 在教育空间中，恰到好处地引入自然环境，让孩子们就近感受着自然发育成长。

○空间和活动，不要采取封闭，要向外部开放

· 学校空间内的实践活动场所，必须面向地域开放，与周边环境形成一体。

○各活动之间，要彼此相互联系

· 校内实践活动场所，必须满足各种活动的开展以及活动之间的相互联系。（内田文雄）

照片1　矢野南小学全景

①整理土地　②平整水田　③插秧苗　④田间除草　⑤收割稻谷　⑥架晒稻穗
⑦脱壳舂米　⑧⑨制作米饼、收获庆祝会

照片2　水稻培育流程

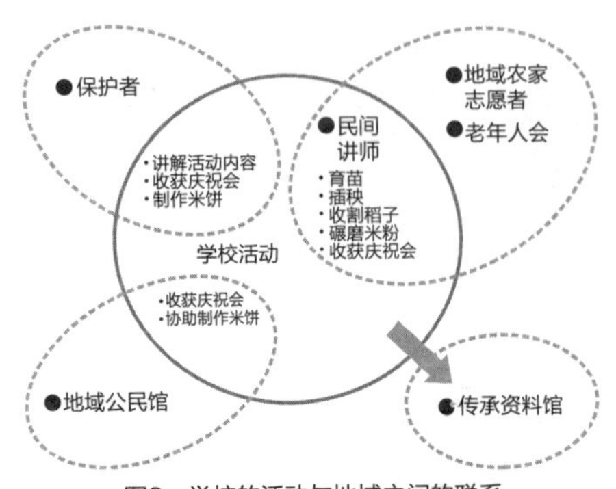

图2　学校的活动与地域之间的联系

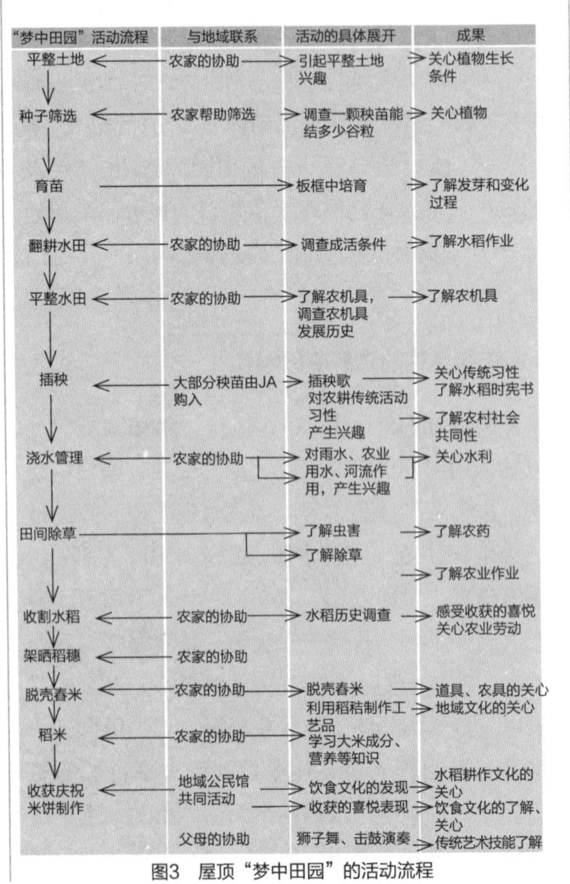

图3　屋顶“梦中田园”的活动流程

案例 13-2

校园环境的培育和环境教育：尼崎市立成德小学校

◉作为孩子成长空间的学校环境

力求把孩子从教室书桌上解放出来，包括校园在内，把所有的学校环境都作为孩子的学习教育和生活空间，形成一个崭新的学校教育形态（照片1）。学校本应该是让孩子们在学校的生活中，与生命（人类、动物、植物）和环境紧密相处，在各种实践体验过程中，茁壮成长的空间。学校作为地域最大的公共空间和地域设施，承担着很大的责任和义务。尤其是在缺乏自然环境的城市中心，学校可谓是地域环境和人们心中的沙漠绿洲。

近年来，在学校的校园里，以生物栖息地建设为代表的自然体验场所建设迅猛发展，促使包括包装好的商品在内，许多商业性服务应运而生。当然，也有教职工、地域住民与儿童一起，亲自参加校园建设，培育校园环境的实例。尼崎市立成德小学校的校园建设，就是其中比较典型的案例之一。

照片1　室外授课：从教室到校园

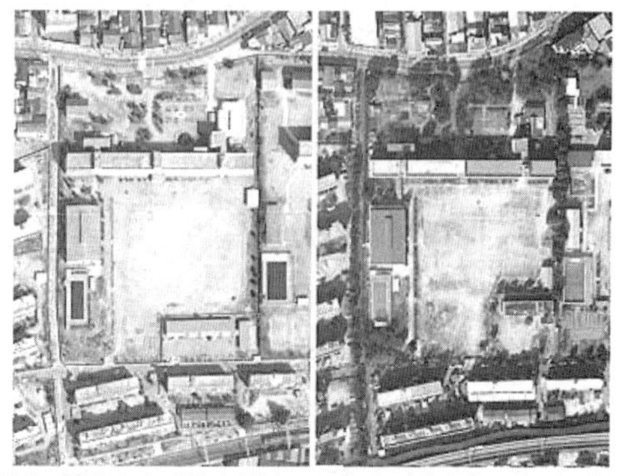
照片2　尼崎市立成德小学校：1972年（左）与1996年（右）的空中照片对比

◉尼崎市立成德小学校：城市中心的沙漠绿洲

成德小学校位于兵库县尼崎市西南部、人口稠密的城市街区。尼崎市赛艇会场游泳中心，利用建设中的多余泥土填平了蓬川河边的湿地，并把它作为学校的建设用地。

成德小学校成立于第二次世界大战后的1947年，2002年迎接建校55周年。建校初期的木结构房屋，于1975年全面由钢筋混凝土结构房屋所替代。旧房屋原址成为一块空地（照片2）。校区北侧的空地，在1975年前后，一度曾经作为交通安全教育场所——自行车公园，也是反映时代发展的产物，于1978年宣告完成其使命，成为学校的一片“森林”。

◉在成长中的校园里体验学习

现在的成德小学校校园，拥有成德之森林、聚会之森林、近邻之森林等三处林地，校园绿化率，从1975年的不足10%，上升到35%以上（照片3）。如今的校园，绿树成荫、生机盎然。设有：观察水池、溪流、葫芦池、儿童戏水池等水边环境；学校园（农业园）、学习园（花坛）、稻田、春秋七草园等农业系列农园环境；动物之岛、小鸟之家、昆虫馆等生物栖息环境。校园持续着走向生物多元化和自然环境的成长历程（照片2）。

照片3　尼崎市立成德小学校：2002年的空中照片

该学校不是建筑师有意设计的学校建筑，建设学校所投入资金也不多。由于没有资金，利用种子和小苗培育树林，亲自动手建设水池和动物栖身小屋。让孩子参加环境培育活动，本身就是学习过程，大家一起培育起来的环境又是活生生的一部教材。到树林数数落在地上的树种子成了数学课堂，甚至有的孩子上课时间跑到校园，寻找课本中表示的矿石和花草。在树林中讲授音乐课、吃午饭、越野识图比赛等很受欢迎。在成德小学校，除了“综合性学习时间”以外，语文、数学、理科、社会学、画画、生活课、体育课、道德教育等科目当中的多达73个单元授课，都在校园进行（表1）。“成长中的校园”不仅丰富了学校校园环境，而且使环境教育项目更加充实和更具综合性，促进孩子与学校环境共同“循环成长”（图1）。

在校园进行的教育项目　　表1

校园环境		主要授课单元
杂木林系	成德之森林 聚会之森林 近邻之森林 各并行树木道路	用成德树木制作自己喜欢的东西吧 制作花园吧 全班同学们 排队集合 一起转圈、摇摆 生物的生活 秋天的发现 期待已久的冬天来了 与森林一样健康，快要变成2年级啦 快乐的广场等
农业园系	学校园（农业园） 学习园（花坛） 春秋之七草园 丝瓜棚	种地瓜吧 种过冬蔬菜吧 快乐地收获吧 一人养一颗吧 制作花园吧 生物的生活 蝴蝶的一生 各种昆虫 快快长大吧 去探索秋天吧等
水边环境	儿童戏水池 葫芦池 溪流 湿地观察水池	意象春风吧 鱼儿的出生与生长 生物的生活 饲养生物吧 已经是1年级啦 期待已久的冬天来了 快要变成2年级啦 做诗吧 我们赛跑吧 鹦哥等
其他	和平之山 动物岛 小鸟之家 昆虫馆 好伙伴广场	意象春风吧 画树叶一定要很像啊 制作花园吧 水流的作用 原野之歌 男生女生要结成好伙伴吧 扩大伙伴群吧 做诗吧 制作猪肉酱汤 烧烤芋头等

◉环境教育场所的变化

如今，家庭和地域环境教育能力呈下降趋势的同时，对学校的期望在升高。环境教育场所，从家庭和地域转向学校，其特点也呈现从日常性环境教育向有意识性环境教育转变的倾向。诚然，承担教育任务的学校，与地域和家庭合作的重要性日益显现。在孩子的生活中，如何制定环境教育计划，成了需要解决的问题。培养孩子，让其明白关注自然、人类、共同社会的重要性，就必须让孩子在生活中感受和体验它的价值。这样一来，学校空间的合理布置显得重要，新教育形态与学校环境的空间规划关系密切。（山崎寿一）

◆参考文献

○ 文部科学省科研基盤研究（A）（研究代表者：重村力）「児童生徒の農的体験を通じた環境教育に関する研究」（平成 11 年度—13 年度、2002 年 3 月）

○ 内平隆之・山崎寿一・重村力・山本竜太郎「尼崎市立成徳小学校の環境教育と校庭環境の成長」（2002 年度日本建築学会農村計画部門研究協議会資料『子供の農的環境体験からみた学校・地域環境づくりの新たな展望』日本建築学会、2002 年 8 月）

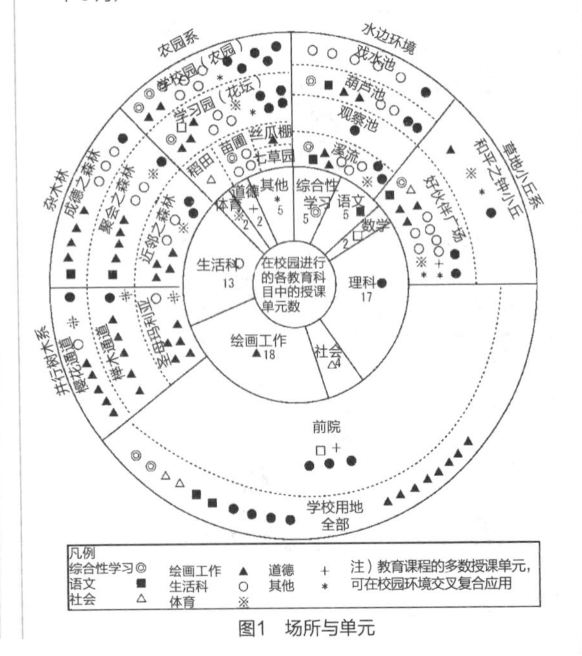

图1　场所与单元

案例 13-3

环境学习和生态村庄：地球设计学校实验

以“亲自动手装饰庭院”、“软件优先自然共存公园建设”为概念的地球设计学校实验，于1997年在京都丹后举行。这在当时是新概念，最近其他地方也陆续开展类似的（或者更成熟一些的）尝试。引起地球设计学校之间，形成相互竞争的态势。该学校的出现，对日本环境共存事业，犹如注入强心剂，其环境学习或市民参与型环境共存的实验方法，非常有利于现实的地域建设。

京都市为市民“提供”约140hm^{2}山村土地（京都府公园预留地）和自然素材，勾画市民的生态社会和受山村欢迎的双赢策略。大片山村土地成了开放式的大教室，市民和住民自如地互相学习和交流，构筑区域性网络建设。产生许多好主意和设想，意识到建设自然共存型公园建设的重要性和必要性。这就是成立地球设计学校的初衷，今后也不会改变的活动架构。

在开放式的大教室中，陆续诞生许多“小教室”。例如：设想“森林中自由巡回走动的交通工具”，与制造厂家合作开发电动助力型单轨自行车的“森林之ET教室”；设想着自己制造自然能源，亲自动手制作风车的“风之教室”；设想着防止湿地干涸，尝试利用湿地干草造纸的“第一美丽事业教室”；设想着有效观测杂木林，利用树木和缆绳制作“树上走廊”的“森林探险教室”等。迄今为止，约有200个不同“教室”的活动。建筑领域也有：制作土台；尝试板块式土墙；制作土窑用牡蛎壳烧制建筑所必需的素材——石灰；树木简单处理后，作为房屋骨架等，尝试使用土和木等生态素材的实验。

在各种实验过程中，逐渐明白抓住土地文化和个性的重要性。厨房垃圾原来在牛粪中，不容易发酵，进而难以生成沼气。他们成功利用当地田园中的菌类解决了这个问题，很值得称赞。还有，经过风速测试，得知风力强度太小，风力发电设想不可行时，大家伙儿一时垂头丧气，而后又重新振作起来，研讨直接利用风力和水力的转换装置。对棘手的湿地（水草茂密的泥泞地）生态保护，原先的设想是，采取农业相关应用的“维护管理”，后来认为过去的分层回填造田的方法更适合手工操作，重新研讨保护对策。

还有，作为木质生物能源开发第一步，动员市民在山上开垦600m^{2}左右林地，准备种植人工林，得知在丹后，更注重杂木林，便开始与森林组合机构合作，协商有关杂木林事宜。地球设计学校的森林治理活动，与丹后的杂木林生态保护系统紧密相连，作为样板工程，共同进行丸形生物材料的制作实验。在丹后，一直盛行“放火烧田”，经过调查发现，这种碳化作用具有转变为应对地球变暖的有效技术的可能性。为此，作为新森林农业技术进行研究。当地在“放火烧田”中，种植杂粮，其原因是把杂粮作为中间农作物穿插种植，以保持土地的肥力。而且其栽培技术，属于私人性质的世代祖传。地球设计学校一边虚心学习请教，一边研究改进。实验事业，与地域文化紧密联系，展现出从未有过的独创性和独一无二的魅力。

地球设计学校的目标，在这5年不断扩大。京都府推动地球设计学校实验活动的目的，起初是为了公园建设，地球设计学校设立的目标自然也是“快乐的未来公园建设”。到2002年末，以致力于实验活动的市民和住民为中心，正式成立非盈利法人机构（NPO）——地球设计学校。NPO现在的目标是，在包括府立公园在内的整片地域土地上，创建与自然共存的“日本型生态村庄”。

2003年，京都府公布公园预留地上准备依次建设的设施，让公众参与评论。京都府肯定了先行的软件活动成果，认为建设必要设施（硬件）的时机已到。公布的内容中，有地球设计学校新研修中心，有委托市民和NPO建设任意形式的“共存之森林”等项目。

地球设计学校，在市民、住民、政府的协助下，将继续挑战新的未来社会建设实验。

（樱井俊彦）

照片2　产生与森林浑然一体的感觉（土之建筑教室）

照片1　怀着开发当地“食材”的梦想，制作“面包”烧窑

照片3　开垦森林开发木质生物燃料，研究新型森林农业技术

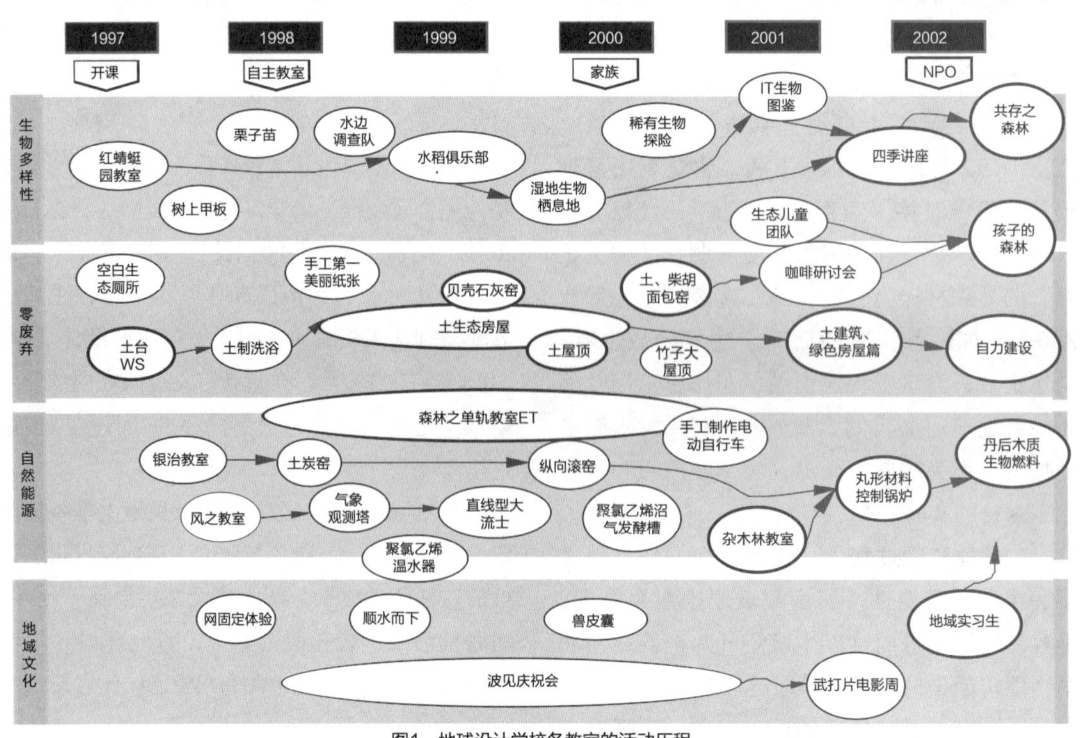

图1　地球设计学校各教室的活动历程

专栏6

田园学校

——食物的价值

“食物”是人们常提的嘴边话题，我们的话题也从这里开始。为什么“食物”的价值，仅仅体现在“吃”上？诸如好吃、新鲜、便宜、安全、经常得到、营养高等。把“食物”的价值，寄托在吃的感觉上。是不是过去也是如此？“食物”果真就是仅仅表现为那种程度吗？

现在的人们，把“食物”的价值仅限于用吃来衡量。因此，出现了下面的一幅“很有象征意义的场景”：“一家人到餐厅用餐，很少听到他们在用餐之前的感谢用语：‘我开始吃了’。为什么不说呢？如果是在家里，孩子吃饭之前，一定会说：‘妈妈，我开始吃了’。在餐厅，一是看不到做饭的人，二是等价支付，所以表示感谢的观念会淡薄。”“领受生命”或者“领受包容生物生死的一切田园自然”的想象力正在衰退。为何？

这件事情，是否与“只要安全、便宜、好吃、新鲜、稳定供应，进口农产品也无所谓”的价值观如出一辙呢？当然，在这里并不责备孩子、消费者、家族。虽然有些遗憾，但毕竟这种价值观支撑着我们建设的50年的现代化社会。这是了不起的经济发展，也是成功的社会发展。实际上，在现代化过程中，我们得到了很多东西。当然也丢失了许多东西，都丢失了什么呢？现在我们总算来到了该数一数丢失东西的时代。

食物培育起来的“环境”，没能从大米、从米饭继续传承下去。这是如今的田园最大的悲剧。也就是“农民做事”的快乐和营生没能继续传承下去。这个在现在的教育中也有反映：认为农业是“产业（用钱衡量的工作）”的一种。总之，食物与自然已经被分离。

照片1　薄羽蜻蜓

照片2　大地缚（菊科花草）

照片3　青蛙

——生产观念的转变

现在的小学生到大学生，都知道大米是田园生产的农作物，但是都不会把田园中生活的蜻蜓、小鱼以及凉风当作生产物。受现代思想的影响，食物的价值与自然环境相分离。“人与土形影不离”的思维模式的确消失。在进入现代化社会之前，都认为大米、红蜻蜓、凉风是自然给予的恩赐（其实现在也是）。不知是谁，把这些进行划分，将可以用金钱衡量的东西定义为“生产”。仔细想想，这种划分还是蛮厉害的，因为这样一来，可以确定生产目标，把收获和所得可以用“数值”把握，农学、农业政策落实和指导变得容易。现在利用收获和所得，可以很快进行评价和得出结论。农业世界的范围渐渐变得狭窄。“农民做事”的自然环境，变得容易了。从内心发问到底谁造成现在的状况，除了吃惊没有其他。因为罪魁祸首是我们所有人的现代化思想。

造成这样的状态，不是某个人的事情。该到了转变我们的思想的时候。一句话，我们应该认为“自然环境”是“农民做事”生产出来的结果。在田园中，不仅对大米，还要把红蜻蜓、小鱼、青蛙的叫声、清凉的风等，都重新定义为“生产物”。

意识到“农民做事”、“生产”、“自然环境”，才能在农业中摆正“自然”的位置。用金钱衡量“生产物”的价值观，业已持续50余年，轻易转变观念是很困难的事情。无论现代化思想如何发展，无法用金钱衡量的“恩赐”，也就是“农民做事”支撑“自然”是不争的事实。如果把它纳入“生产物”，比较容易把握本质，只是我们没有给予“农民做事”可以具体展示的“场地”而已。

不要只关注米饭的美味，让他们一边享受美味，一边回想起田园的红蜻蜓、清凉的风，拓展其想象力。“田园学校”的构想，由此应运而生。

——与狭窄、再狭窄的生产，说一声：再见!

在“田园学校”，“生产”的含义更广、更丰富。认为只有大米是生产物的想法，是受到50余年现代化思想支配的结果。设想一下：红蜻蜓、小鱼、清凉的风、河边的花草风景等，都是由“农民做事”所“生产”出来的，将会出现什么样的景象?

“田园学校”的活动项目，有些过于注重“农业体验”。这并不是什么坏事，只是感觉到目光有些过时、照搬。“农业体验”中，“插秧”、“收割稻子”等活动占压倒性多数。“漫游乡间小路”、“乡间小路边除草”等活动，没有列入活动计划。活动只是与“生产”直接联系在一起。在计划中的游玩时间，虽然有“去摘路边小花”活动，但这不能算是农业体验。这似乎有，只传授孩子们能变成金钱的生产的嫌疑。作者认为，只是安排孩子们在乡间小路漫步也好，安排事情做更好。

在这里，提一提有位农民朋友说的话：

“在田园干活时，都是坐在乡间小路休息。偶然发现身边的小草不知什么时候开了花，非常好看，漂亮。但是，好心情却没能和妻子、孩子分享，因为那是与农业生产毫无关系的另外一个世界。如果和妻子讲，得到的答复肯定是：‘净想着没用的事情，我说呢，干活不出活’的训斥；如果和孩子说，得到的肯定也是诸如：‘爸爸，您怎么突然浪漫起来了？’等的嬉笑和戏弄。但是，最终还是下决心和他们说一说。记得那是前年秋天的事情，没有清理田园小路边的杂草。到了第二年的春天，田园小路边开的净是些寒碜、难看的杂花。只有自己的‘农民做事’的存在，路边的野花也才能年年露出美丽的花朵。能够欣赏到这种风景，心情自然也活跃起来，干活也有干劲。听明白了吗？”

果不其然，朋友的眼光，没有局限在可以变成金钱的狭小的“生产”。他清楚地看到自然与人类关系的本质。“农民做事”，不仅仅是生产农产物，而且也是教育孩子如何继承场所。

——生产自然的农业是什么？

对这样的提问，又该如何回答：“在下列生物中，哪些是田园养育的呢？”

“1鹳鸟、2朱鹭、3白鸟、4大雁、5白头鹤、6鹭鸟、7麻雀、8燕子、9蛤什蟆、10青蛙、11田鸡、12土蛙、13休格尔（浪漫）青蛙、14蝾螈、15赤练蛇、16山蛇、17青鳉鱼、18泥鳅、19海鲫鱼、20鲶鱼、21鲫鱼、22鲤鱼、23红蜻蜓、24江鸡、25萤火虫、26源五郎虫、27田鳖、28螳螂、29水刀螂、30水黾、31田螺、32独角仙、33丰年虫。”

以前，我们以为这些都是“自然界的生物”，其实全部都是由田园养育的生物。如果没有田园，这些生物将会灭绝。那么，我们为什么认为这些生物是自然界的生物？是不是认为，“自然”是“人类没有触及到的东西”，是不是我们对“自然”的认识概念有问题，或者是否可以说：“这些生物不能认为是自然生物，是由田园养育的‘农业生物’呢？”作者原本也同意“农业生物”的说法。后来注意力转移到田园的强大能量上。才晓得我们在“自然”和田园中选择生物的归属时，其实是错误地选择了“自然”。作者的原来观点逐渐发生变化。通过拜读柳父章撰写的《翻译出来的思想》一书，了解到“自然”的定义不可以不分年代统一应用。就拿日本来说，现代与近代以前（江户时代）的“自然”的定义决然不同。作者也终于理解了自然的本质。利用“自然”一词表达自然环境，始于明治时代。我们之所以认为，“自然”是“人类没有触及到的东西”，原来是基于明治以后的误解上。

不管怎样，田园的确养育众多生物，前面列举的几十种生物，仅仅是其中的一小部分。有人说：“农业是人类对自然的最初的破坏行为”，这种说法对日本是否不适用？

——自然生物

几乎所有生活在城市里的日本人都认为，青鳉鱼、红蜻蜓、青蛙、萤火虫、白鸟、鹳鸟等生物是“自然生物”。其实，其中大部分生物都是在田园出生和长大。也就是说，田园在支撑着自然。

问一问农民，情况自然会好很多。不过，进一步询问：“您知道在您的田园中，每10公亩（1公亩=100m^2）里，有几只青蛙？或者有多少红蜻蜓、萤火虫、青鳉鱼、蛇、蜘蛛、摇蚊、丰年虫、线蚯蚓吗？”当时也几乎无一人知晓。

对能够变成金钱的生产物，可以很麻利地测算和统计。青鳉鱼、红蜻蜓什么的，都是“不值钱”的东西，自然连调查都懒得去做。把握、表现、评价自然实际状态，难道不是农业和农学的范畴吗？正是存在这种眼光短浅，常常发生诸如无公害有机农业就是单一的“生产安全食物”的形态之误解。

——生物调查

既然农学和农业政策没有涉及此事，只好依靠市民和农民来进行。作者的观点是：“要做，就要成立机构去发动全国的农民、市民、田园学校一起参与。”经过努力和各方协助，“农业与自然研究所”营运而生。

田园如果发生虫害，认为这是不得了的事情，立即出面调查处理，而对于自然生物，连调查法都没有出台。于是，我们提出不符合现实的青蛙、蜻蜓调查法试行草案。提出草案的目的，一是解释“自然”是如何被“农民做事”所支撑；二是作“田园学校”的教材使用。新农业基本法提倡“自然循环功能”，其内容却几乎都没有涉及有机物与飞虫、红虫、摇蚊、线蚯蚓、蝌蚪、源五郎虫、蜻蜓、青蛙、蛇、鹭鸟、鹰类之间的食物链和生命循环。

为了把握田园自然的现状，在全国范围第一次掀起调查活动。约有6000人参加了这次调查活动，开始制作“生物目录”，完成并公布《指南手册》。《指南手册》记载80余种各类生物以及调查法试行草案。调查结果参见表1。

2001年田园的恩赐台账：生物调查结果目录（全国平均值） 表1

	生物名称	个数/1000m^2	个数/1棵水稻	个数/1杯	杯数/1个
1	蝌蚪	230000	11.5	35	
2	赤蛙	17	0.00085		392
	蟾蜍	5	0.00025		1333
	青蛙	59	0.00295		113
	休格尔（浪漫）青蛙	6	0.0003		1111
	雨蛙	99	0.00495		67
	土、沼蛙	1083	0.05415		6
3	红虫（十日）	33950000	1697.5	5，093	
	红虫（二十日）	6330000	316.5	950	
4	摇蚊	1120000	56	168	
	线蚯蚓	1150000	57.5	173	
5	独角仙	24000	1.2	4	
	丰年虫	70200	3.51	11	
	甲壳虫	42000	2.1	6	
6	源五郎虫类	528	0.0264		13
	蛾虫类	614	0.0307		11
7	田鳖	1	0.00005		6667
	螳螂	22	0.0011		303
	刀螂（水）	25	0.00125		267
8	青鳉鱼（农田）	80	0.004		83
	泥鳅（农田）	146	0.0073		46
	鲶鱼（农田）	0	0		0
	鲫鱼（农田）	10	0.0005		667
	海鲫鱼（农田）	0.1	0.000005		66667
	美洲蝲蛄虾（农田）	88	0.0044		76
9	圆田螺	2870	0.1435		2
	贻贝	9080	0.454	1	
	沙蚕	4090	0.2045	1	
10	萤火虫（农田）	32	0.0016		208
11	飞虫	210000	10.5	32	
	蝗虫	1600	0.08		4
12	白色浮尘子	34400	1.72	5	
	棕色浮尘子	4800	0.24	1	
	红褐色浮尘子	10400	0.52	2	
13	黑尾叶蝉	46800	2.34	7	
14	水稻包虫	520	0.026		13
	水稻土虫	19000	0.95	3	
	水稻象虫	33400	1.67	5	
15	水黾	374	0.0187		18
	辣装水黾	2100	0.105		3
	斑纹龟	800	0.04		8
	杜父鱼	40	0.002		167
16	蚁蛉	1150	0.0575		6
	秋天、夏天红蜻蜓	2110	0.1055		3
	丝蜻蜓	780	0.039		9
	江鸡	7	0.00035		952
	银色大蜻蜓	20	0.001		333
17	赤练蛇	1.9	0.000095		3509
	菜花蛇	1.6	0.00008		4167
	蝮蛇	0.7	0.000035		9524
	草龟、石龟	0.2	0.00001		33333
	蝾螈	3.7	0.000185		1802
	山椒鱼	0	0		0
	水蛭	161	0.00805		41
18	苍鹭	9	0.0000009		370370
	白鹭（大）	14	0.0000014		238095
/村	白鹭（中）	11	0.0000011		303030
	白鹭（小）	22	0.0000022		151515
	黄褐色苍鹭	13	0.0000013		256410
	白鸟群	1.7	0.00000017		1960784
	大雁群	0.5	0.00000005		6666667
	燕子	74	0.0000074		45045
	乌鸦	67	0.0000067		49751
	鹬、土鸡	12	0.0000012		277778
19	田鼠	11	0.00055		606

2002年3月发布，农业与自然研究所　　　　三棵水稻稻米合一杯（茶碗大小）计算

——调查生物的目的

让农民做调查，很有实际意义。希望这种调查也能成为“农民做事”的一部分，以便“田园学校”的活动与农业作业时间不相冲突。“农民有自己的生活时间，生物的灵魂，也是在这一时间前来窃窃私语。”要记住这句话。要变成自己的语言，讲给孩子和消费者听。

本表所列目录，或许可以改变这个国家的农学、农业政策和农业观念。还是一边继续活动，一边耐心等待吧。如果把《指南手册》带在身边，经常翻看，你就会成为新型农民或市民。通过调查活动，相信会出现新农业文化“象征”。

“指标化”，已经是过去的事情。或许有人这样提出疑问：“不做指标，做事情还有意义吗？”我的回答只能是：“正因为不懂，才做；做了就会明白。”如果被问到：“明白了什么？”我就会说：“明白了你（们）与生物之间的关系。”我们至少获得了观察不特定（如害虫或益虫是农业上特定的生物）生物的时间。正是因为，认为这是在浪费时间，以前的日本才没有实施农民参与的调查，导致食物与“自然”的关系相分离。

——近代病的根源

作者认为，近代化助长了人类欲望的膨胀。的确，生活是变得便利、丰富，只要有钱就可以获得很多想要的东西。人类的这种欲望，迫使我们身边那些不值钱的生物正在走向消失。这就是近代化产生的最大的病根，治愈难度空前。

谁都希望收入越多越好。我们在购买商品时，如果质量没有太多差别，就会选择便宜一些的物品。谁都喜欢做快乐的工作，对心烦的事情敬而远之。在这种价值观的支配下，不可能想象都失去了哪些个自然。你是否想过：“吉野家便宜的牛肉盖饭背后、东日本新干线运来的盒饭背后，我们失去的代价是什么？”如果是想都没想过，说明你已经患病了。“宇根先生，现代社会结构极为复杂，想问个究竟，没有专家的水平是不行的。您可能也在不知不觉之中，充当破坏自然的帮手。”这样问我，我只有点头表示同意。

因此，我很想反驳：“进行敏感教育很有必要。”我天天都在想：“怎样才能抑制欲望呢？”也许应该弄明白人类能力的限度。不过想从他人身上领会，或许受到一些挫折。最好的方法是通过亲身体验，从自然中学习和掌握。就像农民那样，在自然里的勤奋劳作中体验。

“农民做事”里，的确存在“治愈”近代化病患的方法。设立“田园学校”的原因也就在此。

——道路与青鳉鱼

总之，近代化已经走到尽头，时代精神和思想的确在变化之中。作者的朋友在首都圈，一直耕作一处田园。不巧的是，朋友的田园被纳入城市道路规划。朋友自然发起反对运动，周围的居民起初对朋友的举动反应冷淡，纷纷议论说：“日本已经承受不了田园的存在”、“建设道路的意义更大”、“想吃美味米饭，购买新潟产越光牌大米不就得了”……朋友发现田园边水渠里的青鳉鱼，打出了“大家都来守护青鳉鱼吧”的口号，便立刻引起强烈共鸣，纷纷表示：“青鳉鱼在县境内快要绝种了，青鳉鱼栖息的小河，用金钱换不来。”田园最终得以被保留。

这件事情回想起来也挺微妙。仅靠米粒（食料）的价值保护不了的田园，却因有了青鳉鱼的存在而得以维护。保护青鳉鱼，既不是农民的活动目的，也不能变成金钱。可以变成金钱的食料，到处都可以买得到。如果本地没有，还可以进口。换句话，可以变成金钱的东西，其价值也限制在一定程度。不能变成金钱的东西，当然不能用金钱购买。青鳉鱼理所当然要在那里繁衍生息。守护青鳉鱼的田园自然也要持续地保持下去。该田园也产大米，为了保护田园（青鳉鱼），我们除了踊跃购买以外，没有其他方法。

这件事情，从根基上撬动了支撑农业政策的近代思想，鲜活地证明了“保障国民的食物供应，是日本农业的责任”的理念实际上已经开始失去其效力。这种价值观的转变，的确是进步的表现。在田园学校里，必须清清楚楚地把这个案例传授给孩子们，让孩子们铭记在心。（宇根　丰）

◆ 参考文献

○ 宇根豊『田んぼの学校・入学編』(農文協、2000 年)
○ 宇根豊『百姓仕事が自然をつくる』(築地書館、2001 年)
○ 宇根豊『田の虫図鑑』(農文協、1989 年)

编后记

建筑与城市的辉煌年代已经过去。如何构建与地球、地域环境、自然的可持续性共存关系的问题，摆在建筑界面前。近代建筑与城市怠慢了自然与生物多样性。21世纪要求建筑与城市具有多孔性，以确保与自然的共存以及其他生物的繁衍生息。在与自然的和谐共存过程中，降低环境负荷，创建更加舒适的建筑与城市环境。21世纪的建筑与城市设计，应该是充分考虑人类的身体性、自然性、共同性、无意识性的设计。如同近些年售书排行榜第一的养老孟司的《愚蠢的墙壁》中所强调的，建筑与城市设计，必须重新思考人类的身体性。与地球环境共存，实际上就是与风土性地域环境的共存。作为历史性文化，必须继承与地域自然和历史文化和谐共存的人类居住空间，并且赋予生态学性智慧，向下一代传承。

距1992年里约“地球环境大会”，已经过去20余年，地球环境面临更加复杂化和深刻化。站在国际的角度上看，各方满意的解决方法和政策尚没有成形。只是各个国家根据自身条件，依照本国的风土与文化，进行可持续性环境建设与建筑、城市、地域建设。据此为改善地球环境做贡献。本书第一版编辑即将结束的2004年，由中国、日本、韩国建筑学会共同主办的第五届亚洲建筑交流国际研讨会召开。在研讨会的“东亚可持续性建筑与城市发展的未来展望”主题会上，经过讨论后确认：可持续性城市与地域发展概念，虽然来自欧洲，但不能生搬硬套，必须在继承东亚自身的设计与重生的基础上，创造性地吸收。

《地球环境建筑系列专业篇1：地域环境的设计与继承》一书，于2004年第一次正式出版发行。在许多专家的大力协助下，以日本式的方式解答了新型的、可持续性的设计创造。迫切期待本书修订版的出版发行。面对2004年以来的地球变暖、石油危机、生物多样性危机、世界性城市人口（贫困人口）的剧增等问题，日本还要面对少子老龄化和人口下降等问题，环境、城市、地域等问题更趋复杂。2010年，生物多样性条约第十次缔约国会议，将在日本名古屋举行。殷切希望会议能够达成与地球、与地球其他生物共存的人类环境建设方案和行动计划。

本书针对地球环境时代，城市与地域的紧迫而长期的问题，从“全球性思索和局部性作用”观点出发，阐述建筑领域的社会共性问题。本书不仅仅针对建筑学相关人士，对关心地球环境和地域环境以及传统文化的国民和学生，对致力于可持续性城市与地域环境建设的政府有关人士和NPO等机构，都会有帮助和参考之处。殷切期望多提出宝贵意见，以便我们进行深化和改进，更好地为可持续性城市与地域建设，尽我们的一份贡献。

系长浩司
日本建筑学会地球环境委员会
地球环境建筑编辑委员会
专业篇1策划编辑负责人
2010年8月吉日

译后记

节约资源和保护环境已经成为全人类的共识。“十三五”规划指出，坚定走生产发展、生活富裕、生态良好的文明发展道路，构建科学合理的城市化格局、农业发展格局、生态安全格局、自然岸线格局。当今的中国，坚持绿色发展，尤为迫切。

现代建筑对环境和资源问题的响应是从六七十年代的太阳能建筑、节能建筑开始的。随着人们对全球生态环境的普遍关注，建筑的响应从能源方面扩展，全面审视建筑活动对全球生态环境、周边生态环境和居民生活环境的影响。目前，国内在地域环境设计层面依然突出以建筑空间塑造为核心的设计模式。而发达国家经历了经济快速发展，大规模城市建设的阶段之后，开始关注地域环境原有的自然资源、历史文化及人文精神，在设计中注重对传统文化和地域特色进行继承和发展。本书从正确认识地域环境出发，深入分析了生态设计与地域环境的关系，提出了具体的生态设计方法，通过大量案例，强调遵从地域文化的重要性，希望能为读者提供一些借鉴意义。

中国幅员广阔，各地的气候条件、地理环境、自然资源、经济发展、生活水平和社会习俗都有巨大的地区差异。在地域环境设计方面应当因地制宜，采用适宜的设计思路，促进人与自然和谐共生。

日本建筑家安藤忠雄曾说过，“如果更深一层去思考生活方式和价值观的问题，建筑的可能性便会增加，变得更加自由吧！”建筑设计如此，城市设计如此，地域环境设计更是如此！

在本书的翻译过程中，为克服书中涉及专业多，内容庞杂，提及大量人名、地名、书名、动植物名、化学元素名称和案例介绍等困难，我们查阅了大量有关资料和网页，尽量做到“信、达、雅”，尽量做到原汁原味，流畅生动，但难免会有疏漏之处，恳请读者批评指正。

崔正秀　李海斌

2015年12月

著作权合同登记图字：01-2013-8044号

图书在版编目（CIP）数据

地域环境的设计与继承（原著第二版）／（日）日本建筑学会编；崔正秀等译．北京：中国建筑工业出版社，2015.12
ISBN 978-7-112-18577-1

Ⅰ．①地… Ⅱ．①日…②崔… Ⅲ．①区域规划－地理环境－研究 Ⅳ．①TU98

中国版本图书馆CIP数据核字（2015）第248961号

责任编辑：白玉美　刘文昕
书籍设计：董建平
责任校对：刘　钰　关　健

地域环境的设计与继承
（原著第二版）
［日］日本建筑学会　编
崔正秀　李海斌　译
*
中国建筑工业出版社出版、发行（北京西郊百万庄）
各地新华书店、建筑书店经销
北京锋尚制版有限公司制版
北京中科印刷有限公司印刷
*
开本：787×1092毫米　1/16　印张：22　字数：577千字
2016年8月第一版　2016年8月第一次印刷
定价：69.00元
ISBN 978－7－112－18577－1
（27830）